环保公益性行业科研专项经费项目系列丛书

城镇污水处理空气污染物排放特征与监管技术

孙德智　刘俊新　主编

李若愚　李　琳　齐　飞　李雪峰　副主编

科学出版社

北　京

内 容 简 介

本书根据环保公益性行业科研专项“城市污水处理气态污染物排放特征与监管技术研究”的研究成果编写，结合当前我国城市污水处理厂控制“空气污染物”的迫切需求和研究进展，系统总结了项目实施过程中的研究成果，进行归纳、总结和凝练。本书介绍了我国城镇污水处理厂“空气污染物”排放的现场监测方法，确定了其产生规律与逸散特征，给出“空气污染物”的控制技术方案，提出了我国城镇污水处理厂典型“空气污染物”的厂界排放限值，形成了一套适合我国国情的城镇污水处理厂“空气污染物”监管技术体系，以期为城市污水处理厂“空气污染物”的控制提供技术支撑，旨在为从事城镇污水处理及大气污染控制等相关行业学者、研究人员及工程技术人员提供思路、借鉴和案例。

图书在版编目(CIP)数据

城镇污水处理空气污染物排放特征与监管技术／孙德智，刘俊新主编；李若愚等副主编．—北京：科学出版社，2022.6

（环保公益性行业科研专项经费项目系列丛书）

ISBN 978-7-03-072314-7

Ⅰ.①城… Ⅱ.①孙… ②刘… ③李… Ⅲ.①污水处理厂-气体污染物-污染防治 Ⅳ.①X505②X511

中国版本图书馆 CIP 数据核字（2022）第 087423 号

责任编辑：霍志国／责任校对：杜子昂

责任印制：吴兆东／封面设计：东方人华

科学出版社 出版

北京东黄城根北街 16 号

邮政编码：100717

http://www.sciencep.com

北京中石油彩色印刷有限责任公司 印刷

科学出版社发行 各地新华书店经销

*

2022 年 6 月第 一 版 开本：787×1092 1/16

2022 年 6 第一次印刷 印张：16 3/4

字数：380 000

定价：118.00 元

（如有印装质量问题，我社负责调换）

《环保公益性行业科研专项经费项目系列丛书》编著委员会

环保公益性行业科研专项经费项目系列丛书

序　　言

目前，全球性和区域性环境问题不断加剧，已经成为限制各国经济社会发展的主要因素，解决环境问题的需求十分迫切。环境问题也是我国经济社会发展面临的困难之一，特别是在我国快速工业化、城镇化进程中，这个问题变得更加突出。党中央、国务院高度重视环境保护工作，积极推动我国生态文明建设进程。党的十八大以来，按照“五位一体”总体布局、“四个全面”战略布局以及“五大发展”理念，党中央、国务院把生态文明建设和环境保护摆在更加重要的战略地位，先后出台了《环境保护法》、《关于加快推进生态文明建设的意见》、《生态文明体制改革总体方案》、《大气污染防治行动计划》、《水污染防治行动计划》、《土壤污染防治行动计划》等一批法律法规和政策文件，我国环境治理力度前所未有，环境保护工作和生态文明建设的进程明显加快，环境质量有所改善。

在党中央、国务院的坚强领导下，环境问题全社会共治的局面正在逐步形成，环境管理正在走向系统化、科学化、法治化、精细化和信息化。科技是解决环境问题的利器，科技创新和科技进步是提升环境管理系统化、科学化、法治化、精细化和信息化的基础，必须加快建立持续改善环境质量的科技支撑体系，加快建立科学有效防控人群健康和环境风险的科技基础体系，建立开拓进取、充满活力的环保科技创新体系。

“十一五”以来，中央财政加大对环保科技的投入，先后启动实施水体污染控制与治理科技重大专项、清洁空气研究计划、蓝天科技工程专项等专项，同时设立了环保公益性行业科研专项。根据财政部、科技部的总体部署，环保公益性行业科研专项紧密围绕《国家中长期科学和技术发展规划纲要（2006—2020年）》、《国家创新驱动发展战略纲要》、《国家科技创新规划》和《国家环境保护科技发展规划》，立足环境管理中的科技需求，积极开展应急性、培育性、基础性科学研究。“十一五”以来，环境保护部组织实施了公益性行业科研专项项目479项，涉及大气、水、生态、土壤、固废、化学品、核与辐射等领域，共有包括中央级科研院所、高等院校、地方环保科研单位和企业等几百家单位参与，逐步形成了优势互补、团结协作、良性竞争、共同发展的环保科技“统一战线”。目前，专项取得了重要研究成果，已验收的项目中，共提交各类标准、技术规范1232项，各类政策建议与咨询报告592项，授权专利626项，出版专著367余部，专项研究成果在各级环保部门中得到较好的应用，为解决我国环境问题和提升环境管理水平提供了重要的科技支撑。

为广泛共享环保公益性行业科研专项项目研究成果，及时总结项目组织管理经验，环境保护部（现生态环境部）科技标准司组织出版环保公益性行业科研专项经费项目系列丛书。该丛书汇集了一批专项研究的代表性成果，具有较强的学术性和实用性，可以说是环境领域不可多得的资料文献。丛书的组织出版，在科技管理上也是一次很好的尝试，我们希望通过这一尝试，能够进一步活跃环保科技的学术氛围，促进科技成果的转化与应用，不断提高环境治理能力现代化水平，为持续改善我国环境质量提供强有力的科技支撑。

中华人民共和国生态环境部部长

黄润秋

前　言

我国城镇化进程的快速发展和城镇人口的增长，带来了城镇污水排放量的增加，导致污水处理厂的规模和数量逐年增长。研究表明，城镇污水处理厂在污水和污泥处理处置过程中，向环境空气中排放多种有毒有害污染物，除温室气体（甲烷、二氧化碳、氧化亚氮等）外，还包括恶臭气体［如氨气、挥发性硫化物（VSCs，包括硫化氢、甲硫醇、甲硫醚、二甲二硫和二硫化碳等）等］、挥发性有机物（VOCs，包括苯系物、卤代烃类等）和生物气溶胶（包括细菌、真菌、病毒和过敏原），这些气体简称“空气污染物”。这些“空气污染物”不仅影响污水处理厂内员工及周边居民的身体健康，还会影响周边环境空气质量，在局部地区甚至成为城镇环境空气中 $PM_{2.5}$、气态污染物和 VOCs 的重要来源之一。

我国在 1993 年和 1996 年分别颁布实施了《恶臭污染物排放标准》（GB 14554—1993）和《大气污染物综合排放标准》（GB 16297—1996），明确了臭气浓度和 8 种臭气物质（包括氨气、三甲胺、硫化氢、甲硫醇、甲硫醚、二甲二硫、二硫化碳、苯乙烯）的厂界标准值和排放标准值。2003 年，在我国颁布实施的《城镇污水处理厂污染物排放标准》（GB 18918—2002）中，对氨气、硫化氢、臭气浓度和甲烷等 4 种（类）气态污染物厂界最高允许排放浓度做了限值规定。该标准对我国控制城镇污水处理厂上述 4 种（类）气态污染物排放限制发挥了重要作用。但该标准在执行过程也有一些新的问题显现出来。例如，越来越多的研究表明，城镇污水处理厂排放的“空气污染物”中，除了氨气、硫化氢和甲烷以外，还会排放大量的其他 VSCs、VOCs 和生物气溶胶，而用臭气浓度这样一个综合性的指标还不能够全面地反映出这些污染物的排放情况，从而导致环境管理部门难以根据现行标准对城镇污水处理厂“空气污染物”的排放进行有效控制和监管。因此，迫切需要对《城镇污水处理厂污染物排放标准》（GB 18918—2002）中所规定的“空气污染物”的种类和厂界最高允许排放浓度进行深入细致的研究和分析判定，为其修订和完善提供技术支撑。

随着我国城镇化进程的加快，使得城镇污水处理厂与城镇居民生活区的距离越来越近，城镇污水处理厂排放的“空气污染物”的危害也越来越受到广大人民群众的关心和关注。因此，从保证人群健康和提高空气质量的角度考虑，急需开展城镇污水处理厂 VSCs、VOCs 和生物气溶胶等“空气污染物”控制技术研发。现有的污水处理厂“空气污染物”控制技术多针对去除恶臭气体而设计，而缺乏对 VSCs、VOCs 和生物气溶胶等“空气污染物”去除效果的深入研究和评估，尚未形成一整套包括 VSCs、VOCs、生物气溶胶在内的“空气污染物”控制技术体系。

我们从 2015 年开始承担了国家环保公益性行业科研专项“城市污水处理气态污染物排放特征与监管技术研究”的课题，针对我国在城镇污水处理厂“空气污染物”的排放特征、控制技术、排放标准和监管体系等方面存在的缺失问题，建立了我国城镇污水处理厂“空气污染物”排放的现场监测方法，确定了其产生规律与逸散特征，给出“空气污染物”的控制技术方案，提出了我国城镇污水处理厂典型“空气污染物”的厂界排放限值，形成了一套适合我国国情的城镇污水处理厂“空气污染物”监管技术体系。

课题组在上述研究的基础上，将研究成果进行了整理并编撰此书，希望能为我国相关部门对城镇污水处理厂“空气污染物”的监管与控制提供技术支撑。参加本书编写的主要人员为孙德智、刘俊新、李若愚、李琳、齐飞、李雪峰，此外，韩云平、何星海、韩张亮、李靖、熊娅、张美珍、崔环宇、关鸿祥等参加了本书部分章节的编写。

在编写过程中，编者参考了不少相关领域的文献，借鉴了国内外许多专家、学者发表的研究成果，在此向有关作者致以谢忱。

由于编者水平有限，加之时间仓促，书中的疏漏之处在所难免，希望得到专家、学者及广大读者的批评指教。

编　者

2021 年 12 月于北京

目　录

序言
前言
第1章　绪论 …… 1
1.1　污水处理过程中空气污染物 …… 1
1.1.1　污水处理过程中恶臭气体的来源与种类 …… 1
1.1.2　污水处理过程中 VOCs 的来源与种类 …… 4
1.1.3　污水处理过程中生物气溶胶的来源与种类 …… 5
1.2　空气污染物的危害 …… 9
1.2.1　恶臭气体的危害 …… 9
1.2.2　VOCs 的危害 …… 10
1.2.3　生物气溶胶的危害 …… 11
1.3　空气污染物的环境标准与排放标准 …… 12
1.3.1　恶臭气体的环境标准与排放标准 …… 12
1.3.2　VOCs 的环境标准与排放标准 …… 20
1.3.3　生物气溶胶的环境标准与排放标准 …… 24
1.4　我国污水处理厂空气污染物控制存在的问题 …… 28
1.4.1　恶臭气体方面 …… 28
1.4.2　VOCs 方面 …… 28
1.4.3　生物气溶胶方面 …… 29
1.5　本书编写的目的与内容 …… 29
参考文献 …… 30
第2章　城镇污水处理厂空气污染物监测方法 …… 32
2.1　城镇污水处理厂空气污染物监测方法的现状分析 …… 32
2.1.1　恶臭气体监测方法的现状分析 …… 32
2.1.2　VOCs 监测方法的现状分析 …… 40
2.1.3　生物气溶胶监测方法现状分析 …… 40
2.2　城镇污水处理厂空气污染物监测方法的确定 …… 45
2.2.1　样品采集 …… 45
2.2.2　恶臭气体分析方法 …… 53
2.2.3　VOCs 分析方法 …… 56
2.2.4　生物气溶胶分析方法 …… 61
参考文献 …… 62

第3章　城镇污水处理厂恶臭气体排放特征研究 …… 63
3.1　恶臭气体产生机理概述 …… 63
3.1.1　城镇污水处理过程中恶臭气体产生机理 …… 63
3.1.2　污泥处理过程中恶臭气体的产生机理 …… 65
3.2　城镇污水处理厂恶臭气体的排放特征 …… 66
3.2.1　污水处理过程中预处理单元恶臭气体的排放特征 …… 66
3.2.2　污水处理过程中 A^2/O 单元恶臭气体的排放特征 …… 74
3.2.3　污水处理过程中氧化沟单元恶臭气体的排放特征 …… 80
3.2.4　污水处理过程中 SBR 单元恶臭气体的排放特征 …… 85
3.2.5　污水处理过程中深度处理单元排放特征 …… 90
3.2.6　污泥处理过程中恶臭气体排放特征 …… 93
3.3　城镇污水处理厂恶臭气体环境空气浓度评估 …… 98
3.3.1　城镇污水处理厂恶臭气体环境空气浓度和臭味活性值 …… 98
3.3.2　城镇污水处理厂环境空气中恶臭气体感官影响评估 …… 109
3.3.3　城镇污水处理厂环境空气中恶臭气体健康风险评估 …… 113
3.4　污水处理厂恶臭气体排放系数与总量估算 …… 118
3.4.1　污水处理过程恶臭气体排放系数 …… 118
3.4.2　污水处理过程恶臭气体排放总量估算 …… 122
3.4.3　污泥处理过程恶臭气体排放系数 …… 122
3.4.4　污泥处理过程恶臭气体排放总量估算 …… 123
参考文献 …… 123
第4章　城镇污水处理厂 VOCs 排放特征研究 …… 126
4.1　污水处理厂 VOCs 产生与排放机理概述 …… 126
4.2　城镇污水处理厂 VOCs 排放特征 …… 126
4.2.1　预处理单元 VOCs 的排放特征 …… 126
4.2.2　A^2/O 单元 VOCs 的排放特征 …… 127
4.2.3　氧化沟单元 VOCs 的排放特征 …… 129
4.2.4　SBR 单元 VOCs 的排放特征 …… 130
4.3　城镇污水处理厂 VOCs 排放系数和总量估算 …… 131
4.3.1　城镇污水处理厂 VOCs 的排放系数 …… 131
4.3.2　城镇污水处理厂 VOCs 排放总量估算 …… 133
参考文献 …… 133
第5章　城镇污水处理厂生物气溶胶排放特征研究 …… 134
5.1　典型污水处理厂生物气溶胶的逸散特征 …… 134
5.1.1　逸散水平 …… 134
5.1.2　粒径分布 …… 135
5.2　典型污水处理厂生物气溶胶的组成分析 …… 138
5.2.1　微生物种群 …… 138

5.2.2　化学物质 …… 140
5.3　典型工艺污水处理厂生物气溶胶的排放量及来源解析 …… 142
5.3.1　排放量 …… 142
5.3.2　主要逸散位点及产生原因 …… 143
5.3.3　来源解析 …… 144
参考文献 …… 145
第6章　城镇污水处理厂空气污染物扩散规律 …… 147
6.1　污水处理厂 A^2/O 工艺空气污染物扩散规律 …… 147
6.1.1　A^2/O 污水处理厂恶臭气体扩散规律 …… 147
6.1.2　A^2/O 污水处理厂 VOCs 扩散规律 …… 154
6.2　氧化沟污水处理厂空气污染物扩散规律 …… 157
6.2.1　氧化沟污水处理厂恶臭气体扩散规律 …… 157
6.2.2　氧化沟污水处理厂 VOCs 扩散规律 …… 163
6.3　SBR 污水处理厂空气污染物扩散规律 …… 165
6.3.1　SBR 污水处理厂恶臭气体扩散规律 …… 165
6.3.2　SBR 污水处理厂 VOCs 扩散规律 …… 171
6.4　污水处理厂生物气溶胶扩散规律 …… 174
6.4.1　生物气溶胶垂直扩散规律 …… 174
6.4.2　生物气溶胶水平扩散规律 …… 175
6.4.3　环境因子对生物气溶胶扩散的影响 …… 177
参考文献 …… 178
第7章　城镇污水处理厂典型空气污染物控制技术方案 …… 179
7.1　城镇污水处理厂典型空气污染物控制技术概述 …… 179
7.1.1　城镇污水处理厂空气污染物的控制技术 …… 179
7.1.2　工程案例 …… 194
7.2　城镇污水处理典型空气污染物控制技术评估 …… 203
7.2.1　污水处理厂空气污染物控制技术评估体系的构建 …… 203
7.2.2　关键技术评估 …… 212
7.3　城镇污水处理典型空气污染物控制技术规范的编制 …… 217
7.3.1　编制总体思路和方法 …… 217
7.3.2　主要内容 …… 218
7.3.3　编制说明 …… 218
参考文献 …… 221
第8章　城镇污水处理典型空气污染物厂界排放限值 …… 225
8.1　典型空气污染物的选择 …… 225
8.1.1　筛选原则 …… 225
8.1.2　筛选依据 …… 225
8.1.3　典型空气污染物的确定 …… 226

8.2 浓度限值 …… 227
8.2.1 限值的确定方法 …… 227
8.2.2 恶臭气体的浓度限值确定 …… 229
8.2.3 VOCs …… 232
8.2.4 生物气溶胶 …… 233
8.3 与国内现行标准的比较 …… 235
8.4 达标技术措施 …… 235
第9章 城镇污水处理空气污染物排放监管体系的构建 …… 237
9.1 构建城镇污水处理空气污染物排放监测体系 …… 237
9.1.1 监测的准备 …… 237
9.1.2 现场监测 …… 238
9.1.3 数据处理与结果表达 …… 239
9.1.4 质量保证和质量控制 …… 240
9.2 控制技术体系 …… 242
9.2.1 源头控制 …… 242
9.2.2 过程控制 …… 243
9.2.3 末端处理 …… 246
9.3 监督管理体系 …… 247
9.3.1 污水处理厂运营方 …… 247
9.3.2 环境监管部门 …… 255

第1章 绪 论

随着我国城镇化进程的快速发展和城镇人口的增长，导致城镇污水排放量增加，市政污水处理行业也进入了快速发展阶段。截至2019年，我国运行的污水处理厂总计9213座，平均每日处理污水量达18117万m^3。城镇污水处理厂污水、污泥处理过程中会产生并逸散恶臭气体、挥发性有机物和生物气溶胶等典型空气污染物（简称“空气污染物”），这些排出的空气污染物不仅对污水处理厂内员工及周边居民的身体健康产生不良影响，而且还会影响周边城镇环境空气质量。与此同时，我国污水的排放标准在逐步提高，人们对生活环境的要求也显著提高，使得城镇污水处理厂排放的空气污染物受到越来越多的关注。此外，污水处理厂产生并逸散的空气污染物也成为区域细颗粒污染及灰霾复合污染的重要来源，表明城镇污水处理厂排放的空气污染物已经由单一的环境问题，演变为环境和社会的综合性问题。由此可见，研究城镇污水处理厂空气污染物的监测方法、控制技术及管理手段，减少这些典型空气污染物对城镇污水处理厂周边大气环境的影响，已经成为城镇生态环境管理部门亟待解决的重要问题之一。

1.1 污水处理过程中空气污染物

1.1.1 污水处理过程中恶臭气体的来源与种类

1. 恶臭气体来源

城镇污水处理厂的恶臭气体主要来源于污水和污泥处理单元中各类化合物的生物降解过程，主要集中在预处理段、生化处理段和污泥处理段。

污水处理预处理单元的恶臭气体是污水在排水管网中长距离传输过程中产生的。污水在排水管网中的停留时间较长，溶解氧逐渐被消耗，产生了厌氧环境，此时厌氧微生物会大量繁殖，使得污水中的硫酸盐被还原产生硫化氢（H_2S），污水中的有机物被生物降解而产生氨（NH_3）、胺类、硫醇和硫醚类等恶臭气体。这些排水管网中产生的恶臭气体在污水经过进水泵站、格栅和沉砂池构筑物时，水流产生巨大的扰动和跌水现象，导致溶解于污水中和不溶解于污水中的恶臭气体大量逸出。此外，污水处理厂格栅拦截的较大漂浮物中含有较多的有机物，栅渣的堆积也会造成有机物厌氧发酵产生恶臭气体。

污水在生化处理单元也会产生并排放恶臭气体，但其浓度低于预处理单元和污泥处理单元。在污水流速过高或曝气不足时，生化处理区会出现厌氧区域，致使厌氧微生物通过还原作用产生NH_3、挥发性硫化物（volatile sulfur compounds，VSCs）等恶臭气体和挥发性有机物（volatile organic compounds，VOCs）。这些恶臭气体在强烈的曝气状态下大量逸出，使污水生化处理单元也成为一个恶臭气体的排放源。此外，城镇污水处理为了实现高效脱氮除磷，经常在好氧区前段设置厌氧区。厌氧区产生恶臭气体是不可避免的，并在好氧区大量逸散。

污泥处理单元也是恶臭气体产生的主要场所之一。一方面，污泥的成分较为复杂，污水中存在的含氮或含硫有机物会随着污泥下沉，致使污泥在自然堆放条件下内部形成厌氧环境，造成 NH_3 和 VSCs 等恶臭气体的产生并释放。另一方面，城镇污水处理厂常见的污泥浓缩和脱水工艺在实现污泥中微生物破壁和脱水的过程中，也会将其中的大量恶臭气体释放出来。在污泥处理处置过程中，污泥处理负荷、污泥稳定程度、堆放方式、气候条件（包括日照、气温、适度和风速等）都会显著影响恶臭气体的排放。有研究表明，城镇污水处理厂的污泥处理单元与污水进水区产生的恶臭气体量相当。

表 1.1 列出了城镇污水处理厂主要构筑物恶臭散发率。图 1.1 给出了德国 100 座污水处理厂恶臭气体污染源的调查结果。

表 1.1　城镇污水处理厂主要构筑物恶臭散发率*

构筑物	最低值 [OU/(m²·h)]	最高值 [OU/(m²·h)]	平均值 [OU/(m²·h)]	样品数量（个）	污水处理厂数量（座）
进水	357	5577	1400	30	9
格栅	828	32669	5200	13	6
曝气沉砂池	403	24902	3200	40	12
来自沉砂池的砂砾	585	2019	1100	11	15
初沉池，水面	401	12903	2300	38	10
初沉池，进水堰	1258	47386	7700	22	7
中间沉淀池，水面	1158	17962	4600	27	5
调节池	4740	22693	10000	4	1
雨水池	110	1826	450	3	2
厌氧池	522	4305	1500	18	5
预酸化池	37506	61429	48000	4	1
缺氧池	301	1774	730	47	13
好氧池	121	2113	510	30	13
二沉池	330	1295	650	44	13
滤池	148	1680	500	10	4
污泥浓缩池（一级）	897	50566	6700	13	4
污泥浓缩池（二级）	521	4538	1500	17	7
污泥脱水间	529	11516	2500	34	14

* 臭气浓度（OU/m^3），稀释倍数法获得；恶臭散发率=臭气浓度×臭气排放量，用来评价污染源强度。

2. 恶臭气体种类

城镇污水处理厂产生和散发的恶臭气体大都由碳、氮、硫三种元素构成，包括有机化

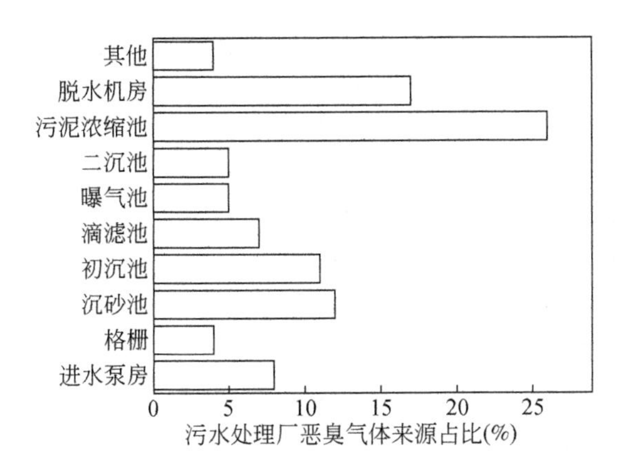

图1.1 德国100座污水处理厂恶臭气体污染源的调查结果

合物和无机化合物。现有文献报道的城镇污水处理厂释放的恶臭气体，一般可以分为以下五类：

（1）含硫化合物（VSCs），如 H_2S、硫醇类和硫醚类；

（2）含氮化合物，如 NH_3、胺类和吲哚类等；

（3）烃类化合物，如烷烃、烯烃、炔烃和芳香烃等；

（4）含氧有机物，如醇、醛、酮、酚以及有机酸等；

（5）卤素及其衍生物，如氯气和氯代烃等。

其中，（3）、（4）和（5）类成分复杂，种类繁多，更多以VOCs的形式体现。

表1.2列举了典型的恶臭气体成分嗅阈值和气味描述，包括 NH_3、H_2S、甲硫醇（MT）、甲硫醚（DMS）、二甲基二硫醚（DMDS）和二硫化碳（CS_2）等恶臭气体成分。在城镇污水处理厂散发的恶臭气体中，从嗅阈值（表1.2）来看，MT嗅阈值最低，NH_3 和 CS_2 的嗅阈值较高。

表1.2 典型恶臭气体成分嗅阈值和气味描述 （单位：ppm）

序号	物质名称	嗅阈值*	气味描述
1	硫化氢	0.00041	臭鸡蛋味
2	甲硫醇	0.000070	烂菜心味
3	甲硫醚	0.003	海鲜腥味
4	二甲基二硫醚	0.0022	洋葱味
5	二硫化碳	0.21	有氯仿的芳香味
6	羰基硫	0.055	臭鸡蛋味
7	氨	1.5	强烈的刺激性味
8	三甲胺	0.00032	鱼腥味
9	苯乙烯	0.035	塑料味
10	甲苯	0.33	芳香味

续表

序号	物质名称	嗅阈值*	气味描述
11	乙苯	0.17	芳香味
12	邻二甲苯	0.38	芳香味、甜味
13	间二甲苯	0.041	芳香味
14	对二甲苯	0.00039	芳香味、水果香型
15	1,2,4-三甲苯	0.12	芳香味
16	丙酸	0.0057	刺激性气味
17	正丁酸	0.00019	汗臭、酸臭味
18	异丁酸	0.0015	酸臭味
19	正戊酸	0.000037	汗臭、酸臭味
20	异戊酸	0.000087	汗臭味
21	乙醛	0.0015	刺激性气味
22	丙醛	0.001	水果香
23	正丁醛	0.00067	花香、水果香
24	异丁醛	0.00035	焦糊味
25	正戊醛	0.00041	脂肪臭、油哈喇臭、油腻感
26	异戊醛	0.00010	油炸食品味
27	异戊二烯	0.048	草香味
28	柠檬烯	0.038	类似柠檬的香味
29	α-蒎烯	0.018	有松木、针叶及树脂样的气味
30	β-蒎烯	0.033	松节油香味、干燥木材和松脂气味
31	乙醇	0.52	酒精味
32	异丙醇	26	酒精味
33	正丁醇	0.038	酒精味
34	异丁醇	0.011	酒精味
35	丙酮	42	辛辣甜味
36	2-丁酮	0.44	类似丙酮味
37	甲基异丁基酮	0.17	令人愉快的酮样香味
38	乙酸乙酯	0.87	水果香味、凤梨味
39	乙酸正丁酯	0.016	水果香味
40	乙酸异丁酯	0.0080	指甲油味

*嗅阈值参考日本嗅阈值（Nagata & Takeuchi，1980）。

1.1.2　污水处理过程中 VOCs 的来源与种类

目前我国常用标准中，对 VOCs 的定义主要表述为参与大气光化学反应的有机化合物，或者根据有关规定确定的有机化合物。VOCs种类繁多，按其化学结构的不同，可以进一步分为八类：烷类、芳烃类、烯类、卤烃类、酯类、醛类、酮类和其他，是当前人类面临的最为复杂的一类污染物，它们具有较强的毒性，长期接触可严重危害人体健康。在表征VOCs总体排放情况时，根据行业特征和环境管理要求，可采用总挥发性有机物（以TVOC表示）、非甲烷总烃（以NMHC表示）作为污染物控制项目。

VOCs来源广泛，主要有自然源和人为源两大类，其中人为源包括工业企业排放、机动车尾气排放、油品挥发泄漏、溶剂使用排放等，而污水处理厂是其中不容忽视的人为排放源之一。城镇污水处理过程中排放的VOCs主要是从原污水直接挥发出来或者由微生物对污水中有机物分解而来。污水处理过程中释放的VOCs成分非常复杂，目前已发现城镇污水处理排放的VOCs包括烷烃、烯烃、芳香烃、卤代烃、乙腈、含氧有机物和含硫有机物等80余种（刘舒乐等，2011；杨庆等，2019）。同时，有研究成果表明，初沉池、曝气单元、污泥处理单元排放的VOCs浓度相对较高（杜亚峰等，2018；周咪等，2011）。已有研究对城镇污水处理厂不同处理工艺、不同处理单元排放的VOCs种类进行了汇总，分别见表1.3和表1.4。

表1.3　城镇污水处理厂不同处理工艺排放的VOCs种类

处理工艺	VOCs种类	文献来源
A^2/O	烷烃、烯烃、芳香烃、卤代烃、含硫有机物和含氧有机物等6类共80种VOCs	（唐小东，2011）
	烷烃、烯烃、卤代烃、芳香烃以及含氧VOCs共5类54种化合物	（黄岑彦等，2018）
	三氯甲烷、甲苯、四氯乙烯等	（潘军，2018）
A/O	甲硫醇、甲硫醚、苯乙烯、二甲苯等	（黄力华等，2015）
	苯、甲苯、二甲苯、奈、三氯乙烯、四氯化碳、氯仿、氯代丁二烯、邻苯甲二酸、氨基戊烷、硝基戊烷等	（杨俊晨等，2011）
A/O与A^2/O联用	烷烃21种、烯烃5种、芳香烃15种、卤代烃14种、含硫化合物5种及含氧化合物7种	（王秀艳等，2013）
AB	烷烃类、烯烃、卤代烃类、苯系物、含氧有机物和单萜类等共36种VOCs	（冯志诚，2009）
SBR	甲硫醚和二甲基二硫醚等	（盛彦清，2007）

1.1.3　污水处理过程中生物气溶胶的来源与种类

生物气溶胶是悬浮于空气中包含细菌、真菌、病毒等微生物或生物大分子物质的胶体性微粒，广泛存在于自然界中，其来源分为自然逸散和人为逸散。自然逸散包括水体、植被的自然蒸发；人为逸散包括畜禽养殖、污水及固废处理。20世纪80年代以来，人为逸散源生物气溶胶特征及潜在健康风险引起越来越多的关注，尤其是污水生物处理过程。目前的城镇污水处理普遍采用二级生物处理工艺，即利用微生物吸附、降解、转化污水中的

表 1.4 城镇污水处理厂不同处理单元排放的 VOCs 种类

处理单元	VOCs 种类	文献来源
格栅	甲苯、二甲苯、乙基苯、苯乙烯、三氯甲烷、二氯乙烯、乙酸、丁酸、二氯乙烷等	(Lehtinen & Veijanen, 2011)
	苯、甲苯、二甲苯、奈、四氯化碳、氯仿	(杨俊晨, 2011)
曝气沉砂池	苯、甲苯、乙苯、四氯乙烯、二甲苯、2-丁酮等，苯系物为主	(冯志诚, 2009)
	苯、甲苯、二甲苯、萘、四氯化碳、三氯乙烯	(杨俊晨, 2011)
初沉池	环乙烷、丙酮、乙酸乙酯、二氯甲烷、苯、甲苯、丙烯、1，4-二氧己烷、正己烷等	(黄岑彦等, 2018)
	苯、甲苯、二甲苯、萘、四氯化碳、氯代丁二烯、邻苯甲二酸	(杨俊晨, 2011)
曝气池	苯、甲苯、1，4-二氯苯、乙酸、苯甲醛、柠檬烯、壬醛、二甲苯、丙酸、三甲基苯等30余种 VOCs，甲苯为主	(Zarra et al., 2009)
	苯、甲苯、萘、挥发性脂肪酸、氨基戊烷、邻苯甲二酸	(杨俊晨, 2011)
二沉池	甲苯、二甲基二硫醚、乙苯、甲硫醇、二甲苯、甲硫醚、乙酸乙酯、苯乙烯等	(王钊等, 2013)
	苯、萘、氨基戊烷、硝基戊烷	(杨俊晨, 2011)
污泥处理	2-丁酮、2-乙基己醇、乙酸、苯甲醛、甲苯、二甲苯、三甲基苯、二甲基二硫醚、柠檬烯等	(Zarra et al., 2009)
	苯、甲苯、二甲苯、四氯化碳、邻苯甲二酸、氨基戊烷、硝基戊烷、苯硫酚、吲哚	(杨俊晨, 2011)

有机物和某些无机物。因此，污水及其处理系统中含有大量的微生物，包括各种细菌、真菌、病毒和原生动物等。国内外许多学者通过监测、调研等手段，研究污水处理厂生物气溶胶的逸散。有研究发现，污水处理的各个阶段均可产生生物气溶胶，其中进水格栅、曝气池、污泥脱水机房等单元是主要的逸散源，在充氧曝气、推动水流、污泥脱水等过程中，因机械设备搅拌和曝气扰动，污水或污泥中的一些粒径较小的微生物（粒径范围在 1 ~ 100μm）很容易逸散到空气中，这些微小粒子在空气中发生气溶胶化，形成生物气溶胶。监测结果显示，曝气沉砂池、生物反应池以及污泥脱水机房散发的生物气溶胶在空气中的浓度达到 10 ~ 1000CFU/m^3（Pascual et al., 2003；Sanchez-Monedero et al., 2005）。

在污水处理厂，生物气溶胶的种类主要包括细菌、真菌、病毒、内毒素等，其中细菌占绝大多数。*Bacillus* sp. 、*Escherichia* sp. 、*Pseudomonas* sp. 和 *Staphylococcus* sp. 是生物气溶胶中常见的细菌，*Penicillium* sp. 、*Rhizopus* sp. 和 *Aspergillus* sp. 是常见的真菌。污水处理厂空气中检出金黄色葡萄球菌和肺炎双球菌等致病菌以及大肠杆菌和草绿色链球菌等条件致病菌（表 1.5）。

从以上分析可以得出，在城镇污水处理厂不同功能区产生的生物气溶胶的种类和浓度均不同。因此，应全面对城镇污水处理厂中产生的生物气溶胶特性及影响因素进行分析，针对不同的生物气溶胶采取相应的措施进行控制。

表1.5 城镇污水处理厂不同处理单元排放的生物气溶胶

处理工艺	处理单元	微生物种类	优势菌种	浓度（CFU/m^3）	粒径（μm）	参考文献
A/O	格栅间	异养细菌	*Bacillus*、*Escherichia*、*Pseudomonas*、*Staphylococcus*	$2.8\times10^3\sim6.8\times10^4$	1.1～7.0	（刘建伟等，2013）
		真菌	*Mucor*、*Penicillium*、*Rhizopus*、*Aspergillus*、*Paecilomyces*	$7.5\times10\sim5.7\times10^3$	1.1～4.7	
	曝气池	异养细菌	*Pseudomonas*、*Bacillus*、*Staphylococcus*、*Corynebacterium*	$2.1\times10^3\sim4.3\times10^5$	1.1～7.0	
		真菌	*Mucor*、*Penicillium*、*Rhizopus*	$3.8\times10^2\sim7.6\times10^4$	1.1～4.7	
	污泥浓缩池	异养细菌	*Pseudomonas*、*Escherichia*、*Bacillus*	$1.0\times10^2\sim2.4\times10^3$	0.65～7.0，均匀分布	
		真菌	*Mucor*、*Penicillium*	$4.6\times10^2\sim4.9\times10^3$	1.1～4.7	
	污泥脱水间	异养细菌	*Pseudomonas*、*Escherichia*、*Bacillus*	$3.4\times10^2\sim8.5\times10^4$	1.1～7.0	
		真菌	*Mucor*、*Penicillium*	$8.1\times10^2\sim3.8\times10^3$	1.1～4.7	
活性污泥法	机械处理	细菌	*Staphylococcus*、*Bacillus*	$5.5\times10^2\sim6.9\times10^3$	3.3～4.7	（Kowalski et al.，2017）
		真菌		$6.1\times10^2\sim3.9\times10^3$	2.1～3.3	
	生物处理	细菌	*Staphylococcus*、*Bacillus*	$2.1\times10^2\sim6.4\times10^2$	3.3～4.7	
		真菌		$5.1\times10^2\sim9.7\times10^2$	3.3～4.7	
	澄清池	细菌	*Staphylococcus*、*Bacillus*	$8.1\times10^1\sim8.6\times10^2$	2.1～3.3	
		真菌		$5.1\times10^2\sim9.7\times10^2$	2.1～4.7	
	污泥处理	细菌	*Staphylococcus*、*Bacillus*	$1.2\times10^3\sim2.8\times10^3$	2.1～4.7	
		真菌		$5.1\times10^2\sim1.3\times10^3$	3.3～4.7	

续表

处理工艺	处理单元	微生物种类	优势菌种	浓度（CFU/m³）	粒径（μm）	参考文献
	格栅间、沉砂池、曝气池、二沉池、污泥脱水间	中温细菌	*Gram-positive cocci*	$2.4\times10^{2}\sim7.1\times10^{3}$		（Prazmo et al., 2003）
		G⁻菌	*Enterobacter cloacae*、*Acinetobacter calcoaceticus*、*Pseudomonas* spp.	$2.0\times10^{1}\sim5.7\times10^{2}$		
		嗜热放线菌	*Stenotrophomonas maltophilia*、*Thermoactinomyces vulgaris*	$0\sim0.5\times10^{2}$		
		真菌	*Geotrichum candidum*、*Penicillium*spp. 、*Cladosporium lignicola*、*Alternaria alternata*	$2.4\times10^{1}\sim1.4\times10^{2}$		
		内毒素	—	0.104～5.2ng/m³		
曝气池		细菌	*Enterobacter aerogenes*、*Pseudomonas stutzeri*、*Bacillus subtils*、*Corynebacterium nitrilophilus*、*Micrococcus luteus*	$2.5\times10^{2}\sim4.2\times10^{4}$		（Gangamma et al., 2011）
		内毒素	—	0.8～741EU/m³		
		细菌		268.5		（郁庆福等, 1991）
		大肠杆菌		152.5		
滴滤池		细菌		108.5		
		大肠杆菌		51.9		
氧化塘		细菌		52.0		
		大肠杆菌		0.1		

1.2 空气污染物的危害

1.2.1 恶臭气体的危害

1. 对人体健康的危害

城镇污水处理厂产生的恶臭气体可以经嗅觉系统进入人体，进而影响厂区员工及周边地区居民健康。恶臭气体首先对人体嗅觉引起心理厌恶等不愉快的感觉。此外，还有引起厂区工作人员和周边人群身体上的诸多不适。常见的症状主要有恶心、头痛、食欲不振、嗅觉失调、失眠甚至情绪不稳定。其中，对人体健康危害较大的恶臭气体主要有NH_3、甲烷、VSCs、三甲胺、苯乙烯和酚类等50多种。这些化合物对人体呼吸、消化、心血管、内分泌及神经系统都会造成不同程度的危害，有的芳香族化合物甚至使人体产生畸变或癌变。表1.6列举了典型恶臭气体对人体生理系统的影响及症状表现。当城镇污水处理厂员工及周边地区人群长期暴露在高浓度的恶臭气体环境中时，会危害人的身体健康，甚至会导致中毒或窒息死亡。

表1.6　恶臭气体对人体生理系统的影响及症状

受损人体生理系统	症状表现
呼吸系统	呼吸困难，胸闷，呼吸次数减少，严重者导致昏迷或死亡
循环系统	头晕、头痛、缺氧、心跳、血压不正常、心血管疾病
消化系统	厌食、恶心、呕吐，进而发展为消化功能减退
内分泌系统	倦怠无力、分泌功能紊乱，影响机体的代谢活动
神经系统	嗅觉疲劳、嗅觉丧失，最后导致大脑皮质兴奋和抑制的调节功能失调
精神状态	精神烦躁不安，思想不集中，判断力和记忆力下降并干扰睡眠

此外，不同的恶臭气体对人体造成的伤害也不同。例如，NH_3对皮肤组织有刺激性和腐蚀作用，过高浓度NH_3会使心脏停止跳动，危害生命；VSCs会刺激上呼吸道，造成咽喉疼痛，也可引起头痛和麻醉，浓度高时会导致呼吸麻痹而死亡。

2. 对周边环境的影响

恶臭气体带来的危害多种多样，除了对人体产生的危害外，NH_3和H_2S等恶臭气体扩散到污水表面或进入空气层，与其中的溶解氧结合，在硫细菌的作用下被氧化，形成硫酸和硝酸，使混凝土或铸铁材料受到严重侵蚀，不仅破坏美观，也会降低污水处理厂构筑物和机械设备的结构牢固性，严重影响构筑物和机械设备的使用寿命。

此外，排放到空气中的恶臭气体能够使污水处理厂厂区及周边地区空气污浊程度升高，造成蚊蝇、老鼠等有害生物急剧繁衍和疾病传播。恶臭气体造成污水处理厂周边地区空气质量下降，还会导致地域评价受损，阻碍经济发展。通过大气沉降和降水，水溶性恶臭气体会降低污水中的溶解氧含量，进入污水处理系统，造成对污水处理工艺的影响，形成恶性循环；高浓度的 NH_3 和 VSCs 等恶臭气体污染物会在一定程度上抑制硝化反应的进行，造成污水处理脱氮效果的不稳定；恶臭气体通过雨水进入土壤中会导致土壤黑臭，进入农田则会破坏土壤，影响植物生长，使农作物枯萎，产量下降。

1.2.2 VOCs 的危害

城镇污水处理过程中产生的 VOCs 具有光化学反应特性、温室气体特性和有毒有害性，具有明显的环境效应和健康效应。

1. 光化学反应特性

城镇污水处理厂排放的烷烃、烯烃、卤代烃、含硫有机物、含氮有机物等物质光化学反应活性较强，这些物质是对流层臭氧、有机气溶胶等二次污染的重要前体物。环境空气中的总光化学反应如图 1.2 所示。NO_x 和 VOCs 在阳光中紫外线的照射下，生成各种化学氧化剂 O_3、OH·，O_3 进一步氧化大气中的 SO_2、NO_x 和 VOCs，生成了 SO_3^{2-}、NO_3^- 和有机气溶胶（SOA），其中 SO_3^{2-} 和 NO_3^- 与大气中的一次污染物 $PM_{2.5}$、NH_4^+、Ca^{2+}、Mg^{2+} 等阳离子结合形成了无机的二次 $PM_{2.5}$，再加上 SOA 共同形成了二次 $PM_{2.5}$。这一系列复杂的多途径反应形成多种有害空气污染物的混合物，这些一次污染物、二次污染物混合反应，从而可能形成光化学烟雾（Derwent et al., 2003；Laaksonen et al., 2008；Tsigaridis & Kanakidou, 2007；苏雷燕等，2013）。

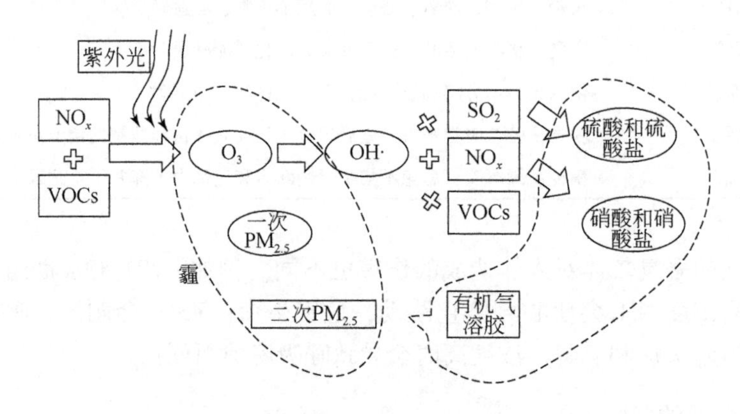

图 1.2 环境空气中的总光化学反应示意图

2. 有毒有害性

城镇污水处理过程中产生的 VOCs 包含苯系物、卤代烃以及多种含氧有机物等，具有刺激性、腐蚀性、器官毒性和致癌性，这些物质逸散到空气中会污染周边环境，存在刺激人的呼吸道，影响肝、肾和心血管的生理功能的可能，长期接触会危害污水处理厂工作人员及周围居民的身体健康（Aatamila et al., 2011; Sucker et al., 2009; Witherspoon et al., 2004）。根据美国环保署（US-EPA）的调查数据，表1.7列举了污水处理厂几种典型的VOCs对身体的危害（Vasconcelos et al., 1991）。

表1.7 典型城镇污水处理排放的VOCs对人体的危害

VOCs	健康危害
苯	刺激器官和喉咙，伤害中枢神经系统；引起心律不齐；引起造血机能丧失及出血
甲苯	伤害中枢神经系统；刺激眼睛和上呼吸道，引起肺水肿
二甲苯	引起淋巴白血病、出血性肺炎等
氯仿	抑制中枢神经反应；角膜受损；抑制呼吸作用，伤害肾脏、肝脏等
三氯乙烯	引起黏膜刺激、鼻炎；伤害脑神经及脊髓神经等
四氯化碳	致癌；伤害心脏、肾脏、肝脏等

1.2.3 生物气溶胶的危害

生物气溶胶粒子大小在0.01～100μm范围内，大多为0.1～30μm。气溶胶中微生物在空气中的扩散和传播可能引起过敏性疾病或引起人类、动植物疾病的流行传播，对免疫力低下的人群造成严重的健康危害。全球约有500多种致病菌，通过气溶胶传播的超过100种。解析氧化沟和A^2/O工艺的两座城镇污水处理厂逸散的生物气溶胶粒径分布特征，发现细菌气溶胶和真菌气溶胶的粒径范围大多在2.1～3.3μm（高敏等，2010）。小粒径的生物气溶胶由于不易沉降，传输的距离较远，因此对周边环境与人群健康的危害更大。

生物气溶胶的毒性取决于其物理、生物和化学性质。在大多数情况下，致病生物气溶胶是以过敏原、毒素和其他各种致病物质的复杂混合物形式存在。因此，其致病机制也复杂多样。传染病、呼吸道疾病和癌症被认为是与生物气溶胶暴露有关的三类种主要疾病。

1. 传染病

传染病是由病原体包括病毒、细菌、真菌、原生动物和蠕虫引起的，能够在人与人之间或人与动物之间传播的疾病。病原体通过直接接触或媒介传播，从传染源到易感宿主。引起军团菌病的病原菌主要来自土壤和污水，由空气传播，自呼吸道侵入。

2. 呼吸道疾病

当生物气溶胶中含有致病菌和病毒以及导致过敏反应的真菌及其孢子时，可引起人类呼吸道等疾病。据报道，接触花粉会导致肺功能下降和肺部炎症显著增加。刺激性气道和炎症是由于细菌和霉菌中存在内毒素和葡聚糖所致。暴露于内毒素后，肺功能显著下降。空气中真菌孢子浓度和数量的增加能降低人体肺功能，增加呼吸性疾病、慢性肺部疾病、心血管疾病和肺癌等患病的概率。生物气溶胶对人体健康的影响不仅与其组成、浓度有关，还与其粒子大小相关。空气中的生物气溶胶颗粒可以作为单个细胞/孢子或聚集物悬浮在空气中。5～10μm 的气溶胶粒子主要停留并积累在呼吸系统上层，久之会诱发哮喘等疾病；粒径小于5μm 的气溶胶则可以穿透肺泡引起肺泡炎和其他疾病。一般而言，呼吸道各处均可吸收细菌毒素气溶胶，但能够进入人肺深部的小粒子吸收更快，致病力更强，大粒子气溶胶含有微生物较多。

3. 癌症

癌症可由多种因素引起，包括致癌病毒和其他生物制剂。一些研究表明癌症受试者与暴露于生物气溶胶之间存在显著相关性。46819 例病例的调查研究结果表明，从事肉类和家禽等行业的工人罹患肺癌和脑癌的风险较高。与吸烟相比，生物气溶胶的组成，包括皮屑、羽毛、皮肤材料和微生物，导致从事肉类和家禽行业的工人罹患肺癌的风险更高。

1.3 空气污染物的环境标准与排放标准

1.3.1 恶臭气体的环境标准与排放标准

1. 国外有关恶臭气体的环境标准与排放标准

美国是最早致力于制订恶臭控制标准研究的国家，于 1971 年颁布了《清洁空气法》，同时各州也制定和实施了相应的法律和标准；1990 年美国又颁布了《清洁空气修正法案》（Clean Air Act Amendment，CAAA），要求污水处理厂必须制定恶臭气体排放清单（共规定了 129 种污染物）；随后在美国国家有害空气污染物排放标准［National Emission Standard for Hazardous Air Pollutants：Publicly Owned Treatment Works，40 Code of Federal Regulations（CFR）part 63-VVV］中，规定了污水中有害空气污染物的排放限值，规定新（改）建污水处理厂中格栅、初沉池等一级处理构筑物需进行覆盖处理，最大程度减少有害气体污染物的逸散，该标准分别在 1999 年和 2002 年又进行了修正完善。

美国各州根据区域特点规定了特定恶臭物质（H_2S、MT、总还原硫等）的环境限值（表 1.8）或恶臭感官限值（表 1.9），各地区限值差异较大。

表 1.8 美国部分州的恶臭污染物环境标准

地区	受控物质	环境标准（mg/m^3）	地区	受控物质	环境标准（mg/m^3）
加利福尼亚州	硫化氢	0.046（1h 平均）	新墨西哥州	硫化氢	0.015（小时平均）
康涅狄格州	硫化氢	0.0063			0.046（30min 平均）
	甲硫醇	0.0022	纽约州	硫化氢	0.015（小时平均）

续表

地区	受控物质	环境标准（mg/m^3）	地区	受控物质	环境标准（mg/m^3）
爱达荷州	硫化氢	0.015（24h平均）	北达科他州	硫化氢	0.076（瞬时）
		0.045（30min平均）	宾夕法尼亚州	硫化氢	0.152（小时平均）
明尼苏达州	硫化氢	0.046（24h平均）*			0.0076（24h平均）
		0.076（30min平均）**	得克萨斯州	硫化氢	居住/商业区：0.121（30min平均）
内布拉斯加州	总还原硫	0.143（30min平均）			工业/农业区：0.182（30min平均）

*5天里不超过2天；**一年不超过2次。

表1.9 美国部分州或污水处理厂许可的恶臭感官限值

地区	标准限值（D/T）*	平均时间（min）	地区	标准限值（D/T）*	平均时间（min）
科罗拉多州 康涅狄格州	7	/	北达科他州	2	/
			马萨诸塞州	5	/
新泽西州	5	≤5	圣地亚哥市污水处理厂	5	5
俄勒冈州	1～2	15	西雅图市污水处理厂	5	5
奥克兰市	50	3	阿勒格尼县污水处理厂	4	2

*D/T（dilutions/threshold），指将恶臭气体稀释至嗅觉阈值的倍数。

日本于1972年5月开始实施《恶臭防止法》，规定了22种恶臭物质的厂界浓度限值范围（表1.10）。各地方政府依据人口及工业发展水平选择臭气强度水平，根据该臭气强度对应的恶臭物质浓度，同时满足对人体健康的最大允许限值要求，确定厂界限值标准；排气筒排放限值则是根据厂界排放限值通过大气扩散模型推算。韩国《恶臭防止法》规定的恶臭物质与日本基本相同，区分工业区域和其他区域，厂界排放限值与日本的下限相同，恶臭综合指标采用稀释倍数表征，工业区域厂界为20、排气筒为1000，其他区域厂界为15、排气筒500，地方政府可依据情况规定恶臭排放限值。

澳大利亚于1984年开始进行恶臭污染研究，并采用大气扩散模型来预测恶臭排放源的影响范围，最终将模型预测结果与各地方政府制定的恶臭影响评价标准进行比较，进而开展对恶臭污染的控制。澳大利亚各地方政府根据所辖区域实际情况，分别制定相应的恶臭标准（表1.11）。

德国也是较早投入研究恶臭污染的国家之一，其颁布的《联邦侵害防止法》及《有关空气质量控制的技术指针》中，对有关恶臭污染均做出了规定。

荷兰于1995年出台《恶臭管理办法》，规定了污水处理厂等16类企业周边环境敏感点的恶臭标准限值（表1.12），对人口密集区和新建企业的要求相对较高。

表 1.10　日本厂界恶臭污染浓度限值　（单位：mg/m^3）

恶臭气体	工业区域	工业以外区域	恶臭气体	工业区域	工业以外区域
氨	1.5～3.8	0.76～1.5	异丁醇	13～66	3～13
硫化氢	0.09～0.3	0.03～0.09	乙酸乙酯	28～79	12～28
甲硫醇	0.009～0.02	0.004～0.009	甲基异丁基酮	12～24	4～12
甲硫醚	0.14～0.55	0.028～0.14	甲苯	123～246	41～123
三甲胺	0.053～0.18	0.013-0.053	苯乙烯	3.7～9.3	1.9～3.7
乙醛	0.2～0.98	0.098～0.2	二甲苯	9.5～24	4.7～9.5
丙醛	0.26～1.3	0.13～0.26	丙酸	0.23～0.66	0.099～0.23
丁醛	0.097～0.26	0.029～0.097	丁酸	0.008～0.024	0.004～0.008
异丁醛	0.23～0.64	0.064～0.23	戊酸	0.009～0.018	0.004～0.009
戊醛	0.077～0.19	0.035～0.077	异戊酸	0.018～0.046	0.005～0.18
异戊醛	0.023～0.038	0.012～0.023	臭气指数*	10～21（相当于臭气浓度10～123）	

*臭气指数=10lg臭气浓度，无量纲。

表 1.11　澳大利亚部分地区环境恶臭标准　（单位：OU/m^3）

地区	环境恶臭标准
西澳大利亚州	$C_{99.9,1\text{-hour}}<2$
新南威尔士	$C_{99.9,3\text{-min}}<7$ 人口密集区：$C_{99.9,3\text{-min}}<2$
维多利亚	$C_{99.9,3\text{-min}}<1$

注：OU/m^3指将恶臭气体稀释至嗅觉阈值的倍数；$C_{99.9,1\text{-hour}}$表示全年99.9%的小时平均臭气浓度。

表 1.12　荷兰污水处理厂环境恶臭标准　（单位：OUE/m^3）

地区	环境恶臭标准	
人口密集区	现有	$C_{98.0,1\text{-hour}}=1.5$
	新建	$C_{98.0,1\text{-hour}}=0.5$
工业区及人口密度小的地区	现有	$C_{98.0,1\text{-hour}}=3.5$
	新建	$C_{98.0,1\text{-hour}}=1$

注：OUE/m^3指123g正丁醇挥发到$1m^3$中性气体中带给人的生理反应；$C_{98.0,1\text{-hour}}$表示全年98%的小时平均臭气浓度。

英国环境署于2003年1月颁布了《H4-恶臭管理导则》、《综合污染防治》和《恶臭标准指导》等指导性文件。韩国颁布的《大气和环境保护法》中，对NH_3、H_2S、MT、DMS、DMDS和三甲胺等恶臭物质的浓度值进行了限制。

2. 我国有关恶臭气体的环境标准与排放标准

我国对恶臭气体的研究工作起步于20世纪80年代末，90年代初开展了恶臭污染的调查及相关标准方法的研究，从恶臭气体监管角度相继制订了《恶臭污染物排放标准》（GB 14554—1993）、《大气污染物综合排放标准》（GB 16297—1996）和《城镇污水处理厂污染物排放标准》（GB 18918—2002）等文件来规范城镇污水处理厂中部分恶臭气体的排放。

在《恶臭污染物排放标准》（GB 14554—1993）中，明确规定了8种特征污染物和1种综合性指标，包括NH_3、三甲胺、H_2S、MT、DMS、DMDS、CS_2、苯乙烯、臭气浓度（无量纲）。

该标准厂界浓度限值依据厂所处的位置分为一级、二级、三级：位于GB 3095一类区的企业，执行一级标准；位于GB 3095二类区、三类区的企业和1994年6月1日起立项的新、扩、改建设项目及其建成后投产的企业，分别执行二级标准和三级标准，具体限值见表1.13。

表1.13　《恶臭污染物排放标准》（GB 14554—1993）厂界限值

序号	控制项目	单位	一级	二级		三级	
				新扩改建	现有	新扩改建	现有
1	NH_3	mg/m^3	1.0	1.5	2.0	4.0	5.0
2	三甲胺	mg/m^3	0.05	0.08	0.15	0.45	0.80
3	H_2S	mg/m^3	0.03	0.06	0.10	0.32	0.60
4	甲硫醇	mg/m^3	0.004	0.007	0.010	0.020	0.035
5	甲硫醚	mg/m^3	0.03	0.07	0.15	0.55	1.10
6	二甲二硫	mg/m^3	0.03	0.06	0.13	0.42	0.71
7	二硫化碳	mg/m^3	2.0	3.0	5.0	8.0	10
8	苯乙烯	mg/m^3	3.0	5.0	7.0	14	19
9	臭气浓度	无量纲	10	20	30	60	70

此外，我国一些地区还制定了环境恶臭污染物地方标准。我国恶臭污染物排放的地方标准中恶臭污染物的种类和阈值均存在一定的差异。

北京市发布了《大气污染物综合排放标准》（DB 11/501—2017），该标准中规定了企业的大气污染物排放限值，具体限制见表1.14。

表1.14　大气污染物控制标准值（DB 11/501—2017）　（单位：mg/m^3）

序号	污染物项目	单位周界无组织排放监控点浓度限值
1	三甲胺	0.080
2	甲硫醇	7.0×10^{-3}
3	甲硫醚	0.070
4	二甲二硫醚	0.060
5	二硫化碳	0.040
6	臭气浓度（标准值，无量纲）	20

天津市发布了《恶臭污染物排放标准》（DB 12/059—1995），该标准中规定了无组织排放源的限值为环境恶臭污染物控制标准值，具体限值见表 1. 15。

表 1. 15　环境恶臭污染物控制标准值（DB 12/059—1995）　（单位：mg/m^3）

恶臭物质		硫化氢	氨	甲硫醚（类）	三甲胺	甲硫醇（类）	臭气浓度（无量纲）
标准	新扩改建	0. 03	1. 0	0. 03	0. 05	0. 004	20
	现有	0. 06	1. 5	0. 07	0. 08	0. 007	20

上海市发布的《恶臭（异味）污染物排放标准》（DB 31/1025—2016）规定的厂界限值见表 1. 16。

表 1. 16　周界监控点恶臭（异味）特征污染物厂界限值　（单位：mg/m^3）

序号	控制项目	工业区	非工业区
1	氨	1	0. 2
2	硫化氢	0. 06	0. 03
3	甲硫醇	0. 004	0. 002
4	甲硫醚	0. 06	0. 02
5	二甲二硫	0. 06	0. 04
6	二硫化碳	2	0. 3
7	苯乙烯	1. 9	0. 7
8	乙苯	0. 6	0. 4
9	丙醛	0. 26	0. 08
10	正丁醛	0. 14	0. 06
11	正戊醛	0. 11	0. 04
12	甲基乙基酮	2	1
13	甲基异丁基酮	1. 2	0. 7
14	丙烯酸	0. 6	0. 11
15	丙烯酸甲酯	0. 7	0. 4
16	丙烯酸乙酯	0. 4	0. 4
17	甲基丙烯酸甲酯	0. 4	0. 2
18	一甲胺	0. 05	0. 03
19	二甲胺	0. 06	0. 04
20	三甲胺	0. 07	0. 05
21	乙酸乙酯	1	1
22	乙酸丁酯	0. 9	0. 4

中国台湾地区 2013 年发布了《固定污染源空气污染物排放标准》，规定了恶臭 8 项物

质（氨、硫化氢、甲硫醇、甲硫醚、二甲二硫、三甲胺、二硫化碳、苯乙烯）的排放管道（下称“排气筒”）和周界排放标准，规定了不同高度排气筒的臭气浓度排放标准，以及不同功能区的周界臭气浓度的浓度限值，具体见表 1.17 和表 1.18。

表 1.17 中国台湾地区《固定污染源空气污染物排放标准》

空气污染物	排放标准			
	排气筒（mg/m³）		周界（mg/m³）	
硫化氢	排放浓度：152.15 原始浓度：988.95		0.15	
氨	根据排气筒高度与周边建筑物情况计算确定，部分情况下的计算结果见表 1.18		0.76	
硫醇（以甲硫醇计）			0.02	
甲硫醚			0.55	
二甲二硫			0.42	
三甲胺			0.05	
二硫化碳			1.36	
苯乙烯			4.26	
恶臭污染物（无单位）	高度 h（m）	标准值	区域	标准值
	$h\leq 18$	1000	工业区、农业区	现有：50
	$18<h\leq 50$	2000		新建：30
	$h>50$	4000	其他区域	10

表 1.18 中国台湾标准中部分情形的排气筒排放限值计算值 （单位：kg/h）

空气污染物	排气筒高度 $h\leq 6$m				排气筒高度 $h>6$m，以 $h=15$m 计算		
					$b\geq 5(h-6)$	$b<5(h-6)$	
	$b^*=0$	$b=50$	$b=100$	$b=200$		以排气筒中心为顶点向下 12°俯角所形成的圆锥与周界外建筑物相交时	其他
氨	0	3.87	15.48	61.92	≥3.48	3.48～21.02	3.13
硫醇（以甲硫醇计）	0	0.11	0.432	1.728	≥0.10	0.10～0.59	0.09
甲硫醚	0	2.79	11.16	44.64	≥2.51	2.51～15.16	2.26
二甲二硫	0	2.16	8.64	34.56	≥1.94	1.94～11.73	1.75
三甲胺	0	0.27	1.08	4.32	≥0.24	0.24～1.47	0.22
二硫化碳	0	6.93	27.72	110.88	≥6.24	6.24～37.65	5.61
苯乙烯	0	21.09	84.35	337.39	≥18.98	18.98～114.55	17.08

* b 为污染源之排放管道至该污染源周界之最短水平距离（m）。

3. 我国有关城镇污水处理恶臭气体排放标准

我国依据城镇污水处理厂污染物排放特征，制定了《城镇污水处理厂污染物排放标准》（GB 18918—2002），该标准4.2节“大气污染物排放标准”规定，根据城镇污水处理厂所在地区的大气环境质量要求以及大气污染物治理技术和设施条件，将标准分为三级。位于GB 3095一类区的所有（包括现有和新建、改建、扩建）城镇污水处理厂，执行一级标准；位于GB 3095二类区和三类区的城镇污水处理厂，分别执行二级标准和三级标准。城镇污水处理厂厂界浓度限值见表1.19。

表1.19　厂界（防护带边缘）废气排放最高允许浓度

序号	控制项目	一级标准	二级标准	三级标准
1	氨（mg/m^3）	1.0	1.5	4.0
2	硫化氢（mg/m^3）	0.03	0.06	0.32
3	臭气浓度（无量纲）	10	20	60
4	甲烷（厂区最高体积分数,%）	0.5	1	1

2016年《城镇污水处理厂污染物排放标准（征求意见稿）》（GB 18918—2016），对上述标准进行了修订，取消了大气污染物排放分级控制要求，执行同一限值。新标准中氨、硫化氢、臭气浓度、甲烷的限值采用原标准一级标准限值，具体限值见表1.20。

表1.20　厂界大气污染物排放最高允许浓度

序号	控制项目	标准限值
1	氨（mg/m^3）	1.0
2	硫化氢（mg/m^3）	0.03
3	臭气浓度（无量纲）	10
4	甲烷（厂区最高体积分数,%）	0.5

我国的一些地区也相应地制定出城镇污水处理厂污染物排放标准。

（1）天津市在2015年出台了地方《城镇污水处理厂污染物排放标准》（DB 12/599—2015）。该标准4.2节“大气污染物排放标准”中规定，当城镇污水处理厂位于GB 3095规定的一类区时，执行GB 18918中大气污染物排放的一级标准；当城镇污水处理厂位于GB 3095规定的二类区时，氨、硫化氢、臭气浓度执行DB 12/059规定的排放标准限值，甲烷执行GB 18918—2002中二级排放标准限值，具体限值见表1.21。

（2）上海市在2016年发布了针对城镇污水处理厂大气污染物排放控制单独制订的排放标准，即上海市《城镇污水处理厂大气污染物排放标准》（DB 31/982—2016）。在发布本标准前，上海市污水处理厂现行废气排放标准主要执行《恶臭污染物综合排放标准》（GB 14554—1993）和《城镇污水处理厂污染物排放标准》（GB 18918—2016）。考虑到与现有标准衔接，以及该市工业污水处理厂的实际情况，该标准适用范围仅针对本市城镇污水处理厂。

表1.21 厂界（防护带边缘）废气排放最高允许浓度

序号	控制项目	位于一类区	位于二类区
1	氨（mg/m^3）	1.0	1.0
2	硫化氢（mg/m^3）	0.03	0.03
3	臭气浓度（无量纲）	10	20
4	甲烷（厂区最高体积浓度,%）	0.5	1

在该标准中，针对恶臭气体的控制提出了污染物排放速率以及企业边界大气污染物无组织排放监控浓度限值要求，同时标准还提出了对企业废气治理设施运行和管理等要求，具体污染物种类及限值见表1.22和表1.23。

表1.22 污水处理厂排气筒污染物排放限值

序号	污染物	最高允许排放浓度（mg/m^3）	净化设施的去除效率（%）	监控位置
1	氨	30	/	车间或污水处理设施的排气筒
2	硫化氢	5	/	
3	甲硫醇	0.5	/	
4	臭气浓度	600（无量纲）	90*	

* 当净化设施的臭气浓度去除效率不低于90%时，等同于臭气浓度满足最高允许排放浓度限值要求。

表1.23 污水处理厂边界污染物监控浓度限值

序号	污染物	监控浓度限值（mg/m^3）	监控位置
1	氨	1.0	厂界监控点
2	硫化氢	0.03	
3	甲硫醇	0.004	
4	臭气浓度	10（无量纲）	
5	甲烷	0.5%	厂区内监控点

（3）山东省针对城镇污水处理厂恶臭气体的排放标准由2019年发布的《挥发性有机物及恶臭污染物排放标准 第7部分：其他行业》进行限定，该标准中选择臭气浓度、二甲二硫、甲硫醇、甲硫醚、三甲胺等作为控制指标。同时该标准提出了生产管理和工艺操作技术要求。其中，厂界监控点限值执行表1.24的规定。

（4）北京市在2020年公布了《城镇污水处理厂大气污染物排放标准》（征求意见稿），该标准中将氨、硫化氢、甲硫醇和臭气浓度作为污水处理厂的恶臭控制指标，其中排气筒大气污染物排放限值见表1.25，无组织排放监控点浓度限值见表1.26。

表 1. 24　厂界监控点污染物浓度限值

序号	污染项目	浓度限值（mg/m^3）
1	臭气浓度	16（无量纲）
2	二硫化碳	0. 5
3	二甲二硫	0. 05
4	甲硫醇	0. 002
5	甲硫醚	0. 02
6	三甲胺	0. 05

表 1. 25　排气筒大气污染物排放限值

序号	污染物项目	最高允许排放浓度（mg/m^3）	与排气筒高度对应的最高允许排放速率（kg/h）			监控位置
			15m	20m	≥30m	
1	氨	5	0. 6	1. 0	3. 4	废气处理设施的排气筒
2	硫化氢	3	0. 03	0. 05	0. 17	
3	甲硫醇	0. 5	0. 006	0. 010	0. 034	
4	非甲烷总烃	50	3. 0	5. 1	17. 1	
5	臭气浓度（无量纲）	600	/	/	/	

表 1. 26　无组织排放监控点浓度限值

序号	污染物项目	浓度限值	监控位置
1	氨（mg/m^3）	0. 2	厂界大气污染物监控点
2	硫化氢（mg/m^3）	0. 01	
3	甲硫醇（mg/m^3）	0. 002	
4	非甲烷总烃（mg/m^3）	1	
5	臭气浓度（无量纲）	10	
6	甲烷（厂区最高体积浓度,%）	0. 5	厂区内监控点

1. 3. 2　VOCs 的环境标准与排放标准

1. 国外 VOCs 的环境标准与排放标准

VOCs 的污染在世界范围内受关注程度逐渐提高，世界各国也对 VOCs 的排放标准进行不断更新和完善。国外已发布的 VOCs 排放标准见表 1. 27。

2. 我国 VOCs 的环境标准与排放标准

目前，我国空气质量中细颗粒物（$PM_{2.5}$）浓度仍然处于高位，重点区域臭氧（O_3）

浓度呈上升趋势，在夏秋季已成为部分城镇的首要污染物。VOCs 作为臭氧（O_3）和细颗粒物（$PM_{2.5}$）的重要前体物，防治问题更加凸显，因此，国家及地方环境质量标准和排放标准中不断强化对 VOCs 的管控。

表 1.27 国外 VOCs 的排放标准

标准发布国家或机构	标准名称	VOCs 管控项目
欧洲议会和欧盟理事会	2004/42/CE 指令	油漆、清漆和汽车表面整修产品中使用有机溶剂导致的 VOCs 排放
欧洲议会和欧盟理事会	2009/543/EC 指令	室内（室外）涂料和清漆的 VOCs 排放
Green Seal 协会	GS-11	油漆和涂料使用导致的 VOCs 排放
俄罗斯	P51206—98	汽车交通工具乘客厢和驾驶室空气中 VOCs
日本	JASO MO 902：2007	汽车零部件、内饰材料的 VOCs 排放
韩国	新规制作汽车的室内空气质量管理标准 20070707	制作汽车内材料释放的 VOCs
美国加利福尼亚州公共卫生部	CDPH v1.2—2017	室内环境质量低挥发性材料释放的 VOCs
美国环保署	40 CFR Part 59 国家建筑涂料 VOC 排放标准	建筑涂料排放的 VOCs
加拿大环境局	建筑涂料 VOC 含量限值条例	建筑涂料排放的 VOCs
国际 WELL 建筑研究院	WELL v2—2018	室内环境质量低挥发性材料释放的 VOCs
法国政府	室内空气有机污染物	室内空气 VOCs 标准
比利时 Eurofins	Eurofins Indoor Air Comfort（IAC）	室内空气 VOCs 标准

在环境质量标准方面，《室内空气质量标准》（GB/T 18883—2002）明确室内空气总挥发性有机物（TVOC）8h 均值不超过 0.60mg/m^3，同时规定了苯、甲苯和二甲苯单项污染物的 1h 均值分别为 0.11mg/m^3、0.20mg/m^{3}和 0.20mg/m^3。

在污染源排放标准方面，国家和一些地方已发布的 VOCs 排放标准见表 1.28。

在 1996 年国家发布的《大气污染物综合排放标准》（GB 16297—1996）中，开始管控使用溶剂汽油或混合烃类物质的企业非甲烷总烃的有组织排放及厂界无组织排放，但对工艺无组织的排放缺乏管控；2008 年、2011 年分别发布的《合成革与人造革工业污染物排放标准》（GB 21902—2008）、《橡胶制品工业污染物排放标准》（GB 27632—2011）中，对车间或生产设施排气筒、厂界提出了非甲烷总烃的管控要求；2015 年发布的包括《石油炼制工业污染物排放标准》（GB 31570—2015）、《石油化学工业污染物排放标准》（GB 31571—2015）、《合成树脂工业污染物排放标准》（GB 31572—2015）等石化行业污染物排放标准中，不仅对 VOCs 有组织排放提出了浓度和去除效率的要求，而且对无组织排放源项挥发性有机液体储罐、挥发性有机液体装车、传输、接驳、装载、设备管线与组件泄漏、废水集输储存和处理设施、酸性气回收等 VOCs 无组织排放过程提出了运行管控要求；2019 年发布的《制药工业大气污染物排放标准》（GB 37823—2019）和《涂料、油墨

表 1.28　我国主要涉 VOCs 排放标准

	标准名称	VOCs 管控点位
国家	大气污染物综合排放标准（GB 16297—1996）	排气筒、厂界
	城镇污水处理厂污染物排放标准（GB 18918—2002）	甲烷（厂区最高体积浓度，%）
	合成革与人造革工业污染物排放标准（GB 21902—2008）	车间或生产设施排气筒、厂界
	橡胶制品工业污染物排放标准（GB 27632—2011）	车间或生产设施排气筒、厂界
	石油化学工业污染物排放标准（GB 31571—2015）	车间或生产设施排气筒（明确废水处理有机废气收集处理）、厂界
	石油炼制工业污染物排放标准（GB 31570—2015）	车间或生产设施排气筒（明确废水处理有机废气收集处理）、厂界
	合成树脂工业污染物排放标准（GB 31572—2015）	车间或生产设施排气筒、厂界
	挥发性有机物无组织排放控制标准（GB 37822—2019）	VOCs 物料储存、VOCs 物料转移和输送、工艺过程 VOCs 无组织排放、设备与管线组件 VOCs 泄漏、敞开液面 VOCs 排放
	制药工业大气污染物排放标准（GB 37823—2019）	车间或生产设施排气筒（污水处理站废气）、厂界、敞开液面 VOCs 逸散控制
	涂料、油墨及胶黏剂工业大气污染物排放标准（GB 37824—2019）	车间或生产设施排气筒、厂界、敞开液面 VOCs 逸散控制
	储油库大气污染物排放标准（GB 20950—2020）	油气处理装置排气筒、厂界、密封点泄漏检测值
	加油站大气污染物排放标准（GB 20952—2020）	油气处理装置排气筒、厂界、油气泄漏检测值、油气回收系统气液比、密闭性、液阻等
北京	大气综合污染物排放标准（DB 11/501—2007）	车间或生产设施排气筒、厂界
	印刷业挥发性有机物排放标准（DB /11 1201—2015）	车间或生产设施排气筒、厂界、印刷生产场所
	木质家具制造业大气污染物排放标准（DB 11/1202—2015）	车间或生产设施排气筒、厂界、非封闭涂装车间工位/或封闭涂装车间门窗口
	汽车整车制造业（涂装工序）大气污染物排放标准（DB 11/ 1227—2015）	车间或生产设施排气筒、中涂/色漆/罩光/修补喷漆室
	工业涂装工序大气污染物排放标准（DB 11/1226—2015）	车间或生产设施排气筒、涂装工作间或涂装工位旁
	汽车维修业大气污染物排放标准（DB 11/1228—2015）	喷漆房、厂房外或露天操作工位旁
	电子工业大气污染物排放标准（DB 11/1631—2019）	车间或生产设施排气筒、设备与管线组件泄漏、厂区内、敞开液面 VOCs 逸散控制
天津	工业企业挥发性有机物排放控制标准（DB 12/524—2020）	车间或生产设施排气筒、厂房外、非封闭厂房作业的在操作工位旁、VOCs 物料储存、VOCs 物料转移和输送、工艺过程 VOCs 无组织排放、设备与管线组件 VOCs 泄漏、敞开液面 VOCs 排放

续表

	标准名称	VOCs管控点位
广东	制鞋行业挥发性有机化合物排放标准（DB 44/817—2010）	车间或生产设施排气筒、厂界
	表面涂装（汽车制造业）挥发性有机物排放标准（DB 44/816—2010）	车间或生产设施排气筒、厂界
	印刷行业挥发性有机化合物排放标准（DB 44/815—2010）	车间或生产设施排气筒、厂界
	家具制造行业挥发性有机物排放标准（DB 44/814—2010）	车间或生产设施排气筒、厂界
	集装箱制造业挥发性有机物排放标准（DB 44/1837—2016）	车间或生产设施排气筒、厂界
上海	大气污染物排放标准（DB 31/933—2015）	车间或生产设施排气筒、厂界、厂区内
	涂料、油墨及其类似产品制造工业大气污染物排放标准（DB 31/881—2015）	车间或生产设施排气筒、厂界、厂区内
山东	《有机化工企业污水处理厂（站）挥发性有机物及恶臭污染物排放标准》（DB 37/3161—2018）	车间或生产设施排气筒、厂界

及胶黏剂工业大气污染物排放标准》（GB 37824—2019）中，以TVOC作为VOCs的管控指标；同时还发布了《挥发性有机物无组织排放控制标准》（GB 37822—2019），此标准适用于涉及VOCs无组织排放的现有企业或生产设施，管控包括VOCs物料储存、VOCs物料转移和输送、工艺过程VOCs无组织排放、设备与管线组件VOCs泄漏、敞开液面VOCs无组织排放5类典型源；2020年修订发布的《储油库大气污染物排放标准》（GB 20950—2020）和《加油站大气污染物排放标准》（GB 20952—2020）中，对储油库、加油站的有组织、无组织排放均提出了管控要求。另外，北京、天津、广东、上海、山东等省市均发布了多项涉及VOCs的排放标准，对于汽车、家具等重点行业发布了VOCs专项控制标准。

在水处理逸散VOCs控制方面，2002年国家发布的《城镇污水处理厂污染物排放标准》（GB 18918—2002）中，提出了厂区内甲烷的体积浓度控制要求；2015年国家发布的石油炼制、石油化学及2019年发布的制药工业排放标准里单独明确了废水处理有机废气收集处理排气筒的浓度限值；2019年起制药工业、涂料油墨及胶黏剂工业、VOCs无组织控制标准明确了敞开液面VOCs逸散控制要求，规定对于敞开液面上方100mm处VOCs检测浓度≥100μmol/mol的沟渠输送系统，应加盖密闭，接入口、接出口采取与环境空气隔离的措施；对于敞开液面上方100mm处VOCs检测浓度≥100μmol/mol的储存和处理设施，应采用浮动顶盖或固定顶盖并收集治理。

综上，我国对于VOCs的管控已逐渐从单纯的工艺有组织和厂界无组织管控，转变为工艺有组织、厂界和工艺无组织多管齐下的管控，尤其是2019年开始对于含VOCs废水的集输、储存、处理过程均提出了VOCs控制要求。城镇污水处理作为VOCs的重要排放源之一，明确VOCs表征方式和管控限值显得极为迫切。

1.3.3 生物气溶胶的环境标准与排放标准

1. 国外空气微生物浓度的相关标准

国外关于空气微生物浓度的标准值（表 1.29），主要是以报告、指南或论文的形式给出建议值。多数国家规定了每立方米空气中的细菌和真菌的菌落数。韩国还规定了总菌落数，美国职业安全与健康管理局（OSHA）则提供了室内真菌的污染指标（宋璐等，2020）。但是，在国外污水处理厂污染物排放标准中没有涉及生物气溶胶的排放限定值。

表 1.29 国外空气微生物浓度的标准值

国家/地区	菌落数（CFU/m³）		
	细菌	真菌	总菌落数
巴西	—	750	—
加拿大	—	50 150 500	—
芬兰	4500	—	—
德国	10000	10000	
韩国	—	—	800
葡萄牙	—	500	—
荷兰	500 ~ 10000	500 ~ 10000	—
俄罗斯	—	2000 ~ 10000	—
瑞士	1000	1000	—
美国	—	1000	—
欧盟	2500	2000	—

注："—"表示未规定限值。

2. 我国空气微生物浓度的相关标准

1996 年，我国颁布的公共场所国家卫生标准如《旅店业卫生标准》（GB 9663—1996）中规定了室内空气中细菌总数的标准值，是最早的生物气溶胶环境标准值（表 1.30）。2002 年颁布的《室内空气质量标准》（GB/T 18883—2002），细菌总数的标准值为 2500 CFU/m³，对空气中的真菌没有限值，该标准一直沿用至今。2012 年规定了空调系统送风的细菌浓度和真菌浓度，并且要求合格的空气中，b-溶血性链球菌等致病微生物的检出值应为 0。针对医院这一特定场所，我国制定了专门的标准，ICU 等特殊病房也参照了该标准进行技术评价。标准限值的制定是以调研法为基础，参考国外标准，结合了生物分子学技术和公共卫生调研数据，研究微生物健康效应。我国至今发布的标准中关于空气微生物浓度的标准值不统一，并且只包含了总细菌的标准值，未规定真菌、病毒、支原体、衣原体等其他微生物的限值，而污水处理厂则完全没有相关规定和标准。表1.31汇总了我国在空气微生物方面的相关标准。

表1.30 旅店客房卫生标准值

项目		3~5星级饭店、宾馆	1~2星级饭店、宾馆和非星级带空调的饭店、宾馆	普通旅店、招待所
温度（℃）	冬季	>20	>20	≥16（采暖地区）
	夏季	<26	<28	—
相对湿度（%）		40~65	—	—
风速（m/s）		≤0.3	≤0.3	—
二氧化碳（%）		≤0.07	≤0.10	≤0.10
一氧化碳（mg/m^3）		≤5	≤5	≤10
甲醛（mg/m^3）		≤0.12	≤0.12	≤0.12
可吸入颗粒物（mg/m^3）		≤0.15	≤0.15	≤0.20
空气细菌总数	撞击法（CFU/m^3）	≤1000	≤1500	≤2500
	沉降法（个/皿）	≤10	≤10	≤30
台面照度（lx）		≥100	≥100	≥100
噪声［dB（A）］		≤45	≤55	—
新风量［m^3/(h·人)］		≥30	≥20	—
床位占地面积（m^2/人）		≥7	≥7	≥4

表1.31 国内生物气溶胶标准汇总

场所		总菌数	细菌数		真菌数	标准
		撞击法（CFU/m^3）	撞击法（CFU/m^3）	沉降法（个/皿）	撞击法（CFU/m^3）	
旅店客房	普通旅店、招待所	—	2500	30	—	《旅店业卫生标准》（GB 9663—1996）
	1~2星级饭店、宾馆和非星级带空调的饭店、宾馆	—	1500	10	—	
	3~5星级饭店、宾馆	—	1000	10	—	
文化娱乐场所	影剧院、音乐厅、录像厅（室）	—	4000	40	—	《文化娱乐场所卫生标准》（GB 9664—1996）
	游艺厅、舞厅	—	4000	40	—	
	酒吧、茶座、咖啡厅	—	2500	30	—	
理发店、美容店		—	4000	40	—	《理发店、美容店卫生标准》（GB 9666—1996）

续表

<table>
<tr><th rowspan="2" colspan="2">场所</th><th>总菌数</th><th colspan="2">细菌数</th><th>真菌数</th><th rowspan="2">标准</th></tr>
<tr><th>撞击法（CFU/m³）</th><th>撞击法（CFU/m³）</th><th>沉降法（个/皿）</th><th>撞击法（CFU/m³）</th></tr>
<tr><td colspan="2">游泳馆</td><td>—</td><td>4000</td><td>40</td><td>—</td><td>《游泳场所卫生标准》（GB 9667—1996）</td></tr>
<tr><td colspan="2">体育馆</td><td>—</td><td>4000</td><td>40</td><td>—</td><td>《体育馆卫生标准》（GB 9668—1996）</td></tr>
<tr><td colspan="2">图书馆、博物馆、美术馆</td><td>—</td><td>2500</td><td>30</td><td>—</td><td rowspan="2">《图书馆、博物馆、美术馆、展览馆卫生标准》（GB 9669—1996）</td></tr>
<tr><td colspan="2">展览馆</td><td>—</td><td>7000</td><td>75</td><td>—</td></tr>
<tr><td colspan="2">商场（店）、书店</td><td>—</td><td>7000</td><td>75</td><td>—</td><td>《商场（店）、书店卫生标准》（GB 9670—1996）</td></tr>
<tr><td colspan="2">医院候诊室</td><td>—</td><td>4000</td><td>40</td><td>—</td><td>《医院候诊室卫生标准》（GB 9671—1996）</td></tr>
<tr><td rowspan="2">公共交通等候室</td><td>候车室和候船室</td><td>—</td><td>7000</td><td>75</td><td>—</td><td rowspan="2">《公共交通等候室卫生标准》（GB 9672—1996）</td></tr>
<tr><td>候机室</td><td>—</td><td>4000</td><td>40</td><td>—</td></tr>
<tr><td rowspan="3">公共交通工具</td><td>旅客列车车厢</td><td>—</td><td>4000</td><td>40</td><td>—</td><td rowspan="3">《公共交通工具卫生标准》（GB 9673—1996）</td></tr>
<tr><td>轮船客舱</td><td>—</td><td>4000</td><td>40</td><td>—</td></tr>
<tr><td>飞机客舱</td><td>—</td><td>2500</td><td>30</td><td>—</td></tr>
<tr><td colspan="2">饭馆（餐厅）</td><td>—</td><td>—</td><td>40</td><td>—</td><td>《饭馆（餐厅）卫生标准》（GB 16153—1996）</td></tr>
<tr><td colspan="2">室内（未区分公共场所和住宅）</td><td>—</td><td>4000</td><td>45</td><td>—</td><td>《室内空气中细菌总数卫生标准》（GB/T 17093—1997）</td></tr>
<tr><td colspan="2">住宅和办公建筑物</td><td>2500</td><td>—</td><td>—</td><td>—</td><td>《室内空气质量标准》（GB /T 18883—2002）</td></tr>
</table>

续表

场所		总菌数	细菌数		真菌数	标准
		撞击法（CFU/m^3）	撞击法（CFU/m^3）	沉降法（个/皿）	撞击法（CFU/m^3）	
办公室及公众场所		—	8h 平均细菌浓度，卓越级<500，500≤良好级≤1000	—	—	中国香港特别行政区《办公室及公众场所室内空气质素检定计划指南》
室内（未区分公共场所和住宅）		—	1500	—	1000，但真菌浓度室内外比值≤1.3 者，不在此限	中国台湾第 1010106229 号《室内空气品质标准》
公共场所集中空调通风系统	送风	—	500，b-溶血性链球菌等致病微生物不得检出	—	500	《公共场所集中空调通风系统卫生规范》（WS 394—2012）
医院手术部	Ⅰ级手术室	—	手术区：5 周边区：10	手术区：0.2 CFU/30min · Φ90 皿 周边区：0.4 CFU/30min · Φ90 皿	—	《医院洁净手术部建筑技术规范》（GB 50333—2013）
	Ⅱ级手术室	—	手术区：25 周边区：50	手术区：0.75CFU/30min · Φ90 皿 周边区：1.5CFU/30min · Φ90 皿	—	
	Ⅲ级手术室	—	手术区：75 周边区：150	手术区：2 CFU/30min · Φ90 皿 周边区：4CFU/30min · Φ90 皿	—	
	Ⅳ级手术室	—	—	6CFU/30min · Φ90 皿	—	
	Ⅰ级洁净辅助用房	—	—	局部集中送风区：0.2CFU/30min · Φ90 皿，其他区域 0.4CFU/30min · Φ90 皿	—	

续表

场所		总菌数	细菌数		真菌数	标准
		撞击法（CFU/m³）	撞击法（CFU/m³）	沉降法（个/皿）	撞击法（CFU/m³）	
医院手术部	Ⅱ级洁净辅助用房	—	—	1.5CFU/30min · Φ90 皿	—	《医院洁净手术部建筑技术规范》（GB 50333—2013）
	Ⅲ级洁净辅助用房	—	—	4CFU/30min · Φ90 皿	—	
	Ⅳ级洁净辅助用房	—	—	6CFU/30min · Φ90 皿	—	

注：《旅店业卫生标准》（GB 9663—1996）、《理发店、美容店卫生标准》（GB 9666—1996）、《游泳场所卫生标准》（GB 9667—1996）、《体育馆卫生标准》（GB 9668—1996）、《图书馆、博物馆、美术馆、展览馆卫生标准》（GB 9669—1996）、《商场（店）、书店卫生标准》（GB 9670—1996）、《医院候诊室卫生标准》（GB 9671—1996）、《公共交通等候室卫生标准》（GB 9672—1996）、《公共交通工具卫生标准》（GB 9673—1996）和《饭馆（餐厅）卫生标准》（GB 16153—1996）的沉降菌采样方法按照《公共场所卫生标准检验方法》（GB /T 18204—2000），采样时间为 5 min；"—"表示未规定限值。

1.4 我国污水处理厂空气污染物控制存在的问题

我国开展城镇污水处理厂空气污染物控制及相关管理工作起步较晚，且对于城镇污水处理厂的建设与运营历来重"水"，其次是"泥"，而忽视了产生的空气污染物带来的健康危害和环境空气污染问题。我国在城镇污水处理厂空气污染物监测、排放标准和污染控制等方面与发达国家相比还存在一定差距。

1.4.1 恶臭气体方面

目前，国内外有关城镇污水处理厂污水处理过程恶臭气体排放的研究，主要集中在处理单元周边环境空气和污水中恶臭气体的浓度监测方面，对由污水到大气的实际排放过程的研究较少，对排放到环境空气中暴露和扩散的研究较少，包括污水处理工艺和污水水质等因素对污水处理过程中恶臭气体排放的影响。另外，目前的研究对污水处理厂排放恶臭气体主要成分的确定仅通过恶臭气体浓度的大小来确定，忽略了恶臭气体嗅阈值的不同带来的人类感官差异影响，易导致恶臭气体的主成分和关键污染点位识别不准确。此外，关于暴露在城镇污水厂产生的恶臭气体中人体受到的健康影响和风险情况，国内外鲜有报道。

1.4.2 VOCs 方面

目前，我国对污水处理厂大气污染物的重视程度还不够，从污染物来说仍以传统的恶臭气体为主。从管理模式来说，大多数污水处理厂没有密封加盖处理，大气污染物仍处于无组织排放的状态。因此，针对污水处理厂的VOCs污染物，主要存在两方面问题，一是VOCs排放未纳入城镇污水处理厂空气污染物的标准体系中，造成监管体系上的遗漏；二是由于未纳入监管，目前国内对污水处理厂排放VOCs的研究较少，VOCs排放总量、排放特征及其特征污染物没有系统性的研究，继而又导致VOCs不具备纳入监管体系的科学依据。

1.4.3 生物气溶胶方面

尽管对污水处理厂产生的生物气溶胶有了一定的了解，但尚不能全面揭示生物气溶胶逸散特征与产生机制，主要存在以下不足：

（1）生物气溶胶中微生物种类识别不全面。目前的生物气溶胶的检测主要采用传统的微生物培养计数和分离鉴定方法。然而，自然界中超过90%的微生物是不可培养的。因此，检测结果不能全面反映生物气溶胶中微生物的多样性和菌群结构。

（2）污水处理厂生物气溶胶逸散情况不明。截至2019年，全国已建成的城镇污水处理厂总计9213座，采用的污水处理工艺类型众多。我国幅员辽阔，不同地域的污水水质千差万别。并且生物气溶胶的产生、扩散以及传输与空气温度、湿度、光照、风速等环境条件密切相关。目前，我国不同地域、采用不同处理工艺的城镇污水处理厂在不同季节生物气溶胶的逸散特征与排放量尚不明确。

（3）生物气溶胶的生成及影响机制不清楚。已有研究表明，不同驱动方式，如鼓风曝气、机械搅拌、跌水等，产生的生物气溶胶数量和粒径分布有明显差异。但是，不同驱动方式对生物气溶胶形态与组分的影响、产生机制、扩散特征以及影响因素方面研究较少。也很少涉及微生物气溶胶的控制技术，尤其是在污水处理产生的微生物气溶胶的削减与控制方面。

截至目前，我国尚未建立针对污水处理厂的生物气溶胶的排放控制标准。新型冠状病毒肺炎（COVID-19）、SARS和H1N1型流感等接连在全球范围内爆发，作为一种潜在的传播途径，空气中的生物气溶胶问题受到广泛关注。近期，英国、荷兰、西班牙、意大利、美国、瑞典等国家的研究人员相继从生活污水中检测到新型冠状病毒（SARS-Cov-2）的踪迹。因此，针对污水处理产生的生物气溶胶需要加强监测与管理，研发有效的削减和控制技术。

1.5 本书编写的目的与内容

污水处理厂在污水和污泥处理过程中会排放空气污染物，随着我国城镇污水处理量的增长，污水和污泥处理所带来的空气污染物的排放总量将显著增加，迫切需要针对污水处理厂所排放的空气污染物开展相关的观测与科学研究，加强污水处理厂排放的空气污染物的监测与统计分析，研究污水处理厂空气污染物的排放特征、扩散规律、排放标准和控制技术，构建城镇污水处理空气污染物排放监管体系。

因此，本书编写的目的就是针对我国城镇污水处理厂排放的空气污染物开展系统研究，建立城镇污水典型处理工艺的空气污染物排放的现场监测方法，研究城镇污水典型处理工艺空气污染物的排放特征（排放强度、排放规律和减排关键控制位点），获得城镇污水处理厂空气污染物排放系数，构建污水处理厂空气污染物全流程控制运行与监管技术体系，提出适合我国国情的污水处理厂空气污染物的减排策略，这些研究成果可为政府制定城镇污水处理厂空气污染物控制的政策和环境管理提供科学准确的参考数据。

本书共分为9章，主要包括：城镇污水处理厂空气污染物监测方法；城镇污水处理厂恶臭气体、VOCs和生物气溶胶的排放特征研究；城镇污水处理厂空气污染物扩散规律；城镇污水处理厂典型空气污染物控制技术方案；城镇污水处理典型空气污染物厂界排放限值和城镇污水处理空气污染物排放监管体系的构建。

参考文献

杜亚峰，李军，赵珊，等. 2018. 污水处理厂恶臭气体分布规律及挥发性气体定量评价. 净水技术，37（07）：69-74.

冯志诚. 2009. 城镇典型恶臭源的挥发性有机物的分子标志物初步研究. 广州：暨南大学.

高敏，李琳，刘俊新，2010. 典型城镇污水处理工艺微生物气溶胶逸散研究. 给水排水，36（9）：146-150.

黄岑彦，林佳梅，佟磊，等. 2018. 污水处理厂的挥发性有机物排放特征及健康风险评价. 环境污染与防治，40（06）：704-709.

黄力华，刘建伟，夏雪峰，等. 2015. 城镇污水处理厂典型气体污染物产生特性研究. 科学技术与工程，15（03）：295-299.

刘建伟，周竞男，马文林. 2013. 北京市某城镇污水处理厂微生物气溶胶污染特性研究. 环境污染与防治，35（06）：1-4+31.

刘舒乐，王伯光，何洁，等. 2011. 城镇污水处理厂恶臭挥发性有机物的感官定量评价研究. 环境科学，32（12）：3582-3587.

潘军. 2018. 城镇污水处理厂污水处理工艺对VOCs挥发特征影响的分析. 江西化工，（03）：72-73.

盛彦清. 2007. 广州市典型污染河道与城镇污水处理厂中恶臭有机硫化物的初步研究. 广州：中国科学院研究生院（广州地球化学研究所）.

宋璐，王灿，孟格，等. 2020. 气载致病微生物和空气消毒技术. 中国给水排水，36（06）：37-44.

苏雷燕，赵明，李岩，等. 2013. 环境空气中挥发性有机物（VOCs）光化学行为的研究进展. 绿色科技，（11）：178-182.

唐小东. 2011. 城市污水处理厂挥发性有机恶臭污染物的来源及感官定量评价. 广州：暨南大学.

王秀艳，易忠芹，王钊，等. 2013. 污水处理厂恶臭气体健康风险评估. 土木建筑与环境工程，35（05）：50-54.

王钊，王秀艳，高爽，等. 2013. 天津市纪庄子污水处理厂恶臭气体排放研究. 环境工程学报，7（04）：1459-1464.

杨俊晨. 2011. 污水处理厂挥发性有机物分布特性与逸散规律研究. 哈尔滨：哈尔滨工业大学.

杨俊晨，黄丽坤，袁中新，等. 2011. 哈尔滨某污水处理厂挥发性有机物种分析. 黑龙江大学自然科学学报，28（02）：246-249+253.

杨庆，李洋，崔斌，等. 2019. 城市污水处理过程中恶臭气体释放的研究进展. 环境科学学报，39（07）：2079-2087.

郁庆福，郭奕芳，卢玲，等. 1991. 污水微生物气溶胶对大气污染的研究. 中国卫生检验杂志，（02）：

70-73.

周咪，王伯光，赵德骏，等. 2011. 城市污水处理厂恶臭挥发性羰基化合物的排放特征. 环境科学，32（12）：3571-3576.

Aatamila M, Verkasalo P K, Korhonen M J, et al. 2011. Odour annoyance and physical symptoms among residents living near waste treatment centres. Environmental Research, 111 (1): 164-170.

Derwent R G, Jenkin M E, Saunders S M, et al. 2003. Photochemical ozone formation in north west Europe and its control. Atmospheric Environment, 37 (14): 1983-1991.

Gangamma S, Patil R S, Mukherji S. 2011. Characterization and proinflammatory response of airborne biological particles from wastewater treatment plants. Environmental Science & Technology, 45 (8): 3282-3287.

Kowalski M, Wolany J, Pastuszka J S, et al. 2017. Characteristics of airborne bacteria and fungi in some Polish wastewater treatment plants. International Journal of Environmental Science and Technology, 14 (10): 2181-2192.

Laaksonen A, Kulmala M, O'Dowd C D, et al. 2008. The role of VOC oxidation products in continental new particle formation. Atmospheric Chemistry and Physics, 8 (10): 2657-2665.

Lehtinen J, Veijanen A. 2011. Determination of odorous VOCs and the risk of occupational exposure to airborne compounds at the waste water treatment plants. Water Science and Technology, 63 (10): 2183-2192.

Nagata Y, Takeuchi N. 1980. Relationship between concentration of odorants and odor intensity. Bulletin of Japan Environmental Sanitation Center, 7: 75-86.

Pascual L, Pérez-Luz S, Yáñez M A, et al. 2003. Bioaerosol emission from wastewater treatment plants. Aerobiologia, 19 (3): 261-270.

Prazmo Z, Krysinska-Traczyk E, Skorska C, et al. 2003. Exposure to bioaerosols in a municipal sewage treatment plant. Annals of Agricultural and Environmental Medicine, 10 (2): 241-248.

Sanchez-Monedero M A, Stentiford E I, Urpilainen S T. 2005. Bioaerosol generation at large-scale green waste composting plants. Journal of the Air & Waste Management Association, 55 (5): 612-618.

Sucker K, Both R, Winneke G. 2009. Review of adverse health effects of odours in field studies. Water Science and Technology, 59 (7): 1281-1289.

Tsigaridis K, Kanakidou M. 2007. Secondary organic aerosol importance in the future atmosphere. Atmospheric Environment, 41 (22): 4682-4692.

Vasconcelos J, Leong L Y, Smith J J W E a T. 1991. VOC emissions and associated health risks. Volatile Organic Compounds, 3 (5): 47-50.

Witherspoon J, Allen E, Quigley C. 2004. Modelling to assist in wastewater collection system odour and corrosion potential evaluations. Water Science and Technology, 50 (4): 177-183.

Zarra T, Naddeo V, Belgiorno V. 2009. A novel tool for estimating the odour emissions of composting plants in air pollution management. Global Nest Journal, 11 (4): 477-486.

第2章 城镇污水处理厂空气污染物监测方法

2.1 城镇污水处理厂空气污染物监测方法的现状分析

2.1.1 恶臭气体监测方法的现状分析

城镇污水处理厂恶臭气体的监测主要包括恶臭气体的组分和浓度测定两个方面。其中，恶臭气体浓度的测定主要有感官测定法和仪器分析法，如图2.1所示。

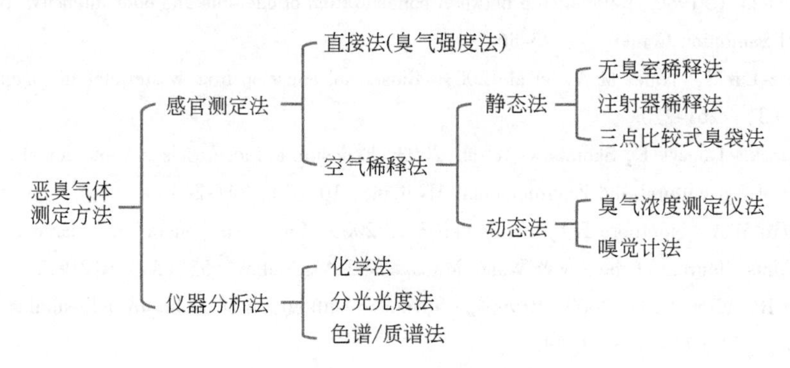

图2.1 恶臭气体的监测方法

1. 恶臭气体浓度表示

对于城镇污水处理厂产生的恶臭气体的污染程度可以用两类指标来衡量，一个是组分浓度指标，另一个是臭气强度指标。对于恶臭气体组分简单的样品可以用组分浓度指标表示，对于组分复杂的恶臭气体适合采用臭气强度来表示。

(1) 恶臭气体浓度指标

①体积分数。恶臭气体的体积分数是指每立方米空气中含有恶臭污染物的体积分数，常用的单位有ppm（part per million，10^{-6}）和ppb（part per billion，10^{-9}）。

②质量浓度。恶臭气体的质量浓度是指每立方米空气中含有恶臭污染物的质量数，常用的单位有mg/m^3和$\mu g/m^3$。

③在标准状况下，恶臭气体体积分数和质量浓度的换算关系如公式（2.1）所示。

$$X = M \times C_v / 22.4 \tag{2.1}$$

式中，X 为恶臭气体质量浓度（mg/m^3）；M 为恶臭气体相对分子量；C_v 为恶臭气体体积分数（ppm）。

由公式（2.1）可得 $1ppm = M/22.4mg/m^3 = 1000M/22.4\mu g/m^3$。

使用质量浓度单位作为恶臭气体浓度的表示方法，可以方便计算出恶臭气体污染物的量。但是，质量浓度与检测气体的压力和温度等环境条件有关，其数值会随着气体压力、温度等环境条件的不同而变化，实际监测时需要同时测定其大气的压力与温度。而使用体积分数描述恶臭气体浓度，不会出现此种问题。

（2）恶臭气体的臭气强度与散发率

臭气强度指人们通过嗅觉感觉到的气味的强弱程度，是比较常用的一个表征恶臭气体对环境影响的指标。由于单质恶臭气体的分离和定量还存在一定的困难，且各成分加成、协同和拮抗作用的原理尚未清楚掌握，所以一般用臭气强度进行表示，臭气强度与浓度的关系可用 Weber-Fechner Law 表示，如公式（2.2）所示。

$$I = \lg k_1 + k_2 \lg C_{od} \tag{2.2}$$

式中，I 为臭气强度；C_{od} 为臭气物质化学浓度；k_1 和 k_2 为常数。

对于单一臭气而言，也可以采用其他几种模型计算臭气强度。当恶臭气体的组分不是一种时，各个恶臭气体的总和为总臭气强度。

Power Law 模型臭气强度的计算公式（2.3）：

$$I = k_1 C_{od}^n \tag{2.3}$$

式中，I 为臭气强度；C_{od} 为臭气物质化学浓度；k_1、n 为常数。

Stevens 模型臭气强度的计算公式（2.4）：

$$I = k(C_{od} - C_{thr}) \tag{2.4}$$

式中，I 为臭气强度；C_{od} 为臭气物质化学浓度；C_{thr} 为臭气物质臭阈值；k 为常数。

臭气散发率（odor emiision rate，OER）是评价恶臭污染源排放强度的重要参数，如公式（2.5）所示。当排气筒高度较低，用大气扩散模型预测臭气强度比较困难时，可以通过相似设施类比调查来计算臭气强度，并根据稀释比来推定排气筒的臭气浓度。

$$\mathrm{OER} = Q \times C_{od} \tag{2.5}$$

式中，OER 为臭气散发率（$\mu g/min$）；Q 为单位时间内气体排放量（m^3/min）；C_{od} 为臭气物质化学浓度（mg/L）。

此外，不同的恶臭气体会给人以不同的嗅觉感觉，对不同恶臭气体性质的描述还缺乏统一的规范。其主要原因有：①恶臭气体种类过多，常见的单质恶臭气体就有十几种，复合恶臭气体更多；②即使对于同一种恶臭气体，不同人对其性质也会有不同的描述。

2. 恶臭气体的感官评价方法

感官评价法主要侧重于以恶臭气体对人影响程度来表征恶臭气体的恶臭情况。感官评价法分为直接法和空气稀释法。

（1）直接法

直接法是以人的嗅觉器官作为检测器，依据感觉到的臭气强度直接与强度标准进行比较，对恶臭气体的强弱以等级强度来表示，具有广泛的适用性。不同的国家和地区使用不同的臭气强度等级。臭气强度在大多数欧洲国家使用5级制（表2.1），美国使用分8级（表2.2）。

表2.1 欧洲臭气强度分级

臭气强度	臭气嗅觉感觉
0	无气味
1	轻微感到有气味
2	明显感到有气味
3	感到有强烈的气味
4	无法忍受的强烈气味

表2.2 美国臭气强度分级

臭气强度	臭气嗅觉感觉
0	无臭
0.2	嗅觉阈值，恰好可以判别
0.5	微
1.0	轻
1.5	轻或中等
2.0	中等
2.5	中等
3.0	强

我国采用的臭气强度分类等级是和日本相同的6级恶臭强度分制（表2.3）。

表2.3 我国臭气强度分级

臭气强度	臭气嗅觉感觉
0	无味
1	较轻
2	中等
3	较强
4	强烈
5	无法忍受

该方法实施简便、无需测试仪器、反应直观，能使非专业人士清楚明了地掌握恶臭气体检测结果。然而，该方法不适合对高浓度的恶臭气体进行检测，且不同等级之间非等距离。

（2）空气稀释法（臭气浓度法）

空气稀释法是用空气逐级稀释，直至无法嗅辨时的稀释倍数，稀释的方法分为静态稀释和动态稀释。其中，静态稀释法又分为无臭室法、注射器法和三点比较式臭袋法。

①无臭室法。让嗅辨员进入使用玻璃或者不锈钢材料做成的气密型小屋，通过空气嗅闻稀释过的臭气，辨别是否有臭味。这种方法精度高，但设备造价高且不便于搬运。

②注射器法。用玻璃注射器作为稀释容器，通过注射器将稀释样品推入人鼻，以辨别有无臭味。这种方法操作简便，但精度不高；注射器体积有限，难以培植出高稀释倍数的样品。

③三点比较式臭袋法。使用专用臭袋，分 3 袋为一组，每组中只有一袋装有按照一定比例稀释过的臭气试样，另外两袋为无臭空气；让多个嗅辨员闻嗅臭袋中的气体，嗅辨员通过 3 袋臭气比较从中辨别出有臭气的试样袋，然而逐级稀释，直到所有嗅辨员都闻不出臭气位置；最后，按照嗅辨员在不同稀释倍数中的正解答率做统计分析，得到臭气浓度。

本方法精度相对较高，检测的重复性和再现性好，嗅辨员个体之间的误差小。我国于 1993 年发布的《空气质量　恶臭的测定》（GB/T 14675—1993）就是基于三点比较式臭袋法。由于人的嗅觉机理复杂，对同一味道不同人表现出来的差异性很大，灵敏度也因人而异。因此，长时间的嗅觉刺激导致的疲劳、各种恶臭气体的混合效应以及人为因素，都会显著影响检测结果。更重要的是，本方法的根本问题在于不能说明恶臭气体的具体成分和精确含量。

动态稀释法是使用仪器设备对臭气样品进行连续稀释后，再供人嗅辨的方法。通常，一系列经过稀释的恶臭气体混合物，以一定的速度释放出来，一组嗅辨员依次从 2 ~ 3 个嗅杯中选择有气味的一个并对他们判断结果的自信度做出估计：“猜测”“大概”或“确定”。他们在每个稀释水平上的判断结果和辨别过程中的自信度将被记录下来，经过数学统计方法计算出样品恶臭气体的臭气浓度。该方法的特点是其分析结果的标准偏差明显优于三点比较式臭袋法的分析结果。

3. 气–水界面的采样方法

美国环保署（US–EPA）推荐了一种基于陆地表面气体通量计量的“通量箱（flux chamber）”技术，可以借鉴用于城镇污水处理厂空气污染物排放通量的检测。“通量箱”成套装置包括能漂浮于水面的浮体、截面积固定的气体收集罩、测温系统、气体混合和吹扫系统、采样装置等（图 2. 2）（Czepiel et al.，1995）。该装置通过吹扫气使集气罩内的气体混合并进入采样和分析系统，这种采样方法已成功地运用于污水处理厂及其他工业操作单元液面气体排放通量研究，以及用于河流和水库液面温室气体的实时监测研究。

该装置有一个浮于液面之上的密闭空间，恶臭气体在这里以连续或分散的方式收集。由于覆盖于通量箱之下的液面面积可以测量，因此就可以依此来计算水中某种气态化合物的释放通量。通量箱总是处于反应池之上的，内部安装了气体循环装置，使收集到的气体更均匀，更具有代表性。通量箱法也是目前 US–EPA 公认的少有的几个能用于气体释放通量监测的装置之一。但该方法存在的缺点是需要一个稳定的载气源及气体收集装置，携带不便。

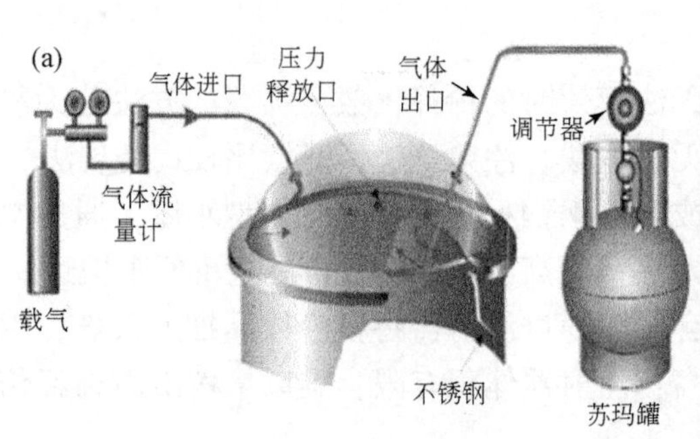

图 2.2 “通量箱”装置图

(a) 工作原理示意图；(b) 现场监测实物照片

美国研究人员还开发了一种“风隧道（wind tunnel）”的通量检测方法（图 2.3），工作原理是在隧道一侧利用空气进行吹扫，将隧道中的污染物从另外一侧排出进入监测系统，采集样品主要在进、出气口管道和通量罩之间进行。风隧道主要由进气装置、扩张部分、通量罩、收缩部分、出气装置和悬浮液沉积槽组成。本方法主要适用于实验室或是有条件的现场试验中监测排放通量高的气体，这是由于待测空气污染物从水表面释放出来会被空气稀释，稀释后待测气体浓度过低会导致测量结果误差很大。另外，风隧道法对于监测时风速的控制十分依赖，不稳定的气流或者是气流的实时监测数据不准确会造成较大的系统误差。除通量罩和沉积槽之外，风隧道主体用不锈钢制作，这些都导致其构造较为复杂，所以势必会增加仪器的重量和成本。

图 2.3 “风隧道”采样装置照片

针对水面逸散气体的监测，美国还使用了改进的“平衡箱（equilibrium chamber）”方法。该方法的工作原理是用一个箱体罩住水面，在初始时刻采集样品，并分析空气污染物瞬时浓度；然后在不同时间采集气体样品，分析空气污染物浓度随时间的变化规律，通过曲线回归分析得到逸散通量。“平衡箱”采样装置示意如图 2.4 所示。

4. 非气-水界面的采样方法

城镇污水处理厂非气-水界面空气污染物的监测主要针对封闭空间（如格栅间、污泥

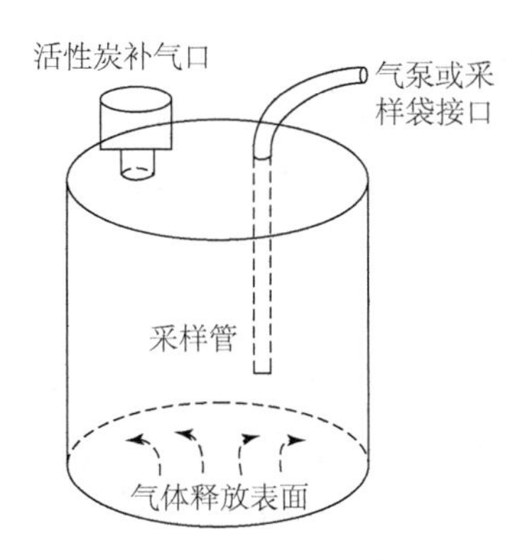

图 2.4　“平衡箱”采样装置示意图

脱水机房等)、厂区与厂界及有组织排放源。对封闭空间中空气污染物的监测,《工作场所空气中有害物质监测的采样规范》（GB Z 159—2004）中有较成熟的监测方法可以借鉴。城镇污水处理厂厂内与厂界空气污染物的监测，属于无组织排放的监测，其监测方法在《大气污染无组织排放监测技术导则》（HJ/T 55—2000）也有相关规定。

目前，我国部分城镇污水处理厂设置了废气处理装置，经过净化处理后的低浓度尾气通过排气筒有组织排放。对于这些有组织排放的废气源，我国于 1996 年制定了《固定污染源排气中颗粒物测定与气态污染物采样方法》（GB /T 16157—1996)，对有组织排放部分气态污染物采样方法进行了规定。美国针对有组织排放的废气检测研发了一种“肺呼吸(lung method)”采样技术，该方法的工作原理是将采样袋放置在一个密封容器中，采样袋通过管线连接到监测点位，在真空泵抽吸作用下，密封容器中采样袋周围产生负压使得采样袋打开采集空气样品。“肺呼吸”监测法的工作原理见图 2.5。

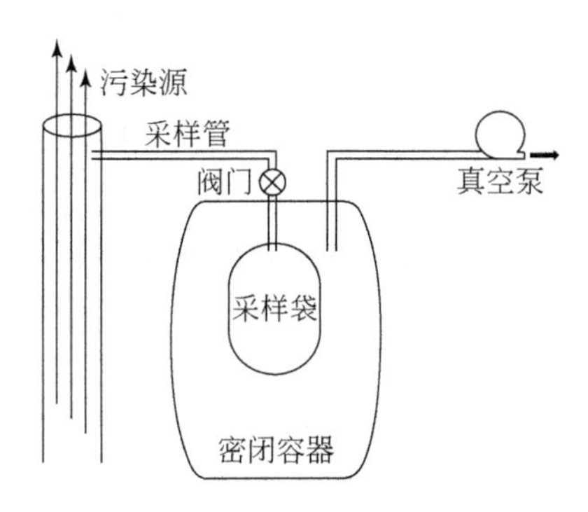

图 2.5　有组织排放源的“肺呼吸”法监测原理示意图

5. 氨气的分析方法

恶臭气体中氨气的测定有纳氏试剂分光光度法、次氯酸钾-水杨酸分光光度法、靛酚蓝分光光度法和氨气敏电极法。其中，纳氏试剂分光光度法、次氯酸钾-水杨酸分光光度法和氨气敏电极法已被列入空气质量中氨气的测定标准方法。

（1）纳氏试剂分光光度法

本方法用稀硫酸溶液吸收氨，以铵离子形式与纳氏试剂反应生成黄棕色络合物，该络合物的色度与氨的含量成正比，在420nm波长处进行分光光度测定。该方法采样体积为2.5～10.0L，测量范围为0.5～800mg/m^3，最低检出限为0.25mg/m^3。

（2）次氯酸钾-水杨酸分光光度法

本方法用稀硫酸溶液吸收氨后，生成硫酸铵。在亚硝基铁氰化钠的存在下，铵离子、水杨酸和次氯酸钠反应生成蓝色化合物，该络合物的色度与氨的含量成正比，在697nm波长处进行分光光度测定。采样体积为10～20L时，测量范围为0.08～110mg/m^3，最低检出限为0.1μg/m^3，有机胺浓度大于1.0mg/m^{3}时，此方法不适用。

（3）氨气敏电极法

氨气敏电极为复合电极，以pH玻璃电极为指示电极，银-氯化银电极为参比电极。此电极对置于盛有0.1mol/L氯化铵内充液的塑料套管中，管底用一张微孔疏水膜与试液隔开，并使透气膜与pH玻璃电极间有一层很薄的液膜。当测定由0.05mol/L硫酸吸收液所吸收的大气中氨时，加入强碱，使铵盐转化为氨，由扩散作用通过透气膜（水和其他离子均不能通过透气膜），使氯化铵电解质液膜层内氨的解离反应［反应式（2.6）］向左移动，引起氢离子浓度改变，由pH玻璃电极测得其变化。在恒定的离子强度下，测得的电极电位与氨浓度的对数呈线性关系。由此，可以从测得的电位值确定样品中氨的含量。本方法的检测限为0.07mg/L。

$$NH_4^+ \longrightarrow NH_3 + H^+ \tag{2.6}$$

6. VSCs的分析方法

紫外-可见分光光度法是利用恶臭物质与显色试剂反应，生成的某些化学官能团对紫外或可见光具有吸收作用，发生电子能级跃迁，产生相应的吸收光谱，通过光谱的最大吸收波长进行定量的方法。臭气中的二硫化碳和硫化物可以经显色后分别在430nm和665nm处进行紫外可见光分析。分析结果与臭气采集的臭气时间与流量密切相关。臭气中的硫化氢组分可以在被多孔玻板富集后，和硝酸银反应产生硫化银溶胶，在422nm可见光进行分析。虽然紫外可见分光光度法分析快速、使用便捷，但其检测下限通常较高，需要较高倍数的富集，因此受到一定的使用限制。

色谱法是一种依据被检测组分与固定相间的分配系数不同，通过多次吸附-解析的分配过程，将混合臭气在时间上分离的一种分析检测方法。高效分离的特性使得色谱法在分析臭气VSCs组分时更具有优越性。在分析臭气中的VSCs时，通常采用低温冷阱对臭气中的VSCs进行预浓缩富集，再通过气相色谱完成对VSCs被分析组分的高效分离，最后通过火焰光度检测器（FPD）或质谱仪（MS）对分离后的VSCs进行分析。在分析过程中，可以依据分析VSCs组分的不同，选择合适的固定相和预浓缩的富集装置。表2.4为VSCs色谱分析常用富集方法、色谱柱与检测器。

目前，我国《空气质量　硫化氢、甲硫醇、甲硫醚和二甲二硫的测定　气相色谱法》（GB/T 14678—1993）标准中使用的就是气相色谱法。该方法使用经过真空处理的1.0L采气瓶采集 VSCs 样品。对于 VSCs 含量较高的气体样品，可直接用注射器从采气瓶中取样；当 VSCs 浓度低于色谱检出限时，需要采用预浓缩设备进行浓缩后，进入气相色谱分析；待检测组分经色谱分离后，由 FPD 检测器进行定量分析。本方法适用于硫化氢、甲硫醇、甲硫醚和二甲二硫的同时测定。气相色谱仪的 FPD 检测器对上述四种成分的检测范围为 $0.2\times10^{-9}\sim1.0\times10^{-9}$g。

表 2.4 VSCs 色谱分析常用富集方法、色谱柱与检测器

采样富集方法与装置	色谱柱	固定相	检测器	分析对象
无	HP-1	二甲基聚硅氧烷	GC-SCD（硫化学发光检测器）	硫化氢、二甲二硫、甲硫醇、二硫化碳
	HP-5	5%-苯基甲基聚硅氧烷		
罐采样-低温冷阱浓缩	DB-5	5%-苯基甲基聚硅氧烷	GC-MS（EI 源）	7 种常见 VSCs
CAR-PDMS 固相微萃取冷凝富集	SPB-1 Sulfur	键合 100% 二甲基聚硅氧烷	GC-FPD（硫火焰光度检测器）	7 种常见 VSCs
定量环（1.0mL）-六通阀	PTFE 色谱柱	100% 磷酸三甲苯酯 无水氯化钙干燥	GC-FPD（硫火焰光度检测器）	硫化氢
Silica Gel 吸附剂/不锈钢管	PoraPLOT-Q	键合聚苯乙烯-二乙烯基苯色谱柱	GC-MS（APCI 源）	二甲二硫、甲硫醚
Silica Gel 吸附剂/不锈钢管	无	无	GC-FPD	二甲二硫、甲硫醚

7. 电子鼻法

电子鼻也称为人工嗅觉系统，是一种由具有选择性的电化学传感器阵列和恰当的模式识别装置共同组成的仪器，能识别简单或复杂的恶臭气体气味。

电子鼻一般由气体传感器阵列、数据信号采集预处理、模式识别三大单元构成，其工作原理为：利用传感器模拟生物嗅觉系统感应气体中的化学成分，且存在于阵列中的每个传感器都有其特点的功能特性；对于被测气体各自具有的灵敏度不同，其产生的相应的响应值也不同，从而产生测量陈述物理量的变化；采用模式识别技术对来自传感器阵列的非线性信号有效的数据处理，最终识别被测混合气体的组分与浓度。

目前，阵列中的传感器通常有金属氧化物气体传感器、导电聚合物传感器、石英晶体微平衡传感器、表面声波传感器等。其中，以金属氧化物气体传感器和导电聚合物传感器的应用最为普遍。电子鼻可以在长时间内进行连续、实时监测特定位置的恶臭气体情况，能够进行在线原位分析。目前，传感器法监测恶臭气体并不属于国家或行业规定的标准方法，其监测结果只能作为参考，不能作为执法的依据。

2.1.2 VOCs监测方法的现状分析

随着VOCs管控越来越严格，VOCs监测方法也在不断发展。我国现行排放标准中VOCs有两种表征方式：非甲烷总烃和TVOC。大部分排放标准对于有组织排放源采用非甲烷总烃进行表征，2019年发布的《制药工业大气污染物排放标准》（GB 37823—2019）、《涂料、油墨及胶黏剂工业大气污染物排放标准》（GB 37824—2019）等标准中采用TVOC表征。不同表征方式意味着采用不同的监测方法。非甲烷总烃通常采用规定的监测方法，氢火焰离子化检测器有响应除甲烷外的气态有机化合物的总和，以碳的质量浓度计。TVOC采用规定的监测方法，对废气中的单项VOCs物质进行测量，加和得到VOCs物质的总量，以单项VOCs物质的质量浓度之和计。实际工作中，对占总量90%以上的单项VOCs物质进行测量，加和得出TVOC。按照监测对象可分为环境空气、室内空气、固定污染源、设备泄漏与敞开液面四类VOCs监测分析方法。当前，国内外VOCs的监测方法、适用范围及特点见表2.5（江梅等，2015；夏邦寿等，2014）。

实际监测中，固定污染源非甲烷总烃主要采用《固定污染源废气　总烃、甲烷和非甲烷总烃的测定　气相色谱法》（HJ 38—2017）；环境空气VOCs通常采用《环境空气　挥发性有机物的测定》（HJ 644—2013）、《环境空气 总烃的测定》（HJ 604—2011）等。对于单项VOCs物质的监测方法主要包括《固定污染源废气　挥发性有机物的测定 固相吸附-热脱附/气相色谱-质谱法》（HJ 734—2014）（24种挥发性有机物）、《固定污染源排气中甲醇的测定　气相色谱法》（HJ/T 33—1999）、《固定污染源排气中氯乙烯的测定　气相色谱法》（HJ/T 34—1999）、《固定污染源排气中乙醛的测定　气相色谱法》（HJ/T 35—1999）、《固定污染源排气中丙烯醛的测定　气相色谱法》（HJ/T 36—1999）、《固定污染源排气中丙烯腈的测定　气相色谱法》（HJ/T 37—1999）、《固定污染源排气中氯苯类的测定　气相色谱法》（HJ/T 39—1999）。对于设备泄漏和敞开液面，国内通常采用《泄漏和敞开液面排放的挥发性有机物检测技术导则》（HJ 733—2014）进行监测。

从表2.5可以看出，VOCs的监测方法普遍为气相色谱法，辅以不同检测器，形成气相色谱-质谱联用法（GC-MS）、气相色谱-光离子化监测器（GC-PID）、气相色谱-氢火焰离子检测器（GC-FID）、气相色谱-电子捕获检测法（GC-ECD）等。不同的检测方法呈现不同的表征特性。城镇污水处理厂排放VOCs种类复杂，且具有不确定性，因此其定性和定量监测采用较多的是GC-MS，这种方法相对成熟，结果准确可靠，遇到不确定色谱峰可采用质量检测器（MSD）鉴别。

2.1.3 生物气溶胶监测方法现状分析

《室内空气质量标准》（GB 18883—2002）和《环境空气质量标准》（GB 3095—2012）将撞击法规定为空气中细菌总数的采集方法。撞击法是将空气中稀疏散布的微生物气溶胶采集到有限表面积和小体积的介质中，再采取相应的技术加以分析。其他的生物气溶胶采集方法还包括离心涡旋法、静电场沉降法和过滤阻留法等。空气中生物气溶胶的分析方法

表 2.5　国内外 VOCs 检测方法及表征情况

国家	污染源	检测方法	检测仪器	适用性	特点
中国	环境空气	《环境空气　挥发性有机物的测定》（HJ 644—2013）	吸附管采样－热脱附/GC-MS	用于测定环境空气中苯、甲苯等 35 种有机物浓度	结果准确可靠，测定成本高，VOCs 定性和定量较为成熟的方法，简洁快速，平行性好，准确度高，但受 FID 局限
		《环境空气　总烃的测定》（HJ 604—2011）	GC-FID	用于测定环境空气的总烃	
	室内空气	《室内空气质量标准》（GB/T 18883—2002）附录 C 室内空气中总挥发性有机物（TVOC）的检验方法	GC	用于测定从正己烷到正十六烷的所有化合物	应用范围广，灵敏度高，但不能对未知样品进行定性分析
	固定源	《固定污染源废气　总烃、甲烷和非甲烷总烃的测定　气相色谱法》（HJ 38—2017）	GC-FID	用于测定固定污染源的总烃、甲烷和非甲烷总烃	VOCs 定性和定量较为成熟的方法，简洁快速，平行性好，准确度高，但受 FID 局限，结果准确可靠，测定成本高
		《固定污染源废气　挥发性有机物的测定固相吸附－热脱附/气相色谱-质谱法》（HJ 734—2014）	固相吸附－热脱附/GC-MS	用于测定固定污染源废气中丙酮、苯、甲苯等 24 种有机物	
	设备泄漏与敞开液面	《泄漏和敞开液面排放的挥发性有机物检测技术导则》（HJ 733—2014）	FID/PID 等	适用于设备泄漏和敞开液面的 VOCs 监测	在美国方法 21 的基础上增加了敞开液面监测
美国	环境空气	EPAT 01-03	GC-MS	卤代烃、芳烃等非极性有机物	/
		EPAT 012	GC-FID	非甲烷有机物	
		EPAT 017	GC-MS	VOCs	
	室内空气	EPAIP1	GC-MS/FID	VOCs（80～200℃）	/
	固定源	EPA Method 18	GC-ECD/PID/FID	VOCs	/
		EPA Method 25	GC-FID	总气态非甲烷烃有机物（TGNMO）	
		EPA Method 25A	FIA	总气态有机物（TOC）	
日本	固定源	环境省告示第 61 号	FID	总碳氢化合物	/
英国	固定源	BS EN 13526—2002	FID	低浓度气态有机物	/

目前主要是借鉴水体和土壤微生物的分析和检测方法，如光学显微镜计数和培养计数法、光谱分析法（分子标志法），以及 PCR 技术的分析方法。

1. 生物气溶胶的采集方法

常用的生物气溶胶采集方法包括沉降法、惯性法和过滤法，每种方法各有其特点、技术原理和适用条件。

（1）自然沉降法

自然沉降也称重力沉降。1860 年研发和使用的 Pouchet Acroscope 是最早的利用粒子自然沉降原理，采集空气中的生物气溶胶的采样器。使用自然沉降法采集样品，结合显微镜观察，可以直观地辨别空气中颗粒物与微生物，曾用于研究空气颗粒物和疾病的关系。自然沉降法利用了空气微生物粒子的重力作用，在一定时间内将微生物粒子收集到带有培养基的平皿内，经过培养可以对微生物进行计数和分析鉴定，从而获得气溶胶中微生物的数量和种类方面的信息。19 世纪 80 年代至 20 世纪 50 年代，自然沉降法应用广泛，是研究室内空气气溶胶中可培养微生物的便捷有效的采集方法。自然沉降法的缺点是采样过程易受气流、风力等环境因素影响，无法获得不可培养微生物的数量以及生物气溶胶的粒径尺寸与分布等方面的信息。

（2）固体撞击式采样法

固体撞击式采样主要用于分析生物气溶胶中的微生物种类及粒径分布，具有采集效率高、粒谱范围宽、操作简便的优点。收集介质通常是培养基，易于微生物的培养和鉴定。因此，固体撞击式采样装置还具有灵敏度高、选择性好的特点。与自然沉降法相比，撞击法更具合理性、稳定性和科学性。能够检测活性粒子的粒径分布是其独有的特性，该种采样装置尤其适合采集空气中易沉着在人体呼吸道中的粒子，广泛用于分析和鉴定与获得性呼吸系统感染有关的致病微生物。

（3）液体冲击式采样法

液体冲击式采样是利用喷射气流的方式捕获空气中的微生物粒子。在取样瓶中加入适量收集介质，启动抽气泵，空气从吸收瓶入口处进入。由于入口末端喷嘴孔径狭小，气流速度加快；当速度达到一定程度后，微生物粒子冲击到收集介质中，利用液体的黏附性将微生物粒子捕获。液体冲击式采样的收集介质是无菌水、缓冲生理盐水或营养液等液体。液体具有缓冲作用，能够减少微生物的损伤。采用矿物油等黏度高的非蒸发性液体作为收集介质时，可以获得较高的捕集效能。在收集介质中加入适当的营养液或保存液，还可以长期保存样本以便随时分析检测。另外，使用该种装置采集的样品可以不经过培养而直接进行分析，既可以检测可培养微生物，也可以检测不可培养微生物，因此增加了检测生物气溶胶的范围，也能更全面地反映气溶胶中微生物的种群结构。

（4）过滤法

除了自然沉降法，基于过滤法的过滤式采样器是最简单的一类采样设备。其结构主要包括抽气装置和装有多孔滤膜的收集装置。当空气以一定速度穿过多孔滤膜时，微生物粒子被拦截并滞留在滤膜上。常用的滤膜材料包括玻璃纤维、聚氯乙烯、纤维素等，可捕获粒径在0.1～6μm范围的粒子。总悬浮颗粒物（TSP）采样器是典型的过滤式采样装置，目前是监测大气环境质量的主要仪器。用恒湿箱存放滤膜、采样期间调节湿度等方法，可以消除空气湿度的影响，提高分析结果的准确性。TSP-PM10-II型中流量颗粒物采样设备小型便携，可以无人值守全天候工作，还可以随时查阅监测数据，适用于采集空气环境监测中总悬浮微粒物。当配备不同的切割器时，还可以采集不同粒径大小的颗粒物。

2. 生物气溶胶的检测方法

微生物气溶胶的检测方法很多，有传统的培养计数法和基于DNA提取、PCR扩增的分子生物学方法等。分子生物学方法包括变性梯度凝胶电泳法（DGGE）、荧光原位杂交（FISH）、克隆文库、高通量测序等技术。

（1）培养计数法

培养计数法是传统的微生物特征检测方法，将采集的微生物样品经过培养繁殖生长成菌落后计数。通过分离、纯化和鉴定，还可以确定微生物的种类。培养计数法只能检测可培养的微生物，不能测定不能培养和死亡的微生物。因此，难以反映真实的环境微生物状况，很大程度上限制了对实验结果的判定。

（2）荧光原位杂交技术

荧光原位杂交技术（fluorescence *in situ* hybridization，FISH）是根据已知微生物不同分类级别上种群特异的DNA序列，以利用荧光标记的特异寡聚核苷酸片段作为探针，与环境基因组中DNA分子杂交，检测该特异微生物种群的存在与丰度。FISH技术是一种非放射性分子遗传学实验技术，其基本原理是将直接与荧光素结合的寡聚核苷酸探针或采用间接法用生物素、地高辛等标记的寡聚核苷酸探针与变性后的染色体、细胞或组织中的核酸按照碱基互补配对原则进行杂交，经变性-退火-复性-洗涤后即可形成靶DNA与核酸探针的杂交体，直接检测或通过免疫荧光系统检测，最后在荧光显微镜下显影，即可对待测DNA进行定性、定量或相对定位分析。

（3）定量PCR技术

PCR方法特异性强，操作简便、快速，尤其是最新发展的定量PCR的方法，不仅灵敏度高，检测速度快，还可以实现对DNA或RNA的绝对定量分析。因此，近几年基于PCR的分子生物学方法在生物气溶胶的分析研究中应用较多。实时定量PCR（qPCR）方法能够快速且精确地检测和量化禽舍空气中沙门氏菌属细胞浓度，简单的样本处理方法与PCR法相结合能够更全面反映室内环境中真菌气溶胶的存在水平。

（4）变性梯度凝胶电泳技术

变性梯度凝胶电泳（denatured gradient gel electrophoresis，DGGE）最初是Lerman等（1984）于20世纪80年代初期发明的，起初主要用来检测DNA片段中的点突变。Muyzer等（1993）在1993年首次将其应用于微生物群落结构研究。后来又发展出其衍生技术，温度梯度凝胶电泳（temperature gradient gel electrophoresis，TGGE）。此后十年间，该技术被广泛用于微生物分子生态学研究的各个领域，目前已经发展成为研究微生物群落结构的主要分子生物学方法之一。

通过逐渐增加的化学变性剂线性浓度梯度和线性温度梯度将长度相同但只有一个碱基不同的DNA片段进行分离，DGGE/TGGE技术能够提供微生物优势种类信息并同时分析多个样品，具有可重复和操作简单等特点，适合于调查种群的时空变化，并且可通过对条带的序列分析或与特异性探针杂交分析鉴定群落组成。

DGGE的优点：①几乎可以检出所有突变；②可将突变分子完好无损地同野生型分子分开，并用于进一步的分析；③无须标记；④电泳前只需一步操作；⑤可用于未经扩增的基因组DNA；⑥可检测出如甲基化的DNA修饰。

缺点：①需要专门设备和计算机对序列进行分析；②需要进行预实验及昂贵的“GC夹板”；③无法确定突变在DNA片段中位置；④需要使用含有毒性物质甲酰胺的梯度凝胶；⑤DNA片段大小限制在100～500bp。

（5）克隆文库

用重组DNA技术将某种生物细胞的总DNA或染色体DNA的所有片段随机地连接到基因载体上，然后转移到适当的宿主细胞中，通过细胞增殖而构成各个片段的无性繁殖系（克隆），在制备的克隆数目多到可以把某种生物的全部基因都包含在内的情况下，这一组克隆的总体就被称为某种生物的基因文库。

一个基因文库中应包含的克隆数目与该生物的基因组的大小和被克隆DNA片段的长度有关。原核生物的基因组较小，需要的克隆数也较少；真核生物的基因组较大，克隆数需相应增加，才能包含所有的基因。此外，每一载体DNA中所允许插入的外源DNA片段的长度较大，则所需总克隆数越少；反之则所需数越多。如果一个基因文库的总克隆数较少，则从中筛选基因虽然比较容易，但给以后的分析造成困难，因为片段的长度增加了。如果要使每一克隆中的DNA片段缩短，就须增加克隆数，所以在建立基因文库前应根据研究目的来确定DNA片段的长度和克隆的数目。

基因文库的建立和使用是20世纪70年代早期重组DNA技术的一个发展。人们为了分离基因，特别是分离真核生物的基因，从1974年起相继建立了大肠杆菌、酵母菌、果蝇、鸡、兔、小鼠、人、大豆等生物以及一些生物的线粒体和叶绿体DNA的基因文库。基因文库的建立使分子遗传学和遗传工程的研究进入了一个新时期。

（6）高通量测序

高通量测序（high-throughput sequencing）技术又称“下一代”测序技术（“next-generation” sequencing technology），以能一次并行对几十万到几百万条DNA分子进行序列测定和一般读长较短等为标志。根据发展历史、影响力、测序原理和技术不同，主要有以下几种：大规模平行签名测序（massively parallel signature sequencing，MPSS）、聚合酶克隆（polony sequencing）、454焦磷酸测序（454 pyrosequencing）、Illumina（Solexa）sequencing、ABI SOLiD sequencing、离子半导体测序（ion semiconductor sequencing）、DNA纳米球测序（DNA nanoball sequencing）等。随着第二代测序技术的迅猛发展，科学界也开始越来越多地应用第二代测序技术解决生物学问题。目前，高通量测序开始广泛应用于寻找疾病的候选基因上。

（7）宏基因组学

宏基因组学（metagenomics），亦称微生物环境基因组学、元基因组学，是在微生物基因组学的基础上发展起来的一种研究微生物多样性、开发新的生理活性物质（或获得新基因）的新理念和新方法。其含义为：对特定环境中全部微生物的总 DNA（也称宏基因组，metagenomic）进行克隆，并通过构建宏基因组文库和筛选等手段获得新的生理活性物质；或者根据 rDNA 数据库设计引物，通过系统学分析获得该环境中微生物的遗传多样性和分子生态学信息。

它通过直接从环境样品中提取全部微生物的 DNA，构建宏基因组文库，利用基因组学的研究策略研究环境样品所包含的全部微生物的遗传组成及其群落功能。

宏基因组学这一概念最早是在 1998 年由威斯康星大学植物病理学部门的 Handelsman（2005）提出的，是源于将来自环境中基因集可以在某种程度上当成一个单个基因组研究分析的想法，而宏的英文是“meta-”，具有更高层组织结构和动态变化的含义。后来伯克利分校的研究人员（Chen & Pachter，2005）将宏基因组定义为“应用现代基因组学的技术直接研究自然状态下的微生物的有机群落，而不需要在实验室中分离单一的菌株”的科学。

宏基因组学研究的对象是特定环境中的总 DNA，不是某特定的微生物或其细胞中的总 DNA，不需要对微生物进行分离培养和纯化，这对我们认识和利用 95% 以上的未培养微生物提供了一条新的途径。已有研究表明，利用宏基因组学对人体口腔微生物区系进行研究，发现了 50 多种新的细菌，这些未培养细菌很可能与口腔疾病有关。此外，在土壤、海洋和一些极端环境中也发现了许多新的微生物种群和新的基因或基因簇，通过克隆和筛选，获得了新的生理活性物质，包括抗生素、酶以及新的药物等。宏基因组不依赖于微生物的分离与培养，因而减少了由此带来的瓶颈问题。

生物气溶胶实时监测检测技术的研究一直是相关领域的研究热点，相关的监测、检测技术需要能够满足 24h 连续在线进行，不使用或少使用耗材，操作简单，不需要专业人员就可以完成。目前还没有办法进行生物气溶胶的在线监测，随着科技的发展，在此方面可以加大研发力度，力求得到突破。

目前，针对城镇污水处理厂排放的生物气溶胶，在我国尚未建立相应的检测分析标准方法。根据污水处理厂产生的生物气溶胶的特点，筛选、改进现有的采样方法和分析方法，构建适用于采集污水处理厂微生物气溶胶的方法。

2.2 城镇污水处理厂空气污染物监测方法的确定

2.2.1 样品采集

1. 监测点的布设

不同的污水处理工艺所产生的空气污染物与生物气溶胶的点位与量和种类不尽相同。因此，对城镇污水处理厂空气污染物监测点位的布设要结合污水处理工艺类型。表 2.6 为我国污水处理厂不同处理规模污水处理工艺的应用情况。由表 2.6 的统计可知，在我国不同处理规模的污水处理厂选择 A^2/O、氧化沟和 SBR 工艺作为处理工艺的数量占污水处理厂总量的比例较大，占比超过 73%。其中，5 万～10 万 m^3/d 规模的污水处理厂选择这三种典型工艺的占比高达 85.7%。结果表明我国污水处理厂的主要污水处理工艺为 A^2/O、氧化沟和 SBR 工艺。选择这三种污水处理工艺通常是因为它们的工艺和能力，它们出水水质相对稳定和管理相对简单。如上所述，本研究选择 A^2/O、氧化沟和 SBR 工艺作为三种典型工艺作为研究污水处理厂空气污染物排放特征的对象，确定三种典型工艺的布点原则、布点方法及采样频率。

表 2.6　我国污水处理厂不同处理规模污水处理工艺的应用情况

污水处理规模	污水处理工艺占总体的比例（%）			三种典型工艺占比总和（%）
	A^2/O	氧化沟	SBR	
<1 万 m^3/d	19.8	31.0	22.2	73.0
1 万～5 万 m^3/d	28.6	33.1	20.8	82.5
5 万～10 万 m^3/d	36.5	30.0	19.2	85.7
10 万～20 万 m^3/d	51.8	11.5	16.0	79.3
20 万～50 万 m^3/d	49.3	19.4	7.5	76.2

（1）采样布点原则

所布设的监测点位应具有代表性，能够科学地反映该处理单元空气污染物的排放量和排放特征。这就需要按污水不同处理工艺和不同处理单元（阶段）设置有代表性的监测点位。对于预处理阶段，选择初沉池、旋流沉砂池和配水井等作为空气污染物的监测对象；对于二级处理单元，选择缺氧池、好氧池和二沉池等作为空气污染物排放的监测对象。

所布设的点位能够反映空气污染物随时间或空间的变化。对于明显存在时间或空间变化的污水处理单元，如 A^2/O 工艺的好氧池和 SBR 工艺的生物池，由于分别采用空间和时间推流处理模式，空气污染物的排放量在不同监测点位及监测时间段内存在明显的差异。因此，需要根据不同监测点位空气污染物排放强度的差异相应地布置合适的监测点位及监测点数量。对于不存在时间或空间变化的污水处理单元，例如初沉池、缺氧池等，需要根据池体的形状及大小，对称布置采样点位并选取合适的采样点数量，以求更加准确地反映空气污染物的真实排放情况。

（2）A^2/O 工艺的监测布点

A^2/O 工艺采用空间推流模式，污水依次经过曝气沉砂池、初沉池、A^2/O 区（缺氧区、厌氧区与好氧区）或倒置 A^2/O 池、二沉池，完成脱氮、有机物的去除以及泥水分离过程，最后排出。A^2/O 污水处理厂的采样点包括曝气沉砂池、初沉池、A^2/O 反应池（缺氧区、厌氧区和好氧区）、二沉池和反硝化滤池（图 2.6）。

在曝气沉砂池，污水从长方形池子的一侧进入从另一侧流出，水面面积较小，因此在曝气沉砂池内布置了 1 个采样点。在初沉池，没有设置曝气或机械搅拌，池中的水面平静，空气污染物排放比较均匀，因此沿水流方向布置了 1 个采样点。在 A^2/O 反应池，污

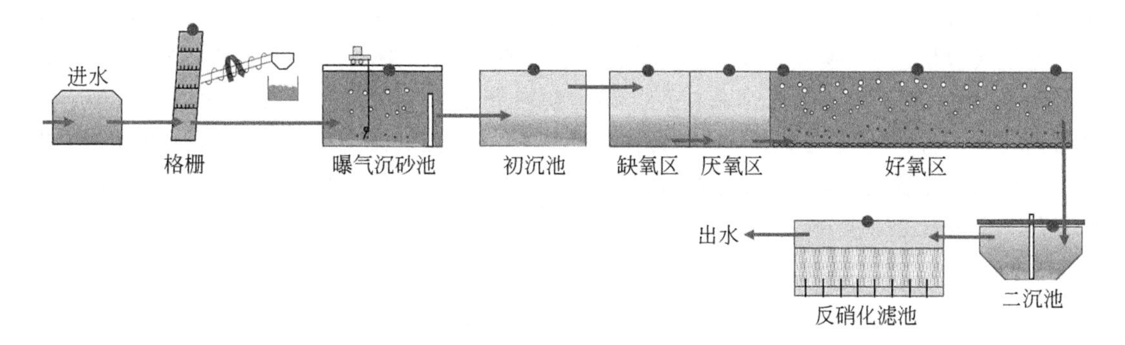

图 2.6 A^2/O 污水处理厂流程图和采样点（圆形代表采样点）

水依次经过缺氧区、厌氧区和好氧区。由于缺氧区与厌氧区水面面积较小，各占生物池第一条廊道的 1/3，且水面较为平静，恶臭气体排放均匀，因此分别沿水流方向布置 1 个采样点；好氧区水面面积较大，并且存在曝气过程对恶臭气体强烈的吹脱作用，使得好氧区恶臭气体的排放通量差异较大，恶臭气体排放通量沿水流方向逐渐降低，因此，本研究在现场监测过程中加强了对好氧池的监测强度，分别在好氧区初、好氧区中和好氧区末等距设置 3 个采样点。在二沉池，虽然水面面积较大，但由于水面平静，空气污染物排放比较均匀，因此在直径两端布置 1 个采样点。在反硝化滤池，虽然水面面积较大，但由于水面平静，恶臭气体排放比较均匀，因此在反硝化滤池池内布置 1 个采样点。

（3）氧化沟工艺的监测布点

氧化沟城镇污水处理厂的采样点包括曝气沉砂池、厌氧池、氧化沟反应池和二沉池（图 2.7）。

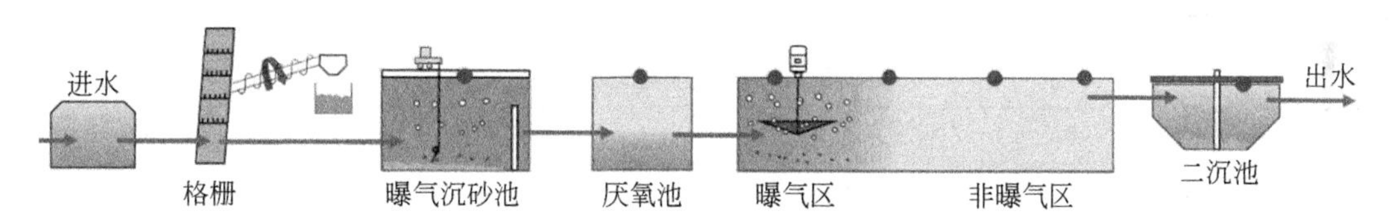

图 2.7 氧化沟污水处理厂流程图和采样点（圆形代表采样点）

在曝气沉砂池，污水从长方形池子的一侧进入从另一侧流出，且水面面积较小，因此布置了 1 个采样点。在厌氧池，污水从椭圆形池子的同侧进入和流出，水面面积较小，因此布置了 1 个采样点。在氧化沟池，表曝机（即“表面曝气机”）的曝气面积较小，设置 1 个采样点；在非曝气区，沿水流方向布置 3 个采样点。在二沉池，虽然水面面积较大，但水面平静，恶臭气体排放比较均匀，在二沉池直径两端布置 1 个采样点。

（4）SBR 工艺的监测布点

SBR 城镇污水处理厂的采样点包括格栅、旋流沉砂池、SBR 反应池（进水-曝气阶段、沉淀阶段和滗水阶段）、硝化滤池和反硝化滤池（图 2.8）。

污水进入格栅的水面面积较小，格栅间布设 1 个采样点。在旋流沉砂池，污水从圆形池子的一侧进入从另一侧流出，水面面积较小，布设了 1 个采样点。在 SBR 反应池，污水的处理模式包括进水-曝气阶段、沉淀阶段和滗水阶段三个阶段，因此进水-曝气阶段布设 1 个采样点，沉淀阶段布设 1 个采样点，滗水阶段布设 1 个采样点。在硝化滤池，虽然水面面积较大，且进行曝气作用，但池体内均匀曝气，恶臭气体排放比较均匀，布置 1 个采样点。在反硝化滤池，虽然水面面积较大，但由于水面平静，恶臭气体排放比较均匀，因此布置 1 个采样点。

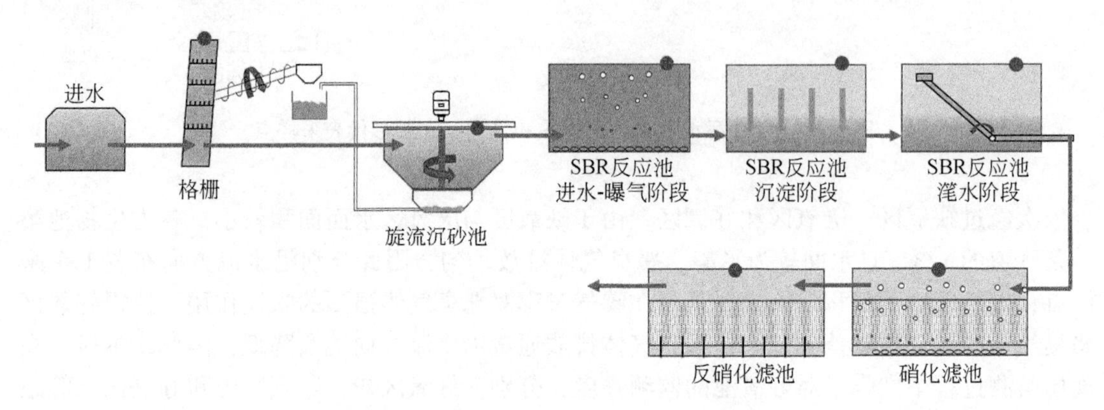

图 2.8　SBR 污水处理厂流程图和采样点（圆形代表采样点）

本研究在华北地区、长三角地区和珠三角地区均选取 SBR、氧化沟、A^2/O 三种典型工艺的污水处理厂作为研究对象。从 2015 年 9 月至 2018 年 5 月，共计开展了 16 次现场监测（华北地区 10 次、长三角地区 3 次、珠三角地区 3 次）。以华北地区典型工艺污水处理厂为主要研究对象，珠三角和长三角地区典型工艺污水处理厂来验证相关结论。采样污水处理厂概况如表 2.7 所示。

表 2.7　采样污水处理厂概况

地区	工艺	污水来源	处理能力（万 t/d）	采样时间
北京	SBR	生活污水为主	5	冬、春、夏、秋
	A^2/O	生活污水为主	100	
	氧化沟	生活污水为主	35	
合肥	SBR	生活污水为主	5.5	冬、夏、春
	氧化沟	生活污水和工业废水	20	
宜兴	A^2/O	生活污水和工业废水	6	冬、夏、春
	SBR	生活污水和工业废水	5.5	
广州	A^2/O	生活污水为主	55	冬、夏、春
	氧化沟	生活污水和工业废水	5	

2. 现场采集方法

根据文献和现场的调研，获知我国城镇污水处理厂所排放的空气污染物主要包括

NH_3、5 种 VSCs（包括 H_2S、MT、DMS、DMDS、CS_2）、VOCs，这些空气污染物在污水处理厂的各个处理单元都有可能产生或排放。为此，需要对各处理单元水气界面和环境空气中空气污染物进行现场监测。

（1）NH_3的采集

①环境空气中 NH_3的采集。环境空气中 NH_3的采集方法有两种：

一是在选定监测点位下，打开便携式空气采样器，采用两级 U 型吸收管硫酸溶液（0.005mol/L）吸收，抽气流量为 1.0L/min，抽气 2min。待抽气完成后将吸收管中吸收液倒入离心管中，并用装有冰块的保温箱低温保存，待分析用。城镇污水处理厂的生化处理工段和污泥处理工段适合本方法。

二是在选定监测点位下，采用氨气传感器（JA908-NH_3）完成直接测定。城镇污水处理厂的预处理段（格栅和沉砂池）适合本方法。

②水-气界面中 NH_3的采集。非曝气水-气界面中氨气的采集采用溶液吸收和静态箱（图 2.9）结合的方法。在非曝气水体表面放置一个顶部密封的箱体（有效体积约为 60L，可以满足气体采集需求量），箱体材料为不锈钢，做聚四氟乙烯内衬（防止硫化物的吸附），箱体底部中空，收集静水水面逸散的气体。监控压力表，待气压平衡后，用便携式采样器抽取聚乙烯气袋内气体至两级 U 型吸收管硫酸溶液（0.005mol/L）中。采用两级 U 型吸收管吸收，抽气流量为 1.0L/min，抽气 2min。待抽气完成后将吸收管中吸收液倒入离心管中，并用装有冰块的保温箱低温保存，待分析用。之后每隔一段时间（据实际情况而定）采集箱体中待测气体的浓度，重复采气一次，根据浓度随时间的变化率来计算被覆盖水域待测气体的排放通量。

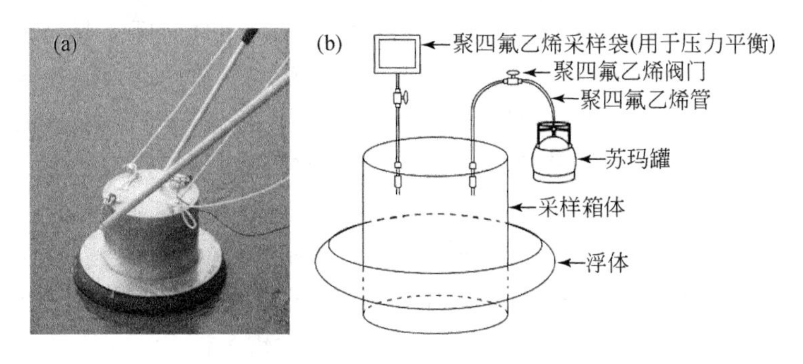

图 2.9 非曝气单元恶臭气体排放通量的采样装置

（a）实际照片；（b）示意图

曝气水-气界面中氨气的采集方法采用溶液吸收法从气袋（图 2.10）中收集气体。采样前，将聚四氟乙烯袋内的空气排空，并将其固定在浮板上，使浮板浸入水面以下数厘米。监控压力表，记录气压平衡时间。待气压平衡后（采气袋已满），随后用便携式采样器抽取聚乙烯气袋内气体至两级 U 型吸收管硫酸溶液（0.005mol/L）中。采用两级 U 型吸收管吸收，抽气流量为 1.0L/min，抽气 2min。待抽气完成后将吸收管中吸收液倒入离心管中，并用装有冰块的保温箱低温保存，待分析用。

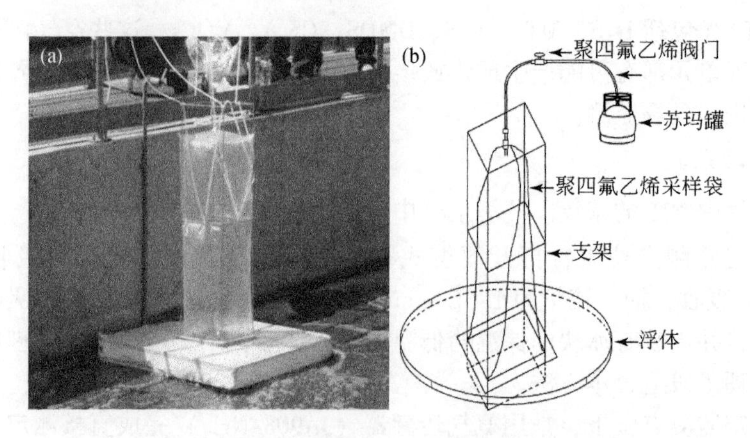

图 2.10　曝气单元恶臭气体排放通量的采样装置

（a）实际照片；（b）示意图

（2）VSCs 的采集

①环境空气中 VSCs 的采集。在污水处理厂 VSCs 布点位置打开抽真空的苏玛罐（Summa）阀门，用限流阀控制流速，使袋内气体进入苏玛罐，待苏玛罐充满后关闭限流阀，苏玛罐带回实验室分析 5 种 VSCs。

针对城镇污水处理厂的预处理工段排放的 H_2S 采样，使用现场传感器（JA908 H_2S）测定。

②水-气界面 VSCs 的采集。非曝气水-气界面 VSCs 的采集用苏玛罐与静态箱法结合（图 2.9）。采样前安装好各组件，使其漂浮于水面后立刻计时，打开苏玛罐阀门，用限流阀控制流速，使气体进入苏玛罐，监控压力表，采集箱内气体至压力表为零点处，记录压力平衡时间。之后每隔一段时间（据实际情况而定）测量箱体中待测气体的浓度，重复采气一次，根据浓度随时间的变化率来计算被覆盖水域待测气体的排放通量。采集完的气体用苏玛罐保存，后带回实验室分析。

曝气水气界面中 VSCs 的采集用苏玛罐和气袋法结合（图 2.10）。待气袋内气压平衡后（采气袋已满）打开抽真空的苏玛罐阀门，用限流阀控制流速，使袋内气体进入苏玛罐，待苏玛罐充满后关闭限流阀，苏玛罐带回实验室分析 5 种 VSCs。

（3）VOCs 的采集

参考相关国家规范和标准中对于空气污染物采样方法的规定，如采样罐法、气袋法等，结合本研究组研发的空气污染物采样方法（包括静态箱法、气袋法），对城镇污水处理厂不同工艺单元进行 VOCs 采集。

①气相 VOCs 的采集。采用预先抽真空的苏玛罐采集空气样品，再以冷阱富集，最后以 GC/MS 进行定性、定量分析。罐取样技术优点在于可以避免采用吸附剂时的穿漏、分解及解吸，并且可以同时分析同一样品中的多组分，是国内外较先进的空气中有机污染物监测技术。具体方法如下：

采样罐的准备。苏玛罐为不锈钢材质，内壁经过硅烷化惰性处理，以防止罐体对

VOCs 的吸附。预先清洗好采样罐并抽至真空（至 250Pa 以下），关好罐阀待用。

样品采集。使用限流阀控制采样或使用瞬时采样两种方法进行采样。使用限流阀控制采样时，根据选择的采样时间段（1h 或 2h 等）不同选择适合的采样限流阀并将限流阀调整好流量安装在苏玛罐上。到达采样地点，放置好采样罐，打开苏玛罐阀门并保持气体从限流阀到苏玛罐的气路畅通，等待采样时间段结束，关好罐阀，记录采样有关数据，带回实验室进行分析。使用瞬时采样时，到达采样地点，放置好苏玛罐，直接打开苏玛罐阀门，待采样结束后关好罐阀，记录采样有关数据，带回实验室进行分析。

②水-气界面 VOCs 采集。采用平衡箱或气袋法对污水处理厂不同工艺单元气-水界面进行 VOCs 采集。具体方法如下：

平衡箱的准备：非曝气工艺单元，使用静态平衡箱，平衡箱为一顶部密封的箱体（有效体积约为 60L，可以满足气体采集需求量），箱体材料为不锈钢，内做聚四氟乙烯内衬（防止 VOCs 的吸附），箱体底部中空，收集静水水面逸散的气体。采样前安装好各组件，在采样点位放置平衡箱，使其漂浮于水面。采样前连接好苏玛罐与箱体，使其漂浮于水面后立刻计时，打开苏玛罐阀门进行采样，采样结束后关闭苏玛罐和箱体气体采集口阀门；每隔一段时间（据实际情况而定）继续用另一苏玛罐采集箱体中累积的待测气体。曝气工艺单元，使用曝气袋，气袋为专门的惰性聚四氟乙烯材质。首先将气袋中的空气排空，然后连接固定装置，将连好固定装置的气袋放在水面上，随着曝气的不断进行，气袋逐渐被充满。待气体充满气袋达到平衡状态时开始采样。采样结束后，记录采样有关数据，带回实验室进行分析。

样品采集：使用苏玛罐采样。将平衡箱或气袋的采样口与采样罐连接，打开采样罐阀门，待采样结束后关好罐阀，记录采样有关数据，带回实验室进行分析。

③水相中 VOCs 采集。使用采样瓶采集污水处理厂不同工艺单元的水样。具体方法如下：采样瓶为 40mL 棕色玻璃瓶，螺旋盖（带聚四氟乙烯涂层密封垫）。在采样点用采水器采集水样放置在玻璃瓶内静置，然后取上清液放进采样瓶内，采样瓶内要装满水样，螺旋盖盖上后采样瓶内不能有气泡。采样结束后，记录采样有关数据，带回实验室进行分析。

(4) 生物气溶胶的采集

污水处理过程中会产生大量的生物气溶胶。生物气溶胶由不同种类的微生物、不同粒径的颗粒物和水分组成，具有来源广泛、成分复杂、粒径差异显著的特点。生物气溶胶易沉着于人体的呼吸系统，对人体健康造成危害。随着空气的流动，生物气溶胶扩散到各处，还可能导致区域性的环境影响。

常用的生物气溶胶采集方法包括沉降采样法、惯性采样法和过滤采样法。通过比较和筛选，本研究选择了总悬浮颗粒物（TSP）采样器。该采样器是监测环境大气质量的主要仪器，小型便携，适用于采集空气环境监测中总悬浮微粒物，以及不同粒径大小的颗粒物，也可用于采集污水处理厂的生物气溶胶。为准确采集污水处理厂不同位置的生物气溶胶样品，我们对现有的 TSP 采样器进行了改进，增加了采样头延伸管和延伸固定架，可以采集气-液界面及不同垂直高度的生物气溶胶，具有快速、简易、便携等特点，尤其适用于研究污水处理厂和污水处理站的生物气溶胶的逸散特征和扩散规律（图 2.11 ~ 图 2.13）。

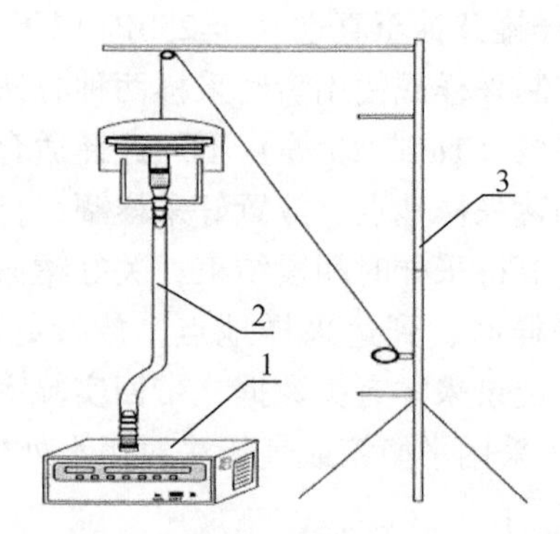

图 2.11　污水处理厂/处理站生物气溶胶采集装置示意图（1：采样器；2：延伸管；3：延伸固定架）

图 2.12　污水处理厂生物气溶胶采样照片

图 2.13　曝气池水面生物气溶胶的采集

按照设计和建设要求，污水处理厂的生物除臭设施，其排气管道通常高于 15m。由于与地面距离较大，从排气口采集生物气溶胶很困难。因此，在除臭设施的排气管道距地面 1.5m 处设置采样孔，用 Andersen 采样器或 TSP 采样器采集。Andersen 采样器主要用于分析生物气溶胶中的微生物种类及粒径分布，具有采集效率高、粒谱范围宽、操作简便的优点。收集介质通常是培养基，易于微生物的培养和鉴定。因此，这类采样装置还具有灵敏度高、选择性好的特点。根据所采集的目标微生物，在培养皿内配制不同的培养基可以获得不同种类的微生物信息。

2.2.2　恶臭气体分析方法

1. 氨气

本研究对《次氯酸钠-水杨酸分光光度法》（HJ 534—2009）NH_3的分析进行了优化，提出了二级稀硫酸吸收法和传感器法。其中，二级稀硫酸吸收法适合城镇污水处理厂生化段和污泥处理段样品，传感器法适合城镇污水处理厂预处理段样品的分析。

针对城镇污水处理厂不同构筑物NH_3环境空气样品的采集进行了对比研究。首先，研究了气体吸收速度对氨气分析的影响。实验选取了1.0L/min、1.7L/min和2.0L/min三个在国家标准方法推荐内的吸收速度。研究发现，过快的气体流速不能使氨气完全被硫酸溶液吸收，导致回收效率急剧降低（图2.14）。表明气体吸收流速会影响吸收效率。经过优化，选择1.0L/min作为最佳的吸收速度。

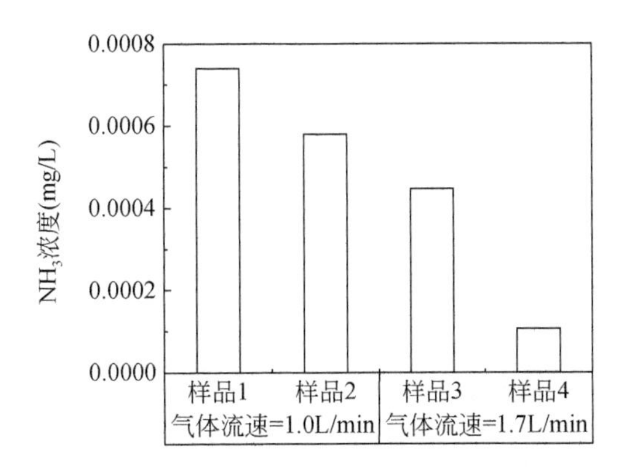

图2.14　吸收速度对氨气分析的影响

其次，本研究对比分析了氨气一级吸收和二级吸收的效果。研究发现，在吸收流速控制在1.0min/L时，二级吸收回收效率更高（图2.15）。通过对比一级吸收和二级吸收对NH_3的吸收比例，发现第一级吸收的NH_3浓度很低，约占60%；第二级吸收的NH_3浓度约占40%（图2.16），二级吸收法的平均回收效率为94.37%±3.95%。因此，采用二级吸收是非常必要的，也能够准确地表达气相中NH_3浓度。

在城镇污水处理厂的不同处理构筑屋或工段，NH_3的排放量变化程度很大。通常，预处理工段（格栅和沉砂池）NH_3的排放量较高。由于预处理段污水流速较高，带来NH_3的排放量变化幅度较大。为了准确监测预处理工段的NH_3排放量，掌握NH_3排放量的变化规律，本研究对比溶液吸收法和传感器直接测量在预处理工段适用性。由于溶液吸收法需要准备硫酸吸收液，要求一定的吸收时间，因此溶液吸收法不适合连续的、批量样品采集。此外，溶液吸收法的饱和吸收量也在一定程度上限制了在预处理工段高浓度NH_3排放量的准确监测。本研究在预处理工段对比了两种方法的监测结果。研究发现，无论是格栅间还是沉砂池，溶液吸收法获得的浓度数据显著低于传感器法（图2.17和图2.18），且传感

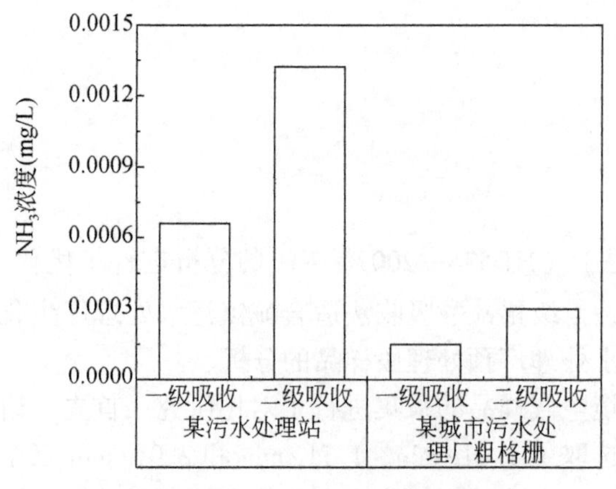

图 2.15　氨气一级吸收和二级吸收分析方法的对比（采样流速 1.0L/min）

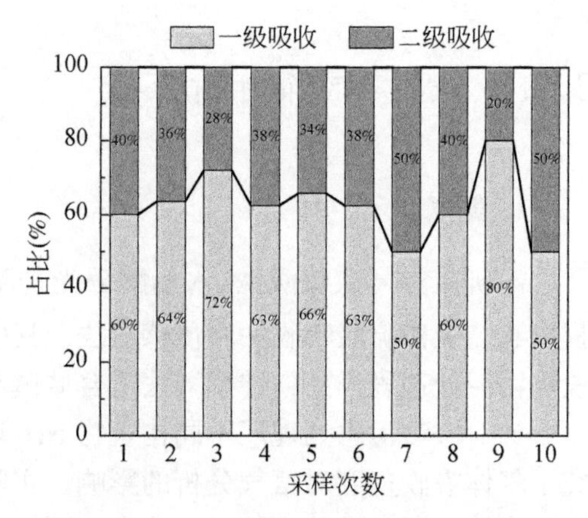

图 2.16　一级和二级吸收氨气比例

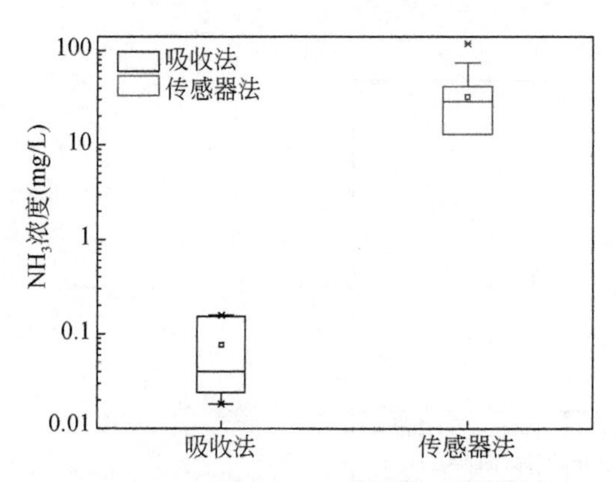

图 2.17　格栅间 NH_3 两种采样方法结果对比

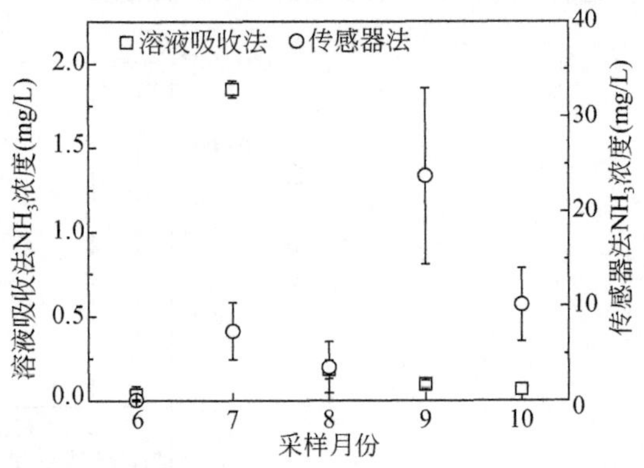

图 2.18　沉砂池排放 NH_3 两种采样方法结果对比

器法获得数据与同类研究结果在相同数量级水平。因此，建议针对城镇污水处理厂预处理构筑物（格栅和沉砂池），采用传感器法完成 NH_3 的分析。

2. VSCs 的分析

采用预浓缩-气相色谱法分析 VSCs 气体样品。针对 VSCs 具有嗅阈值低、微毒性、易挥发、易吸附等性质，采用预浓缩-气相色谱-火焰光度检测器（FPD）联用的方法分析测试 VSCs，具有用样量少、操作简便、精密度高、可同时测定 5 种 VSCs 的优点（图 2.19）。在分离色谱图中，各硫化物按照从左到右沸点升高的顺序依次出峰：其中，H_2S 保留时间为 3.281min，MT 保留时间为 5.041min，DMS 保留时间 6.911min，CS_2 保留时间为 7.415min，DMDS 保留时间 12.136min。色谱图中，各挥发性有机硫化物分离效果良好。

H_2S、MT、DMS、CS_2 和 DMDS 的最低检出浓度分别为 1.89×10^{-4} mg/m³、1.44×10^{-4} mg/m³、4.80×10^{-5} mg/m³、2.80×10^{-5} mg/m³ 和 3.70×10^{-5} mg/m³，检出限低于《空气质量　硫化氢、甲硫醇、甲硫醚和二甲二硫的测定　气相色谱法》（GB/T 14678—1993）。5 种不同含量 VSCs 检出的相对标准偏差见表 2.8。

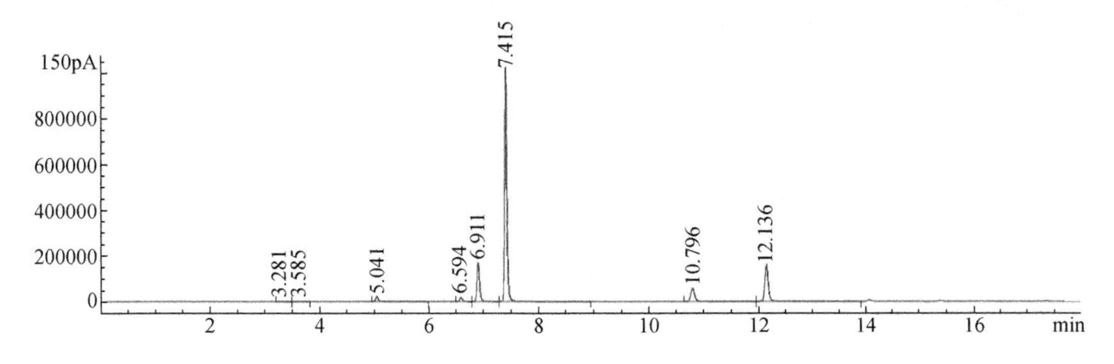

图 2. 19　预浓缩-气相色谱法分析 5 种 VSCs 色谱图

表 2. 8　5 种 VSCs 不同含量检出的相对标准偏差

化合物	体积（mL）	平均含量（μg/m³）	峰面积平均值	RSD（%）
H_2S	100	3. 85	6228. 65	9. 45
	200	7. 54	13066. 02	5. 38
MT	100	1. 13	8022. 94	8. 18
	200	2. 38	38236. 18	1. 51
DMS	100	1. 56	36911. 84	3. 88
	200	2. 85	150461. 14	1. 05
CS_2	100	0. 86	182687. 44	5. 41
	200	1. 70	750470. 15	1. 42
DMDS	100	1. 22	34389. 91	8. 56
	200	2. 57	138716. 04	2. 21

由表 2. 8 可知，除甲硫醇 100mL 组 RSD 超过 20% 外，其余各组别 RSD 均小于 10%，满足《环境监测　分析方法标准制修订 技术导则》（HJ 168—2010）对于挥发性有机物的精密度要求，各组重复的测试结果之间较为一致，精密度较高。

5 种 VSCs 标准工作曲线 R^2 均接近于 1。同时，对回归方程作 t 检验，各回归方程的 $p<0.01$，表明各挥发性有机硫化物的响应峰面积及对应含量之间存在极显著的拟合关系，上述工作曲线拟合效果理想。

上述研发的方法适用于城镇污水处理厂的分析监测，但依然存在离线检测，H_2S 存在被氧化和吸附的问题。因此，本研究针对常见的 H_2S 的快速分析，建立了传感器检测方法。

图 2. 20 为格栅间环境空气样品预浓缩-气相色谱法与传感器分析对比结果。结果表明，使用苏玛罐采集样品后，确实存在 H_2S 被氧化或吸附而造成预浓缩-气相色谱法无法检出的情况。而采用传感器现场监测 H_2S 不仅能够准确检测 H_2S，同时可以加大样品采集量，掌握 H_2S 的产生规律。因此，本研究对预处理阶段的高浓度 H_2S 监测采用传感器分析，4 种 VSCs 采用苏玛罐采集，实验室预浓缩-气相色谱仪分析；生化处理工段和污泥处

理工段的 VSCs 采用苏玛罐采集，实验室预浓缩-气相色谱仪分析。

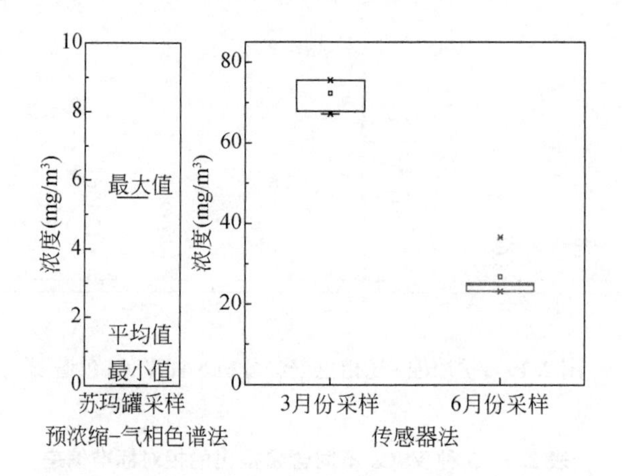

图 2.20　格栅间环境空气样品预浓缩-气相色谱法与传感器分析对比

3. 恶臭浓度的分析

在监测点将采气袋连接到电子鼻排气口进行采样。记录采样地点、时间、风向、风速及经纬度，然后根据传感器本身响应值依照统计软件模型进行数据分析。

2.2.3　VOCs 分析方法

VOCs 的测定按照标准《环境空气　挥发性有机物的测定　罐采样/气相色谱-质谱法》（HJ 759—2015）开展。用内壁惰性化处理的不锈钢罐采集环境空气样品，经冷阱浓缩，热解析后，进入气相色谱分离，用质谱检测器进行检测。通过与标准物质质谱图和保留时间比较定性，内标法定量。

不锈钢罐经自动清罐仪进行清洗，高纯氮气经惰性化处理不锈钢管路充进不锈钢罐，再经机械泵及分子涡轮泵抽至真空，反复进行 3 ~ 5 个循环，最后将不锈钢罐内压力抽至 50mtorr（$1\text{torr}=1.33\times10^2\text{Pa}$）以下，关闭不锈钢罐阀门，备用。

使用动态稀释仪将 TO-15、PAMs 及内标标气配制在不锈钢罐中，按目标稀释倍数设置好高纯氮气及标气流速，冲洗动态稀释仪管路 5 ~ 10min，连接已清洗干净的不锈钢罐于动态稀释仪标气出口，将目标浓度标气充入不锈钢罐至 30psi（$1\text{psi}=6.895\times10^3\text{Pa}$）左右，关闭不锈钢罐阀门，将配制完成的标气不锈钢罐与冷阱预浓缩仪连接，按照事先设定好的仪器条件进行分析，绘制标准曲线。

使用 TO-15 和 PAMs 标气可测定 103 种挥发性有机化合物。检出限、检测下限如表 2.9 所示，选择标准曲线范围内的高、中、低 3 个浓度，进行 6 次重复测定，计算相对标准偏差，其 RSD≤20%，精密度均达到了标准方法规定的范围之内。除了能够定性定量标准气体中的 103 种物质外，由于污水处理厂气体污染物种 VOCs 成分复杂，存在大量无法定性的物质，这部分物质依据其出峰面积的总和，VOCs 计算结果以甲苯计。

表 2.9　VOCs 检出限和测定下限

序号	目标化合物	检出限（μg/m³）	测定下限（μg/m³）
1	丙烯	0.30	1.20
2	二氯二氟甲烷	0.90	3.60
3	二氯四氟乙烷	1.20	4.80
4	氯甲烷	0.40	1.60
5	氯乙烯	0.50	2.00
6	1，3-丁二烯	0.50	2.00
7	溴甲烷	0.70	2.80
8	氯乙烷	0.50	2.00
9	三氯一氟甲烷	1.00	4.00
10	乙醇	0.40	1.60
11	丙烯醛	0.40	1.60
12	1，1-二氯乙烯	0.70	2.80
13	三氯三氟乙烷	1.60	6.40
14	丙酮	0.30	1.20
15	二硫化碳	0.60	2.40
16	异丙醇	0.40	1.60
17	二氯甲烷	0.50	2.00
18	反-1，2-二氯乙烯	0.60	2.40
19	甲基叔丁基醚	0.80	3.20
20	正己烷	0.50	2.00
21	1，1-二氯乙烷	0.50	2.00
22	乙酸乙烯酯	0.40	1.60
23	顺-1，2-二氯乙烯	0.50	2.00
24	2-丁酮	0.40	1.60
25	乙酸乙酯	0.40	1.60
26	四氢呋喃	0.30	1.20
27	氯仿	0.90	3.60
28	1，1，1-三氯乙烷	0.50	2.00
29	环己烷	0.60	2.40
30	四氯化碳	0.80	3.20
31	苯	0.60	2.40
32	1，2-二氯乙烷	0.60	2.40
33	庚烷	0.80	3.20
34	三氯乙烯	0.60	2.40
35	1，2-二氯丙烷	0.70	2.80

续表

序号	目标化合物	检出限（μg/m³）	测定下限（μg/m³）
36	甲基丙烯酸甲酯	0.90	3.60
37	1，4-二氧己环	0.60	2.40
38	一溴二氯甲烷	1.00	4.00
39	顺-1，3-二氯丙烯	0.70	2.80
40	4-甲基-2-戊酮	0.80	3.20
41	甲苯	0.50	2.00
42	反-1，3-二氯丙烯	0.70	2.80
43	1，1，2-三氯乙烷	0.70	2.80
44	四氯乙烯	1.60	6.40
45	2-己酮	0.70	2.80
46	二溴一氯甲烷	1.90	7.60
47	1，2-二溴乙烷	1.10	4.40
48	氯苯	0.70	2.80
49	乙苯	0.60	2.40
50	间、对二甲苯	0.70	2.80
51	苯乙烯	0.90	3.60
52	邻二甲苯	0.70	2.80
53	溴仿	1.30	5.20
54	1，1，2，2-四氯乙烷	1.30	5.20
55	4-乙基甲苯	1.30	5.20
56	1，3，5-三甲苯	1.10	4.40
57	1，2，4-三甲苯	0.80	3.20
58	1，3-二氯苯	1.20	4.80
59	1，4-二氯苯	1.10	4.40
60	苄基氯	1.10	4.40
61	1，2-二氯苯	0.60	2.40
62	1，2，4-三氯苯	1.10	4.40
63	六氯-1，3-丁二烯	3.10	12.40
64	萘	0.60	2.40
65	异丁烷	0.30	1.20
66	1-丁烯	0.20	0.80
67	正丁烷	0.31	1.20
68	顺-2-丁烯	0.47	1.90
69	反-2-丁烯	0.41	1.60
70	异戊烷	0.32	1.30

续表

序号	目标化合物	检出限（μg/m³）	测定下限（μg/m³）
71	正戊烯	0.53	2.10
72	正戊烷	0.31	1.20
73	反-2-戊烯	0.59	2.40
74	异戊二烯	0.47	1.90
75	顺-2-戊烯	0.38	1.50
76	2，2-二甲基丁烷	0.67	2.70
77	2，3-二甲基丁烷	0.49	2.00
78	2-甲基戊烷	0.61	2.40
79	环戊烷	0.46	1.80
80	3-甲基戊烷	0.50	2.00
81	正己烯	0.38	1.50
82	2，4-二甲基戊烷	0.58	2.30
83	甲基环戊烷	1.18	4.70
84	2-甲基己烷	1.26	5.00
85	2，3-二甲基戊烷	0.92	3.70
86	3-甲基己烷	0.74	3.00
87	2，2，4-三甲基戊烷	0.90	3.60
88	甲基环己烷	0.59	2.40
89	2，3，4-三甲基戊烷	0.63	2.50
90	2-甲基庚烷	1.19	4.80
91	3-甲基庚烷	0.93	3.70
92	辛烷	0.65	2.60
93	壬烷	0.79	3.20
94	异丙苯	1.20	4.80
95	正丙苯	0.77	3.10
96	1-乙基-2-甲基苯	0.93	3.70
97	癸烷	0.99	4.00
98	1-乙基-3-甲基苯	0.79	3.20
99	1，2，3-三甲基苯	1.01	4.00
100	间二乙苯	1.00	4.00
101	对二乙苯	0.73	2.90
102	正十一烷	0.79	3.20
103	正十二烷	1.13	4.50

VOCs分析的仪器包括气相色谱-质谱联用仪（Agilent 7890A-5975C）、冷阱预浓缩仪

（ENTECH 7100A）、自动清罐仪（ENTECH 3100A）和动态稀释仪（ENTECH 4600）。

（1）气相色谱–质谱联用仪的分析测试条件

色谱柱型号：DB-624，柱长：60m，内径：0.25mm，涂层厚度：1.40μm。

程序升温：35℃保持5min后，以5℃/min的速率升到160℃后保持2min，之后再以20℃/min的速率升至220℃，在220℃保持2min。

进样口温度：250℃，进样体积：200mL，载气：He（>99.999%）。

模式：恒流，流速：1.50mL/min，分流比：不分流。

离子源温度：230℃，电离方式：EI，传输线温度：250℃，扫描方式：全扫描。

（2）冷阱预浓缩仪分析测试条件

冷阱预浓缩仪分析测试条件如表2.10所示。

表2.10 冷阱预浓缩仪分析测试条件

模块	M1	M1blkhd	M2	M2blkhd	M3
浓缩温度（℃）	50	40	-50	40	-170
预热温度（℃）	50	—	-50	—	—
脱附温度（℃）	50	40	220	40	80

在VOCs检测过程中，以全扫描方式进行测定，以样品中目标物的相对保留时间、辅助定性离子和定量离子间的丰度比与标准中目标物对比来定性，采用内标法定量。图2.21和图2.22为标准气体和某个气体样品的谱图样例。

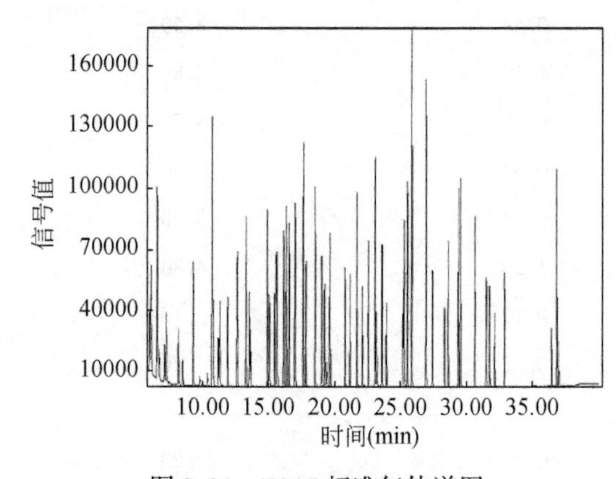

图2.21 TO15标准气体谱图

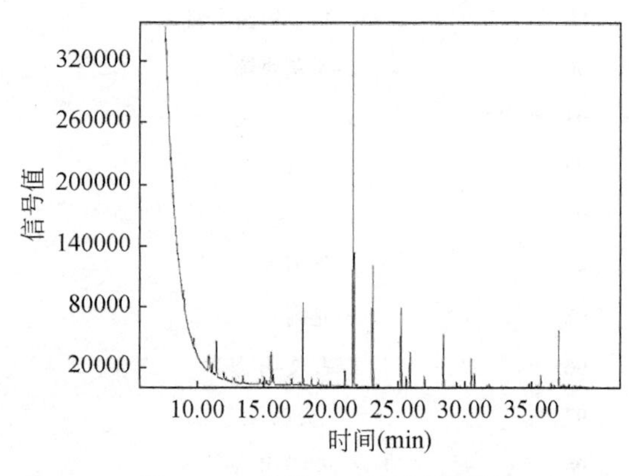

图2.22 编号211号样品谱图

（3）质量控制与保证

①实验室空白。以清洁采样罐中注入高纯氮气作为实验室空白，每批样品分析前必须进行实验室空白测试。目标物的浓度均应低于方法测定下限。否则应查找原因，并采取相应措施，消除干扰或污染。

②运输空白。每批样品至少分析一个运输空白。先将高纯氮气注入真空的清洁采样罐，并带至采样现场。经过与样品相同的处理过程（包括现场暴露、运输、存放与实验室

分析）和步骤。目标物的浓度均应低于方法测定下限。否则应查找原因，并采取相应措施，消除干扰或污染。

③平行样品测定。每 10 个样品或每批次（少于 10 个样品/批）分析设置 1 个平行样。平行样中目标物的相对偏差应小于等于 30%，否则查找原因并重新分析。

④内标物。样品中内标的保留时间与当天连续校准或者最近绘制的校准曲线中内标保留时间偏差应不超过 20s，定量离子峰面积变化应在 60% ~140% 之间。

⑤校准曲线。校准曲线至少需要 5 个浓度点，目标物相对响应因子的相对标准偏差（RSD）应小于等于 30%，否则应查找原因并重新绘制标准曲线。

⑥连续校准。每 24h 分析一次校准曲线中间浓度点或者次高点。其测定结果与初始浓度值相对偏差应小于等于 30%，否则应查找原因或重新绘制标准曲线。

2.2.4　生物气溶胶分析方法

目前已有许多高效、便捷、精确的生物气溶胶分析方法适用于污水处理厂微生物气溶胶分析，主要包括 16S rDNA 克隆文库和 Illumina Miseq 高通量测序两种方法。16S rDNA 克隆文库方法，使用的 DNA 扩增引物较长，能够比较精确地鉴定微生物的种属。但其操作过程烦琐、测序数量相对少。高通量测序以能一次并行对几十万到几百万条 DNA 分子进行序列测定，获得的微生物信息量大。采集全部微生物并通过高通量测序分析，可获得更全面的生物气溶胶群落结构及多样性信息。

通过对常用的微生物气溶胶分析方法进行比较，确定了“总悬浮颗粒物采样器+高通量测序技术”的方法，适合污水处理厂的微生物气溶胶的采集和分析。该组合方法分析在解析污水处理厂气溶胶中微生物多样性、群落结构覆盖度、稳定性和全面性方面具有明显的优势，能够更简便快捷，数据更全面、更接近气溶胶中的微生物的真实分布状态。

污水处理厂生物气溶胶特征的研究主要针对气溶胶颗粒物中微生物种类及浓度。

1. 生物气溶胶浓度鉴定可靠性分析

生物气溶胶浓度鉴定主要通过 Anderson 分级采样器收集，采用平板计数法计数。为避免通过采样器各筛孔的微生物粒子在超过一定数量后出现通过同一筛孔撞击在同一点上的重叠现象，可通过公式（2.7）进行校正。

$$\mathrm{P_r}=N\times\left[\frac{1}{N}+\frac{1}{N-1}+\frac{1}{N-2}+\cdots+\frac{1}{N-r-1}\right]\tag{2.7}$$

式中，$\mathrm{P_r}$和 r 分别表示校正后菌落数和实际菌落数；N 为采样器各级采样孔数。

2. 生物气溶胶中微生物种群鉴定可靠性分析

种群鉴定主要采用克隆文库及高通量测序技术。提取的样品 DNA 浓度≥20ng/μL 且 1.8<D260/280<2.0 时方可进行后续测序分析。

（1）克隆文库

具体操作流程见分析方法部分。其中核酸测序后需对序列进行质量控制，并以 75% 的覆盖度来确保每个文库的测序深度，从而保证生物气溶胶微生物鉴定的完整性。

（2）高通量测序

高通量测序得到的是双端列数据，首先根据 PE reads 之间的 overlap 关系，将成对的 reads 拼接（merge）成一条序列，同时对 reads 的质量和 merge 的效果进行质控过滤，根据序列首尾两端的 barcode 和引物序列区分样品得到有效序列，并校正序列方向，即为优化数据。

具体的数据去杂方法和参数如下：

①过滤 reads 尾部质量值 20 以下的碱基，设置 50bp 的窗口，如果窗口内的平均质量值低于 20，从窗口开始截去后端碱基，过滤质控 50bp 以下的 reads，去除含 N 碱基的 reads。

②根据 PE reads 之间的 overlap 关系，将成对 reads 拼接（merge）成一条序列，最小 overlap 长度为 10bp。

③拼接序列的 overlap 区允许的最大错配比率为 0.2，筛选不符合序列。

④根据序列首尾两端的 barcode 和引物区分样品，并调整序列方向，barcode 允许的错配数为 0，最大引物错配数为 2。

参考文献

江梅，邹兰，李晓倩，等．2015. 我国挥发性有机物定义和控制指标的探讨．环境科学，36（9）：3522-3532.

夏邦寿，张卿川，张绍修，等．2014. 电子工业废气 VOCs 排放特征及防治对策探讨．环境与可持续发展，39（5）：81-83.

Chen K，Pachter L. 2005. Bioinformatics for whole-genome shotgun sequencing of microbial communities. Plos Computational Biology，1（2）：106-112.

Czepie P，Crill P，Harriss R. 1995. Nitrous oxide emissions from municipal wastewater treatment. Environmental Science & Technology，29（9）：2352-2356.

Handelsman J. 2005. Metagenomics：Application of genomics to uncultured microorganisms（vol 68，pg 669，2004）. Microbiology and Molecular Biology Reviews，69（1）：195.

Lerman L S，Fischer S G，Hurley I，et al. 1984. Sequence-determined DNA separations. Annual Review of Biophysics and Bioengineering，13：399-423.

Muyzer G，de Waal E C，Uitterlinden A G. 1993. Profiling of complex microbial populations by denaturing gradient gel electrophoresis analysis of polymerase chain reaction-amplified genes coding for 16S rRNA. Applied and Environmental Microbiology，59（3）：695-700.

Zhang Q H，Yang W N，Ngo H H，et al. 2016. Current status of urban wastewater treatment plants in China. Environment International，92-93：11-22.

第3章　城镇污水处理厂恶臭气体排放特征研究

为了研究城镇污水处理厂恶臭气体 NH_3 和 VSCs 的排放特征，对污水处理厂各处理单元 NH_3 和 VSCs 的排放进行现场采样监测，根据监测结果确定了城镇污水处理厂恶臭气体的排放特征，计算得到恶臭气体在污水处理过程的排放通量和排放系数。此外，对不同处理单元排放的恶臭气体进行了恶臭贡献和暴露浓度的健康风险的评估，确定了 NH_3 和 VSCs 的排放贡献和对人体健康造成的影响。

课题组选取城镇污水处理 A^2/O、氧化沟和 SBR 三种典型工艺作为城镇污水处理厂恶臭气体排放特征与评估的研究对象，从 2015 年至 2018 年，开展了为期 4 年的 NH_3 和 VSCs 排放现场监测，掌握了城镇污水处理厂典型工艺 NH_3 和 VSCs 的主要排放点位以及排放特征，并分析了城镇污水处理厂影响 NH_3 和 VSCs 排放的主要因素。这些研究成果可为我国城镇污水处理行业 NH_3 和 VSCs 的减排提供支撑。

3.1　恶臭气体产生机理概述

由于城镇污水处理厂的进水水质复杂，污染物种类繁多，在污水处理过程中含氮、硫的有机物和无机物会产生 NH_3 和 VSCs 等有毒有害气体，产生的 NH_3 和 VSCs 在污水处理过程中会从水相/泥相转移至气相中，从而导致污水处理过程中 NH_3 和 VSCs 的排放。根据已有文献报道，NH_3 和 VSCs 的产生机理可从污水处理过程和污泥处理过程进行总结归纳。

3.1.1　城镇污水处理过程中恶臭气体产生机理

1. NH_3 的产生机理

污水处理过程中 NH_3 产生于污水中的含氮类物质的好氧和厌氧分解过程。在污水处理过程中，有机物最终分解成二氧化碳和水，有机氮转化为不可挥发的铵离子，二氧化碳和铵离子在水中反应生成碳酸氢铵（邹博源和陈广，2020）。碳酸氢铵的热稳定性极差，随着温度升高，易发生热分解，分解后由污水向环境空气中释放出 NH_3 [式（3.1）]。

$$NH_4HCO_3 = NH_3\uparrow + CO_2\uparrow + H_2O \tag{3.1}$$

城镇污水处理厂的污水进水中 NH_3 主要来自两部分，一部分是污水在管道中输送过程中溶解氧浓度较低形成厌氧环境，此时厌氧微生物可降解污水中有机物而产生 NH_3；另一部分是污水在处理单元内发生扰动时溶解在污水中的 NH_3 被释放出来。此外，污水中被预处理单元截留漂浮物中有机物不断发酵，也会产生 NH_3 等恶臭气体（董晓清等，2014）。

城镇污水处理厂污水生化处理单元中的厌氧区域或曝气不足的区域，污水中的有机物通过厌氧反应降解为 NH_3 释放到环境空气中。

2. 城镇污水处理过程中 VSCs（H_2S、MT、DMS 和 DMDS）的产生机理

在城镇污水处理过程中，在好氧或厌氧条件下，有机物的分解都会产生 VSCs，VSCs 在污水反应中也会互相转化，并从污水中释放出来。VSCs 形成的三个关键机理为：生物降解含硫氨基酸、半胱氨酸和甲硫氨酸时分别产生 H_2S 和 MT，H_2S 通过甲基化作用生成 MT，MT 通过甲基化作用生成 DMS，DMDS 由 MT 氧化产生。图 3.1 列出了 VSCs 产生和互相转化的过程。

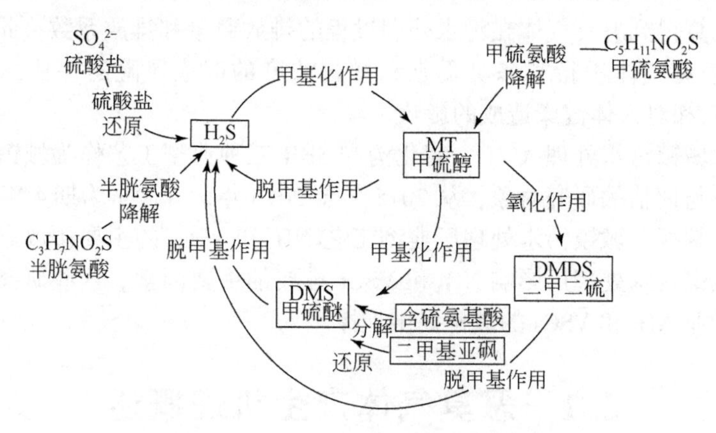

图 3.1　VSCs 的产生和互相转化过程

污水中含硫有机物（磺基丙酸二甲酯、巯基丙酸甲酯和二甲基亚砜等）均可以通过微生物作用反应生成 VSCs，表 3.1 列出 VSCs 产生的主要机理和反应方程式。

表 3.1　VSCs 产生的主要机理和反应方程式

VSCs 产生的机制	反应方程式
DMSP 分裂	DMSP ⟶丙烯酸盐+DMS
MMPA 去甲基化	MMSP ⟶丙烯酸盐+MT
含硫氨基酸的降解	S-AA ⟶HS^-/MT/DMS+AA
DMSO 的还原	乳酸+DMSO ⟶DMS+乙酸
S 的甲基化	
解毒作用	$HS^-+R—CH_3 \longrightarrow R_a+MT$
MA 降解	$HS^-+R—CH_3 \longrightarrow R_b+MT$
	$MT+R—CH_3 \longrightarrow R_b+DMS$
DMDS 降解/氧化	DMDS ⇌ 2MT

注：DMSP，磺基丙酸二甲酯；MMPA，巯基丙酸甲酯；S-AA，含硫氨基酸；AA，氨基酸；MA，甲氧基化的芳族化合物；DMSO，二甲基亚砜；R，可变残基、基团或成分。

根据文献调研，归纳总结城镇污水处理过程中各 VSCs 的产生机理如下：

①H_2S 的产生机理。H_2S 的产生一般有两种途径：一是在厌氧发酵过程中由蛋白质或

者含硫有机物的分解产生（蛋白质分解成多肽再变成半胱氨酸生成硫化氢）；二是在无氧条件下，硫酸盐可以作为电子受体被硫酸还原菌（SRB）还原成 H_2S（Bak et al., 1992；Lomans et al., 2002）。SRB 是一类利用硫酸盐或者其他氧化态的硫化物作为受体来异化有机物的严格厌氧菌，适应生长的 pH 范围为 5.0 ~ 9.5，最适的生长 pH 范围为 7.0 ~ 7.8。

②MT 的产生机理。MT 在好氧和厌氧条件下由含硫的氨基酸产生（Higgins et al., 2006）。MT 由蛋氨酸在 L-蛋氨酸 γ 裂解酶的催化下脱氨基后去甲基化产生，也可由 *S*-甲基半胱氨酸被 *S*-烷基半胱氨酸酶催化降解后产生。同时，MT 可由不同习性的细菌将硫化物通过甲基化而形成，这种生成方式被认为可能是好氧微生物的一种硫化物解毒途径（Domingo & Nadal, 2009；Larsen, 1985）；MT 也可由厌氧的微生物将 H_2S 甲基化后生成，反应式见（3.2）（Bak et al., 1992；Lomans et al., 2001；Lomans et al., 2002），其中 R 通常被认为是芳香族化合物。

$$R—O—CH_3+H_2S \longrightarrow R—OH+CH_3SH \tag{3.2}$$

③DMS 的产生机理。DMS 在好氧和厌氧条件下由含硫的氨基酸产生（Higgins et al., 2006）。另一个常见的 DMS 生成方式是通过二甲基亚砜（DMSO）在厌氧或好氧条件下还原反应生成（Zinder & Brock, 1978），DMSO 是一种常见的有机溶剂，在污水中广泛存在。同时，污水中 MT 通过厌氧微生物的甲基化也会产生 DMS，反应式为（3.3）。

$$R—O—CH_3+CH_3SH(MT) \longrightarrow R—OH+CH_3SCH_3(DMS) \tag{3.3}$$

④DMDS 的产生机理。DMDS 由 MT 的化学氧化而产生（Kelly & Smith, 1990）［式（3.4）］。DMDS 的这种产生途径需要在有氧的情况下发生，而且这种反应产生途径可能是由某些生物固体成分（如金属）催化而增强这种反应（Chin & Lindsay, 1994）。

$$2\ CH_3SH+0.5\ O_2 \longrightarrow H_2O+CH_3S_2CH_3(DMDS) \tag{3.4}$$

3. CS_2的来源和降解机理

不同于其他 VSCs，污水处理过程中释放出的 CS_2绝大多数来源于人为排放，通常无法由有机物降解或硫化物互相转化而产生（Watts, 2000）。在城镇污水处理过程中 CS_2在好氧和厌氧条件下均能被微生物作为碳源利用而降解，即 CS_2中的所有碳首先转化为羰基硫（COS），然后再转化为 CO_2和 H_2S，如反应式（3.5）和式（3.6）所示。

$$CS_2+H_2O \longrightarrow COS+H_2S \tag{3.5}$$

$$COS+H_2O \longrightarrow CO_2+H_2S \tag{3.6}$$

3.1.2　污泥处理过程中恶臭气体的产生机理

城镇污水处理厂污泥中的恶臭气体来源可以分为两类：一是污泥中含有相当多的污水，污水中的恶臭气体残留在污泥中；二是污泥中的微生物分解污泥过程中会生成新的恶臭物质，尤其是与厌氧菌的活动有很大关系（Zhang et al., 2013）。污泥处理过程中 NH_3 和 VSCs 具体的生成和转换机理与污水处理过程中相同，详见 3.1.1 小节。

恶臭气体在污泥处理过程中排放到环境空气中的途径主要分为以下两类：一是受外力影响直接排放，如泵运输和转移污泥过程中，污泥因受压力、搅拌等作用剧烈扰动，造成恶臭气体排放，或在机械脱水过程中因受到离心力或剪切力等的作用，导致污泥破碎造成恶臭气体排放；二是通过转化为其他物质而间接排放，如在厌氧硝化过程中产生的沼气中含有高浓度恶臭气体，沼气燃烧过程其所含恶臭气体转化成其他污染物排放到环境空气中，如沼气中的 NH_3 和 H_2S 经燃烧转化成氮氧化物和硫氧化物，成为雾霾天气和酸雨的前体物。

3.2 城镇污水处理厂恶臭气体的排放特征

城镇污水处理厂污水处理单元分为预处理、生化处理和深度处理单元。预处理单元有格栅、泵房、沉砂池（曝气或旋流）和初沉池；生化处理单元有生化反应池（A^2/O、氧化沟和 SBR）和二沉池；深度处理单元有硝化滤池和反硝化滤池。本章将就城镇污水处理厂各处理单元的恶臭气体排放特征进行逐一解析，并分析不同处理单元恶臭气体排放的影响因素。

3.2.1 污水处理过程中预处理单元恶臭气体的排放特征

选取预处理单元的格栅、沉砂池（旋流和曝气）和初沉池作为研究对象，对恶臭气体的排放特征进行现场采样监测。

1. 预处理单元 NH_3 的排放特征

根据现场监测结果计算预处理单元 NH_3 的排放通量，结果如图 3.2 所示。

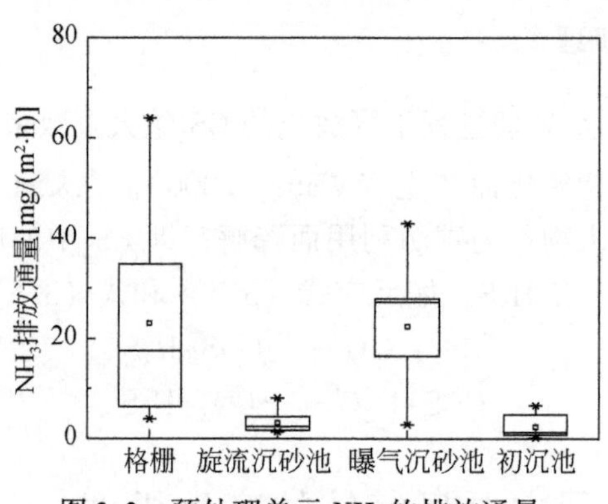

图 3.2 预处理单元 NH_3 的排放通量

由图 3.2 可知，预处理单元 NH_3 的排放通量呈现出随着污水处理进程排放通量递减的规律，NH_3 的排放通量（均值）[mg/(m² · h)] 顺序：格栅（22.997）>曝气沉砂池（22.437）>旋流沉砂池（3.092）>初沉池（2.289）。

污水进入污水处理厂前，经过管网运输过程中溶解氧不断被消耗，形成了厌氧环境（Jiang et al.，2017），在此过程中污水中的含氮类有机物通过好氧和厌氧过程分解产生 NH_3。污水经过格栅时，虽然污水流动速度较慢，但污水中 NH_3 的含量较高，使得 NH_3 的排放通量在格栅构筑物达到预处理单元的最大值［22.997mg/(m^2·h)］。污水进入沉砂池后，两种不同结构的沉砂池 NH_3 排放通量差异较大，NH_3 在曝气沉砂池中的排放通量较大，约为旋流沉砂池排放通量的7倍。在曝气沉砂池由于曝气作用水流扰动剧烈，曝气作用促进水中的 NH_3 被吹脱出来（Chen & Szostak，2013），使得曝气沉砂池 NH_3 的排放通量较高；旋流沉砂池内污水水流较快，但没有曝气吹脱作用，NH_3 的排放通量较小。初沉池在曝气沉砂池之后，污水中的 NH_3 经过沉砂池后大部分 NH_3 被释放，加之初沉池水面较为平静，在初沉池污水中残留的 NH_3 和有机物降解产生的 NH_3 缓慢的释放，导致在初沉池 NH_3 的排放通量最少，为2.289mg/(m^2·h)。

由于污水中含有大量的含氮类有机物，在预处理单元的厌氧和好氧条件下均可以分解产生 NH_3。在格栅、旋流沉砂池和初沉池中，由于污水中溶解氧较低（DO<1mg/L），NH_3 由含氮类有机物的厌氧分解产生并释放；在曝气沉砂池，由于曝气作用向污水中不断提供溶解氧（DO>5mg/L），使得 NH_3 由含氮类有机物的好氧分解产生并释放。

2. 污水水质对预处理单元 NH_3 排放的影响

城镇污水处理过程中 NH_3 的生成是一个复杂的过程，污水水质对 NH_3 的形成具有较大影响。污水中生成的 NH_3 主要来源于含氮类的有机物分解，高浓度的总氮（TN）和 COD 将促进更多 NH_3 的生成。表3.2为城镇污水处理厂预处理单元 NH_3 的排放通量与污水中 TN、COD 相关性分析结果。

表3.2　预处理单元 NH_3 排放通量与 TN 和 COD 的相关性分析

处理单元	NH_3 排放通量		TN	COD
格栅	NH_3 排放通量	1	0.893**	0.859**
	TN		1	0.925**
	COD			1
旋流沉砂池	NH_3 排放通量	1	0.788**	0.690**
	TN		1	0.752**
	COD			1
曝气沉砂池	NH_3 排放通量	1	0.673*	0.744*
	TN		1	0.822**
	COD			1
初沉池	NH_3 排放通量	1	0.722*	0.357
	TN		1	0.171
	COD			1

** 在0.01水平（双侧）上显著相关；* 在0.05水平（双侧）上显著相关。

由表3.2可知，在格栅和旋流沉砂池单元，NH_3 的排放通量与污水中 TN 和 COD 显著相关（$p<0.01$）；在曝气沉砂池单元，NH_3 的排放通量与污水中 TN 和 COD 显著相关（$p<0.05$）；在初沉池单元，NH_3 的排放通量与污水中 TN 显著相关（$p<0.05$）。结果表明，在预处理单元，NH_3 的排放量与污水中 TN 和 COD 呈正相关关系，即污水中的 TN 和 COD 越

高，NH_3的排放通量越大。由于NH_3的产生主要来源于污水中含氮有机物的分解，污水中的TN和COD较高，意味着产生NH_3的底物越多，生成的NH_3越多，因而排放通量越大。

3. 预处理单元VSCs的排放特征

根据监测结果，计算获得预处理单元VSCs的排放通量，如图3.3所示。

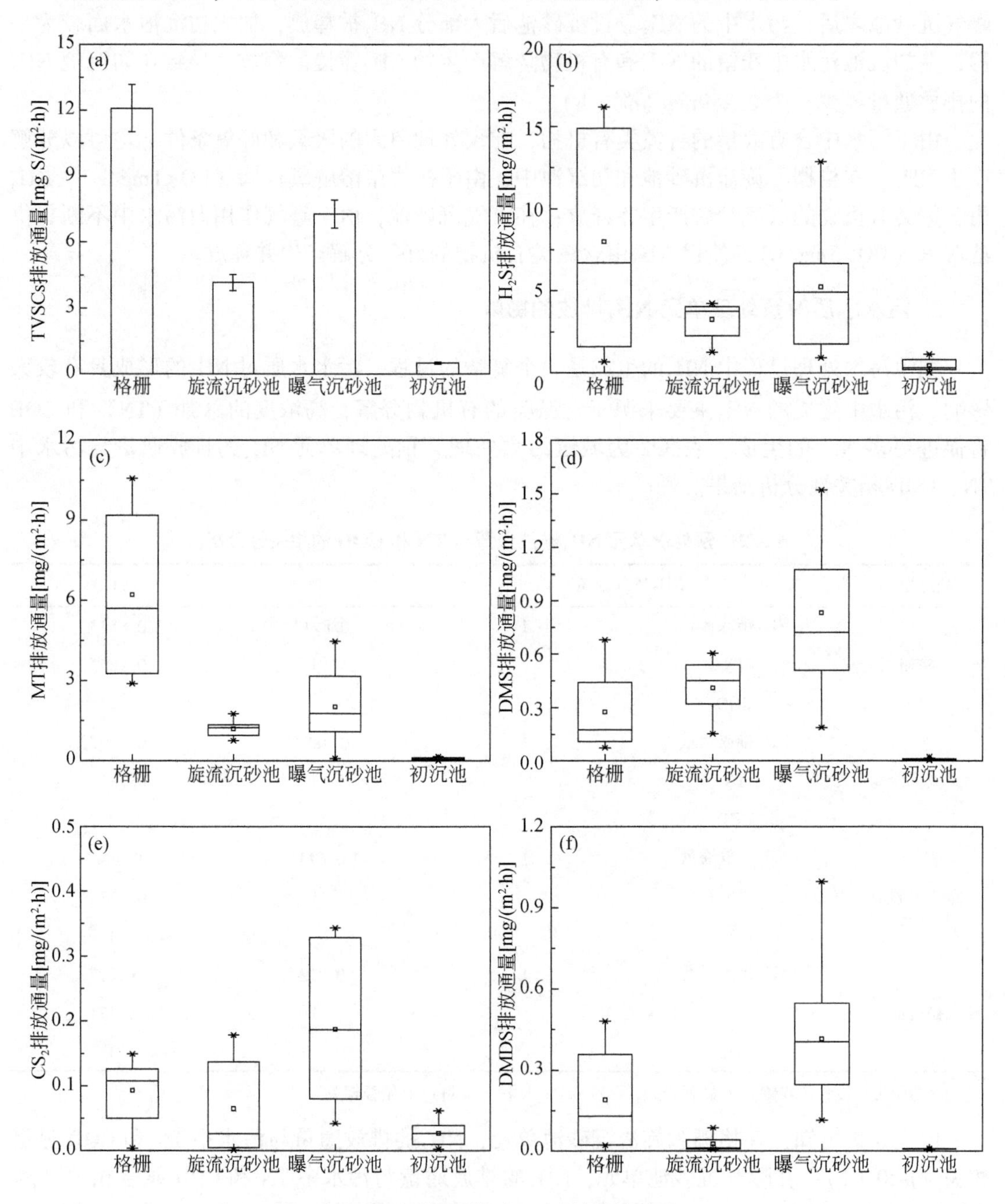

图3.3 预处理单元VSCs的排放通量

(a) TVSCs；(b) H_2S；(c) MT；(d) DMS；(e) CS_2；(f) DMDS

由图3.3可知，预处理单元TVSCs的排放通量（均值）[mg S/(m^2·h)] 顺序为：格栅（12.0291)>曝气沉砂池（7.1422)>旋流沉砂池（4.1545)>初沉池（0.5153)。污水在进入预处理单元前，经过管网的运输，溶解氧不断被消耗，形成了厌氧环境，为生成VSCs提供了有利条件。污水首先进入预处理单元的格栅间，在污水管网中生成的大量VSCs在格栅间进行了一次集中释放，使得TVSCs的排放通量在格栅间达到预处理单元的最大值 [12.0961mg S/(m^2·h)]。污水进入沉砂池后，两种不同结构的沉砂池TVSCs排放通量差异较大。曝气沉砂池中污水在曝气条件下扰动剧烈，促进了污水中VSCs的释放，其TVCSs排放通量约为旋流沉砂池的两倍；旋流沉砂池内虽然污水水流速度较快，但相比与曝气的吹脱作用，促进VSCs的释放效果相对较弱，其TVCSs排放通量约为曝气沉砂池的一半。初沉池设置在曝气沉砂池之后，污水中的VSCs经过沉砂池的大量释放后，污水中的VSCs的含量较少，并且为了达到较好的沉淀效果，初沉池水体稳定，不利于VSCs的排放。因此，污水中残留的VSCs和有机物降解产生的VSCs在初沉池缓慢的释放，TVSCs的排放通量在初沉池达到预处理单元的最小值，为0.5153mg/(m^2·h)。

在格栅间，H_2S和MT的排放通量达到预处理单元的最大值，分别为8.0081mg/(m^2·h)和6.2131mg/(m^2·h)。随着预处理单元的处理的进行，DMS、CS_2和DMDS的排放通量在曝气沉砂池达到预处理单元的最大值，分别为0.8321mg/(m^2·h)、0.1876mg/(m^2·h)和0.4153mg/(m^2·h)。VSCs的排放通量在初沉池降至预处理单元的最小值，H_2S、MT、DMS、CS_2和DMDS的排放通量分别为0.4585mg/(m^2·h)、0.0771mg/(m^2·h)、0.0082mg/(m^2·h)、0.0271mg/(m^2·h) 和0.0077mg/(m^2·h)。

在预处理单元格栅、旋流沉砂池和初沉池，污水中的溶解氧不断被消耗，使得污水中逐渐形成厌氧环境，H_2S、MT和DMS厌氧生成，CS_2厌氧分解。H_2S由含硫的有机物分解或SRB菌还原硫酸盐而产生；MT由含硫的氨基酸分解和H_2S甲基化产生 [反应式（3.2)]；DMS由MT甲基化而产生 [反应式（3.3)]。在预处理单元曝气沉砂池单元，曝气作用使得污水中形成了好氧环境，MT、DMS和DMDS好氧生成，CS_2好氧分解。MT由好氧微生物将硫化物甲基化或含硫氨基酸分解生成；DMS由含硫的氨基酸分解产生；DMDS由MT化学氧化而生成 [反应式（3.4)]。

4. 污水水质对预处理单元TVSCs排放的影响

城镇污水处理过程中VSCs的生成是一个复杂的过程，污水的组成对VSCs的形成影响较大，图3.4显示了生成VSCs的步骤示意图（Higgins et al.，2006)。污水中VSCs产生主要包括两种途径，一是废水中的有机物（COD）的酸化和乙酸化产生的丙酸盐和乙酸盐（Sun et al.，2018）与废水中的硫化物反应生成H_2S，之后H_2S可通过甲基化和氧化等转化为其他VSCs（MT、DMS和DMDS)；二是废水中的硫化物，主要是含硫蛋白质，经过好氧或厌氧分解产生H_2S、MT和DMS，之后通过甲基化和氧化转化为其他VSCs（图3.4)。因此，污水中高含量的总硫化物含量（TS）和COD促进VSCs的生成（Muyzer & Stams，2008)。

为了探究预处理单元VSCs与污水中TS或COD含量排放之间的关系，对VSCs的排放通量与TS或COD含量的相关性进行了数据分析，分析结果如表3.3所示。

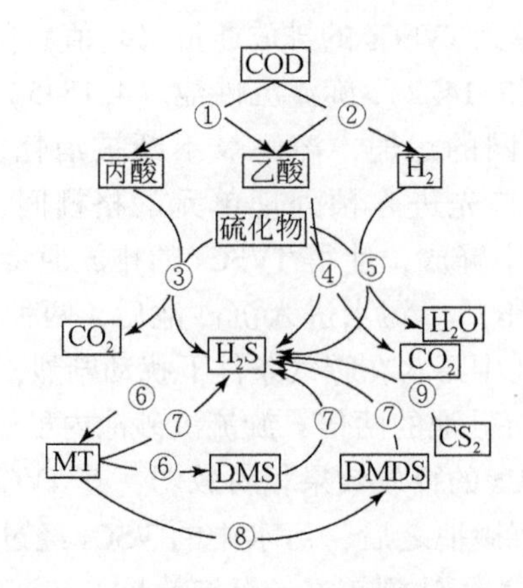

图 3.4　VSCs 在城镇污水处理过程中生成过程的示意图

①COD 酸化；②COD 产乙酸；③丙酸盐的硫化作用；④乙酸的硫化作用；⑤氢的硫化作用；⑥甲基化；⑦脱甲基作用；⑧氧化；⑨好氧和厌氧降解

由表 3.3 可知，在格栅，TVSCs 的排放通量与污水中 TS 在 0.05 水平（双侧）上显著相关（$p<0.05$）；在旋流沉砂池和曝气沉砂池，TVSCs 的排放通量与污水中 TS 在 0.01 水平（双侧）上显著相关（$p<0.01$）；在初沉池，TVSCs 的排放通量与污水中 TS 和 COD 虽没有显著性相关的关系，但 TVSCs 和 COD 表现出微弱的相关性（Pearson 相关性 = 0.732）。

表 3.3　预处理单元 TVSCs 排放通量与 TS 或 COD 的相关性分析结果

处理单元		TVSCs 排放通量	TS	COD
格栅	TVSCs 排放通量	1	0.939*	0.160
	TS		1	−0.098
	COD			1
旋流沉砂池	TVSCs 排放通量	1	0.859**	0.385
	TS		1	0.333
	COD			1
曝气沉砂池	TVSCs 排放通量	1	0.930**	−0.735
	TS		1	−0.547
	COD			1
初沉池	TVSCs 排放通量	1	−0.472	0.732
	TS		1	−0.890
	COD			1

** 在 0.01 水平（双侧）上显著相关；* 在 0.05 水平（双侧）上显著相关。

上述结果表明，在预处理单元，TVSCs 在格栅、旋流沉砂池和曝气沉砂池的排放通量受污水中 TS 的影响，TVSCs 在初沉池的排放通量受污水中 COD 的影响。硫化物（TS）和有机物（COD）是 VSCs 生成的底物，所以它们的增加都对 VSCs 的生成活动产生积极的影响。在TS浓度不变的情况下，污水中COD浓度的增加会导致VSCs产率的增加。但当COD浓度超过一定浓度水平后，硫化物产率趋于稳定不再明显增加。这可能是由于在高COD浓度下硫酸盐成为限制底物，尽管COD过量，但不能支持产VSCs的微生物的额外增长；另一方面，在COD浓度不变的情况下，随着TS浓度的增加，VSCs的产量不断增加，高浓度的COD不会对产VSCs的微生物生长带来限制。格栅、旋流沉砂池（或曝气沉砂池）位于预处理单元的前段，该阶段COD较高（300～650mg/L），TS的含量由于污水来源和水量的波动而变化较大（17～50mg/L）。污水中TS的波动由于污水进水中的硫化物来源广泛，如人类食品加工和食品废物（Obenland et al.，1994）和纸类物质（Lee & Brimblecombe，2016）等。因此，在格栅、旋流沉砂池和曝气沉砂池，污水中TS的含量是VSCs生成的主要影响因子，进而影响VSCs的排放。在初沉池中，污水中的一部分污染物被去除和降解，降低了污水的COD含量，而由于污水处理没有显著的脱硫作用，通过VSCs释放到环境空气中的含量极少。利用污水处理VSCs的排放系数（3.4节）估算，在预处理单元释放到环境空气中的硫含量仅为污水中总量的1%～5%，因此污水中的TS含量在预处理单元处理过程中变化非常微弱，几乎与污水处理厂进水保存一致的浓度水平（17～50mg/L）。这就使得在初沉池有机污染物（COD）成为初沉池中VSCs产生的主要影响因子，进而影响VSCs的排放。

5. 预处理单元VSCs排放计算模型的构建

基于预处理单元格栅、旋流沉砂池和曝气沉砂池的TVSC排放通量与TS或COD之间的相关性分析结果，在已有的硫化物排放估算的经验公式（Sun et al.，2018）基础上进行改进，改进后的经验公式（3.7）用于构建计算预处理单元TVSCs排放通量的模型。在预处理单元，污水中的COD浓度较高，当COD的浓度超过一定高浓度水平后，COD的增加不再促进VSCs的产生，因此使用ln（COD）作为在预处理单元TVSCs排放通量经验公式中的一个主要影响因素；另一方面，在COD浓度不变的情况下，随着TS浓度的增加，VSCs的产量不断增加，因此使用TS作为在预处理单元TVSCs排放通量经验公式中的另一个主要影响因素。

$$k(\mathrm{TVSCs})=a_1\times S_{\mathrm{TS}}\times\ln(S_{\mathrm{COD}})+b_1 \tag{3.7}$$

式中，k（TVSCs）为TVSCs的排放通量，mg S/(m^2·h)；S_{TS}是污水中TS的含量，mg/L；S_{COD}是污水中COD的含量，mg/L；a_1和b_1为模型中的常数参数。

（1）格栅单元VSCs排放模型的构建

利用格栅排放VSCs的现场监测数据，使用经验公式（3.8）对研究得到的实验数据进行外推和建模，得到常数参数$a_1=0.138\pm0.26$，$b_1=-13.167\pm4.709$，格栅的TVSCs排放通量拟合模型公式为：

$$k(\mathrm{TVSCs})=0.138\times S_{\mathrm{TS}}\times\ln(S_{\mathrm{COD}})-13.167 \tag{3.8}$$

式中，S_{TS}的适用范围是17～40mg/L；S_{COD}的适用范围是470～640mg/L。

将经验公式（3.8）的模型曲面与污水处理厂格栅实际监测值之间进行对比，并计算它们之间的相关关系（图3.5）。

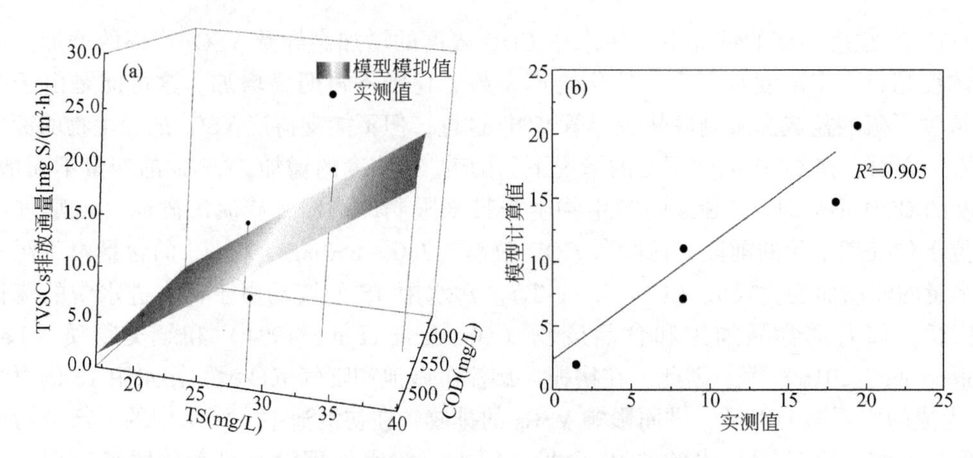

图 3.5　格栅 TVSCs 排放的模型计算值和实测值及其相关性

（a）模型曲面与实测值；（b）模型计算值与实测值相关性

结果表明，模型计算值与实测值具有强的相关性（R^2=0.905，p<0.05），表明使用模型公式（3.7）可以较为准确地预测城镇污水处理厂格栅 TVSCs 的排放通量。

（2）旋流沉砂池 VSCs 排放模型的构建

利用旋流沉砂池排放 VSCs 的现场监测数据，利用经验公式（3.7）对研究得到的实验数据进行外推和建模，得到常数参数 $a_1=0.028\pm0.005$，$b_1=-1.862\pm1.129$，旋流沉砂池的 TVSCs 排放通量拟合模型公式为：

$$k(\text{TVSCs})=0.028\times S_{\text{TS}}\times\ln(S_{\text{COD}})-1.862 \tag{3.9}$$

式中，S_{TS}的适用范围是 22～40mg/L；S_{COD}的适用范围是 290～650mg/L。

将经验式（3.9）的模型曲面与污水处理厂旋流沉砂池实际监测值之间进行对比，并计算它们之间的相关关系（图 3.6）。结果表明，模型计算值与实测值具有强的相关性（R^2=0.736，p<0.01），表明使用模型公式（3.8）可以较为准确地预测城镇污水处理厂旋流沉砂池单元 TVSCs 的排放通量。

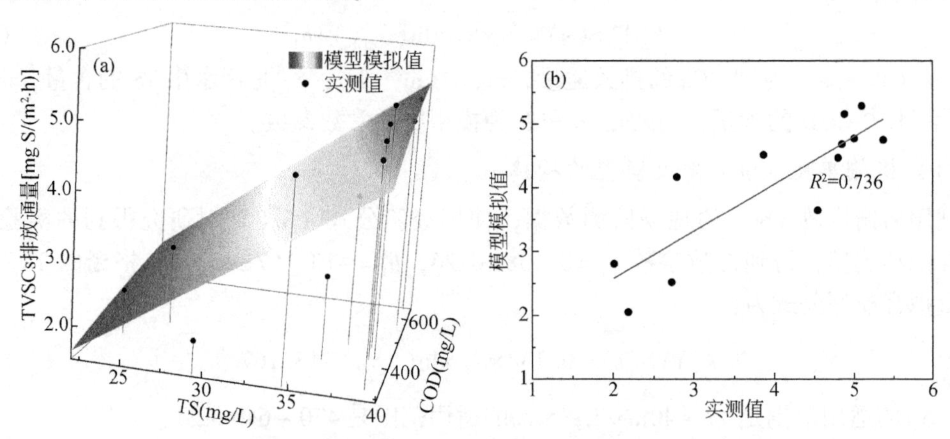

图 3.6　旋流沉砂池 TVSCs 排放的模型计算值和实测值及其相关性

（a）模型曲面与实测值；（b）模型计算值与实测值相关性

(3) 曝气沉砂池 VSCs 排放模型的构建

利用曝气沉砂池排放 VSCs 的现场监测数据，利用经验公式（3.7）对研究得到的实验数据进行外推和建模，得到常数参数 $a_1=0.062\pm0.011$，$b_1=-4.547\pm2.111$，曝气沉砂池的 TVSCs 排放通量拟合模型公式为：

$$k(\text{TVSCs})=0.062\times S_{\text{TS}}\times\ln(S_{\text{COD}})-4.547 \tag{3.10}$$

将经验公式（3.10）的模型曲面与污水处理厂曝气沉砂池实际监测值之间进行对比，并计算它们之间的相关关系（图 3.7）。结果表明，模型计算值与实测值具有强的相关性（$R^2=0.841$，$p<0.01$），表明使用模型公式（3.9）可以较为准确地预测城镇污水处理厂曝气沉砂池单元 TVSCs 的排放通量。

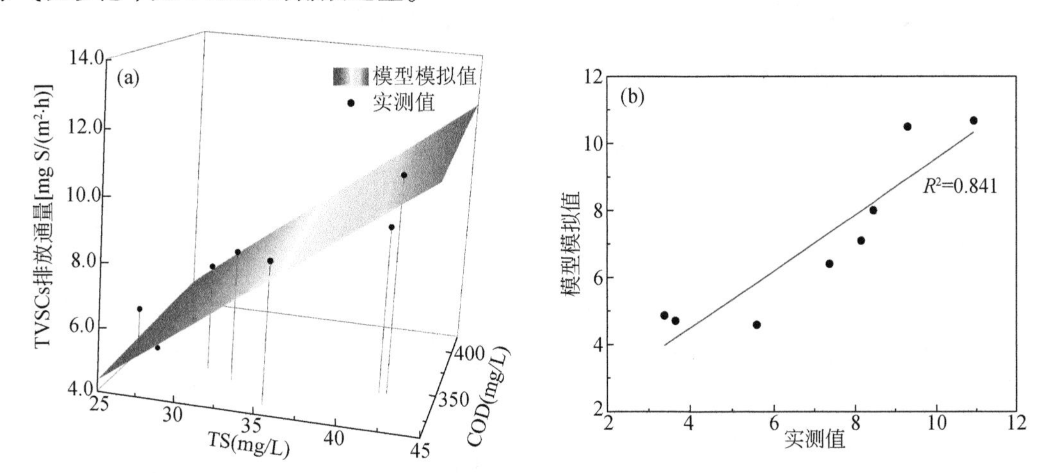

图 3.7 曝气沉砂池模型计算值和实测值及其相关性

（a）模型曲面与实测值；（b）模型计算值与实测值相关性

综上，使用经验公式计算城镇污水处理厂的格栅、旋流沉沙池和曝气沉砂池 VSCs 排放的预测效果较为理想，这为污水处理厂预测 VSCs 的排放提供了一种较为可行的方法，这种方法仅需测定水中的常规指标 TS 和 COD 的含量，省掉实际监测 VSCs 排放的较复杂操作过程。然而，在城镇污水处理厂使用上述经验公式预测 VSCs 排放之前，建议在不同的污水条件下进行必要的监测分析，以校准经验方程的常数值。

6. 预处理单元排放恶臭气体的化学浓度贡献

根据预处理单元恶臭气体的排放通量监测结果，可以计算出反映预处理单元排放的恶臭气体物质量之间的关系。化学浓度贡献率指的是某一种恶臭物质的化学浓度占所有恶臭物质总化学浓度的比例，计算公式如（3.11）所示。

$$PC_i=\frac{C_i}{\sum_{i=1}^{n}C_i}\times100\% \tag{3.11}$$

式中，PC_i为某一种恶臭气体的化学浓度贡献率；C_i为某一种恶臭气体的浓度（mg/m^3）。

预处理单元不同构筑物不同恶臭气体的排放贡献如图 3.8 所示。由图 3.8 可知，NH_3

和 H_2S 显著贡献了每个构筑物超过 80% 的恶臭气体的化学浓度，CS_2 和 DMDS 对每个构筑物的化学浓度贡献最低（<1%）。在格栅、曝气沉砂池和初沉池排放的恶臭气体中，NH_3 是最主要的恶臭气体；在旋流沉砂池排放的恶臭气体中，H_2S 是最主要的恶臭气体。上述结果表明，在预处理单元进行恶臭气体控制时，需注重控制工艺中 NH_3 和 H_2S 的处理负荷设计，避免处理工艺的 NH_3 和 H_2S 处理负荷设计不足，导致工艺处理效果较差。

3.2.2 污水处理过程中 A^2/O 单元恶臭气体的排放特征

A^2/O 单元是采用空间推流模式，污水依次流过 A^2/O 池的缺氧区、厌氧区和好氧区和二沉池，完成有机物的去除、脱氮除磷过程以及泥水分离过程。

1. A^2/O 单元 NH_3 的排放特征

根据监测结果计算获得 A^2/O 单元 NH_3 的排放通量，结果如图 3.9 所示。

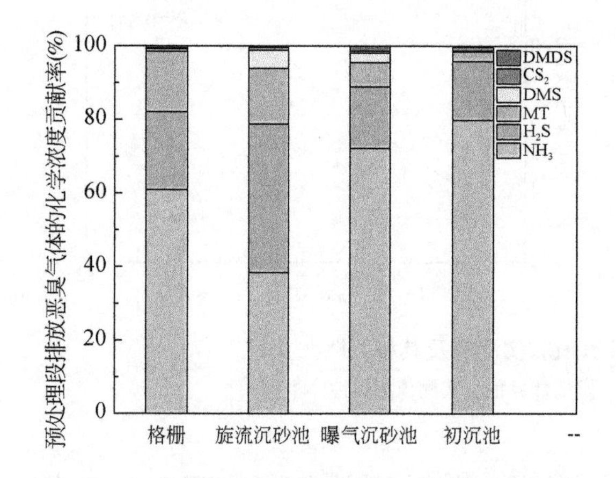

图 3.8 预处理单元排放恶臭气体的化学浓度贡献率

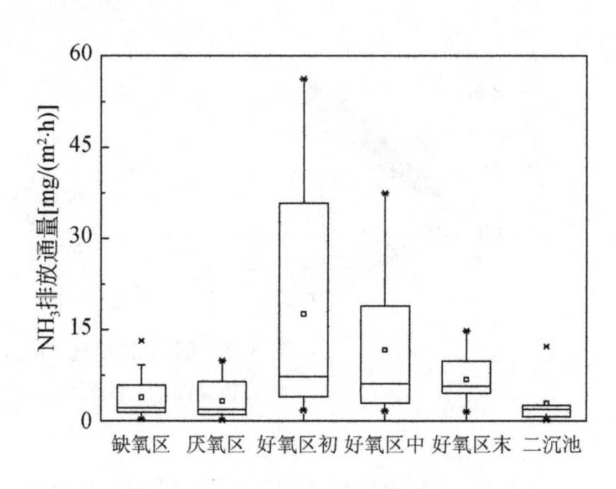

图 3.9 A^2/O 单元 NH_3 的排放通量

由图 3.9 可知，在污水处理 A^2/O 单元 NH_3 在曝气区的排放通量要明显高于非曝气区，A^2/O 单元 NH_3 的排放通量（均值）[mg/(m² · h)] 顺序为：好氧区初段（17.636）>好氧区中段（11.726）>好氧区末端（6.845）>厌氧区（3.894）>缺氧区（3.285）>二沉池（2.894）。

污水通过 A^2/O 单元缺氧区和厌氧区过程中 NH_3 不断产生，并且由于水面平静而缓慢释放，随着污水中有机物的不断降解，生成 NH_3 的底物不断减少，NH_3 的排放通量在缺氧区到厌氧区的污水处理区间内逐渐降低。污水由厌氧区进入好氧区后，曝气的吹脱作用促进了溶解在污水中的 NH_3 和在好氧区产生的 NH_3 在此区域释放，因此 NH_3 的排放通量迅速提高，在好氧区的最开始区域达到 A^2/O 单元的最大值［17.636mg/(m² · h)］。随着污水处理进程进行，虽然曝气作用促进了污水中 NH_3 的释放，但是由于污水中 NH_3 产生的底物越来越少，NH_3 的排放通量在好氧区呈现出随着污水处理进程递减的规律。在二沉池单元，污水中的有机物大部分被分解，NH_3 产生的底物所剩无几，导致 NH_3 的产生量较少，加之二沉池水面平静，NH_3 的排放通量在二沉池为 A^2/O 处理单元的最小值［2.894mg/(m² · h)］。

在 A^2/O 单元的缺氧区、厌氧区和好氧区，污水中含氮有机物均可以分解产生 NH_3。在缺氧区和厌氧区，由于污水中溶解氧较低（DO<0.5mg/L），NH_3 由含氮有机物的厌氧分解产生并释放；在好氧区，由于曝气作用向污水中不断提供的溶解氧（DO>4mg/L），使得 NH_3 由含氮有机物的好氧分解产生并释放。

2. 污水水质对 A^2/O 单元 NH_3 排放的影响

污水处理过程中 NH_3 的生成是一个复杂的过程，污水的水质组成对 NH_3 的形成具有较大影响。污水中生成的 NH_3 主要来源于含氮有机物的分解，高浓度的总氮（TN）和 COD 将促进更多的 NH_3 生成。表3.4为城镇污水处理厂 A^2/O 单元的非曝气区（缺氧区、厌氧区和二沉池）和曝气区 NH_3 排放通量与污水中 TN、COD 相关性分析结果。

表3.4 A^2/O 单元 NH_3 排放通量与 TN 和 COD 的相关性分析结果

处理单元		NH_3 排放通量	TN	COD
非曝气区（缺氧区、厌氧区、二沉池）	NH_3 排放通量	1	0.499**	−0.020
	TN		1	0.361
	COD			1
曝气区（好氧区）	NH_3 排放通量	1	0.610*	0.750**
	TN		1	0.772
	COD			1

** 在0.01水平（双侧）上显著相关；* 在0.05水平（双侧）上显著相关。

在非曝气区，NH_3 的排放通量与污水中 TN 显著相关（$p<0.01$）；在曝气区，NH_3 的排放通量与污水中 COD 显著相关（$p<0.01$）。非曝气区主要位于 A^2/O 单元的前端，污水中的 TN 和 COD 的含量充足，因此 TN 成为非曝气区 NH_3 产生的主要影响因素，与 NH_3 的排放通量显著相关。曝气区位于 A^2/O 单元的中后段，在此区域内污水已经经过了较长的处理过程，污水中大部分 COD 已被降解，支持 NH_3 生成的微生物数量会受到 COD 含量的影响，从而导致 NH_3 的生成量较少，使得 COD 成为曝气区 NH_3 产生的主要影响因素，与 NH_3 的排放通量显著相关。

3. A^2/O 单元 VSCs 的排放特征

根据监测结果，计算获得 A^2/O 单元 VSCs 的排放通量，如图3.10所示。

由图3.10可知，A^2/O 单元 TVSCs 的排放通量（均值）[mg S/(m^2·h)] 顺序为好氧区初段（0.7380）>好氧区中段（0.2951）>厌氧区（0.1128）>缺氧区（0.0988）>好氧区末段（0.0711）>二沉池（0.0308）。在 A^2/O 单元的非曝气区（缺氧和厌氧区），污水中形成的缺氧和厌氧环境下使得 VSCs 不断生成，并由于水面平静而缓慢释放，导致污水中 VSCs 的持续积累。污水经过缺氧区进入厌氧区，VSCs 在持续积累过程中，TVSCs 的排放通量由 0.0988mg S/(m^2·h) 升高至 0.1128mg S/(m^2·h)。污水进入好氧区后，TVSCs 的排放通量达到了 A^2/O 单元的最高值 [0.7380mg S/(m^2·h)]，并随着好氧区反应的进行排放通量逐渐降低，表明污水中经缺氧、厌氧和好氧过程所产生和积累的大部分 VSCs

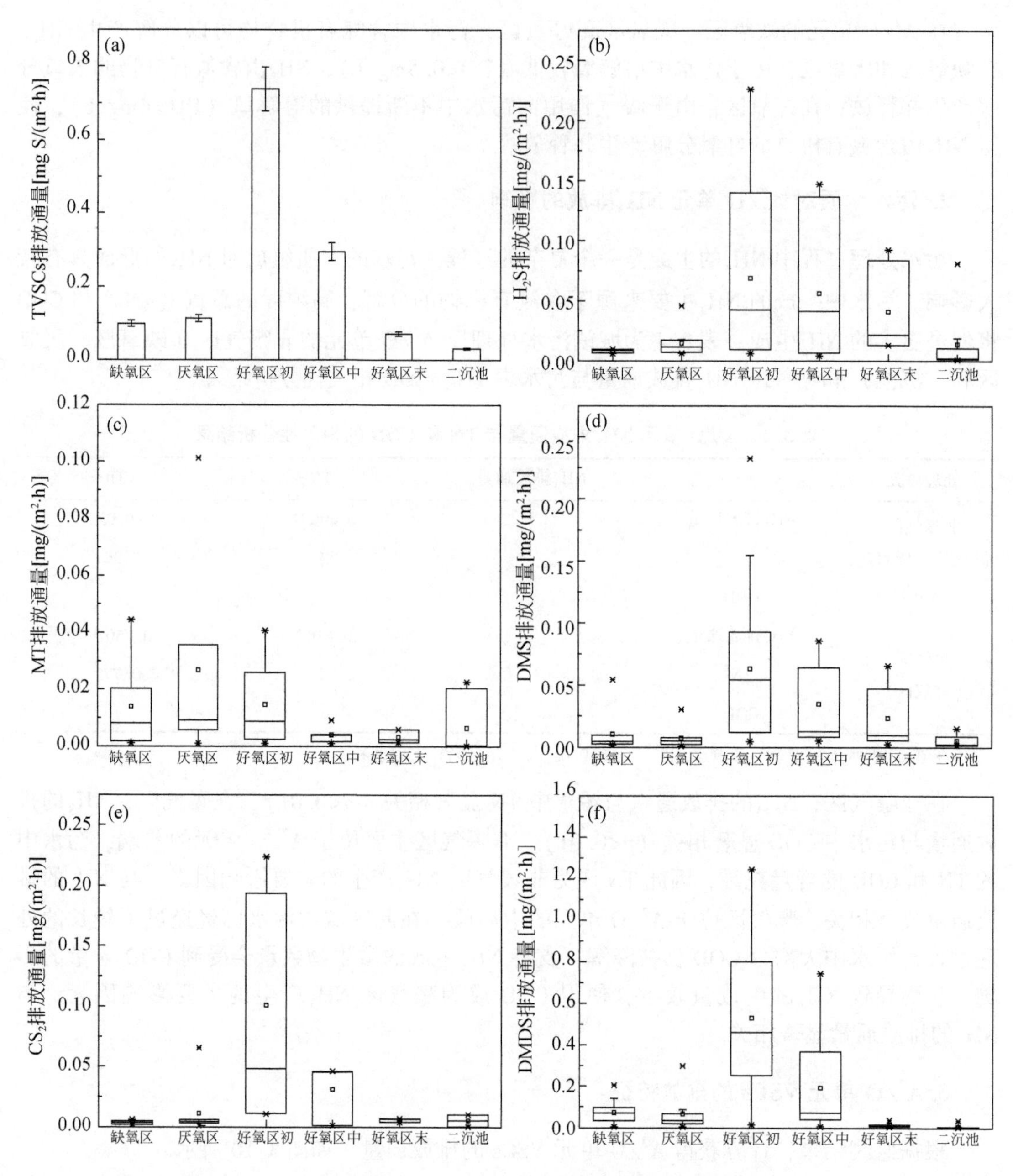

图 3.10　A^2/O 单元 VSCs 的排放通量

(a) TVSCs；(b) H_2S；(c) MT；(d) DMS；(e) CS_2；(f) DMDS

被曝气作用逐步吹脱释放，同时也说明 VSCs 在好氧区的生成速率小于释放速率。污水进入二沉池意味着污水处理过程基本完成，污水中含有的生成 VSCs 的底物绝大多数被去除，使得 VSCs 在二沉池的产生量较少，又由于二沉池水面平静 VSCs 释放缓慢，TVSCs 在二沉池的排放通量降至 A^2/O 单元的最低值［0.0308mg S/(m^2·h)］。

在 A^2/O 单元，从缺氧区到厌氧区，H_2S 和 MT 的排放通量随着污水流动的方向少量增加，而 DMS、CS_2和 DMDS 则相反。A^2/O 单元 H_2S 和 CS_2的排放通量的最小值出现在缺氧区，分别为 0.0084mg/(m^2 · h) 和 0.0036mg/(m^2 · h)。污水进入好氧区后，VSCs 的排放通量因为曝气的促进作用而骤增，并在好氧初段达到 A^2/O 单元的最大值，H_2S、MT、DMS、CS_2和 DMDS 的最大排放通量分别为 0.0689mg/(m^2 · h)、0.0146mg/(m^2 · h)、0.0632mg/(m^2 · h)、0.1008mg/(m^2 · h) 和 0.5288mg/(m^2 · h)。其中，MT 排放通量小于其他 VSCs，这是因为 MT 是 DMS 和 DMDS 的前体，在 DMS 和 DMDS 不断生成的过程中被消耗（Chin & Lindsay，1994；Higgins et al.，2006）。在好氧区末段，MT 在曝气作用下不断生成 DMDS 几乎被消耗殆尽，使得 MT 在好氧区末段达到排放通量的最小值 [0.0032mg/(m^2 · h)]。污水进入二沉池后，DMS 和 DMDS 的排放通量达到最小值，分别为 0.0051mg/(m^2 · h) 和 0.0047mg/(m^2 · h)。

在 A^2/O 单元的缺氧区、厌氧区，污水中的溶解氧不断被消耗（DO<0.5mg/L），使得污水中逐渐形成的厌氧（缺氧）环境，H_2S、MT 和 DMS 在厌氧环境下生成，CS_2在厌氧条件下被分解。在厌氧条件下，H_2S 由含硫的有机物分解和 SRB 菌还原硫酸盐而产生，与产甲烷菌相比，SRB 菌对有机物（主要是氢和乙酸）有更强的亲和力，更多的有机物被用于生产 H_2S（Raskin et al.，1996），所以 SRB 菌生成 H_2S 的过程受到产甲烷作用的影响较小，但仍会有部分有机物被产甲烷菌利用，从而导致 VSCs 的生成量下降；MT 由含硫的氨基酸分解和 H_2S 甲基化产生 [反应式（3.2）]；DMS 由 MT 甲基化而产生 [反应式（3.3）]。同时，在厌氧条件下反硝化过程也在进行。反硝化过程中，NO_3^-/N_2（0.75V）的氧化还原电位较高，说明 NO_3^- 是一种良好的电子受体，使得硫化物获得电子生成还原硫的过程会受到 NO_3^- 竞争的抑制，从而导致 VSCs 的产量受限（Kim et al.，2014）。例如，二甲基亚砜（DMSO）/DMS 的氧化还原电位仅为 0.16V，DMSO 只有在没有 NO_3^- 存在的情况下才会被还原为 DMS（Lei et al.，2010）。虽然厌氧条件为 VSCs 的生成提供了生成反应条件，但是反硝化作用的强烈竞争和产甲烷作用消耗了有机底物的原因，VSCs 的生成受到了极大限制。此外，缺氧区和厌氧区的水面平静，不利于 VSCs 生成后迅速的释放到环境空气中。综上原因导致了 VSCs 在 A^2/O 的缺氧区和厌氧区排放通量较小。

在 A^2/O 单元的好氧区，由于曝气作用不断补充污水中的溶解氧（DO>4mg/L），使得污水中形成了好氧环境，虽然 H_2S 的生成被抑制，CS_2在好氧条件下被分解，但仍有气体 VSCs 可以生成（Kim et al.，2014）。MT 由好氧微生物将硫化物甲基化和含硫氨基酸分解生成；DMS 在好氧条件下由含硫的氨基酸分解产生；好氧条件为 DMDS 由 MT 化学氧化而生成提供了足够的氧气 [公式（3.4）]。在好氧区，污水中的溶解氧在微生物降解有机物（Ahn，2006）和氨硝化过程（Shahabadi et al.，2010）中消耗而可能不足时，硫酸盐就可以作为电子受体，将硫酸盐还原为硫化物，生成 H_2S 并释放，从而使得好氧区也可能生成和释放 H_2S。

4. 污水水质对 A^2/O 单元 TVSCs 排放的影响

污水中高含量的 TS 和 COD 促进 VSCs 的生成。表 3.5 为城镇污水处理厂 A^2/O 单元

TVSCs 的排放通量与污水中 TS、COD 相关性分析结果，表明 TVSCs 的排放通量与污水中 COD 显著相关（$p<0.01$）。

表 3.5 A²/O 单元 TVSCs 排放通量与 TS 和 COD 的相关性分析结果

处理单元		TVSCs 排放通量	TS	COD
	TVSCs 排放通量	1	-0.288	0.722**
A²/O	TS		1	-0.301
	COD			1

** 在 0.01 水平（双侧）上显著相关。

硫化物（TS）和有机物（COD）是 VSCs 生成的底物，所以它们的增加都对 VSCs 的生成活动产生积极的影响。在 TS 浓度不变的情况下，污水中 COD 浓度的增加会导致 VSCs 产率的增加。在 A²/O 单元污水处理的主要目的并不包含脱硫作用，污水中的 TS 减少仅可以通过 VSCs 的释放而实现。但由于 VSCs 释放量较小，污水中 TS 的去除量很少。利用污水处理 VSCs 的排放系数（3.4 节）估算，在 A²/O 单元释放到环境空气中的硫含量仅为污水中总量 1% ~4%，加之 A²/O 单元的污泥回流液中含有的硫酸盐会导致污水中 TS 在 A²/O 段污泥回流区域不降反增。因此，污水中的 TS 在 A²/O 全段变化较小（12 ~ 50mg/L），与预处理单元的含量相比差异也很小。与此同时，在 A²/O 单元污水处理过程中，污水中的有机污染物不断降解，COD 在处理过程中迅速降低（10 ~ 140mg/L）。

综上所述，在 A²/O 单元生成 VSCs 的微生物所需要的 TS 较为充足，所需要的 COD 不仅含量较少，还需要和 A²/O 单元的产甲烷等微生物竞争 COD，从而导致在 A²/O 单元 COD 成为影响 VSCs 生成的主要因素，进而影响在缺氧区、厌氧区、好氧区和二沉池 TVSCs 的排放通量。

5. A²/O 单元 VSCs 排放计算模型的构建

基于 A²/O 单元的 TVSC 排放通量与 TS 或 COD 之间的相关性分析结果，在已有的硫化物排放估算的经验公式（Sun et al., 2018）基础上进行改进，改进后的经验式（3.12）用于构建计算 A²/O 单元 TVSCs 排放通量的模型。在生化处理（A²/O）单元，虽然 TS 的增加会带来 VSCs 产量的不断增加，但在 COD 浓度较低时，TS 的增加不再能引起 VSCs 产量的增加，因此使用 ln（TS）作为生化处理（A²/O）单元 TVSCs 排放通量经验式的一个主要影响因素；另一方面，COD 的浓度低于一定的高浓度水平时，COD 的增加会带来 VSCs 产量的不断增加，因此使用 COD 作为生化处理（A²/O）单元 TVSCs 排放通量经验公式的另一个主要影响因素。

$$k(\mathrm{TVSCs})=a_1\times S_{\mathrm{COD}}\times\ln(S_{\mathrm{TS}})+b_1 \tag{3.12}$$

式中，k（TVSCs）为 TVSCs 的排放通量，mg S/(m²·h)；S_{TS}是污水中 TS 的含量，mg/L；S_{COD}是污水中 COD 的含量，mg/L；a_1和 b_1为模型中的常数参数。

利用 A²/O 单元排放 VSCs 的现场监测数据，利用经验式（3.13）对本研究得到的实验数据进行外推和建模，得到常数参数 $a_1=0.001\pm0.000$，$b_1=-0.081\pm0.031$，A²/O 单元的 TVSCs 排放通量拟合模型为：

$$k(\mathrm{TVSCs}) = 0.001 \times S_{\mathrm{COD}} \times \ln(S_{\mathrm{TS}}) - 0.081 \tag{3.13}$$

式中，S_{TS}的适用范围是 12～50mg/L；S_{COD}的适用范围是 10～140mg/L。

将经验式（3.13）的模型曲面与污水处理厂 A^2/O 单元实际监测值之间进行对比，并计算它们之间的相关关系（图 3.11）。

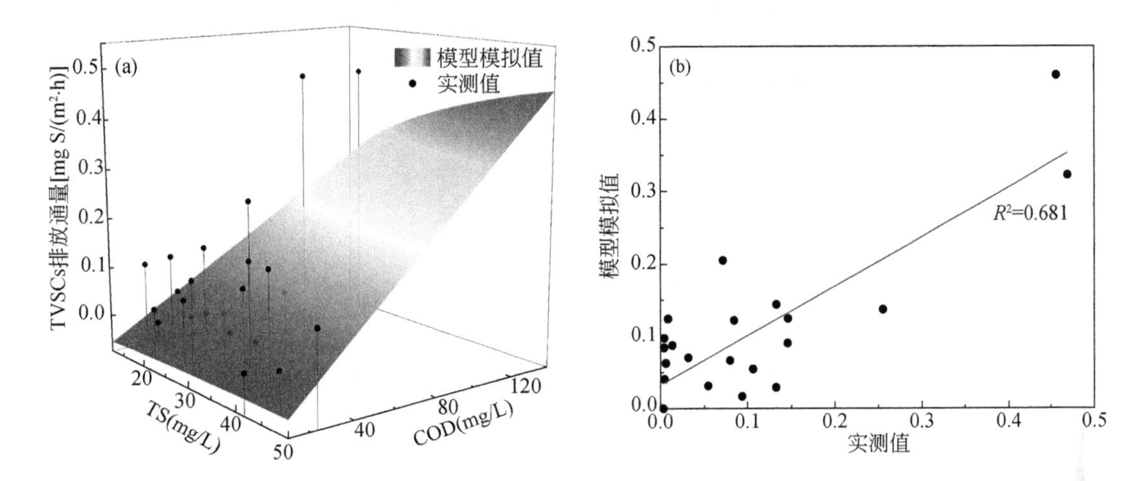

图 3.11　A^2/O 单元 TVSCs 排放的模型计算值和实测值及其相关性

（a）模型曲面与实测值；（b）模型计算值与实测值相关性

结果表明，模型计算值与实测值具有较强的相关性（$R^2=0.681$，$p<0.01$），模型计算值和实测值的预测关系相较于预处理单元的预测结果较弱。这是由于预处理单元较为简单，并且单个处理构筑物内污水处理条件不变；而反观 A^2/O 单元，污水在处理过程中溶解氧在缺氧和厌氧区很低，进入好氧区后迅速升高，最后进入二沉池时又降低，导致污水中的生物反应复杂多变。此外，A^2/O 单元内水力扰动情况不断变化，在缺氧和厌氧区水面平静，进入好氧区后水力扰动剧烈，进入二沉池为保证沉淀效果污水扰动更小。这些都导致了 A^2/O 单元 VSCs 的排放通量变化，从而使得模型计算的预测结果与实测值存在一定差异。虽然如此，模型计算效果仍在可以接受的范围内。

综上，使用经验公式可以估算城镇污水处理厂 A^2/O 单元 VSCs 的排放通量，但为了更准确地估算，可以考虑将 A^2/O 不同处理区域独立进行进一步的监测实验，分区域校准经验方程的常数值，以达到更好的估算结果。

6. A^2/O 单元排放恶臭气体的化学浓度贡献

根据 A^2/O 单元恶臭气体的排放通量监测结果，可以计算出 A^2/O 单元不同构筑物不同恶臭气体的排放贡献（图 3.12），以反映 A^2/O 单元排放的恶臭气体物质量之间的关系。

由图 3.12 可知，在 A^2/O 单元，NH_3 贡献了所有区域超过 95% 的恶臭气体的化学浓度，H_2S 和 DMDS 是 VSCs 中主要的化学浓度贡献者，但它们的排放量仅为 NH_3 排放量的 1.5% 左右。综上表明，NH_3是 A^2/O 单元排放的最主要的恶臭气体。在 A^2/O 单元进行恶臭气体控制时，需关注 NH_3的收集处理。

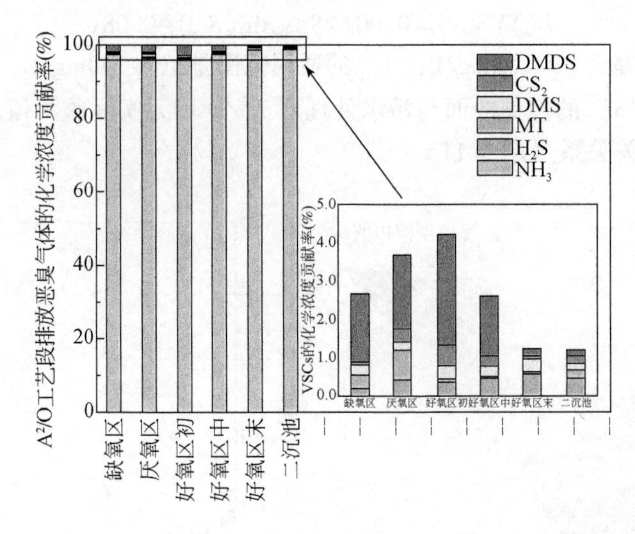

图 3.12　A^2/O 单元排放恶臭气体的化学浓度贡献率

3.2.3　污水处理过程中氧化沟单元恶臭气体的排放特征

氧化沟单元采用完全混合处理模式，污水依次经过格栅、曝气沉砂池、厌氧池、氧化沟池（氧化沟曝气区域与氧化沟不曝气区域）、二沉池完成有机物的去除、脱氮除磷以及泥水分离过程，最后排出水厂。

1. 氧化沟单元 NH_3 的排放特征

根据监测结果计算获得氧化沟单元 NH_3 的排放通量，如图 3.13 所示。

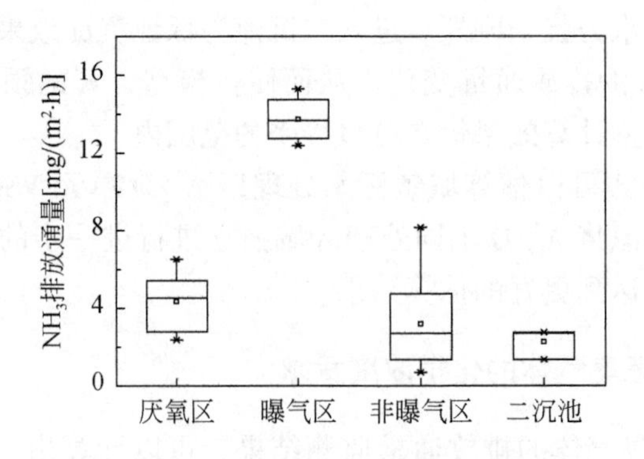

图 3.13　氧化沟工艺 NH_3 的排放通量

由图 3.13 可以看出，氧化沟单元，NH_3 在曝气区的排放通量要明显高于非曝气区，NH_3 的排放通量（均值）[$mg/(m^2 \cdot h)$] 顺序为：曝气区（13.752）>厌氧池（4.365）>非曝气区（3.208）>二沉池（2.280）。

污水进入厌氧池处理过程中 NH_3不断产生，并且由于水面平静而缓慢释放，未释放的 NH_3在污水中不断积累。污水由厌氧区进入氧化沟后流经曝气区，曝气区的表曝机剧烈扰动污水促进了污水中溶解的 NH_3和在曝气区产生的 NH_3释放，使得 NH_3的排放通量迅速提高，达到氧化沟单元的最大值［13.752mg/(m^2·h)］。通过曝气区后的污水开始进入非曝气区继续处理，由于污水中产生 NH_3的底物不断被降解，使得 NH_3的生成量逐渐减少，加之非曝气区水面较为平静，NH_3的排放通量降至3.208mg/(m^2·h)，低于厌氧池。在二沉池单元，污水中的有机物大部分已被分解，产生 NH_3的底物所剩无几，导致 NH_3的产生量较少，二沉池水面平静，NH_3的排放通量在二沉池为氧化沟单元的最小值［2.280mg/(m^2·h)］。

在氧化沟单元的厌氧池和氧化沟池，污水中含氮有机物分解产生 NH_3。在厌氧池和氧化沟池的非曝气区，NH_3由含氮有机物的厌氧分解产生并释放；在氧化沟池的曝气区，NH_3含氮有机物的好氧分解产生并释放。

2. 污水水质对氧化沟单元 NH_3排放的影响

污水处理过程中 NH_3的生成是一个复杂的过程，污水的水质组成对 NH_3的形成具有较大影响。污水中生成的 NH_3主要来源于含氮有机物的分解，高浓度的总氮（TN）和 COD 将促进更多的 NH_3生成。表3.6为氧化沟单元的 NH_3排放通量与污水中 TN、COD 相关性分析结果。

表3.6　氧化沟单元 NH_3排放通量与 TN 和 COD 的相关性分析

处理单元		NH_3排放通量	TN	COD
氧化沟	NH_3排放通量	1	0.500**	0.448*
	TN		1	0.941
	COD			1

**在0.01水平（双侧）上显著相关；*在0.05水平（双侧）上显著相关。

氧化沟单元 NH_3的排放通量与污水中 TN 在0.01水平（双侧）上显著相关（$p<0.01$），与 COD 在0.05水平（两侧）上显著相关（$p<0.05$）。NH_3的产生来源于污水中含氮有机物的分解，因此 NH_3的生成量会受到含氮有机生成底物的影响；污水中的 COD 支持生成 NH_3的微生物的生长，因此 COD 也一定程度上影响了污水中 NH_3的生成。随着污水处理在氧化沟单元的进行，污水中的有机物逐渐降解，TN 和 COD 不断降低，影响了 NH_3的生成，从而导致 NH_3的排放通量逐渐降低，与 TN 和 COD 显著相关。

3. 氧化沟单元 VSCs 的排放特征

根据监测结果计算获得氧化沟单元 VSCs 的排放通量，如图3.14所示。

由图3.14可知，氧化沟单元 TVSCs 的排放通量（均值）［mg S/(m^2·h)］顺序为：曝气区（0.2165）>非曝气区（0.0389）>厌氧池（0.0301）>二沉池（0.0173）。

在氧化沟单元的厌氧池，污水中形成的厌氧环境使得 VSCs 不断生成，并由于水面平静而缓慢释放导致污水中 VSCs 的持续积累。污水经过厌氧池进入氧化沟的曝气区，表曝机剧烈扰动污水促进了污水中 VSCs 和曝气区产生的 VSCs 释放，TVSCs 的排放通量达到了

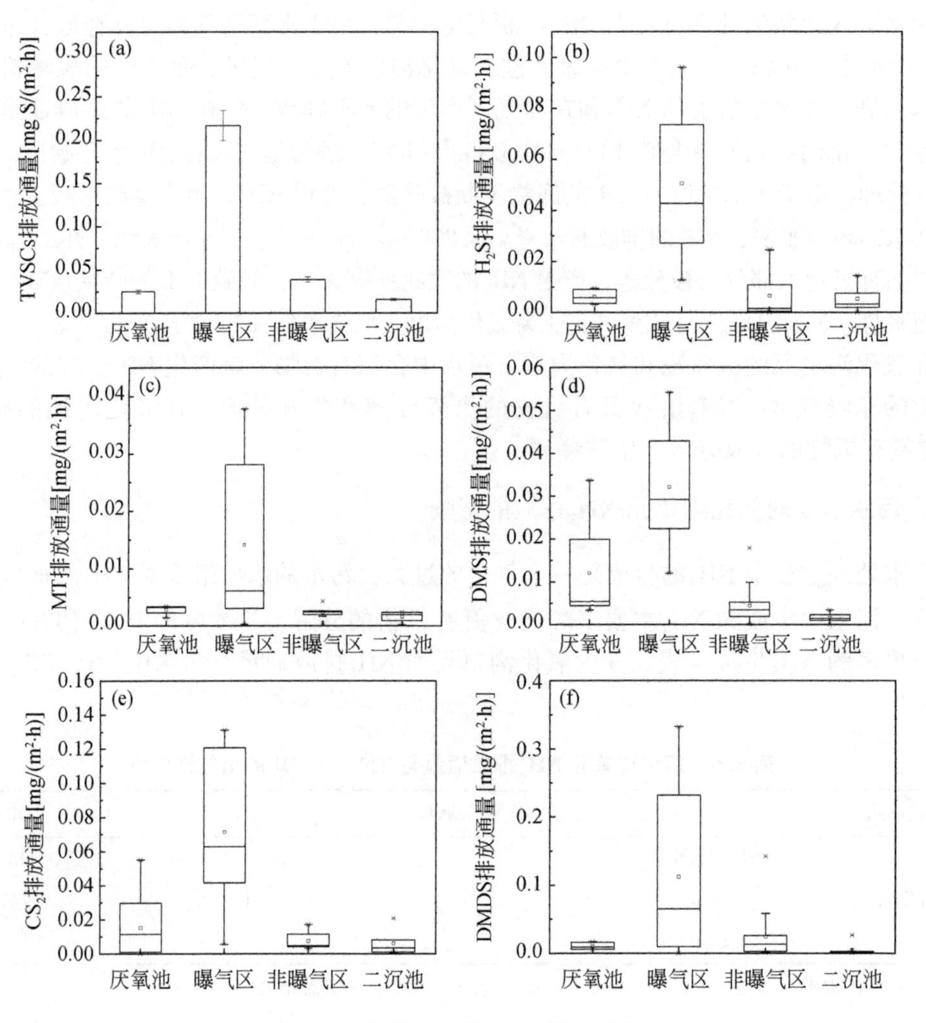

图 3.14　氧化沟工艺 VSCs 排放通量

(a) TVSCs; (b) H_2S; (c) MT; (d) DMS; (e) CS_2; (f) DMDS

氧化沟单元的最高值 [0.2165mg S/(m^2 · h)]。污水通过氧化沟曝气区后，在非曝气区继续进行处理，VSCs 不断产生并释放，由于污水中产生的 VSCs 底物逐渐减少和水面平静，VSCs 的释放通量较曝气区明显下降，降至 0.0389mg S/(m^2 · h)。污水进入二沉池意味着污水处理过程基本完成，污水中含有的生成 VSCs 的底物绝大多数被去除，使得 VSCs 在二沉池的产生量较少，又由于二沉池水面平静 VSCs 释放缓慢，TVSCs 在二沉池的排放通量降至氧化沟单元的最低值 [0.0173mg S/(m^2 · h)]。

在氧化沟单元，污水依次进入厌氧池、氧化沟的曝气区和非曝气区进行污水处理反应。VSCs 的排放通量最大值均出现在氧化沟的曝气区，H_2S、MT、DMS、CS_2 和 DMDS 的最大排放通量分别为 0.0506mg/(m^2 · h)、0.0141mg/(m^2 · h)、0.0322mg/(m^2 · h)、0.0713mg/(m^2 · h) 和 0.1121mg/(m^2 · h)。其中，曝气区 DMDS 的排放通量为 VSCs 中最大，MT 的排放通量为 VSCs 最小，这是由于曝气区为 MT 氧化生成 DMDS 提供了充足的氧，使得DMDS的生成量不断提高，MT的量逐渐减少，从而DMDS成为曝气区排放的主要VSCs。在厌氧池和非曝气区，污水中的溶解氧均较低，水面都较为平静，因此VSCs在厌氧池和非曝气区的排放通量差距较小，较曝气区明显降低。在二沉池，由于污水中的VSCs生成底物消耗殆尽，VSCs的产量较少，VSCs在二沉池的排放通量达到氧化沟单元的最小值。

在氧化沟单元的厌氧池、氧化沟非曝气区和二沉池，污水中的溶解氧不断被消耗（DO<1mg/L），使得污水中逐渐形成的厌氧（或缺氧）环境，H_2S、MT和DMS在厌氧环境下生成，CS_2在厌氧条件下被分解。在厌氧条件下，H_2S由含硫的有机物分解和SRB菌还原硫酸盐而产生。SRB比产甲烷菌对有机物（主要是氢和乙酸）有更强的亲和力（Raskin et al.，1996），SRB菌生成H_2S的过程受到产甲烷作用的影响较小，但仍会有部分有机物被产甲烷菌利用，从而导致H_2S的生成量下降；MT由含硫的氨基酸分解和H_2S甲基化产生［反应式（3.2）］；DMS由MT甲基化而产生［反应式（3.3）］。同时，在厌氧条件下反硝化过程也在进行。反硝化过程中，NO_3^-/N_2（0.75V）的氧化还原电位较高，使得硫化物获得电子生成还原硫的过程会受到NO_3^-竞争的抑制，从而导致VSCs的产量受限（Kim et al.，2014）。例如，二甲基亚砜（DMSO）/DMS的氧化还原电位仅为0.16V，DMSO只有在没有NO_3^-存在的情况下才会被还原为DMS（Lei et al.，2010）。虽然厌氧条件为VSCs的生成提供了反应条件，但是反硝化作用强烈竞争和产甲烷作用消耗了有机底物的原因，VSCs的生成受到了极大限制。此外，厌氧池、氧化沟非曝气区和二沉池的水面平静，不利于VSCs生成后迅速的释放到环境空气中。综上原因导致了VSCs在氧化沟单元的厌氧池、氧化沟非曝气区和二沉池排放通量较小。

在氧化沟单元的氧化沟曝气区，由于曝气作用不断补充污水中的溶解氧（DO>3mg/L），使得污水中形成了好氧环境，虽然H_2S的生成被抑制，CS_2在好氧条件下被分解，但仍有气体VSCs可以生成（Kim et al.，2014）。MT由好氧微生物将硫化物甲基化和含硫氨基酸分解生成；DMS在好氧条件下由含硫的氨基酸分解产生；好氧条件为DMDS由MT化学氧化而生成提供了足够的氧气［反应式（3.4）］。

4. 污水水质对氧化沟单元TVSCs排放的影响

污水中高含量的总硫（TS）和COD促进VSCs的生成。表3.7为氧化沟单元的厌氧池和氧化沟池TVSCs的排放通量与污水中TS、COD相关性分析结果。

表3.7 氧化沟单元TVSCs排放通量与TS和COD的相关性分析结果

处理单元		TVSCs排放通量	TS	COD
厌氧池	TVSCs排放通量	1	-0.121	0.357
	TS		1	-0.301
	COD			1
氧化沟池和二沉池	TVSCs排放通量	1	0.058	0.571*
	TS		1	0.286
	COD			1

*在0.05水平（双侧）上显著相关。

在厌氧池，TVSCs 的排放通量与污水中 TS 和 COD 未表现出显著的相关性；在氧化沟池，TVSCs 的排放通量与污水中 COD 在 0.05 水平（双侧）上显著相关（$p<0.05$）。

在氧化沟池的污水处理过程中，污水脱硫作用微弱，污水中的 TS 的去除量较小，利用污水处理 VSCs 的排放系数（3.4 节）估算，在氧化沟单元释放到环境空气中的硫含量仅为污水中总量 1% ~ 2%，且污泥回流液中含有的硫酸盐会使得污水中 TS 的量得到补充，导致在氧化沟池污水中的 TS 变化较小（17 ~ 25mg/L），与氧化沟池进水无明显差异。与此同时，在氧化沟池，污水中有机物降解过程持续发生，使得 COD 随着氧化沟池中污水处理过程逐渐降低（38 ~ 388mg/L）。因此，在氧化沟单元生成 VSCs 的微生物所需要的 TS 充足，支持生成 VSCs 微生物的 COD 不仅含量短缺，还需要和产甲烷等微生物竞争。综上，污水中的 COD 是氧化沟池 VSCs 生成的主要影响因素，氧化沟池 TVSCs 的排放通量与 COD 显著相关。

5. 氧化沟单元 VSCs 排放计算模型的构建

基于氧化沟单元的 TVSC 排放通量与 TS 或 COD 之间的相关性分析结果，在已有的硫化物排放估算的经验公式（Sun et al., 2018）基础上进行改进，改进后的经验式（3.6）用于构建计算氧化沟单元 TVSCs 的排放通量模型。

利用氧化沟单元排放 VSCs 的现场监测数据，利用经验式（3.12）对本研究得到的实验数据进行外推和建模，得到常数参数 $a_1 = 0.0003 \pm 0.0001$，$b_1 = -0.0082 \pm 0.0391$，氧化沟单元的 TVSCs 排放通量拟合模型为：

$$k(\mathrm{TVSCs}) = 0.0003 \times S_{\mathrm{COD}} \times \ln(S_{\mathrm{TS}}) - 0.0082 \quad (3.14)$$

式中，S_{TS} 的适用范围是 17 ~ 26mg/L；S_{COD} 的适用范围是 38 ~ 380mg/L。

将经验式（3.14）的模型曲面与污水处理厂实际监测值之间进行对比，并计算它们之间的相关关系，如图 3.15 所示。

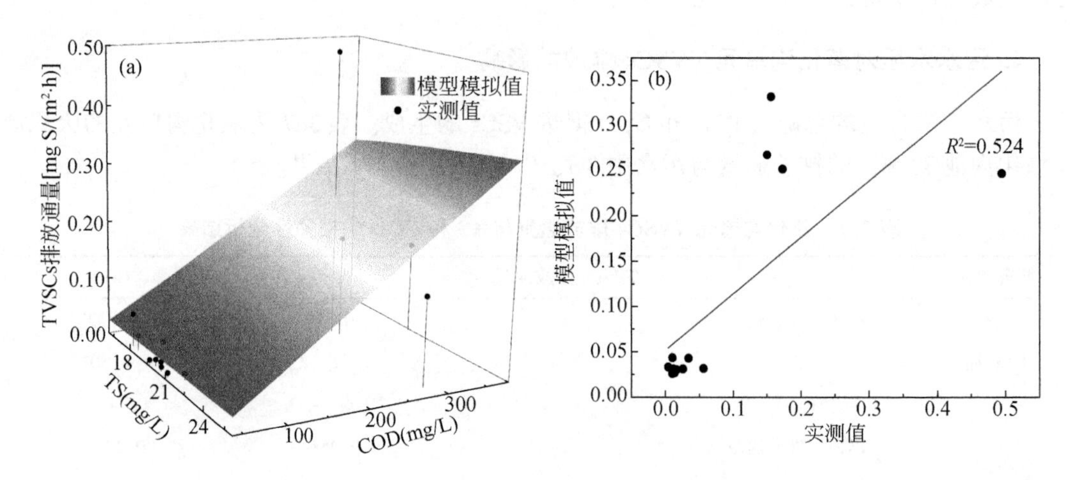

图 3.15 氧化沟 TVSCs 排放的模型计算值和实测值及其相关性

（a）模型曲面与实测值；（b）模型计算值与实测值相关性

由图3.15可以看出，模型计算值与实测值的预测关系（$R^2=0.524$，$p<0.01$）相较于预处理单元的预测结果较弱。由于污水进入氧化沟池后在氧化沟池的曝气区和非曝气区不断转换，污水中的生物反应条件不断变化，使得污水VSCs的产生条件、产生量和释放条件不断变化导致氧化沟池内VSCs排放的模型计算结果较差。虽然如此，模型计算的结果没有与实测值存在巨大的差异，模型计算值仍可以为氧化沟污水处理厂预测VSCs排放提供参考。

综上，使用经验公式可以为估算城镇污水处理厂氧化沟单元VSCs的排放通量提供参考，但为了更准确地估算，可以考虑将氧化沟不同处理区域独立进行进一步的监测实验，分区域校准经验方程的常数值，已达到更好的估算结果。

6. 氧化沟单元排放恶臭气体的化学浓度贡献

根据氧化沟单元恶臭气体的排放通量监测结果，可以计算出氧化沟单元不同构筑物不同恶臭气体的排放贡献（图3.16），以反映氧化沟单元排放的恶臭气体物质量之间的关系。

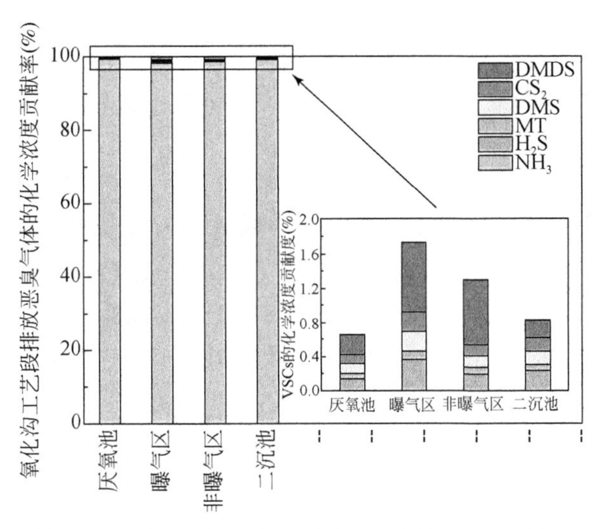

图3.16　氧化沟单元排放恶臭气体的化学浓度贡献率

在氧化沟单元，NH_3贡献了所有区域超过98%的恶臭气体的化学浓度，是最主要恶臭化学浓度主要贡献者。DMDS是VSCs中主要的化学浓度贡献者，但它们的排放量不足NH_3排放量的1%。综上表明，NH_3是氧化沟单元排放的最主要的恶臭气体。在氧化沟单元进行恶臭气体控制时，需关注NH_3的收集处理。

3.2.4　污水处理过程中SBR单元恶臭气体的排放特征

SBR单元采用完全混合处理模式，污水依次经过格栅、旋流沉砂池、污水分配井与SBR反应池（包括进水-曝气阶段、沉淀阶段和滗水阶段），完成有机物的去除、脱氮除磷以及泥水分离过程，最后排出水厂。

1. SBR 单元 NH_3 的排放特征

根据监测结果计算获得 SBR 单元 NH_3 的排放通量，如图 3. 17 所示。

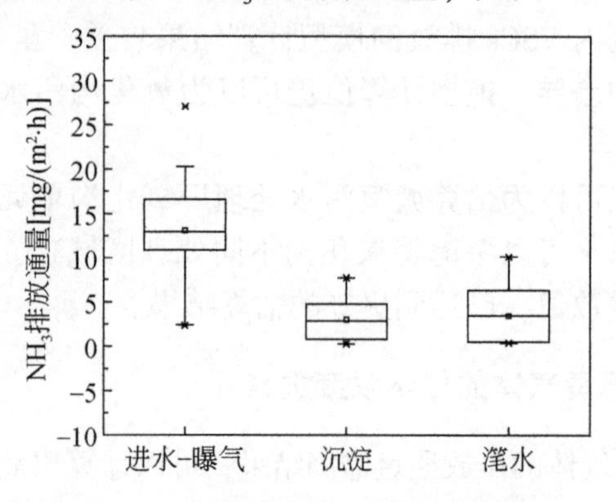

图 3. 17　SBR 单元 NH_3 的排放通量

由图 3. 17 可知，SBR 单元 NH_3 在进水−曝气阶段的排放通量要明显高于沉淀和滗水阶段，NH_3 的排放通量（均值）［mg/(m^2 · h)］顺序为：进水−曝气阶段（13. 102)>滗水阶段（3. 461)>沉淀阶段（3. 012)。

污水进入 SBR 反应池时，反应池同时开始曝气，在污水中含有的 NH_3 由于曝气的吹脱作用迅速释放，同时在好氧条件下污水处理生成的 NH_3 也被吹脱释放，使得在进水−曝气阶段 NH_3 的排放通量达到 SBR 单元的最高值［13. 102mg/(m^2 · h)］。进水−曝气阶段结束后，沉淀阶段开始，污水中的有机物在进水−曝气阶段被降解，生成 NH_3 的底物减少，NH_3 的生产量减少，加之沉淀阶段水面平静，NH_3 的排放通量在沉淀阶段降低至 3. 012mg/(m^2 · h)。沉淀阶段结束后，滗水阶段开始，污水开始向滗水器流动，污水在流动的过程中扰动了水面，略微促进了污水中 NH_3 的排放。但此时污水反应基本结束，污水中的有机物大部分被降解，NH_3 的产量较少，滗水阶段 NH_3 的排放通量与沉淀阶段差异不大，为 3. 461mg/(m^2 · h)。

在 SBR 单元，污水中含氮有机物均可以分解产生 NH_3。在沉淀和滗水阶段，NH_3 由含氮有机物的厌氧分解产生并释放；在进水−曝气阶段，NH_3 由含氮有机物的好氧分解产生并释放。

2. 污水水质对 SBR 单元 NH_3 排放的影响

表 3. 8 为 SBR 单元的 NH_3 排放通量与污水中 TN、COD 相关性分析结果。

表 3. 8　SBR 单元 NH_3 排放通量与 TN 和 COD 的相关性分析结果

处理单元		NH_3 排放通量	TN	COD
SBR	NH_3 排放通量	1	0. 622**	0. 647**
	TN		1	0. 929
	COD			1

** 在 0. 01 水平（双侧）上显著相关。

可以看出，SBR 单元 NH_3 的排放通量与污水中 TN 和 COD 在 0.01 水平（双侧）上显著相关（$p<0.01$）。

NH_3 的产生来源于污水中的含氮的有机物分解，NH_3 的生成量会受到含氮有机生成底物的影响；污水中的 COD 支持生成 NH_3 的微生物的生长，COD 因此也影响了污水中 NH_3 的生成。随着污水处理在 SBR 单元的进行，污水中的有机物随着 SBR 单元污水反应过程逐渐降解，TN 和 COD 不断降低，共同影响了 NH_3 的生成，从而导致 NH_3 的排放通量逐渐降低，与 TN 和 COD 显著相关。

3. SBR 单元 VSCs 的排放特征

根据监测结果计算获得 SBR 单元 VSCs 的排放通量，如图 3.18 所示。

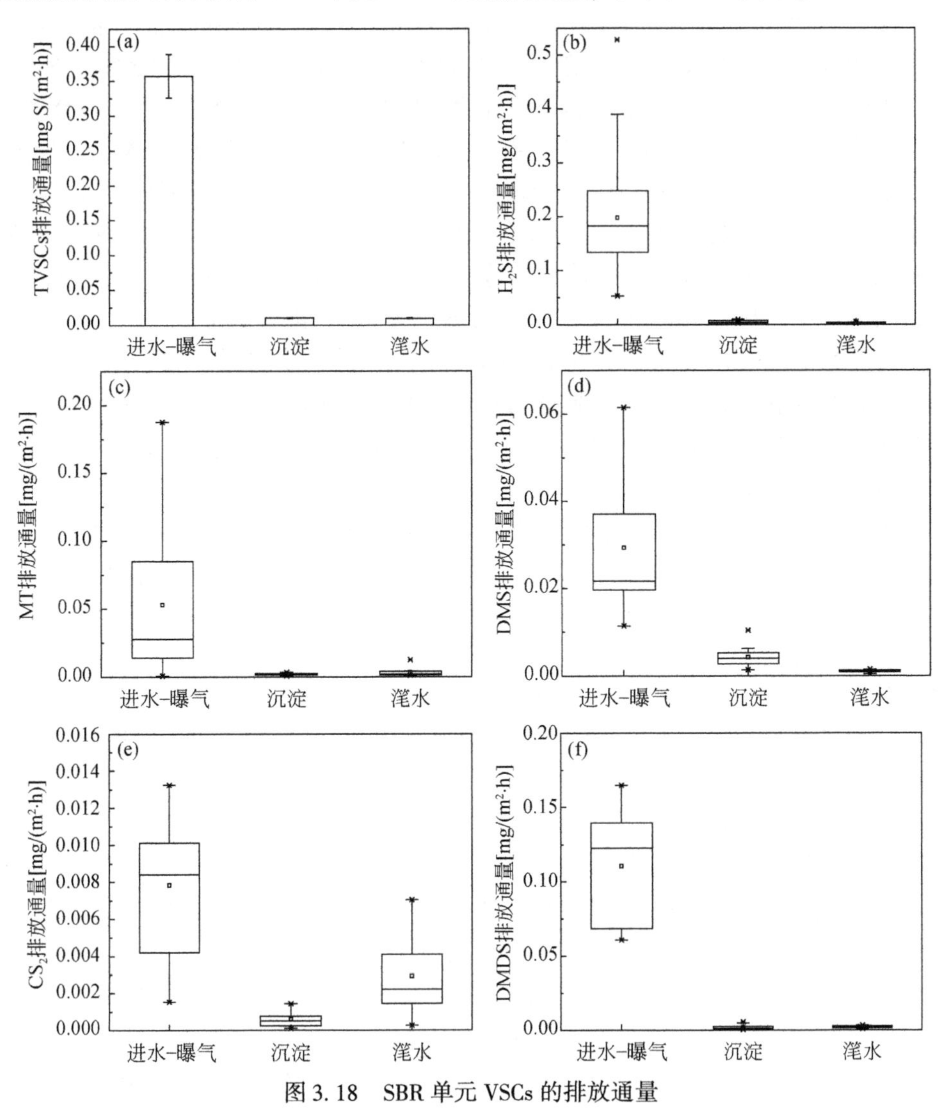

图 3.18　SBR 单元 VSCs 的排放通量

(a) TVSCs；(b) H_2S；(c) MT；(d) DMS；(e) CS_2；(f) DMDS

由图 3.18 可知，SBR 单元 TVSCs 的排放通量（均值）［mg S/(m^2·h)］顺序为：进水-曝气阶段（0.3572)>沉淀阶段（0.0102)>滗水阶段（0.0096)。在 SBR 单元，污水中的溶解氧在各处理阶段不断变化，导致 SBR 单元 VSCs 的排放通量变化波动较大。污水进入 SBR 反应池时，反应池开始曝气，污水中的 VSCs 由于曝气吹脱作用迅速释放，同时好氧条件下污水生成的 VSCs 也被吹脱释放，使得在进水-曝气阶段 TVSCs 的排放通量达到 SBR 单元的最高值［0.3572mg S/(m^2·h)］。进水-曝气阶段结束后，沉淀阶段开始，污水中的大部分有机物被降解，生成 VSCs 的底物较少，VSCs 的产生量骤减，并且沉淀阶段污水水面稳定，TVSCs 的排放通量在沉淀阶段降低至 0.0102mg/(m^2·h)。沉淀阶段结束后，滗水阶段开始，污水开始向滗水器流动，污水在流动的过程中扰动了水面，略微促进了 VSCs 的释放。但此时污水反应基本结束，污水中的有机物大部分被降解，VSCs 的产量较少，滗水阶段 TVSCs 的排放通量达到 SBR 单元的最小值，为 0.0096mg/(m^2·h)。

污水中的有机物在进水-曝气阶段被不断降解，污水中生成 VSCs 的底物逐渐减少，使得 VSCs 的生成量逐渐减少，导致 VSCs 的排放通量在进水-曝气阶段一直保持缓慢下降的趋势直至该阶段结束。进水-曝气阶段结束后，污水处理进入沉淀阶段，VSCs 的排放通量下降到不足最大值的 1/10，并在沉淀阶段随着污水处理的时间缓慢下降。沉淀阶段结束后，污水开始流入滗水器，意味着滗水阶段开始。从沉淀阶段开始直至滗水阶段结束，H_2S 和 DMS 的排放通量保持连续下降的趋势。除 H_2S 和 DMS 外，VSCs 的排放在滗水阶段开始时突然增加，然后下降直至 SBR 单元处理（滗水阶段）结束。VSCs 的排放通量在 SBR 单元达到最小值的时间点有所区别，H_2S 和 DMS 的排放通量在滗水阶段结束达到了最小值，排放通量最小值分别为 0.0026mg/(m^2·h）和 0.0010mg/(m^2·h)。MT、CS_2 和 DMDS 排放通量在沉淀阶段结束达到最小值，排放通量最小值分别为 0.0019mg/(m^2·h)、0.0006mg/(m^2·h）和 0.0018mg/(m^2·h)。

在进水-曝气阶段，水中的溶解氧不断补充，污水中形成好氧环境，除了 H_2S 和 CS_2，VSCs 可以在好氧环境生成并释放。MT 是由含 S 的氨基酸降解和 H_2S 甲基化形成的，这是好氧微生物对硫化物的解毒途径。DMS 的两种生成途径是含 S 氨基酸的降解和 MT 的甲基化。进水-曝气提供了足够的氧气促进 DMDS 的生成。由于曝气作用促进了 VSCs 生成后迅速的释放到环境空气中，所以 VSCs 在进水-曝气阶段排放通量较大。

在沉淀和滗水阶段，污水中的溶解氧逐渐枯竭，污水中形成缺氧和厌氧条件，除了 CS_2 和 DMDS，VSC 可以在缺氧和厌氧环境生成并释放。H_2S 的主要产生途径是半胱氨酸的降解和 SRB 细菌还原硫酸盐。MT 由甲硫氨酸的厌氧降解生产，DMS 由 MT 的甲基化而生成。SRB 菌与产甲烷菌相比对有机物（主要是氢和乙酸）有更强的亲和力，更多的有机物被用于生产 H_2S（Raskin et al.，1996)，所以 SRB 菌生成 H_2S 的过程受到产甲烷作用的影响较小。在沉淀和滗水阶段，污水的反硝化过程也在发生。在此过程中，NO_3^-/N_2（0.75V）的氧化还原电位较高，说明 NO_3^- 是一种良好的电子受体，使得硫化物获得电子生成还原硫的过程会受到 NO_3^- 竞争的抑制，从而导致 VSCs 的产量受限（Kim et al.，2014)。例如，二甲基亚砜（DMSO)/DMS 的氧化还原电位仅为 0.16V，DMSO 只有在没有 NO_3^- 存在的情况下才会被还原为 DMS（Lei et al.，2010)。虽然沉淀和滗水阶段的厌氧条件为 VSCs 的生成提供了反应条件，但是反硝化作用的强烈竞争和产甲烷作用消耗了有机底物的原因，VSCs 的生成受到了极大限制。此外，沉淀和滗水阶段的水面平静，不利于 VSCs 生成后迅速的释放到环境空气中。综上原因导致了 VSCs 在沉淀和滗水阶段排放通量较小。

4. 污水水质对 SBR 单元 TVSCs 排放的影响

污水中的总硫（TS）和 COD 促进 VSCs 的生成。表 3.9 为 SBR 单元 TVSCs 的排放通量与污水中 TS、COD 相关性分析结果。

表 3.9　SBR 单元 TVSCs 排放通量与 TS 和 COD 的相关性分析结果

处理单元		TVSCs 排放通量	TS	COD
SBR 单元	TVSCs 排放通量	1	0.133	0.784**
	TS		1	−0.009
	COD			1

** 在 0.01 水平（双侧）上显著相关。

由表 3.9 可知，在 SBR 单元，TVSCs 的排放通量与污水中 COD 在 0.01 水平（双侧）上显著相关（$p<0.01$）。

SBR 单元污水处理厂降解有机污染物的核心单元，在 SBR 单元污水处理过程中，污水中的有机污染物不断降解，COD 在处理过程中迅速减少（33～50mg/L）。在 SBR 单元污水处理过程中，脱除污水中硫化物的处理作用较弱，无法有效去除硫化物，污水中 TS 的去除量很小，基本保持与 SBR 污水处理厂进水相同的水平（28～43mg/L）。因此，在 SBR 单元生成 VSCs 的微生物所需要的 TS 充足，支持生成 VSCs 微生物的 COD 不仅含量短缺，还需要和产甲烷等微生物竞争。综上，污水中的 COD 是影响 SBR 单元 VSCs 生成的主要因素，SBR 单元 TVSCs 的排放通量与 COD 显著相关。

5. SBR 单元 VSCs 排放计算模型的构建

基于 SBR 单元的 TVSC 排放通量与 TS 或 COD 之间的相关性分析结果，在已有的硫化物排放估算的经验公式（Sun et al.，2018）基础上进行改进，改进后的经验式（3.6）用于构建计算 SBR 单元 TVSCs 的排放通量模型。

利用 SBR 单元排放 VSCs 的现场监测数据，利用式（3.12）对本研究得到的实验数据进行外推和建模，得到常数参数 $a_1=0.005\pm0.001$，$b_1=-0.647\pm0.176$，SBR 单元的 TVSCs 排放通量拟合模型公式为：

$$k(\text{TVSCs})=0.005\times S_{\text{COD}}\times\ln(S_{\text{TS}})-0.647 \tag{3.15}$$

式中，S_{TS}的适用范围是 27～44mg/L；S_{COD}的适用范围是 33～50mg/L。

将式（3.15）的模型曲面与污水处理厂实际监测值之间进行对比，并计算它们之间的相关关系，如图 3.19 所示。结果表明，模型计算值与实测值的预测关系（$R^2=0.643$，$p<0.05$）相较于预处理单元的预测结果较弱。

由于预处理单元的处理工艺较为简单，并且单个处理单元内污水处理条件不变，而反观 SBR 单元，污水在处理过程中溶解氧从迅速升高后逐渐降低，污水中的生物反应由好氧

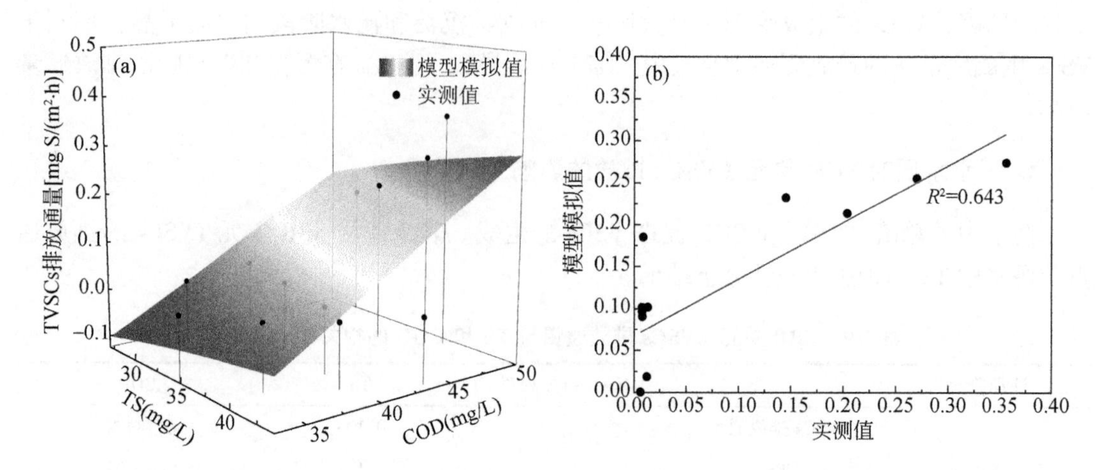

图 3.19　SBR 单元 TVSCs 排放的模型计算值和实测值及其相关性

（a）模型曲面与实测值；（b）模型计算值与实测值相关性

反应逐渐转变为厌氧反应。此外，SBR 单元内水力扰动情况不断变化，水面由剧烈的水利扰动状态变为平静状态，接着由开始处理流动状态。这些都导致了 SBR 单元 VSCs 的排放通量变化，从而使得模型计算的预测结果与实测值存在一定差异。虽然如此，模型计算效果仍在可以接受的范围内，没有与实测值产生巨大的差异。

综上，使用经验公式可以为估算城镇污水处理厂 SBR 单元 VSCs 的排放通量提供参考，但为了更准确地估算，可以考虑将 SBR 不同处理阶段独立进行进一步的监测实验，分阶段校准经验方程的常数值，已达到更好的估算结果。

6. SBR 单元排放恶臭气体的化学浓度贡献

根据 SBR 单元恶臭气体的排放通量监测结果，可以计算出 SBR 单元不同构筑物不同恶臭气体的排放贡献（图 3.20），以反映 SBR 单元排放的恶臭气体物质量之间的关系。

由图 3.20 可知，在 SBR 单元，NH_3 贡献了所有区域超过 97% 的恶臭气体的化学浓度，是最主要恶臭化学浓度主要贡献者。H_2S 和 MT 是 VSCs 中主要的化学浓度贡献者，但它们的排放量不足 NH_3 排放量的 1%。综上表明，NH_3 是氧化沟单元排放的最主要的恶臭气体。在氧化沟单元进行恶臭气体控制时，需关注 NH_3 的收集处理。

3.2.5　污水处理过程中深度处理单元排放特征

某污水处理厂深度处理单元由硝化滤池和反硝化滤池两部分组成。深度处理单元采用推流模式，污水依次经过硝化滤池和反硝化滤池完成脱氮过程，最后排出水厂。

1. 深度处理单元 NH_3 的排放特征

根据监测结果计算获得深度处理单元 NH_3 的排放通量，如图 3.21 所示。

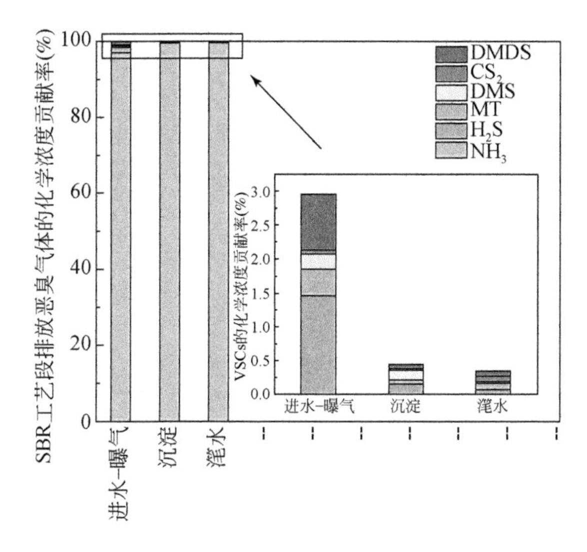

图 3.20　SBR 单元排放恶臭气体的化学浓度贡献率

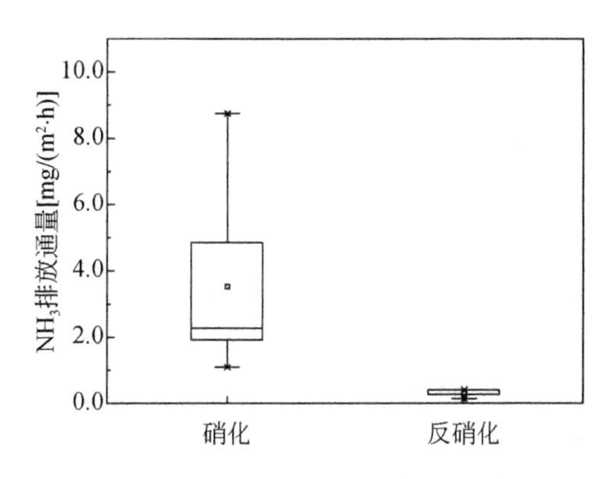

图 3.21　深度处理单元 NH_3 的排放通量

由图 3.21 可知，深度处理单元硝化滤池 NH_3 排放通量［3.525mg/(m^2·h)］远高于反硝化滤池 NH_3 的排放通量［0.299mg/(m^2·h)］。污水进入深度处理段，污水首先在硝化滤池进行硝化反应，由于硝化滤池的曝气作用，在污水中含有的 NH_3 被吹脱，使得硝化滤池为深度处理单元中 NH_3 的排放通量较高的单元。污水进入反硝化滤池后，污水中的有机物含量较少，生成 NH_3 的量较少，加之反硝化滤池水体稳定，使得反硝化滤池为深度处理单元中 NH_3 的排放通量较低的单元。

2. 污水水质对深度处理单元 NH_3 排放的影响

表 3.10 为深度处理单元的 NH_3 排放通量与污水中 TN、COD 相关性分析结果。

表 3.10　深度处理单元 NH_3 排放通量与 TN 和 COD 的相关性分析

	NH_3 排放通量	TN	COD
NH_3 排放通量	1	0.041	0.420
TN		1	0.797
COD			1

由表 3.10 可知，SBR 单元 NH_3 的排放通量与污水中 TN 和 COD 未显示有明显的相关性。这可能是由于在深度处理段 COD 和 TN 的含量较低，污水中的 COD 主要被硝化和反硝化细菌利用，污水中的 TN 主要通过硝化和反硝化作用转化成 N_2，因此只有极少部分的 TN 被转化为 NH_3 被释放，因此污水中 COD 和 TN 的含量与 NH_3 的排放通量没有显著的相关性。

3. 深度处理单元 VSCs 的排放特征

根据监测结果计算获得深度处理单元 VSCs 的排放通量，结果如图 3.22 所示。

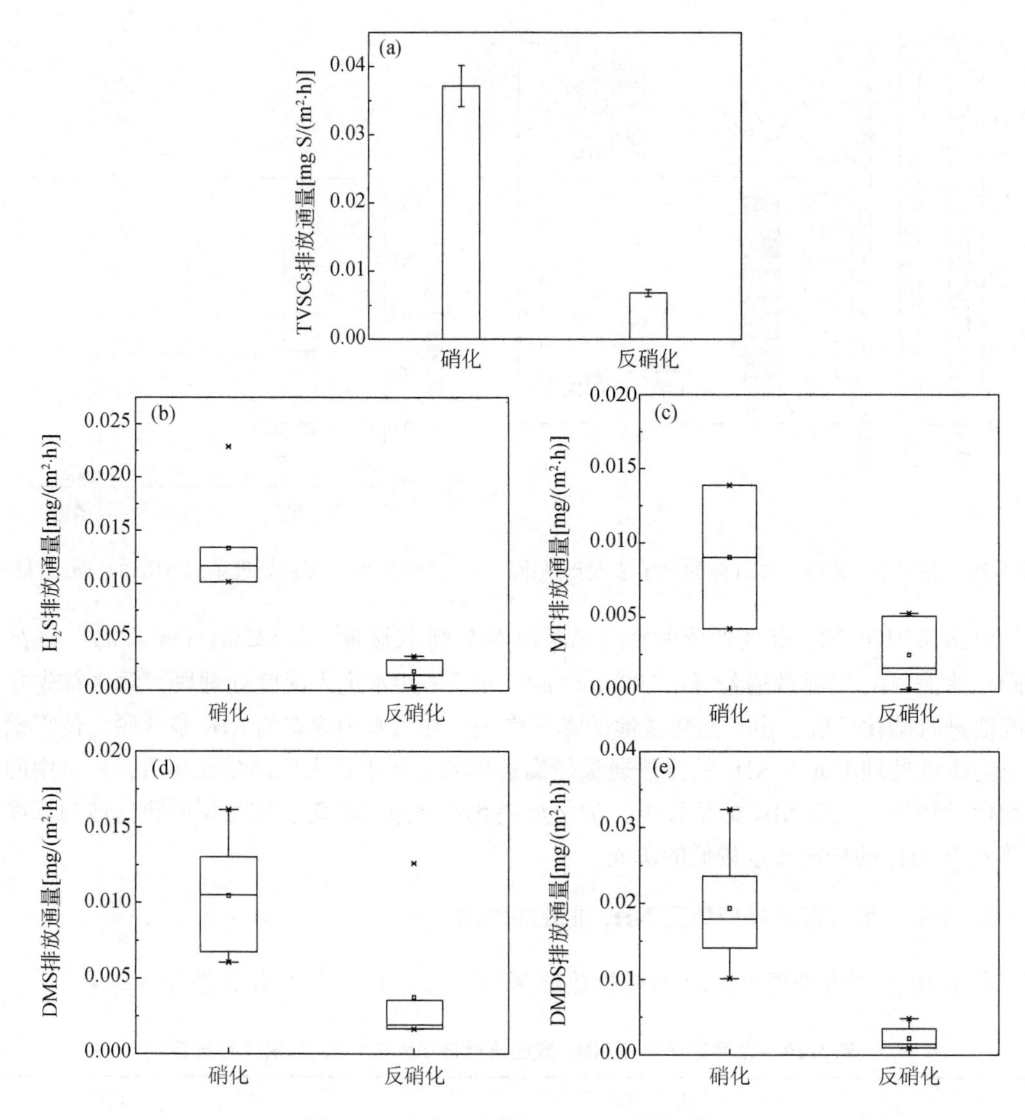

图 3.22 深度处理单元 VSCs 的排放通量

(a) TVSCs；(b) H_2S；(c) MT；(d) DMS；(e) DMDS；CS_2 未检出

由图 3.22 可知，深度单元 TVSCs 的排放通量（均值）[mg S/(m^2·h)] 顺序为：硝化滤池（0.0371)>反硝化滤池（0.0068)。污水进入深度处理段，污水首先在硝化滤池进行硝化反应，由于硝化滤池的曝气作用促进了污水中含有的 VSCs 向环境中释放，使得硝化滤池为深度处理单元中 VSCs 的排放通量较高的单元。污水进入反硝化滤池后，污水中的有机物含量较少，生成 VSCs 的量较少，加之反硝化滤池水体稳定，使得反硝化滤池为深度处理单元中 VSCs 的排放通量较低的单元。

4. 污水水质对深度处理单元 TVSCs 排放的影响

污水中高含量的总硫（TS）和 COD 会促进 VSCs 的生成。表 3.11 为深度处理单元的

TVSCs排放通量与污水中TS、COD相关性分析。结果表明，深度处理单元TVSCs排放通量与污水中TS和COD未显示有明显的相关性，这可能是由于在深度处理段COD极低，污水中的COD主要被硝化和反硝化细菌利用，无法支持生成VSCs的微生物生长，使得VSCs的产生量极少，导致VSCs的释放量较低，与污水中VSCs的生成底物TS和COD的含量无显著相关性。

表3.11　深度处理单元TVSCs排放通量与TS和COD的相关性分析

	TVSCs排放通量	TS	COD
TVSCs排放通量	1	0.071**	−0.019**
TS		1	
COD			1

**在0.01水平（双侧）上显著相关。

5. 深度处理单元排放恶臭气体的化学浓度贡献

根据深度处理单元恶臭气体的排放通量监测结果，可以计算出深度处理单元不同构筑物不同恶臭气体的排放贡献（图3.23），以反映深度处理单元排放的恶臭气体物质量之间的关系。

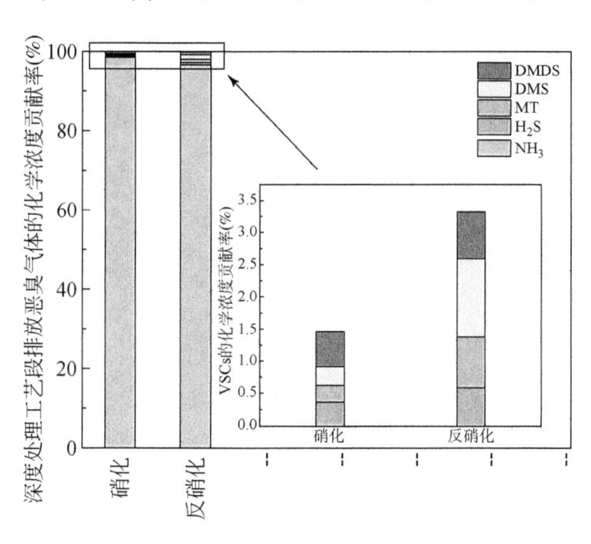

图3.23　深度处理单元排放恶臭气体的化学浓度贡献率

由图3.23可以看出，在深度处理单元排放的恶臭气体中，NH_3显著贡献了超过96%的恶臭气体的化学浓度，为主要的化学浓度贡献者。DMDS和MT分别是硝化滤池和反硝化滤池主要的VSCs化学浓度贡献者，都仅有1%的化学浓度贡献率。

3.2.6　污泥处理过程中恶臭气体排放特征

根据对污水处理厂污泥处理单元产生的恶臭气体进行了现场监测，确定了污泥常规处理工艺的恶臭气体排放特征。

城镇污水在污水处理厂经一级和二级处理过程中会形成污泥副产物，一般先通过浓缩池使其含水率降到97%~98%，再经机械脱水使其含水率进一步降到80%左右后进行处置，其处理流程如图3.24所示。浓缩和机械脱水通常被称为污泥的常规处理工艺，该工艺会产生恶臭气体。

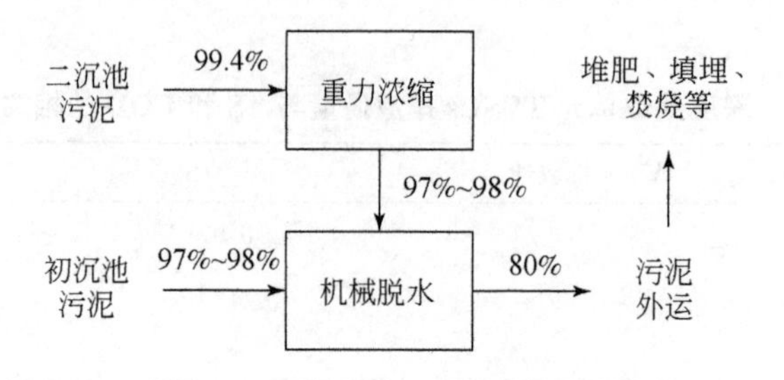

图3.24　污泥处理常规工艺

1. 污泥浓缩恶臭气体排放特征

污泥在20h的浓缩过程中NH_3和VSCs的排放量如图3.25所示。

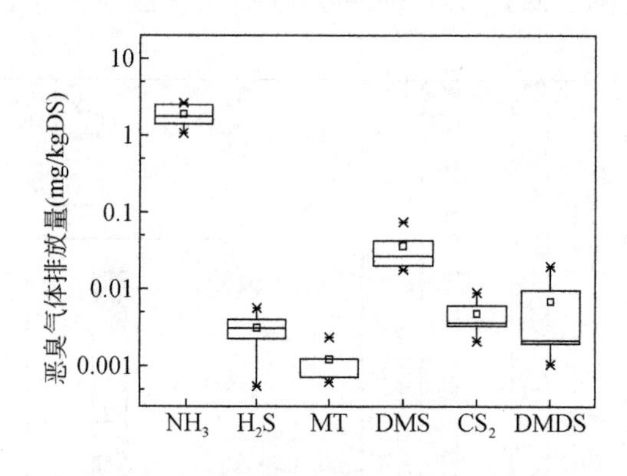

图3.25　污泥浓缩过程中恶臭气体排放量

由图3.25可知，污泥浓缩过程中，NH_3和总VSCs的平均排放量分别为1.87mg/kgDS和0.05mg/kgDS，NH_3排放量占总恶臭气体排放量的97.40%。VSCs排放量最大的为DMS和DMDS。H_2S和MT主要由有机硫化物在厌氧条件通过微生物降解产生。MT在厌氧条件下经过甲基化反应转化成DMS，而在好氧条件下转化成DMDS。一方面，污水处理过程会经历厌氧和好氧环境交替，H_2S和MT逐步转化成DMS和DMDS吸附于污泥。在污泥进入浓缩阶段前，H_2S和MT残余量较少，而DMS和DMDS得到累积；另一方面，污泥在经过生化处理后易降解的有机硫化物含量大大减少，导致H_2S和MT在浓缩过程不易产生。以上两点造成污泥在浓缩过程中DMS和DMDS的排放量超过了H_2S和MT。

2. 污泥机械脱水恶臭气体排放特征

采用机械脱水装置，对污泥进行脱水，测定脱水至含水率为80%过程中NH_3和VSCs

的排放量。剩余污泥机械脱水前后的含水率变化如表 3.12 所示。

表 3.12 污泥机械脱水前后的含水率变化

初始含水率（%）	结束含水率（%）
98.15	82.08

污泥在机械脱水过程中单位干污泥的 NH_3 和 VSCs 的排放量如图 3.26 所示。

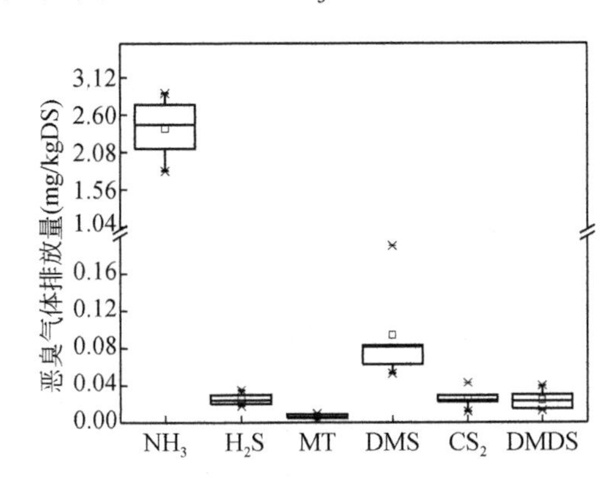

图 3.26 污泥机械脱水过程中恶臭气体的排放量

由图 3.26 可知，污泥机械脱水过程中 NH_3 和总 VSCs 的平均排放量分别为 2.41mg/kgDS 和 1.79mg/kgDS，NH_3 排放量占总恶臭气体排放量的 57.39%。VSCs 排放量最大的为 DMS 和 DMDS。因为污泥在机械脱水过程的时间短暂，由生化反应产生的恶臭气体可以忽略不计，排放的恶臭气体可以认为是溶解、吸附于污泥中的成分经抽滤过程中的压差产生。因此，机械脱水过程中恶臭的排放量和污泥来源有很大关系。机械脱水污泥来自浓缩后的污泥，造成了污泥机械脱水过程中恶臭排放量大小排序和浓缩过程中的规律一致。值得注意的是，污泥机械脱水过程中 VSCs 排放量占总恶臭气体排放量的比值大幅度提高，这很有可能是恶臭气体的水溶性不同引起的。VSCs 难溶或微溶于水，而 NH_3 极易溶于水。因此，污泥在机械脱水过程 VSCs 相比于 NH_3 更容易逸出。

3. 污泥热水解-厌氧硝化工艺恶臭气体产生特征

厌氧硝化是一种有效的污泥深度处理方式，通过微生物发酵将污泥中的病原菌和病毒灭活，并钝化所含重金属，实现污泥无害化和稳定化。同时，该过程能够有效减少污泥体积，并提升后续污泥脱水效能，实现污泥减量化。在污泥厌氧硝化过程中会产生大量沼气，可以用于发电。此外，经厌氧硝化后的污泥在深度脱水（含水率<60%）后可作为污泥，实现资源化。

然而，由于我国不同地区的泥质差异大，且多数地区的市政污泥有机组分含量低、难降解有机组分比例较高，常造成厌氧硝化工艺运行不理想。在污泥厌氧硝化前，经过热水解预处理可以解决以上难题。污泥热水解过程中通过高温（150～170℃）、高压（6～8bar）作用，使污泥中大颗粒和难降解物质分解成小分子和易降解成分，能有效提升污泥厌氧降解率和沼气产气量，并改善污泥的脱水性能。涉及该工艺的污泥处理点位通常包括进泥泵房、预脱水车间、污泥料仓、热水解系统、热交换间、厌氧硝化单元和板框压滤间。热水解-厌氧硝化工艺处理污泥的流程如图 3.27 所示。

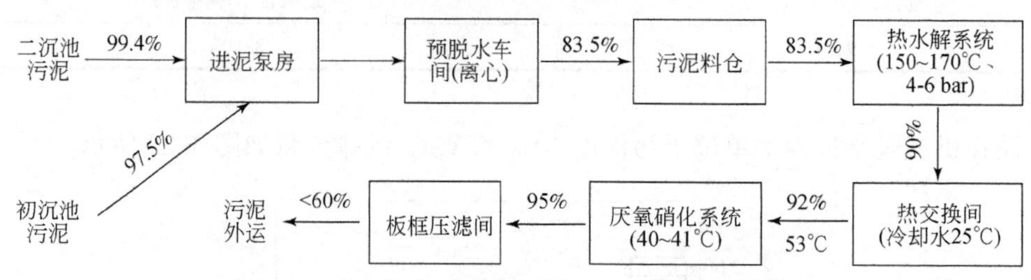

图 3.27　污泥热水解-厌氧硝化工艺处理流程示意图

初沉池污泥和二沉池剩余污泥经泵运输转移至预脱水车间，进行初步脱水后储存于污泥料仓，适时地进入热水解系统进行预处理；然后经过软水稀释，降温到适宜温度后进入厌氧硝化单元进行深度处理；最后，通常采用板框压滤深度脱水使污泥含水率降至 60% 以下。热水解-厌氧硝化工艺已在我国多个市政污水处理厂运用并被推广。截止到 2017 年底，北京市政污泥以热水解-厌氧硝化工艺处理的规模达到 6128t/d（按含水率 80% 计）。然而，该工艺运行过程中排放出大量的恶臭气体，造成了严重的恶臭污染，阻碍了该工艺的发展。

通过对热水解-厌氧硝化工艺的污泥处理单元进行现场监测，明确厌氧硝化过程中 NH_3 和 VSCs 的产生量，以此识别关键恶臭气体与关键排放点位。

污泥热水解-厌氧硝化工艺的沼气罐中 NH_3 和各 VSCs 的浓度分析结果如图 3.28 所示。

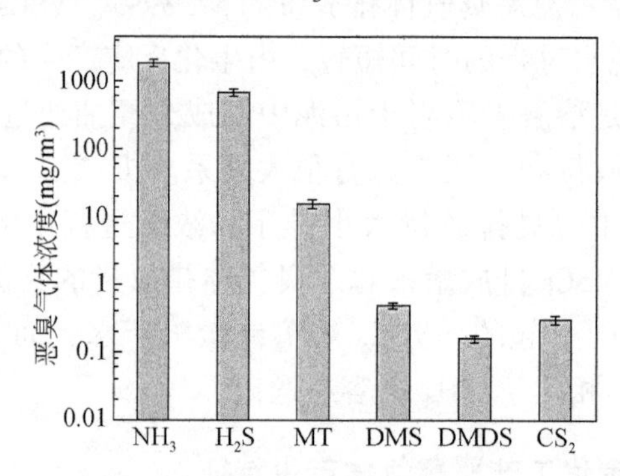

图 3.28　污泥热水解-厌氧硝化工艺沼气罐中 NH_3 和 VSCs 浓度

由图 3.28 可知，污泥在热水解-厌氧硝化过程中沼气罐内的恶臭气体平均浓度（mg/m^3）排序如下：NH_3（1854）>H_2S（677）>MT（15.59）>DMS（0.48）>CS_2（0.30）>DMDS（0.16）。在厌氧硝化过程中，污泥中的有机氮通过矿化作用转变为 NH_4^+，经水解反应进一步转化成 NH_3。H_2S 来源于污泥中的有机硫（如半胱氨酸）降解或 SO_x 盐类的还原；MT 主要由甲硫氨酸降解或 H_2S 经生物甲基化反应生成；MT 经生物甲基化生成 DMS。以上产生 VSCs 的生物反应均在厌氧环境中发生。在污泥厌氧硝化过程中，有机硫和无机硫经过微生物厌氧发酵被充分降解，产生较多的 H_2S 和 MT，部分 MT 转化成 DMS。在污泥的厌氧硝化处理过程中产生的大量气体会逸出。此外，通过厌氧硝化罐中的机械搅拌作用，进一步促进了恶臭气体从固液相转移到气相。

DMDS 来源于 MT 的氧化，由于厌氧硝化过程中不含氧气，该阶段不产生 DMDS，由此推测 DMDS 也是在厌氧硝化前已经存在于污泥中。由于当时不是严格厌氧，污泥中的 DMS 产生较少、含量较低，导致转化成 DMDS 的量也较少。因此，在厌氧硝化过程中监测到的 DMDS 和 CS_2 含量较低。

污泥热水解-厌氧硝化过程中沼气罐内监测到的 NH_3 和 VSCs 浓度与他人的研究进行了对比，结果如表 3.13 所示。由于未检索到现场监测的相关研究，比较对象来自他人实验室小试的研究结果。

表 3.13　厌氧硝化过程中 NH_3 和 VSCs 浓度与他人研究的对比

恶臭气体	本研究	Drennan and Distefano，2010	Dhar et al.，2011	Li et al.，2020		
NH_3（mg/m^3）	1854	—	—	—	—	—
H_2S（mg/m^3）	677	112	3.5	2200	428.4	16
MT（mg/m^3）	15.59	1.5	3	650	12.39	10
DMS（mg/m^3）	0.48	4	0.04	50	7.74	3
CS_2（mg/m^3）	0.16	—	—	—	—	—
备注	厌氧硝化	厌氧硝化	厌氧硝化	热水解预处理	厌氧硝化（热水解后）	厌氧硝化

注：“—”表示未监测。

由表 3.13 可知，虽然他人研究的污泥厌氧硝化小试实验中 VSCs 的浓度大小和本研究有较大差异，但不同气体间大小规律和本研究基本一致，H_2S 和 MT 在所监测的 VSCs 中浓度较高（Dhar et al.，2011；Li et al.，2020）。由 Li et al.（2020）的研究结果发现，相比于未经预处理的污泥，经热水解预处理后的污泥在厌氧硝化过程中 VSCs 的含量均提高，尤其是 H_2S，其最大浓度从 $16mg/m^3$ 上升到 $428.4mg/m^3$。值得注意的是，热水解系统产生的 VSCs 远高于厌氧硝化单元，热水解系统的 H_2S 和 MT 浓度分别达到 $2200mg/m^3$ 和 $650mg/m^3$，说明在热水解系统产生的恶臭气体需妥善处理，避免污染环境空气。

对国内外文献检索，仅检索到污泥厌氧硝化过程中恶臭气体浓度的变化情况，未查阅到有关污泥厌氧硝化过程中 NH_3 和 VSCs 产生量。污泥好氧堆肥也是一种重要的污泥深度处理方式，在堆肥过程中也会产生大量的恶臭气体。将本研究对污泥热水解-厌氧硝化工艺监测获得的 NH_3 和各 VSC 产生量与污泥好氧堆肥过程中 NH_3 和各 VSC 产生量进行比较，结果如表 3.14 所示。

表 3.14　污泥热水解-厌氧硝化和堆肥过程中恶臭气体的产生量对比

NH_3（kg/t）	H_2S（g/t）	MT（g/t）	DMS（g/t）	CS_2（g/t）	DMDS（g/t）	文献	备注
0.74	270.67	6.23	0.19	0.12	0.064	本研究	厌氧硝化
4.35～10.95	—	—	—	—	—	Han et al.，2018a	好氧堆肥
—	34～63	0～12	71～217	4.5～15.4	106～254	Han et al.，2018b	好氧堆肥
3.2～7.2	—	—	—	—	—	Li and Li，2015	好氧堆肥
2.30～16	—	—	—	—	—	de et al.，2008	好氧堆肥

注：“—”表示未监测。

由表3.14可知，污泥热水解–厌氧硝化过程中NH_3的产生量（0.74kg/t）远小于污泥好氧堆肥（2.3～16kg/t）。NH_3是亲水性的极性分子，进行厌氧硝化的污泥相比于好氧堆肥有较高的含水率，造成厌氧硝化过程产生的NH_3较多的溶解在污泥混合物中并没有释放到气相。污泥好氧堆肥启动时含水率约为60%～70%，堆肥结束后含水率约为40%；污泥经热水解后进入厌氧硝化单元前的含水率约为92%，厌氧硝化结束后含水率约为95%（板框脱水前）。

污泥热水解–厌氧硝化过程中H_2S的产生量大于污泥好氧堆肥，而DMS和DMDS的产生量却远小于污泥好氧堆肥。H_2S和DMS均在厌氧环境中生成，DMDS在好氧环境中生成。在污泥厌氧消化工艺中采取全封闭措施，形成了严格的厌氧环境，不易生成DMDS，生成的大量H_2S仅有小部分转化成DMS。而好氧堆肥工艺采取间歇式通风，堆肥过程中好氧和厌氧环境均存在。研究表明，间歇式通风有利于DMS和DMDS的生成。在好氧堆肥过程中产生的H_2S易被氧化成其他物质。

3.3　城镇污水处理厂恶臭气体环境空气浓度评估

污水处理过程中不断向环境空气中排放恶臭气体，污水处理单元内的工作人员会成为恶臭气体的受体。工作人员呼吸摄入是受到恶臭气体暴露危害的主要途径（Domingo et al., 2015），长期暴露在含有恶臭气体的环境环境中，人体会感觉不适和对健康有负面影响。污水处理厂各处理单元释放恶臭气体的源强不同，排放通量也不同，加之各处理单元的结构不同，如格栅间大多采用封闭式结构，沉砂池和生化反应池多采用敞开式结构，导致工作人员受到恶臭气体的影响程度不同。因此，本研究通过对污水处理厂各处理单元恶臭气体的环境空气浓度进行现场监测，识别各处理单元环境空气中恶臭气体的致臭组分和污水处理厂的关键污染点位。研究中分别从人体的感官影响、职业限值和健康风险三个方面综合考虑，构建用于污水处理厂恶臭气体对人体健康影响的综合评估方法，并根据实际监测结果开展评估工作。

3.3.1　城镇污水处理厂恶臭气体环境空气浓度和臭味活性值

污水处理厂各处理单元（区域）恶臭气体的环境空气浓度，是污水处理厂员工在各处理单元（区域）工作的环境中通过呼吸摄入的恶臭气体的浓度实测值。臭味活性值为一种恶臭气体浓度与该种恶臭气体嗅阈值的比值，将污水处理厂各处理单元每种恶臭气体的臭味活性值求和得到总臭味活性值，可以用于比较污水处理厂各处理单元恶臭气体造成恶臭的程度。

本研究对污水处理厂预处理单元和生化处理单元内NH_3和VSCs的环境空气浓度进行了现场监测，计算每种恶臭气体的臭味活性值和恶臭气体的总臭味活性值。预处理单元的监测点位包括格栅、旋流沉砂池、曝气沉砂池和初沉池，生化处理单元的监测点位包括A^2/O反应池、氧化沟反应池和SBR反应池。

1. 预处理单元恶臭气体环境空气浓度和臭味活性值

预处理单元的格栅（封闭式）、旋流沉砂池（敞开式）、曝气沉砂池（敞开式）和初沉池（敞开式）的 NH_3 和 VSCs 环境空气浓度监测结果如图 3.29 所示。

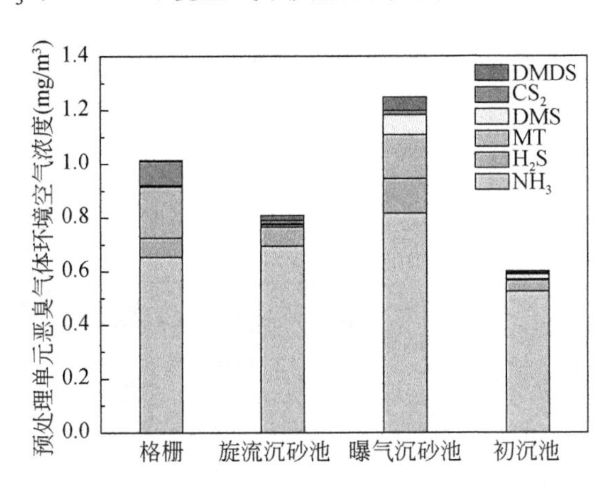

图 3.29　预处理单元 NH_3 和 VSCs 的环境空气浓度

由图 3.29 可知，预处理单元的格栅和曝气沉砂池 NH_3 和 VSCs 的环境空气浓度较高，这与格栅和曝气沉砂池的 NH_3 和 VSCs 排放通量较高结果一致，表明排放通量的大小对预处理单元恶臭气体的环境空气浓度影响较大。NH_3、H_2S、DMS 和 DMDS 在预处理单元的曝气沉砂池的环境空气浓度达到最高，最高浓度分别为 0.8149mg/m^3、0.1299mg/m^3、0.0726mg/m^3 和 0.0499mg/m^3。MT 和 CS_2 在预处理单元的格栅的环境空气浓度达到最高，分别为 0.1912mg/m^3 和 0.0911mg/m^3，这是由于 MT 和 CS_2 在污水反应过程中，MT 会通过甲基化和氧化转化为 DMS 和 DMDS 而被消耗，CS_2 会被微生物作为碳源在厌氧和好氧条件下被降解消耗，因此 MT 和 CS_2 在预处理单元的最前端格栅的环境空气浓度最高。在格栅后续的处理单元中被消耗转化而浓度明显降低。

在预处理单元 NH_3 和 VSCs 的总臭味活性值、化学浓度贡献和恶臭贡献如图 3.30 所示。

由图 3.30 可知，预处理单元环境空气中恶臭气体的总臭味活性值（无单位）排序如下：曝气沉砂池（1207.92）>格栅（1008.21）>旋流沉砂池（164.22）>初沉池（142.48）。在预处理单元曝气沉砂池和格栅的环境空气的总臭味活性值较高，这是由于曝气沉砂池的曝气作用促进了污水中的恶臭气体向环境空气中释放，格栅间采用了封闭式结构使得该单元间内恶臭气体的浓度不断积累，从而导致了曝气沉砂池和格栅的环境空气中含有的恶臭气体浓度较高。

在预处理单元，NH_3 是主要的化学浓度贡献者，化学浓度贡献超过 65% 以上。但 NH_3 不是恶臭的主要贡献者，主要贡献者是 MT、H_2S 和 DMS，MT、H_2S、MT 和 DMS 分别是格栅、旋流沉沙池、曝气沉砂池和初沉池的恶臭贡献者，恶臭贡献率分别为 89%、55%、63% 和 42%。这是由于 NH_3 和 VSCs 的嗅阈值差异而导致的（Nagata & Takeuchi，1980），其中 NH_3 的嗅阈值较高（113.84μg/m^3）仅次于 CS_2（712.50μg/m^3），较 H_2S（0.76μg/m^3）、MT（0.21μg/m^3）、DMS（0.33μg/m^3）和 DMDS（1.13μg/m^3）高出 100 倍以上。污水在

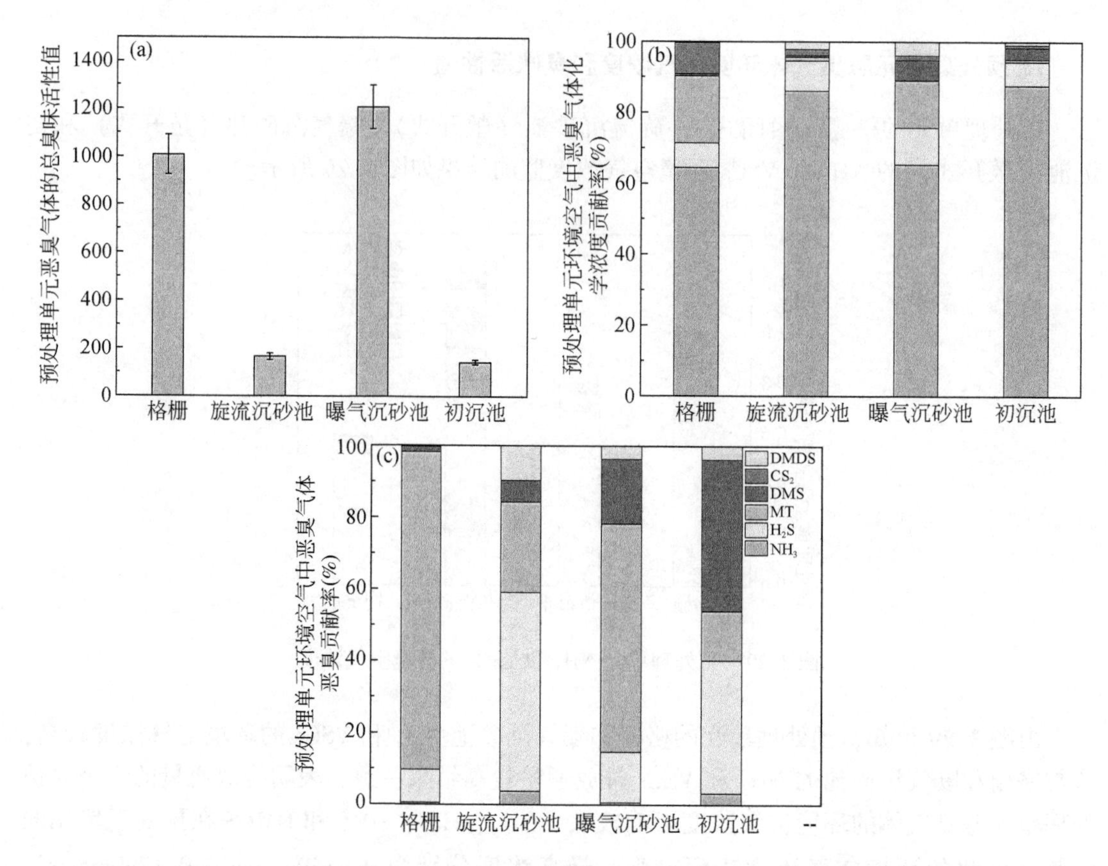

图 3.30　预处理单元恶臭气体的臭味活性值、化学浓度贡献和恶臭贡献

（a）总臭味活性值；（b）化学浓度贡献；（c）恶臭贡献

格栅和沉砂池的停留时间较短，污水中含有较高浓度的 H_2S 和 MT 没有经过反应转化而直接释放到空气中，H_2S 和 MT 在格栅和沉砂池的释放浓度较高，且嗅阈值较低，导致了 H_2S 和 MT 成为格栅和沉砂池的恶臭主要贡献者。污水在初沉池的停留时间较长，生化反应相比于格栅和沉砂池较强，VSCs 在释放的过程中发生了反应转化，因此 DMS 在初沉池释放的浓度较格栅和沉砂池高，并且 DMS 的嗅阈值仅次于 MT，导致了 DMS 成为初沉池的恶臭主要贡献者。

2. A^2/O 单元恶臭气体环境空气浓度和臭味活性值

A^2/O 单元的缺氧区（敞开式）、厌氧区（敞开式）、好氧区（敞开式）和二沉池（敞开式）的 NH_3 和 VSCs 环境空气浓度监测结果如图 3.31 所示。

由 3.31 可以看出，在 A^2/O 单元的缺氧区和厌氧区，H_2S 和 MT 的环境空气浓度随污水反应的进行升高，DMS、CS_2 和 DMDS 则相反，这与 VSCs 在缺氧区和厌氧区的排放通量的变化规律相同。在 A^2/O 单元的好氧区，NH_3 和 VSCs 环境空气浓度达到最高，NH_3、H_2S、MT、DMS 和 DMDS 的最高浓度分别为 0.7525mg/m^3、0.0485mg/m^3、0.0099mg/m^3、0.0562mg/m^3 和 0.0851mg/m^3，这与 NH_3 和 VSCs 排放通量最高值在好氧区的变化规律较

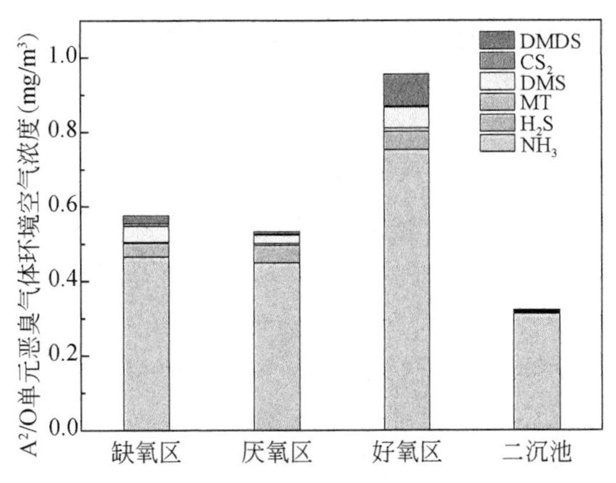

图 3.31　A^2/O 单元 NH_3 和 VSCs 的环境空气浓度

为契合。在 A^2/O 单元的二沉池，NH_3 和 VSCs 的环境空气浓度降至最低值，这与 NH_3 和 VSCs 的排放通量最低值在二沉池的变化规律吻合。结果表明，A^2/O 单元 NH_3 和 VSCs 的排放通量可以较大程度上决定该单元的恶臭气体环境空气浓度。

在 A^2/O 单元，环境空气中 NH_3 和 VSCs 总臭味活性值、化学浓度贡献和恶臭贡献如图 3.32 所示。

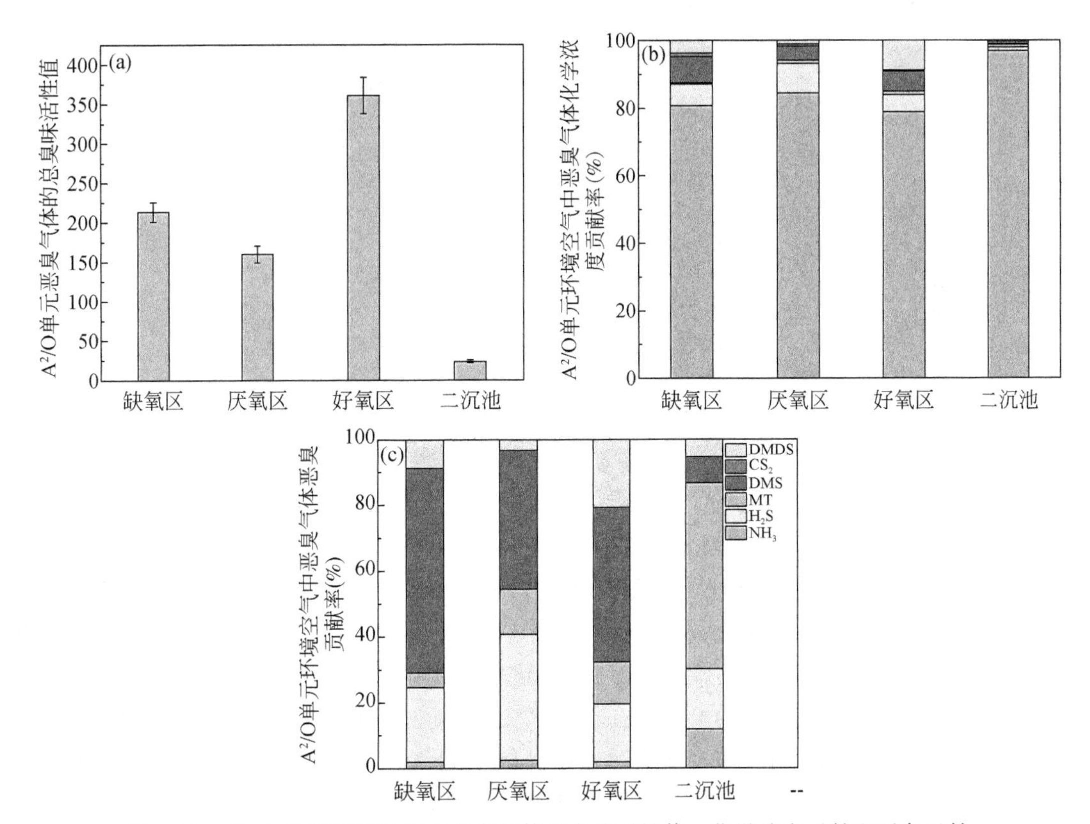

图 3.32　A^2/O 单元环境空气中恶臭气体的臭味活性值、化学浓度贡献和恶臭贡献

(a) 总臭味活性值；(b) 化学浓度贡献；(c) 恶臭贡献

由图3.32可知，A^2/O单元的恶臭气体总臭味活性值（无单位）排序如下：好氧区(361.00)>缺氧区（213.30)>厌氧区（159.85)>二沉池（23.42)。好氧区环境空气中恶臭气体总臭味活性值较高，是由于好氧区的曝气作用促进了污水中的恶臭气体向环境空气中释放，从而导致了好氧区的环境空气中含有的恶臭气体浓度较高，总臭味活性值较高。

在A^2/O单元环境空气中的恶臭气体，NH_3是主要的化学浓度贡献者，贡献超过78%以上，但NH_3在单元（区域）不是恶臭的主要贡献者，恶臭贡献率仅为1%~11%。在缺氧区和厌氧区，H_2S和DMS为环境空气中恶臭的主要贡献者，贡献率合计达80%以上。在好氧区，DMS和DMDS为环境空气中恶臭的主要贡献者，贡献率共计67%以上。这是由于好氧区曝气提供的好氧环境抑制了H_2S的生成，提供了DMDS生成所需要的O_2促进了DMDS的生成［见反应式（3.4)]，使得DMDS取代H_2S成为好氧区的恶臭主要贡献者。在二沉池，MT成为恶臭主要贡献者，由于二沉池环境空气中恶臭气体总量较少，MT的嗅阈值为VSCs中最小，MT的臭味活性值较高，使得MT在二沉池的恶臭贡献最高(56%)。

3. 氧化沟单元的恶臭气体环境空气浓度和臭味活性值

氧化沟单元的厌氧池（敞开式)、氧化沟池（敞开式）和二沉池（敞开式）的NH_3和VSCs环境空气浓度的监测结果如图3.33所示。

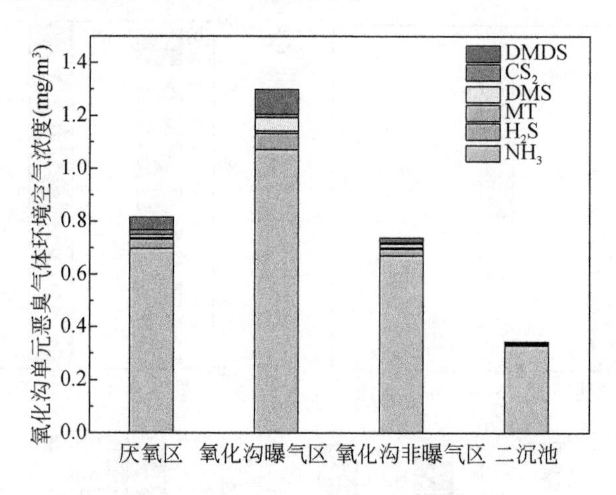

图3.33　氧化沟单元NH_3和VSCs的环境空气浓度

由图3.33可以看出，氧化沟单元中CS_2环境空气浓度随着污水反应进行逐渐降低，在厌氧池达到最大值（$0.0178mg/m^3$）。NH_3和VSCs（除CS_2）环境空气浓度由厌氧池进入氧化沟池曝气区的过程中逐渐升高，在氧化沟的曝气区达到最高，NH_3、H_2S、MT、DMS和DMDS的最高浓度分别为$1.0720mg/m^3$、$0.0600mg/m^3$、$0.0095mg/m^3$、$0.0508mg/m^3$和$0.0937mg/m^3$，这与NH_3和VSCs排放通量最高值在曝气区的变化规律吻合。随着污水反应的进行，NH_3和VSCs环境空气浓度逐渐降低，并在二沉池达到了浓度的最小值，NH_3、H_2S、MT、CS_2和DMDS环境空气最低浓度分别为$0.3300mg/m^3$、$0.0040mg/m^3$、$0.0048mg/m^3$、$0.0029mg/m^3$和$0.0019mg/m^3$，其中DMS未检出。这与NH_3和VSCs的排放通量最低值出现在二沉池单元的情况吻合。结果表明，氧化沟单元 NH_3 和 VSCs 的排放通量可以较大程度上决定该单元的恶臭气体环境空气浓度。

在氧化沟单元环境空气中 NH_3 和 VSCs 总臭味活性值、化学浓度贡献和恶臭贡献如图 3.34 所示。

由图 3.34 可知，氧化沟单元环境空气中的恶臭气体，NH_3 是主要的化学浓度贡献者，在氧化沟单元（区域）贡献超过 82% 以上，但 NH_3 在各单元（区域）不是恶臭的主要贡献者，恶臭贡献率仅为 2%~8%。H_2S、DMS 和 DMDS 是厌氧池、曝气区和非曝气区环境空气中 VSCs 的主要化学浓度贡献者，合计贡献 7%~15%。MT 由于半衰期只有 4.8h，在大气中会在以非生物方式降解形成 DMDS；CS_2 由于可以被微生物作为碳源利用，因此释放到环境空气中的量较少，导致了 MT 和 CS_2 的环境空气中的浓度较低，对 VSCs 的化学浓度贡献较小。

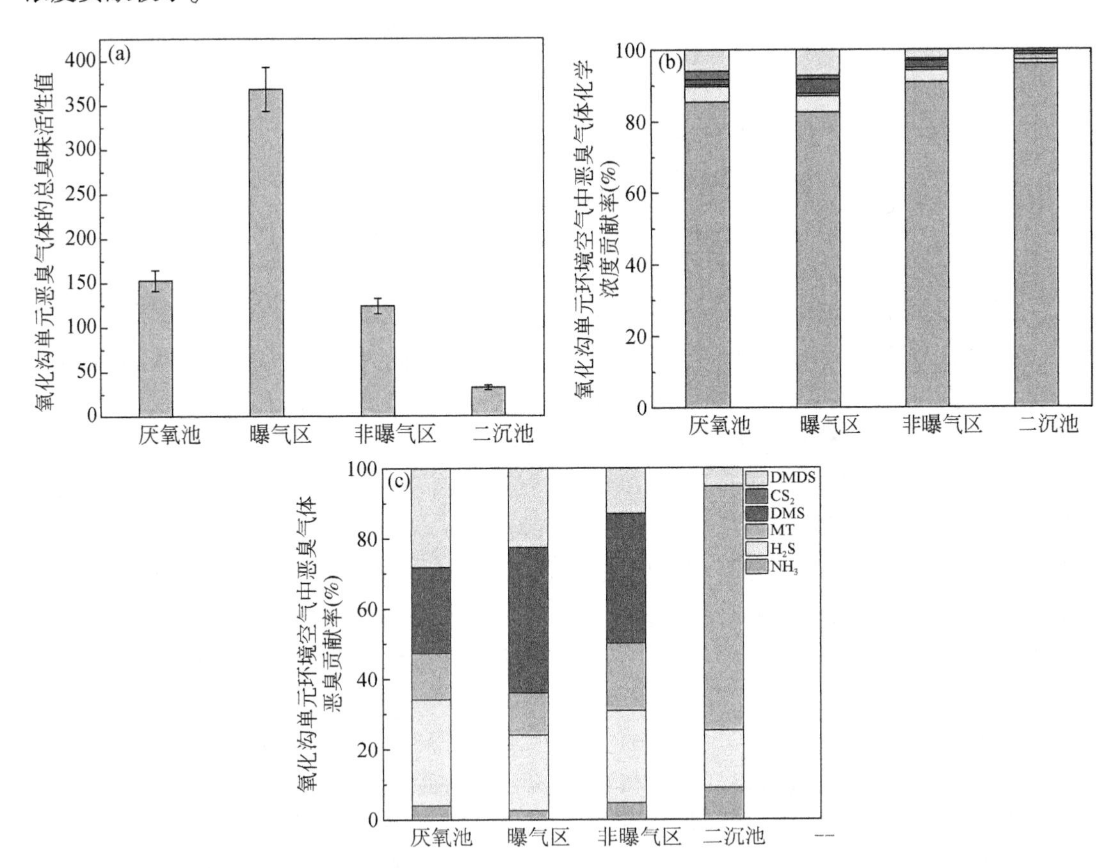

图 3.34　氧化沟单元环境空气中恶臭气体的臭味活性值、化学浓度贡献和恶臭贡献

（a）总臭味活性值；（b）化学浓度贡献；（c）恶臭贡献

在厌氧池、曝气区和非曝气区，虽然 MT 的嗅阈值为 NH_3 和 VSCs 中最小（0.21μg/m³），但环境空气中 MT 浓度不足 H_2S、DMS 和 DMDS 总浓度的 1/10，因此 H_2S、DMS 和 DMDS 是氧化沟单元环境空气中恶臭的主要贡献者，合计贡献率分别为厌氧池（82%）、曝气区（85%）和非曝气区（76%）。在二沉池，MT 环境空气中 MT 浓度较大，超过其余 VSCs

的总浓度，加之 MT 的嗅阈值较小，使得 MT 为二沉池环境空气中恶臭的主要贡献者，贡献率为 69%。

4. SBR 单元的恶臭气体环境空气浓度和臭味活性值

SBR 单元的 SBR 反应池（敞开式）不同反应阶段的 NH_3 和 VSCs 环境空气浓度的监测结果如图 3.35 所示。

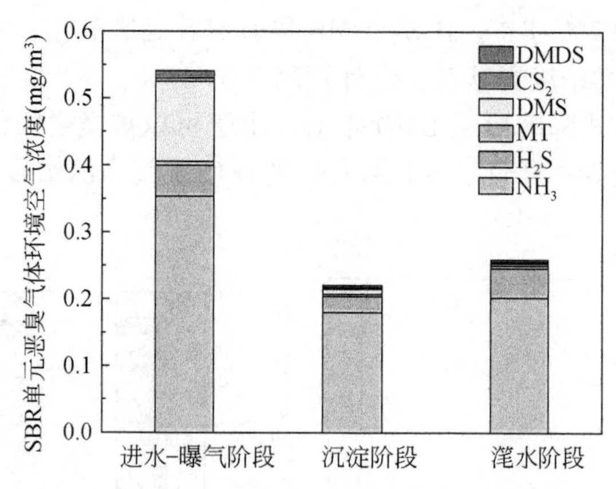

图 3.35　SBR 单元 NH_3 和 VSCs 的环境空气浓度

由图 3.35 可知，SBR 单元 NH_3 和 VSCs 环境空气中浓度在 SBR 的进水-曝气阶段达到最高值，NH_3、H_2S、MT、DMS、CS_2 和 DMDS 的最高浓度分别为 0.3538mg/m³、0.0460mg/m³、0.0058mg/m³、0.1196mg/m³、0.0054mg/m³ 和 0.0110mg/m³，这与 NH_3 和 VSCs 排放通量最高值在进水-曝气阶段的结果吻合。除 DMS 和 CS_2，NH_3 和 VSCs 环境空气浓度在进入沉淀阶段后降低至 SBR 单元的最小值，并在进入滗水阶段后略微升高，NH_3、H_2S、MT 和 DMDS 最小浓度分别为 0.1800mg/m³、0.0240mg/m³、0.0034mg/m³ 和 0.0025mg/m³。DMS 和 CS_2 随着 SBR 反应阶段的进行逐渐降低，在滗水阶段降低到 SBR 单元的最小值，DMS 和 CS_2 的最小浓度分别是 0.0031mg/m³ 和 0.0027mg/m³。

在 SBR 单元各处理阶段环境空气中 NH_3 和 VSCs 的总臭味活性值、化学浓度贡献和恶臭贡献如图 3.36 所示。可以看出，SBR 单元各处理阶段的恶臭气体总臭味活性值（无单位）排序如下：进水-曝气阶段（460.61）>滗水阶段（89.26）>沉淀阶段（74.08）。结果表明，SBR 工艺进水-曝气阶段环境空气的恶臭气体总臭味活性值最高，这是由于进水-曝气阶段污水进入 SBR 反应池的同时进行曝气，污水中含有的恶臭气体和污水反应产生的恶臭气体在曝气的吹脱作用下快速向环境空气中释放，从而导致了进水-曝气阶段的环境空气中含有的恶臭气体浓度较高，总臭味活性值也就较高。沉淀阶段为了达到更好的污泥沉降效果，污水水体稳定，释放的恶臭气体较少，因此沉淀阶段的环境空气中恶臭气体的总臭味活性值最低。在滗水阶段，污水开始向滗水器不断流动，水体运动略微促进了恶臭气体的排放，因此滗水阶段的环境空气中恶臭气体的总臭味活性值比沉淀阶段有轻微提高。

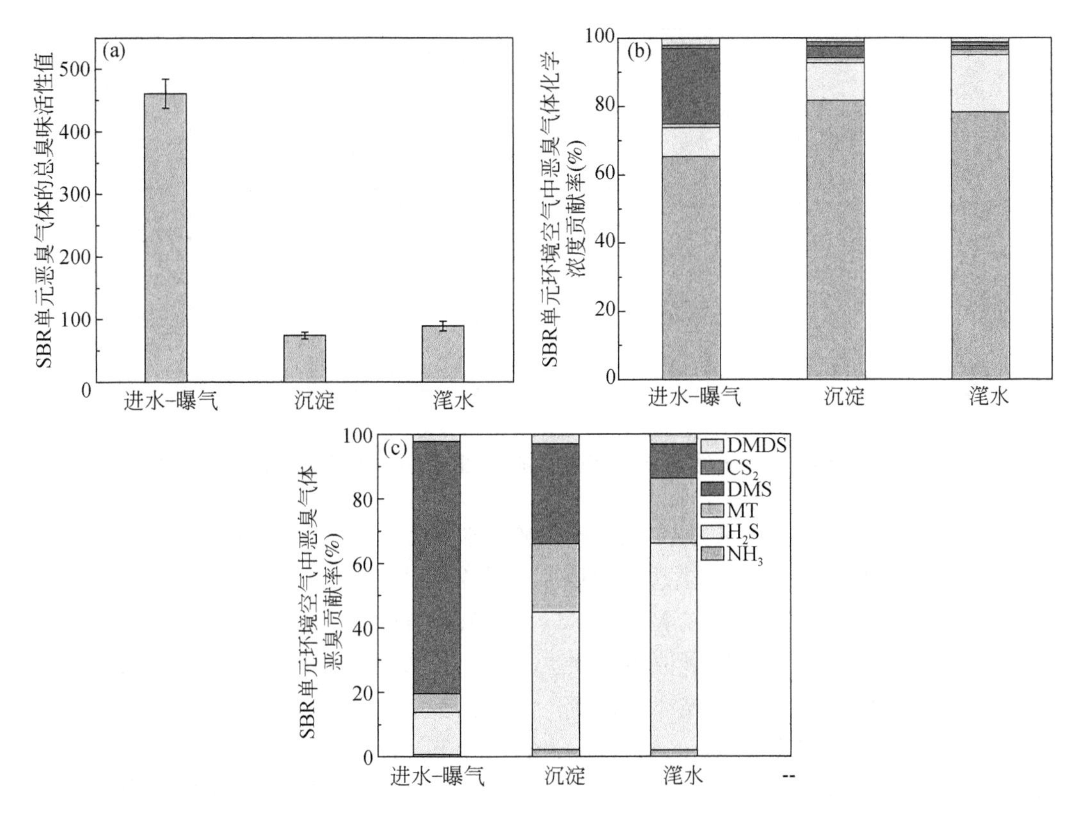

图 3.36　SBR 单元环境空气中恶臭气体的臭味活性值、化学浓度贡献和恶臭贡献

(a) 总臭味活性值；(b) 化学浓度贡献；(c) 恶臭贡献

在 SBR 单元各处理阶段环境空气中的恶臭气体，NH_3 是主要的化学浓度贡献者，在 SBR 单元全阶段贡献超过 65% 以上，但 NH_3 在各处理阶段均不是恶臭的主要贡献者，恶臭贡献率仅为 1%~2%；DMS 是进水-曝气阶段环境空气中 VSCs 的主要化学浓度贡献者，贡献率为 22%；H_2S 是沉淀阶段和滗水阶段环境空气中 VSCs 的主要化学浓度贡献者，贡献率分别为 11% 和 17%；MT 由于半衰期只有 4.8h，在大气中会在以非生物方式降解形成 DMDS；CS_2 由于可以被微生物作为碳源利用，因此释放到环境空气中的量较少，导致了 MT 和 CS_2 的环境空气浓度较低，对 VSCs 的化学浓度贡献较小，贡献率仅为 1% 左右。

在 SBR 单元各处理阶段，H_2S、MT 和 DMS 为进水-曝气阶段恶臭的主要贡献者，贡献率合计超过 95%。在进水-曝气阶段，DMS 的恶臭贡献率最高，贡献率为 78%；在沉淀和滗水阶段，H_2S 的恶臭贡献最高，贡献率分别为 43% 和 64%。

5. 污泥处理常规工艺恶臭气体臭味活性值

污泥重力浓缩池和机械脱水间 NH_3 和 VSCs 的臭味活性值以及各恶臭气体的平均臭味活性值之和，分别如图 3.37 所示。当某恶臭气体的臭味活性值超过 1，表示该恶臭气体能被人体感知，造成恶臭污染。

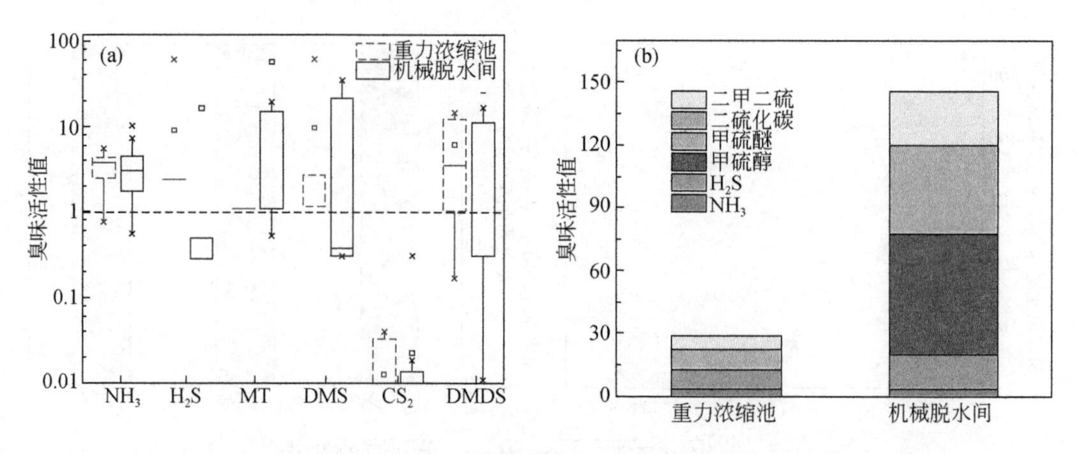

图 3.37　重力浓缩池和机械脱水间恶臭气体臭味活性值（a）和平均臭味活性值之和（b）

由图 3.37 可知，在污泥重力浓缩池和机械脱水间，除二硫化碳外，所有监测的恶臭气体臭味活性值均存在大于 1 的情况，表明它们均会被人体感知，造成恶臭污染，该结果和感官影响评估结果一致。其中，NH_3、DMS 和 DMDS 的臭味活性值中位数和平均数均大于 1，表明这三种恶臭气体的嗅阈值超标频次较高。机械脱水间内的 6 种恶臭气体的总臭味活性值接近 130，约是重力浓缩池的 5 倍，说明机械脱水间的恶臭污染要比重力浓缩池严重很多。机械脱水间内，MT 的致臭贡献最大（39.38%），其次是 DMS（29.08%）、DMDS（17.78%）。虽然 NH_3 的浓度远高于 VSCs，但 MT、DMS、DMDS 的致臭贡献远高于 NH_3，这是它们的嗅阈值差异造成的。

6. 污泥热水解–厌氧硝化单元的恶臭气体环境空气浓度和臭味活性值

(1) *污泥热水解–厌氧硝化单元环境空气中 NH_3 浓度*

污水处理厂污泥热水解–厌氧硝化工艺的各处理点位环境空气中 NH_3 浓度如图 3.38 所示。

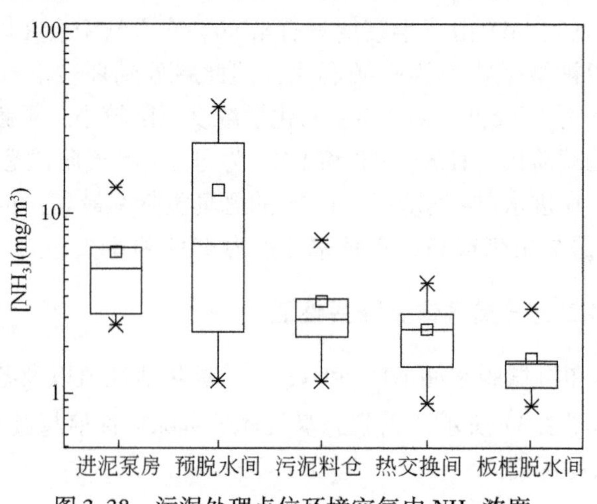

图 3.38　污泥处理点位环境空气中 NH_3 浓度

由图3.38可知，进泥泵房和污泥预脱水间环境空气中NH_3浓度相比于其他几个污泥处理点位的均较高，平均浓度分别为6.05mg/m³和13.29mg/m³。污水处理厂产生的初沉池污泥和剩余污泥经过泵运输，分别从初沉池和二沉池转移至污泥预脱水间。在污泥运输过程，剧烈地扰动会使已存于污泥中的恶臭气体部分释放出来，进泥泵房的泵管等污泥运输部件由于没有做好充分的密闭，造成恶臭气体排放到环境空气中。在预脱水间，离心脱水过程中产生的压力和剪切力使污泥破碎，释放出恶臭气体（Murthy et al.，2003），造成在该点位也有较高的浓度。污泥料仓中的污泥储存罐密封性较好，逸出进入环境空气中的恶臭气体较少。热交换间不涉及污泥的运输和生化反应，不产生和排放恶臭气体。污泥进入板框脱水间前经过了厌氧硝化稳定化处理，在厌氧硝化过程中大部分恶臭气体已经转移到沼气中，在转移到脱水间过程基本不发生生化反应产生恶臭气体，使板框脱水过程排放的恶臭气体也较少。因此，污泥料仓、热交换间和板框脱水间监测到的恶臭气体浓度较低。

（2）污泥热水解–厌氧硝化单元环境空气中VSCs浓度

污水处理厂污泥热水解–厌氧硝化工艺的各处理点位环境空气中VSCs浓度及其对总VSCs浓度的贡献如图3.39所示。

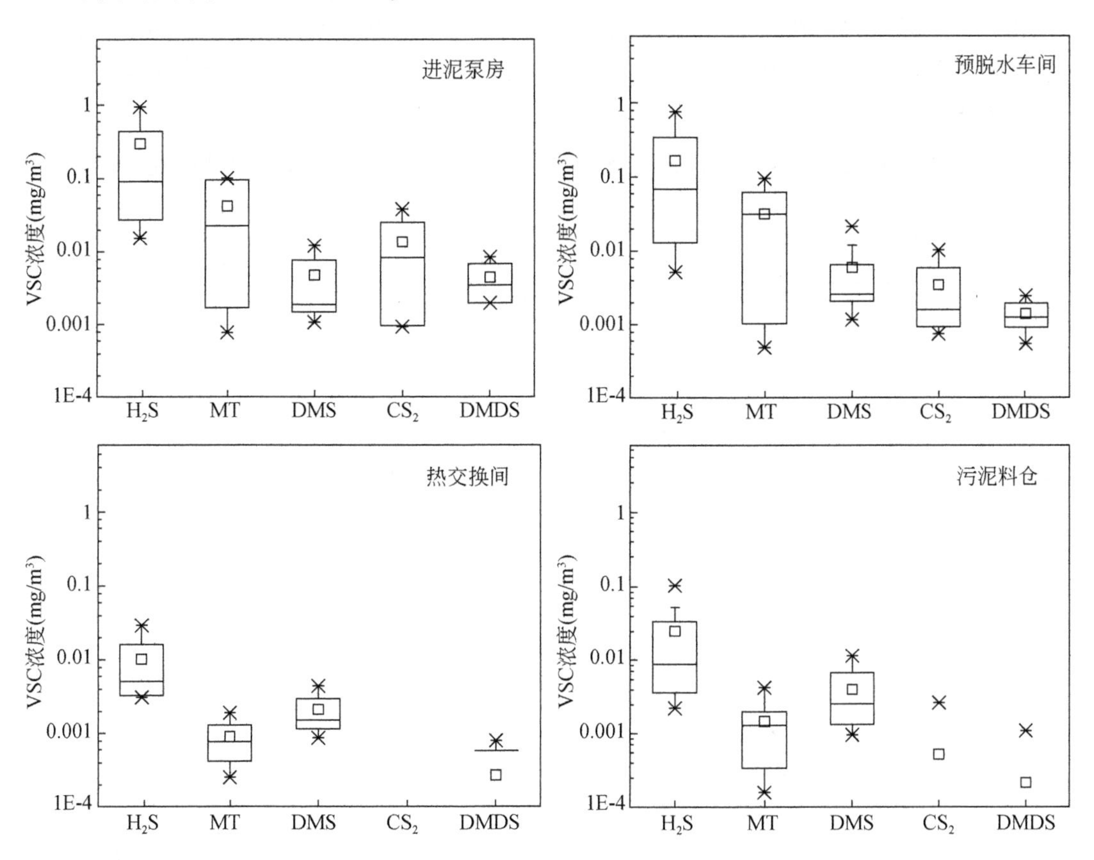

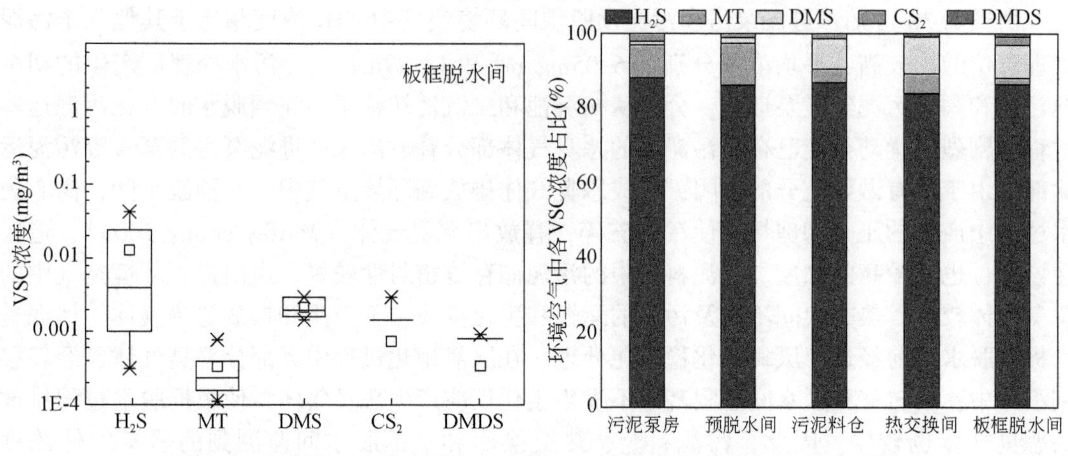

图 3.39 污泥处理点位环境空气中各 VSC 浓度及其对总 VSCs 浓度贡献

由图 3.39 可知，在不同污泥处理点位各 VSC 浓度大小分布规律和 NH_3 一致，进泥泵房和污泥预脱水间环境空气中各 VSC 浓度较高。进泥泵房和污泥预脱水间内的 VSCs 主要排放因子是 H_2S 和 MT，而污泥料仓、热交换间和板框脱水间内的 VSCs 主要排放因子是 H_2S 和 DMS。各污泥处理点位的 H_2S 浓度占 5 种 VSCs 的 84%~88%。将热水解-厌氧硝化污泥处理工艺的各处理单元环境空气中 NH_3 和各 VSC 浓度与他人研究的结果进行对比，结果如表 3.15 所示。

表 3.15 热水解-厌氧硝化污泥处理工艺环境空气中 NH_3 和 VSCs 浓度的对比

（单位：μg/m³）

污泥处理单元	NH_3	H_2S	MT	DMS	CS_2	DMDS	参考文献
进泥泵房	2.4~13.8	20.2~1273.0	0.84~100.9	1.1~12.2	0.94~38.1	1.98~6.89	本研究
污泥预脱水间	1.2~38.5	6.9~1013.5	0.49~93.67	1.17~21.3	0.74~10.2	0.56~2.5	
污泥料仓	1.2~7.1	2.9~134.8	0.16~4.23	0.98~11.5	0~2.64	0~1.11	
热交换间	0.9~2.8	4.0~38.4	0.25~1.89	0.88~4.4	0	0~0.81	
板框脱水间	0.9~2.9	0.4~57.1	0.12~0.79	1.47~3.01	0~2.95	0~0.93	
污泥收集池	—	43	9.18	21.04	2.86	119.60	Dincer and Muezzinoglu，(2008)
重力浓缩池 1	—	—	—	1.1~8.6	10.4~104.5	2.3~16.2	Ras et al.，(2008)
重力浓缩池 2	—	—	—	0.8~4.6	4.8~37.3	1.1~34.4	
污泥浓缩池	—	0~41	—	—	2.5~10.1	—	孙池，(2016)
脱水机房	—	0~120	—	—	2.5~10.2	—	
脱水机房	—	—	0~23.2	0~10.09	—	0~36.9	温胜敏，(2016)
脱水机房	0.25~2.02	—	—	—	—	—	朱帅，(2016)
污泥浓缩池	0.15~1.1	—	—	—	—	—	

注：“—”表示未监测。

由表3.15可知，本研究的污泥热水解-厌氧硝化处理点位，包括污泥料仓、热交换间和板框脱水间内的恶臭气体浓度变化范围与已报道的文献接近（Ras et al.，2008；Dincer and Muezzinoglu，2008），本研究的进泥泵房和污泥预脱水间内 NH_3、H_2S 和 MT 要显著高于污泥处理常规脱水工艺。常规污泥脱水工艺通常指污泥经重力浓缩后进行机械脱水，污泥含水率降至80%左右的工艺。本研究的预脱水间前段未设置污泥重力浓缩单元，而污泥预脱水相比于常规机械脱水产生了更多恶臭气体。这可能是因为初沉池污泥和剩余污泥处于厌氧环境时间过长，产生并积累了较多恶臭气体，在泵扰动以及机械脱水过程的外力作用下导致恶臭气体大量排放。

（3）污泥热水解-厌氧硝化单元环境空气中恶臭气体致臭贡献

在污泥热水解-厌氧硝化工艺的不同处理单元环境空气中 NH_3 和 VSCs 的总臭味活性值和单一恶臭气体的致臭贡献分别如图3.40所示。

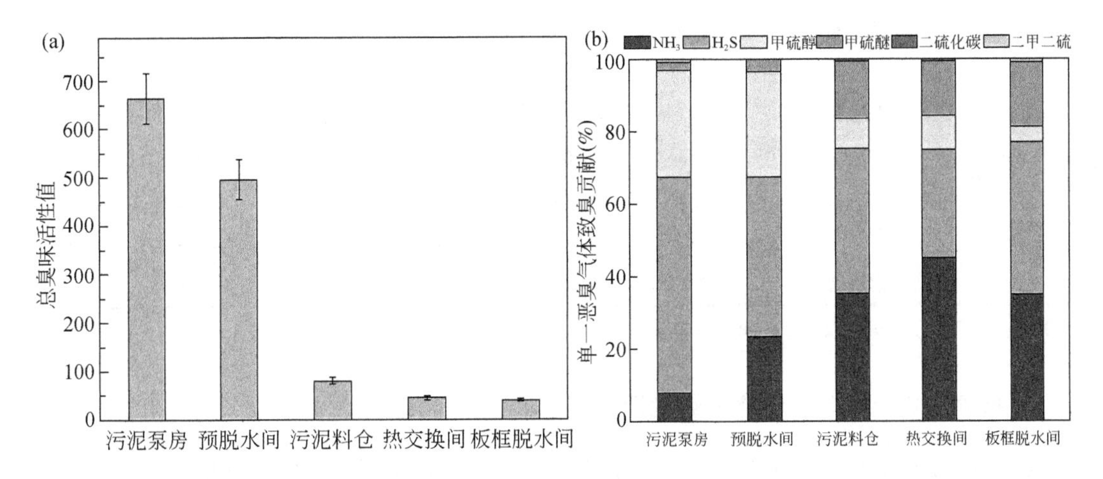

图3.40　污泥处理点位（a）6种恶臭气体的总臭味活性值；（b）单一恶臭气体的致臭贡献

由图3.40可知，各污泥处理点位的6种恶臭气体总臭味活性值排序如下：进泥泵房（664.01）>污泥预脱水间（495.75）>污泥料仓（80.86）>热交换间（44.32）>板框脱水间（39.38）。对于总臭味活性最高的进泥泵房而言，H_2S 和 MT 是致臭贡献较大的恶臭气体，其致臭贡献分别为59%和30%。污泥预脱水间致臭贡献较大的恶臭气体也为 H_2S（44%）和 MT（29%）。虽然在进泥泵房和污泥预处理间 NH_3 浓度远高于 H_2S 和 MT（图3.6和图3.7），但是其致臭贡献却小于 H_2S 和 MT，这是因为它们的嗅阈值差异造成的。H_2S 和甲硫醇的嗅阈值分别为0.0005ppm（0.0008mg/m^3）和0.0001ppm（0.00002mg/m^3），比 NH_3 的嗅阈值0.15ppm（0.1138mg/m^3）低了约三个数量级。

3.3.2　城镇污水处理厂环境空气中恶臭气体感官影响评估

臭气强度可以评价单一恶臭气体对人体的感官影响。采用6档臭气强度进行恶臭气体的感官影响评价，强度等级分为0（无味）、1（较轻恶臭）、2（中等恶臭）、3（较强恶臭）、4（强烈恶臭）、5（无法忍受恶臭）。通过监测污水处理厂不同处理单元 NH_3 和

VSCs 的环境空气浓度，可以得出污水处理厂各处理单元环境空气中恶臭气体对人体感官系统造成的影响。

根据 Nagata and Takeuchi（1980）确定的 NH_3 和 VSCs 的气体浓度与臭气强度间的关系（表 3.16），来确定城镇污水处理厂环境空气中恶臭气体的臭气强度。将现场恶臭气体浓度监测值与表 3.16 对照，可以确定单一恶臭气体浓度对人的感官影响。

表 3.16　NH_3 和 VSCs 的浓度和臭气强度的关系

臭气强度等级	状态	恶臭气体的浓度（ppm）					
		NH_3	MT	DMS	H_2S	DMDS	CS_2
0	无味	<0.15	<0.0001	<0.00012	<0.0005	<0.00027	<0.21
1	嗅阈值/较轻恶臭	0.15	0.0001	0.00012	0.0005	0.00027	0.21
1.5		0.30	0.00026	0.00054	0.0017	0.00088	—
2	中等恶臭	0.59	0.00065	0.0024	0.0056	0.0028	—
2.5		0.85	0.0016	0.01	0.019	0.0091	—
3	较强恶臭	2.35	0.0041	0.044	0.063	0.029	—
3.5		4.68	0.01	0.19	0.21	0.094	—
4	强烈恶臭	9.33	0.026	0.84	0.72	0.31	—
4.5		18.62	0.064	3.64	2.39	0.98	—
5	无法忍受恶臭	37.1	0.16	15.8	8.1	3.2	—

注：$mg/m^3 = ppm \times M/22.4$，$M$ 为相对分子量。

1. 预处理单元恶臭气体感官影响评估

通过对污水处理厂预处理单元监测获得的 NH_3 和 VSCs 环境空气浓度值，与表 3.16 对照确定处理单元内臭气强度等级，如表 3.17 所示。

表 3.17　预处理单元的臭气强度等级

处理单元	NH_3	H_2S	MT	DMS	CS_2	DMDS
格栅	2.5~3.0	2.5~3.0	4.5~5.0	3.0~3.5	0	1.0~1.5
旋流沉砂池	2.5~3.0	2.5~3.0	3.0	1.5~2.0	0	2.0~2.5
曝气沉砂池	2.5~3.0	3.0~3.5	4.5~5.0	2.5~3.0	0	2.5~3.0
初沉池	2.0~2.5	1.5~2.0	2.5~3.0	1.5~2.0	0	1.5~2.0

由于 CS_2 的嗅阈值较高（0.21ppm），预处理单元环境空气中的 CS_2 浓度均未超过其嗅阈值，不会对各处理单元内的人员造成人类感官影响。除 CS_2 外，预处理单元环境空气中 NH_3 和 VSCs 均可以对人类造成感官影响，影响程度在较轻恶臭以上（>1）。在预处理单元，曝气沉砂池的环境空气中 NH_3 和 VSCs 造成的人类感官影响最为严重，5 种恶臭气体均达到较强恶臭以上等级（>2.5）；初沉池造成的人类感官影响最轻，但是也达到了较轻恶臭等级（>1）。MT 对预处理单元的员工产生的感官影响最为严重，最高达到强烈恶

臭等级（>4.5）；DMDS产生的感官影响最轻，达到了较轻恶臭（>1）。

综上所述，在预处理单元对人类造成的感官影响较为严重，需要污水处理厂对封闭式的格栅环境空气及时处理，并对在预处理单元作业的员工实施保护措施，消除（减轻）恶臭气体的感官影响。

2. A^2/O 单元恶臭气体感官影响评估

通过监测污水处理厂 A^2/O 单元获得的 NH_3 和 VSCs 环境空气浓度值，与表3.16对照确定处理单元内臭气强度等级，结果如表3.18所示。

表3.18 A^2/O 单元的臭气强度等级

处理单元	NH_3	H_2S	MT	DMS	CS_2	DMDS
缺氧区	2.0~2.5	2.5~3.0	2.0~2.5	2.5~3.0	0	2.0~2.5
厌氧区	2.0~2.5	2.5~3.0	2.5~3.0	2.0~2.5	0	1.5~2.0
好氧区	2.5~3.0	2.5~3.0	3.0~3.5	2.5~3.0	0	2.5~3.0
二沉池	1.5~2.0	1.5~2.0	2.0~2.5	1.0~1.5	0	1.0~1.5

A^2/O 单元环境空气中的 CS_2 浓度均未超过其嗅阈值（0.21ppm），不会对处理单元内的人员造成人类感官影响。除 CS_2 外，A^2/O 单元环境空气中 NH_3 和 VSCs 均可以对人类造成感官影响，影响程度在较轻恶臭等级以上（>1）。A^2/O 单元中好氧区的环境空气中 NH_3 和 VSCs 造成的人类感官影响最为严重，5种恶臭气体均达到了较强的恶臭以上等级（>2.5）；二沉池造成的人类感官影响最轻，达到了较轻恶臭（>1）。A^2/O 单元的员工受到MT的感官影响最为严重，最严重影响达到了较强恶臭（>3）；受到DMDS产生的感官影响最轻，但也达到了较轻恶臭等级（>1）。

综上所述，在 A^2/O 单元会对人类造成的感官影响，相比于预处理单元造成的感官影响稍弱，但仍旧需要污水处理厂对 A^2/O 单元环境空气及时处理，并对作业的员工实施保护措施，消除（减轻）恶臭气体的感官影响。

3. 氧化沟单元恶臭气体感官影响评估

通过监测氧化沟单元获得的 NH_3 和 VSCs 环境空气浓度值，与表3.16对照确定处理单元内臭气强度等级，结果如表3.19所示。

表3.19 氧化沟单元的臭气强度等级

处理单元	NH_3	H_2S	MT	DMS	CS_2	DMDS
厌氧池	2.5~3.0	2.5~3.0	2.5~3.0	2.0~2.5	0	2.5~3.0
曝气区	3.0~3.5	2.5~3.0	3.0~3.5	2.5~3.0	0	2.5~3.0
非曝气区	2.5~3.0	2.0~2.5	2.5~3.0	2.0~2.5	0	2.0~2.5
二沉池	1.5~2.0	1.5~2.0	2.5~3.0	0	0	1.0~1.5

氧化沟单元环境空气中 CS_2 浓度均未超过其嗅阈值，不会对处理单元内人员造成人类感官影响。除 CS_2 外，氧化沟单元环境空气中 NH_3 和 VSCs 均可以对人类造成感官影响，影响程度在较轻恶臭等级以上（>1）。氧化沟池曝气区的环境空气中 NH_3 和 VSCs 造成的人类感官影响最为严重，5 种恶臭气体均达到或超过较强的恶臭等级（>2.5）；二沉池造成的人类感官影响最轻，达到或超过较轻恶臭（>1）。氧化沟单元的员工受到 MT 的感官影响最为严重，最严重影响发生在氧化沟池的曝气区，达到了较强恶臭等级（>3）。

综上所述，在氧化沟单元会对人类造成的感官影响，相比于预处理单元造成的感官影响稍弱，与 A^2/O 单元差异较小，污水处理厂需要对氧化沟单元环境空气及时处理，并对作业的员工实施保护措施，消除（减轻）恶臭气体的感官影响。

4. SBR 单元恶臭气体浓度感官影响评估

通过监测获得的 SBR 单元 NH_3 和 VSCs 环境空气浓度，对照表 3.16 确定处理单元内臭气强度等级，结果如表 3.20 所示。

表 3.20　SBR 单元的臭气强度等级

处理阶段	NH_3	H_2S	MT	DMS	CS_2	DMDS
进水-曝气	1.5~2.0	2.5~3.0	2.5~30	2.5~3.0	0	1.5~2.0
沉淀	1.0~1.5	2.0~2.5	2.0~2.5	2.0~2.5	0	1.0~1.5
滗水	1.0~1.5	2.5~3.0	2.5~3.0	1.5~2.0	0	1.0~1.5

SBR 单元环境空气中 CS_2 浓度均未超过其嗅阈值，不会对处理单元内人员造成人类感官影响。SBR 单元各处理阶段环境空气中 NH_3 和 VSCs 均可以对人类造成感官影响，影响程度在较轻恶臭等级以上（>1）。SBR 单元进水-曝气阶段的环境空气中 NH_3 和 VSCs 造成的人类感官影响最为严重，5 种恶臭气体均达到或超过较轻恶臭等级（>1.5）；沉淀阶段造成的人类感官影响最轻，达到或超过较轻恶臭（>1）。SBR 单元的员工受到 H_2S 和 MT 的感官影响最为严重，且对员工在 SBR 各处理阶段的影响程度相同，最严重影响发生在进水-曝气阶段，超过了中等恶臭等级（>2.5）。

综上所述，在 SBR 单元会对人类造成的感官影响，影响弱于预处理单元、A^2/O 单元和氧化沟单元所造成的感官影响，但污水处理厂仍需要对 SBR 单元环境空气及时处理，并对作业的员工实施保护措施，消除（减轻）恶臭气体的感官影响。

5. 污泥处理常规工艺恶臭气体浓度感官影响评估

通过现场监测获得的污泥重力浓缩池和机械脱水间环境空气中 NH_3 和 VSC 浓度值，对照表 3.16 可分别确定恶臭气体的臭气强度等级，进行感官影响评估，结果如表 3.21 所示。其中，CS_2 的浓度数据均未超过其嗅阈值（0.21ppm）。重力浓缩池环境空气中 NH_3、H_2S、MT 和 DMS 均达到了中等臭气强度（臭气强度为 2~2.5）的级别；机械脱水间内 NH_3 和 DMS 也达到了中等臭气强度，而 H_2S 达到较强恶臭，MT 由于其极低的嗅阈值（0.0001ppm），臭气强度可达到无法忍受的级别，需要格外注意防范。

表3.21　污泥处理点位 NH_3 和 VSCs 的臭气强度

污泥处理点位	NH_3	H_2S	甲硫醇	甲硫醚	二硫化碳	二甲二硫
重力浓缩池	0～2	0～2	0～2	0～2.5	0	1～1.5
机械脱水间	1～2.5	1.5～3	1.5～5	1～2.5	0	0～1

6. 污泥热水解-厌氧硝化单元的恶臭气体感官影响评估

将监测热水解-厌氧硝化处理工艺获得的各污泥处理点位环境空气中 NH_3 和各 VSC 浓度值对照表3.16，可分别确定恶臭气体的臭气强度等级并进行感官影响评估，结果如表3.22所示。

表3.22　污泥处理点位 NH_3 和 VSCs 的臭气强度

污泥处理单元	NH_3	H_2S	甲硫醇	甲硫醚	二硫化碳	二甲二硫
进泥泵房	3～5	2～4	1.5～3	1～2	0	1～1.5
预脱水间	2.5～5	1.5～3.5	1～4	1～2	0	0～1
污泥料仓	2.5～3.5	1～3	0～1.5	1～2	0	0～1
热交换间	2.5～3.5	2～2.5	1～2	1～1.5	0	0
板框脱水间	2.5～3	0～2.5	0～1.5	1.5	0	0

由表3.22可知，所有污泥处理单元，除 CS_2 的浓度数据均未超过其嗅阈值（0.21ppm）外，进泥泵房、污泥预脱水间和污泥料仓均能感受到 NH_3、H_2S、MT、DMS 和 DMDS 的臭味，热交换间和板框脱水间均能感受到 NH_3、H_2S、MT 和 DMS 的臭味。进泥泵房和预脱水间的恶臭污染较为严重，NH_3 均达到5级（无法忍受恶臭）。H_2S 和 MT 分别在进泥泵房和污泥预脱水间达到4级（强烈恶臭）。

3.3.3　城镇污水处理厂环境空气中恶臭气体健康风险评估

长时间暴露在恶臭气体下，人体的感官会受到严重影响，人体的健康也存在隐患。可以采用 ACGIH 发布的 NH_3 和 VSCs 的“时间加权平均容许浓度”（TLV-TWA）限值进行人体健康评估，但该方法存在无法评估复合恶臭气体对人体健康影响的不足。采用恶臭气体的致癌和非致癌风险对厂内员工的健康风险进行评估，以弥补 TLV-TWA 无法评估复合恶臭气体健康影响的不足。利用美国环保署综合危险度信息库（IRIS）给出的吸入参考剂量（RFC），使用危害指数法可用于恶臭污染物的非致癌风险评估（Aatamila et al.，2011；Mustafa et al.，2017；Zhou et al.，2011；李海青等，2020；孟洁等，2019）。

恶臭气体的环境空气浓度与 ACGIH 给定的 TLV-TWA 值（表3.23）进行对比，评估在常规的每日8h和每周40h的工作时间内，对日复一日地反复暴露在恶臭气体中的人体受到的健康影响。

表 3.23 NH_3 和 VSCs 的 TLV-TWA、TLV-STEL 和 MAC 及引起的相应症状

恶臭气体（mg/m^3）	TLV-TWA	TLV-STEL	MAC	症状
NH_3	18.97	26.56	—	眼伤害、上呼吸道刺激
H_2S	1.52	7.59	—	上呼吸道刺激、中枢神经损伤
MT	1.07	—	—	肝伤害
DMS	27.68	—	—	上呼吸道刺激
CS_2	3.39	—	—	周围神经系统损伤
DMDS	2.10	—	—	周围神经系统损伤、上呼吸道刺激

注：“—”表示文件中未给出。

ACGIH 规定的职业接触限值，指有毒有害气体被绝大多数人在职业活动中长期反复接触后对健康不产生危害的容许接触水平，包括时间加权平均浓度（TLV-TWA）、短时间接触限值（TLV-STEL）和最高容许浓度（MAC）。

①TLV-TWA：在工作日 8h 内及工作周 40h 内的容许接触浓度的平均值。

②TLV-STEL：在遵守 TLV-TWA 前提下，任何 15min 内不应超过的接触浓度。

③MAC：工作地点的工作日内，任何时间有毒有害气体均不应超过的浓度。

ACGIH 制定的职业接触限值中 NH_3 和 VSCs 的 TLV-TWA、TLV-STEL 和 MAC 值见表 3.23。

恶臭气体对人体造成的非致癌风险使用危害指数（hazard index，HI）进行评估（Gad Alla et al.，2015），HI 是影响同一目标器官或器官系统的物质的危险商数（hazard quotient，HQ）的总和，不考虑各物质之间的协同和拮抗效应，计算方法见公式（3.16）。HQ 是指对某一物质的潜在暴露量与预期不会产生不利影响的水平之比，主要被美国环保署用来评估空气毒素的健康风险，计算见公式（3.17）。当 HQ 或 HI>1 时，表示该单一或混合污染物可能对人体健康产生非致癌健康风险，但无法表明发生非致癌健康风险的概率；当 HQ 或 HI≤1，表示该单一或混合污染物不会对人体健康产生非致癌健康风险，可以认为危险可以忽略不计。

$$HI_i = \sum iHQ_i \tag{3.16}$$

$$HQ_i = \frac{EXP_i}{RFC_i} \tag{3.17}$$

式中，EXP_i 为环境空气中第 i 种污染物的环境空气浓度，mg/m^3；RFC_i 为第 i 种污染物的非致癌参考剂量，mg/m^3，IRIS 系统（US-EPA）给定 NH_3、H_2S 和 CS_2 的 RFC 值分别为 $0.5mg/m^3$、$0.002mg/m^3$ 和 $0.7mg/m^3$，MT、DMS、DMDS 未给出。

本研究利用 TLV-TWA 值和 IRIS 值与城镇污水处理过程中恶臭气体的环境空气浓度进行计算和比较，评估城镇污水处理过程通过呼吸摄入恶臭气体对工作在污水处理各单元人体造成的健康风险。

1. 预处理单元的恶臭气体健康风险评估

预处理单元环境空气中暴露的 NH_3 和 VSCs 浓度均未超过 TLV-TWA 值，表明预处理

单元内暴露的 NH_3 和 VSCs 不会对厂内员工造成工作寿命影响，且不会引发相应的病症。值得注意的是，在曝气沉砂池暴露的 DMDS 最大值达到了 TLV-TWA 的75%，格栅暴露的 H_2S 最大值达到了 TLV-TWA 的60%。ACGIH 无法评估高浓度 H_2S 和 DMDS 复合对人体造成的危害。因此，应注意 H_2S 和 DMDS 在格栅和曝气沉砂池可能对人体健康造成的危害，并采取相应的保护措施，如格栅间增加通风频次和员工佩戴防毒面具等，以避免如污水水质变化导致的 VSCs 浓度突增而对人体造成的上呼吸道刺激、损害中枢神经和上呼吸道刺激伤害。

预处理单元 NH_3 和 VSCs 的非致癌健康风险评估计算结果（HQ 和 HI）如表 3.24 所示。

表 3.24　预处理单元 NH_3 和 VSCs 的非致癌风险评估计算结果

处理单元	HQ			HI
	NH_3	H_2S	CS_2	
格栅	1.31	34.94	0.13	36.38
旋流沉砂池	1.39	34.50	0.02	35.91
曝气沉砂池	1.63	64.95	0.02	66.60
初沉池	1.05	20.00	0.01	21.06

由表 3.24 可知，预处理各单元 NH_3 和 H_2S 的 HQ 均大于 1，表明在 NH_3 和 H_2S 对暴露在预处理单元的人员均会产生非致癌的健康风险，其中曝气沉砂池的 NH_3 和 H_2S 超过 RFC 的程度最高；CS_2 的 HQ 均小于 1，表明预处理单元的 CS_2 不会对员工造成非致癌健康风险。预处理单元的 HI 均大于 1，其中，曝气沉砂池的 HI 最高，表明在预处理各单元 NH_3 和 VSCs 的混合恶臭会对暴露在预处理单元的人员产生非致癌的健康风险。综上所述，为避免受到非致癌健康风险，污水处理厂需要对暴露在预处理单元的员工实施防控措施，如收集处理恶臭气体和员工佩戴防毒装备等。

2. A^2/O 单元的恶臭气体健康风险评估

A^2/O 单元环境空气中暴露的 NH_3 和 VSCs 浓度仅为 TLV-TWA 值的0.1%~22%，表明 A^2/O 单元环境空气中暴露的 NH_3 和 VSCs 不会对厂内员工造成工作寿命影响，且不会引发相应的病症。

A^2/O 单元 NH_3 和 VSCs 的非致癌健康风险评估计算结果（HQ 和 HI）如表 3.25 所示。

表 3.25　A^2/O 单元 NH_3 和 VSCs 非致癌风险评估计算结果

处理单元	HQ			HI
	NH_3	H_2S	CS_2	
缺氧区	0.93	18.41	0.01	19.35
厌氧区	0.90	23.21	0.00	24.12
好氧区	1.51	24.24	0.00	25.75
二沉池	0.63	1.64	0.00	2.26

由表 3.25 可知，NH_3 在 A^2/O 单元好氧区的 HQ>1，表明 NH_3 在对处在好氧区的人员产生非致癌的健康风险；H_2S 在 A^2/O 单元的缺氧区、厌氧区、好氧区和二沉池的 HQ>1，表明 H_2S 对处在 A^2/O 整个单元内的人员均能产生非致癌的健康风险；CS_2 在 A^2/O 单元的 HQ<1，表明 CS_2 不会对 A^2/O 单元内员工的造成非致癌健康风险。

由表 3.25 也可以看到，A^2/O 单元的 HI 均大于 1，其中，好氧区的 HI 最高，表明在 A^2/O 单元 NH_3、H_2S 和 CS_2 的混合恶臭气体会对处在 A^2/O 单元的人员产生非致癌的健康风险。因此，污水处理厂需要对处在 A^2/O 单元的员工受到非致癌健康风险实施防控措施，尤其是 H_2S 的收集处理和员工防护。

3. 氧化沟单元的恶臭气体健康风险评估

氧化沟单元环境空气中暴露的 NH_3 和 VSCs 浓度仅为 TLV-TWA 的 0.1%~25%，表明氧化沟单元环境空气中暴露的 NH_3 和 VSCs 不会对厂内员工造成工作寿命影响。

氧化沟单元 NH_3 和 VSCs 的非致癌健康风险评估计算结果（HQ 和 HI）如表 3.26 所示。

表 3.26 氧化沟单元 NH_3 和 VSCs 非致癌风险评估计算结果

处理单元	HQ			HI
	NH_3	H_2S	CS_2	
厌氧池	1.39	17.50	0.03	18.92
曝气区	2.14	30.00	0.50	32.64
非曝气区	1.34	12.33	0.01	13.67
二沉池	0.66	2.00	0.00	2.66

可以看出，NH_3 在氧化沟单元的厌氧池、曝气区和非曝气区的 HQ>1，表明 NH_3 会在对处在厌氧池、曝气区和非曝气区的工作人员产生非致癌的健康风险；H_2S 在氧化沟单元全段的 HQ>1，表明 H_2S 对处在氧化沟整个单元内的人员均能产生非致癌的健康风险；CS_2 在氧化沟单元的 HQ<1，表明 CS_2 不会对氧化沟单元内员工的造成非致癌健康风险。

氧化沟单元的 HI 均大于 1，曝气区的 HI 最高，表明在氧化沟单元 NH_3、H_2S 和 CS_2 的混合恶臭气体会对处在氧化沟单元的人员产生非致癌的健康风险。因此，污水处理厂需要对处在氧化沟单元的员工受到非致癌健康风险实施防控措施，尤其是 H_2S 的收集处理和员工防护。

4. SBR 单元的恶臭气体健康风险评估

SBR 单元各处理阶段环境空气中 NH_3 和 VSCs 浓度仅为 TLV-TWA 的 0.1%~6%，表明 SBR 单元各处理阶段环境空气中 NH_3 和 VSCs 不会对污水处理厂的员工造成工作寿命影响，且不会引发相应的病症。

SBR 单元各处理阶段 NH_3 和 VSCs 的非致癌健康风险评估计算结果（HQ 和 HI）如表 3.27 所示。

表 3.27　SBR 各处理阶段 NH_3 和 VSCs 非致癌健康风险评估计算结果

处理阶段	HQ			HI
	NH_3	H_2S	CS_2	
进水-曝气	0.71	23.00	0.01	23.72
沉淀	0.36	12.00	0.00	12.36
滗水	0.41	21.75	0.00	22.16
二沉池	0.66	2.00	0.00	2.66

由表 3.27 可知，NH_3 和 CS_2 在 SBR 单元各处理阶段的 HQ<1，表明 NH_3 和 CS_2 不会对 SBR 单元内员工造成非致癌健康风险；H_2S 在 SBR 单元各处理阶段的 HQ>1，表明 H_2S 对处在 SBR 整个单元内的人员均能产生非致癌的健康风险。

SBR 单元各处理阶段的 HI 均大于 1，进水-曝气阶段的 HI 最高，表明在 SBR 单元各处理阶段 NH_3、H_2S 和 CS_2 的混合恶臭气体会对处在该单元的人员产生非致癌的健康风险。因此，污水处理厂需要对处在 SBR 单元的员工受到非致癌健康风险实施防控措施，尤其是 H_2S 的收集处理和员工防护。

5. 污泥常规处理工艺恶臭气体健康风险评估

比较污泥重力浓缩池和机械脱水间恶臭气体浓度与其对应的 TLV-TWA，依据超标倍数和超标频次来评估恶臭气体对人体的健康影响，结果如表 3.28 所示。

表 3.28　污泥常规处理工艺 NH_3 和 VSCsTLV-TWA 超标频次

污泥处理点位	恶臭气体超标频次（%）					
	NH_3	H_2S	MT	DMS	CS_2	DMDS
重力浓缩池	0	0	0	0	0	0
机械脱水间	0	0	0	0	0	0

由表 3.28 可知，污泥重力浓缩池和机械脱水间环境空气中恶臭气体均未超过它们的 TLV-TWA，均不会对人体产生健康影响。

污泥常规处理工艺 NH_3 和 VSCs 的非致癌健康风险评估计算结果（HQ 和 HI）如表 3.29 所示。可以看出，污泥处理污泥重力浓缩池和机械脱水间 NH_3、H_2S 和 CS_2 不会对人体产生非致癌健康影响。综合上述两种健康影响评估结果，污泥处理重力浓缩和机械脱水过程产生的 NH_3 和 VSCs 不会对工作人员造成健康危害。

表 3.29　污泥处理点位恶臭气体非致癌健康风险评估

污泥处理点位	HQ			HI
	NH_3	H_2S	CS_2	
重力浓缩池	0.076	0.17	0.00028	0.24
机械脱水间	0.080	0.30	0.00048	0.38

6. 污泥热水解-厌氧硝化单元的恶臭气体健康风险评估

污泥预脱水间的 NH_3 超过了 TVL-TWA，超标频率为 25%，会对人体造成健康危害。进泥泵房、污泥料仓、热交换间和板框脱水间 NH_3 和 VSCs 均未超标。污泥预脱水间内 NH_3 最大超标倍数为 1.01 倍。值得注意的是，进泥泵房和污泥预脱水间的 H_2S 虽未超标，但均达到了其 TVL-TWA 的 1/2。因为 TVL-TWA 并未给出复合恶臭气体对人体的健康阈值，不能保证监测到的较高 H_2S 浓度与其他恶臭气体的复合影响是否对人体造成危害。建议将进泥泵房和污泥预脱水间的 H_2S 也列入会对人体造成潜在健康危害的防控名单。

污泥热水解-厌氧硝化污泥处理点位恶臭气体的非致癌健康风险评估结果如表 3.30 所示。

表 3.30 污泥热水解-厌氧硝化污泥处理点位恶臭气体非致癌健康风险评估

污泥处理点位	HQ			HI
	NH_3	H_2S	CS_2	
进泥泵房	0.67	5.48	3.17×10^{-4}	6.15
预脱水间	1.48	3.02	8.03×10^{-5}	4.50
污泥料仓	0.36	0.45	1.24×10^{-5}	0.81
热交换间	0.25	0.18	0	0.44
板框脱水间	0.17	0.23	1.73×10^{-5}	0.40

由表 3.30 可知，污泥料仓、热交换间和板框脱水间三种恶臭气体的 HI 之和均小于 1，不会对人体产生非致癌健康影响。而进泥泵房与预脱水间的三种恶臭气体的 HI 之和分别为 6.15 和 4.50，会对人体产生非致癌健康风险。其中，进泥泵房的 H_2S 以及预脱水间的 NH_3 和 H_2S 的 HI 均大于>1，说明它们各自都会对现场人员产生非致癌健康影响，需将它们作为重点关注的恶臭防控对象，考虑对产生的恶臭气体进行收集净化处理。

3.4 污水处理厂恶臭气体排放系数与总量估算

利用 NH_3 和 VSCs 的排放通量监测结果、污水处理厂的日处理规模和各构筑物单元的水面面积等数据，计算出城镇污水处理厂 NH_3 和 VSCs 的排放系数（吨污水排放量）。

3.4.1 污水处理过程恶臭气体排放系数

1. 预处理单元恶臭气体的排放系数

预处理单元主要包括格栅、沉砂池（旋流和曝气）和初沉池。表 3.31 为预处理单元的 NH_3 和 VSCs 的排放系数。

表 3.31 预处理单元恶臭气体排放系数 (单位：mg/t 污水)

处理单元	NH_3	H_2S	MT	DMS	CS_2	DMDS
格栅	0.1656	0.0577	0.0447	0.0020	0.0007	0.0014
旋流沉砂池	0.0373	0.0392	0.0146	0.0049	0.0008	0.0003
曝气沉砂池	0.2585	0.0602	0.0234	0.0096	0.0022	0.0048
初沉池	2.9558	0.5921	0.0996	0.0107	0.0350	0.0099
合计	3.4171	0.7492	0.1824	0.0271	0.0386	0.0164

由表3.31可知，在预处理单元，NH_3、H_2S 和 DMDS 的排放系数排序为：初沉池>曝气沉砂池>格栅>旋流沉砂池；MT 的排放系数排序为：初沉池>格栅>曝气沉砂池>旋流沉砂池；DMS 和 CS_2 的排放系数排序为：初沉池>曝气沉砂池>旋流沉砂池>格栅。初沉池的排放通量为预处理单元最小的单元，但由于初沉池的水面面积为预处理单元中最大（26904m^2），使得初沉池的恶臭气体排放系数为预处理单元最大的单元，占预处理单元 NH_3 和 VSCs 总排放系数的39%~90%。格栅的排放通量为预处理单元的最大的单元，但是由于格栅的水面面积为预处理单元中最小（24m^2），使得格栅的恶臭气体排放系数为预处理单元较小的单元，占预处理单元 NH_3 和 VSCs 总排放系数的2%~25%。

综上，初沉池是预处理单元 NH_3 和 VSCs 排放的最主要控制点位。

2. A^2/O 单元恶臭气体的排放系数

表3.32为 A^2/O 单元的 NH_3 和 VSCs 的排放系数。

表 3.32 A^2/O 单元恶臭气体排放系数 (单位：mg/t 污水)

处理单元	NH_3	H_2S	MT	DMS	CS_2	DMDS
缺氧区	0.6676	0.0014	0.0024	0.0018	0.0006	0.0122
厌氧区	0.5631	0.0025	0.0046	0.0012	0.0019	0.0113
好氧区	14.4820	0.0664	0.0087	0.0484	0.0551	0.2925
二沉池	3.0147	0.0144	0.0067	0.0053	0.0056	0.0049
合计	18.7274	0.0848	0.0224	0.0567	0.0632	0.3208

由表3.32可知，A^2/O 单元 NH_3、MT、DMS 的排放系数排序为：好氧区>二沉池>缺氧区>厌氧区；H_2S、CS_2 的排放系数排序为：好氧区>二沉池>厌氧区>缺氧区；DMS 的排放系数排序为：好氧区>缺氧区>厌氧区>二沉池。好氧区 NH_3 和 VSCs 的排放系数最大，其原因不仅是 NH_3 和 VSCs 在好氧区的排放通量为 A^2/O 最大的单元（区域），并且好氧区的水面面积为 A^2/O 单元中第二大（8832m^2）。除 MT，好氧区 NH_3 和 VSCs 的排放系数占 A^2/O 单元总排放系数的77%以上。二沉池的 NH_3 和 VSCs 排放通量为 A^2/O 单元的最小值，但是二沉池的 NH_3 和 VSCs 排放系数却为 A^2/O 单元的第二高，只是由于二沉池拥有 A^2/O 单元最大的水面面积（21703m^2）。在缺氧区和厌氧区，虽然 NH_3 和 VSCs 的排放通量约为二沉池的两倍，但是由于两个区域的水面面积较小，仅有3571m^2，导致缺氧区和厌氧区的排放系数为 A^2/O 单元最小值。

综上，好氧区是 A^2/O 单元 NH_3 和 VSCs 排放的最主要控制点位。

3. 氧化沟单元恶臭气体的排放系数

表 3.33 为氧化沟单元的 NH_3 和 VSCs 的排放系数。

表 3.33　氧化沟单元恶臭气体排放系数　　（单位：mg/t 污水）

处理单元	NH_3	H_2S	MT	DMS	CS_2	DMDS
缺氧区	1.6428	0.0023	0.0011	0.0018	0.0018	0.0039
曝气区	6.3739	0.0234	0.0065	0.0150	0.0150	0.0520
非曝气区	5.3257	0.0107	0.0039	0.0073	0.0073	0.0405
二沉池	4.4491	0.0106	0.0032	0.0069	0.0069	0.0093
合计	17.7915	0.0471	0.0148	0.0310	0.0310	0.1056

由表 3.33 可以看出，氧化沟单元 NH_3 和 VSCs 的排放系数排序均为：曝气区>非曝气区>二沉池>缺氧区。NH_3 和 VSCs 的排放系数在氧化沟的曝气区达到最大值，虽然氧化沟的曝气区的水面面积较小（$966m^2$），曝气区 NH_3 和 VSCs 的排放通量为其他区域的 3 倍以上，使得曝气区为 NH_3 和 VSCs 的主要排放区域。缺氧区、非曝气区和二沉池的 NH_3 和 VSCs 排放通量差距不大，由于非曝气区和二沉池较大的水面面积（$3458m^2$ 和 $4065m^2$），缺氧区的水面面积较小（$784m^2$），导致非曝气区和二沉池的排放系数远大于缺氧区，缺氧区的排放系数为氧化沟单元最小的区域。

综上，曝气区是氧化沟单元 NH_3 和 VSCs 排放的最主要控制点位。

4. SBR 单元恶臭气体的排放系数

北京市某处理规模为 8 万 m^3/d 的 SBR 工艺污水处理厂，一级处理单元包括格栅、泵房、旋流沉砂池、配水井；二级生物池共分成 4 个模块，每个模块包括 2 个同步运行的生物反应池，由于各模块的相互协调，形成一个可以连续进出水的污水处理系统。SBR 反应器采用同时进水曝气的进行方式，首先既进水又曝气 1h，然后只曝气不进水运行 1h，沉淀 1h，滗水 1h，其中沉淀阶段末端进行排泥，滗水前结束排泥。每次循环的总时间为 4h；循环次数为 6 次/天。进水由分配井分配到各个生物池，保证了各生物池进水水质相同。

表 3.34 为 SBR 单元的 NH_3 和 VSCs 的排放系数。

表 3.34　SBR 单元恶臭气体的排放系数　　（单位：mg/t 污水）

处理阶段	NH_3	H_2S	MT	DMS	CS_2	DMDS
进水-曝气	22.0120	0.3322	0.0890	0.0493	0.0131	0.1856
沉淀	2.5302	0.0039	0.0016	0.0035	0.0005	0.0015
滗水	2.9071	0.0022	0.0026	0.0008	0.0025	0.0018
合计	27.4493	0.3344	0.0916	0.0501	0.0156	0.1874

由表 3.34 可知，SBR 单元 NH_3、MT、CS_2 和 DMDS 的排放系数排序均为：进水-曝气阶段>滗水阶段>沉淀阶段，H_2S 和 DMS 的排放系数排序均为：进水-曝气阶段>沉淀阶段>

滗水阶段。在 SBR 单元的 3 个阶段的水面面积相同，因此 SBR 单元的 NH_3 和 VSCs 排放系数大小主要取决于其排放通量的大小。NH_3 和 VSCs 在进水-曝气阶段的排放通量远大于沉淀和滗水阶段，因此进水-曝气阶段的排放系数为 SBR 单元的最大值。NH_3 和 VSCs 在沉淀和滗水阶段的排放通量差距较小，所以沉淀和滗水阶段的排放系数差异较少。

综上，进水-曝气阶段是 SBR 单元 NH_3 和 VSCs 排放的最主要控制点位。

5. 深度处理单元恶臭气体的排放系数

北京市某 SBR 工艺污水处理厂深度处理单元分为硝化滤池和反硝化滤池两部分组成。深度处理单元采用时间推流模式，污水依次经过硝化滤池和反硝化滤池完成脱氮过程，最后排出水厂。

表 3.35 为深度处理单元的 NH_3 和 VSCs 的排放系数。

表 3.35　深度处理单元恶臭气体的排放系数　（单位：mg/t 污水）

处理单元	NH_3	H_2S	MT	DMS	CS_2	DMDS
硝化滤池	0.7605	0.0029	0.0020	0.0023	0.0000	0.0042
反硝化滤池	0.1282	0.0008	0.0011	0.0016	0.0000	0.0010
合计	0.8886	0.0037	0.0030	0.0039	0.0000	0.0051

由表 3.35 可知，除 CS_2 外，深度处理单元的硝化滤池 NH_3 和 VSCs 的排放系数要大于反硝化滤池。虽然反硝化滤池的水面面积（892m^2）为硝化滤池（450m^2）的两倍，但由于硝化滤池 NH_3 和 VSCs 的排放通量要远大于反硝化滤池，因此硝化滤池的排放系数为深度处理段的最大值。

综上，硝化滤池是深度处理单元 NH_3 和 VSCs 排放的最主要控制点位。

6. 污水处理恶臭气体排放系数的处理单元对比

表 3.36 为城镇污水处理厂各处理单元 NH_3 和 VSCs 的排放系数。

表 3.36　污水处理 NH_3 和 VSCs 排放系数对比　（单位：mg/t 污水）

处理单元	NH_3	H_2S	MT	DMS	CS_2	DMDS
预处理	3.4171	0.7492	0.1824	0.0271	0.0386	0.0164
A^2/O	18.7274	0.0848	0.0224	0.0567	0.0632	0.3208
氧化沟	17.7915	0.0471	0.0148	0.031	0.0310	0.1056
SBR	27.4493	0.3344	0.0916	0.0501	0.0156	0.1874
深度处理	0.8886	0.0037	0.003	0.0039	0.0000	0.0051

由表 3.36 可知，污水处理过程中排放系数呈现生化处理单元>预处理单元>深度处理单元的规律。

虽然预处理单元的格栅和沉砂池（旋流和曝气）的 NH_3 和 VSCs 的排放通量比生化反应池高出数倍，但是由于预处理单元总体的水面面积较小，而排放系数需要综合考虑处理单元的水面面积和污水处理能力，所以生化处理单元因为污水水面面积较大使得排放系数较大。在污水处理厂的生化处理单元，SBR 单元的恶臭气体排放系数要略大于 A^2/O 和氧化沟。由于生化处理单元恶臭气体的主要排放点位是含有曝气的工段，SBR 的曝气工段所占的处理流程中的比例高，且曝气工段位于生化反应开始阶段，导致恶臭气体的排放通量高，使得 SBR 单元恶臭气体的排放系数较大。

3.4.2　污水处理过程恶臭气体排放总量估算

截至 2019 年，我国累计建成运行污水处理厂 9213 座，污水处理能力达 22846 万 m^3/d，平均处理水量 18117 万 m^3/d，不同工艺的处理规模和数量如表 3.37 所示。

表 3.37　全国 2019 年污水处理厂不同工艺数量和处理水量统计

处理工艺	污水处理厂数量（座）	平均处理水量（万 m^3/d）
SBR	1443	1896
A^2/O	2424	6770
氧化沟	2411	4353
其他	2935	5098
总计	9213	18117

利用监测所得的 A^2/O、氧化沟和 SBR 工艺恶臭气体的排放系数，采用计算公式（3.18），估算全国污水处理单元恶臭气体的年排放总量（表 3.38）。其他工艺的排放系数以 A^2/O、氧化沟和 SBR 工艺三种工艺排放系数平均值计算，设定全国污水处理厂预处理单元采用格栅/旋流沉砂池组合与格栅/曝气沉砂池/初沉池组合各占 50%。

$$Q_i = F_i \times V_i \tag{3.18}$$

式中，Q_i 为污水处理厂排放某一种恶臭气体的总量（t/d）；F_i 为污水处理厂排放的某一种恶臭气体的排放系数（g/t）；V_i 为污水处理厂的日处理规模（t/d）。

表 3.38　我国污水处理空气污染物年排放总量估算　（单位：t/a）

恶臭气体名称	预处理单元年排放量	A^2/O 工艺年排放量	氧化沟工艺年排放量	SBR 工艺年排放量	其他工艺年排放量	总计
NH_3	118.46	462.76	282.68	189.96	396.77	1450.63
H_2S	26.68	2.1	0.75	2.31	2.89	34.73
MT	7.51	0.55	0.24	0.63	0.80	9.73
DMS	0.97	1.4	0.49	0.35	0.85	4.06
CS_2	1.30	1.56	0.49	0.11	0.68	4.15
DMDS	0.59	7.93	1.68	1.3	3.81	15.30

3.4.3　污泥处理过程恶臭气体排放系数

表 3.39 为污泥处理单元 NH_3 和 VSCs 的排放系数（g/t DS）。

表3.39　污泥处理单元恶臭气体排放系数　（单位：g/t DS）

处理单元	NH_3	H2S	MT	DMS	CS_2	DMDS
污泥浓缩	1.87	0.0018	0.0039	0.035	0.0043	0.0052
机械脱水	2.41	0.025	0.0068	0.0942	0.026	0.024
高级厌氧硝化	740	270.67	6.23	0.19	0.12	0.064

由表3.39可知，在污泥处理单元，高级厌氧硝化的恶臭气体排放量远大于污泥浓缩和机械脱水单元，表明污泥高级厌氧硝化单元是控制污泥处理过程中恶臭气体排放的关键点位。

3.4.4　污泥处理过程恶臭气体排放总量估算

根据我国2019年平均处理污水量为18117万m^3/d，以污水处理厂进水水质指标SS为200mg/L、预处理单元悬浮物去除率为20%、污泥密度为1000kg/m^3、污泥含水率为80%等作为预处理单元污泥产生量的计算基础数据，计算出我国预处理单元污泥产生量为36200t/d。以生化处理单元的进水SS为160mg/L、进水BOD_5为200mg/L、出水BOD_5为20mg/L、平均温度为20℃、污泥龄为30d、污泥含水率为80%等作为生化处理单元污泥产生量的计算基础数据，计算出我国生化处理单元污泥产生量为94600t/d。合计我国污水处理的污泥产生量约为130800t/d。使用厌氧硝化工艺的污水处理厂仅占全国污水处理厂总数的约25%。因此估算我国污水处理厂污泥处理过程恶臭气体排放总量，如表3.40所示。

表3.40　我国污水处理厂污泥处理过程恶臭气体年排放总量　（单位：t/a）

空气污染物名称	浓缩年排放量	机械脱水年排放量	厌氧硝化年排放量	总计
NH_3	89.28	115.06	8832.27	9036.61
H_2S	0.09	1.19	3230.58	3231.86
MT	0.19	0.32	74.36	74.87
DMS	1.67	4.50	2.27	8.44
CS_2	0.21	1.24	1.43	2.88
DMDS	0.25	1.15	0.76	2.16

参考文献

董晓清，张钊彬，邵培兵. 2014. 污水处理厂臭气污染控制技术研究进展. 安徽农业科学，42（14）：4388-4390.

李海青，祁光霞，刘欣艳，等. 2020. 夏季有机生活垃圾堆肥过程恶臭排放特征及健康风险评估. 环境科学研究，33（4）：868-875.

孟洁，翟增秀，荆博宇，等. 2019. 工业园区恶臭污染源排放特征和健康风险评估. 环境科学，40（09）：3962-3972.

邹博源，陈广. 2020. 城镇污水处理厂臭气污染与除臭技术研究进展. 净水技术，39（05）：109-115.

Aatamila M, Verkasalo P K, Korhonen M J, et al. 2011. Odour annoyance and physical symptoms among residents living near waste treatment centers. Environmental Research, 111 (1): 164-170.

Ahn Y H. 2006. Sustainable nitrogen elimination biotechnologies: a review. Process Biochemistry, 41 (8): 1709-1721.

Bak F, Finster K, Rothfuß F. 1992. Formation of dimethylsulfide and methanethiol from methoxylated aromatic compounds and inorganic sulfide by newly isolated anaerobic bacteria. Archives of Microbiology, 157 (6): 529-534.

Chen D, Szostak P. 2013. Factor analysis of H_2S emission at a wastewater lift station: a case study. Environmental Monitoring and Assessment, 185 (4): 3551-3560.

Chin H W, Lindsay R C. 1994. Ascorbate and transition-metal mediation of methanethiol oxidation to dimethyl disulfide and dimethyl trisulfide. Food Chemistry, 49 (4): 387-392.

de Guardia A, Petiot C, Rogeau D, et al. 2008. Influence of aeration rate on nitrogen dynamics during composting. Waste Management, 28 (3): 575-587.

Dhar B R, Elbeshbishy E, Hafez H, et al. 2011. Thermo-oxidative pretreatment of municipal waste activated sludge for volatile sulfur compounds removal and enhanced anaerobic digestion. Chemical Engineering Journal, 174 (1): 166-174.

Dincer F, Muezzinoglu A. 2008. Odor-causing volatile organic compounds in wastewater treatment plant units and sludge management areas. Journal of Environmental Science and Health Part A, 43 (13): 1569-1574.

Domingo J L, Nadal M. 2009. Domestic waste composting facilities: A review of human health risks. Environment International, 35 (2): 382-389.

Domingo J L, Rovira J, Vilavert L, et al. 2015. Health risks for the population living in the vicinity of an integrated waste management facility: screening environmental pollutants. Science of the Total Environment, 518-519: 363-370.

Drennan M F, Distefano T D. 2010. Characterization of the curing process from high-solids anaerobic digestion. Bioresource Technology, 101 (2): 537-544.

Gad Alla S A, Loutfy N M, Shendy A H, et al. 2015. Hazard index, a tool for a long term risk assessment of pesticide residues in some commodities, a pilot study. Regulatory Toxicology and Pharmacology, 73 (3): 985-991.

Han Z, Qi F, Wang H, et al. 2018a. Emission characteristics of volatile sulfur compounds (VSCs) from a municipal sewage sludge aerobic composting plant. Waste Management, 77: 593-602.

Han Z, Sun D, Wang H, et al. 2018b. Effects of ambient temperature and aeration frequency on emissions of ammonia and greenhouse gases from a sewage sludge aerobic composting plant. Bioresource Technology, 270: 457-466.

Higgins M J, Chen Y C, Yarosz D P, et al. 2006. Cycling of volatile organic sulfur compounds in anaerobically digested biosolids and its implications for odors. Water Environment Research, 78 (3): 243-252.

Jiang G, Melder D, Keller J, et al. 2017. Odor emissions from domestic wastewater: A review. Critical Reviews in Environmental Science and Technology, 47 (17): 1581-1611.

Kelly D P, Smith N A. 1990. Organic sulfur compounds in the environment biogeochemistry, microbiology, and ecological aspects. Advances in Microbial Ecology, 11: 345-385.

Kim H, Lee H, Choi E, et al. 2014. Characterization of odor emission from alternating aerobic and anoxic activated sludge systems using real-time total reduced sulfur analyzer. Chemosphere, 117: 394-401.

Larsen G L. 1985. Distribution of cysteine conjugate β-lyase in gastrointestinal bacteria and in the environment. Xenobiotica, 15 (3): 199-209.

Lee C L, Brimblecombe P. 2016. Anthropogenic contributions to global carbonyl sulfide, carbon disulfide and organosulfides fluxes. Earth-Science Reviews, 160: 1-18.

Lei C N, Whang L M, Chen P C. 2010. Biological treatment of thin-film transistor liquid crystal display (TFT-LCD) wastewater using aerobic and anoxic/oxic sequencing batch reactors. Chemosphere, 81 (1): 57-64.

Li X, Chen S, Dong B, et al. 2020. New insight into the effect of thermal hydrolysis on high solid sludge anaerobic digestion: Conversion pathway of volatile sulphur compounds. Chemosphere, 244: 125466.

Li Y, Li W. 2015. Nitrogen transformations and losses during composting of sewage sludge with acidified sawdust in a laboratory reactor. Waste Management& Research, 33 (2): 139-145.

Lomans B P, Luderer R, Steenbakkers P, et al. 2001. Microbial populations involved in cycling of dimethyl sulfide and methanethiol in freshwater sediments. Applied and Environmental Microbiology, 67 (3): 1044-1051.

Lomans B P, van der Drift C, Pol A, et al. 2002. Microbial cycling of volatile organic sulfur compounds. Cellular and Molecular Life Sciences, 59 (4): 575-588.

Murthy S, Kim H, Peot C, et al. 2003. Evaluation of odor characteristics of heat-dried biosolids product. Water Environment Research, 75 (6): 523-531.

Mustafa M F, Liu Y J, Duan Z H, et al. 2017. Volatile compounds emission and health risk assessment during composting of organic fraction of municipal solid waste. Journal of Hazardous Materials, 327: 35-43.

Muyzer G, Stams A J. 2008. The ecology and biotechnology of sulphate-reducing bacteria. Nature Reviews Microbiology, 6 (6): 441-454.

Nagata Y, Takeuchi N. 1980. Relationship between concentration of odorants and odor intensity. Bulletin of Japan Environmental Sanitation Center, 7: 75-86.

Obenland D M, Aung L H, Rij R E. 1994. Timing and control of methanethiol emission from broccoli florets induced by atmospheric modification. Journal of Horticultural Science, 69 (6): 1061-1065.

Ras M R, Borrull F, Marcé R M. 2008. Determination of volatile organic sulfur compounds in the air at sewage management areas by thermal desorption and gas chromatography - mass spectrometry. Talanta, 74 (4): 562-569.

Raskin L, Rittmann B E, Stahl D A. 1996. Competition and coexistence of sulfate-reducing and methanogenic populations in anaerobic biofilms. Applied and Environmental Microbiology, 62 (10): 3847-3857.

Shahabadi M B, Yerushalmi L, Haghighat F. 2010. Estimation of greenhouse gas generation in wastewater treatment plants-model development and application. Chemosphere, 78 (9): 1085-1092.

Sun J, Ni B J, Sharma K R, et al. 2018. Modelling the long-term effect of wastewater compositions on maximum sulfide and methane production rates of sewer biofilm. Water Research, 129: 58-65.

Watts S F. 2000. The mass budgets of carbonyl sulfide, dimethyl sulfide, carbon disulfide and hydrogen sulfide. Atmospheric Environment, 34 (5): 761-779.

Zhang H, Schuchardt F, Li G, et al. 2013. Emission of volatile sulfur compounds during composting of municipal solid waste (MSW). Waste management, 33 (4): 957-963.

Zhou J, You Y, Bai Z, et al. 2011. Health risk assessment of personal inhalation exposure to volatile organic compounds in Tianjin, China. Science of The Total Environment, 409 (3): 452-459.

Zinder S H, Brock T D. 1978. Dimethyl sulfoxide as an electron acceptor for anaerobic growth. Archives of Microbiology, 116 (1): 35-40.

第4章　城镇污水处理厂 VOCs 排放特征研究

4.1　污水处理厂 VOCs 产生与排放机理概述

城镇污水处理过程中释放的烷烃、烯烃、芳香烃、卤代烃、含氧有机物和含硫有机物等 VOCs 主要来自两个方面：一是污水中本身含有的 VOCs；二是在污水及污泥处理单元，依靠微生物的作用，颗粒态及大分子有机物转化分解为 VOCs。

城镇污水在长距离管道输送中极容易产生厌氧生物降解现象，同时我国城镇污水处理工艺一般为 A^2/O、SBR、氧化沟等工艺，这些工艺均包括水解和厌氧等运行阶段。因此在污水处理过程中，生物多聚物和颗粒物态有机物等经过生物作用分子量变化，挥发性增强，部分 VOCs 在水中被生物降解转化为细胞或无机物，部分逸散到空气中（Oskouie et al.，2008）。VOCs 的逸散方式主要包括挥发和吹脱两种（Chou & Cheng，2005）。挥发是指 VOCs 在气液两相中的输送转移，最终在气相和液相之间达到平衡状态；吹脱是指曝气沉砂池、曝气生物池等构筑物中由于空气的充分扰动、携带所引起的 VOCs 的逸散（余杰等，2009）。文献表明，VOCs 曝气逸散速率远高于挥发逸散速率（王新明等，1999）。

4.2　城镇污水处理厂 VOCs 排放特征

4.2.1　预处理单元 VOCs 的排放特征

预处理单元包括粗细格栅、提升泵房、沉砂池（曝气或旋流）和初沉池。本章的监测分析结果中提到的总挥发性有机物（TVOCs）包括由 GC-MS 监测结果中可定性物质部分，以及其他不可定性物质依据其峰面积以甲苯计的部分加和得到。可定性部分，综合考虑样品中的检出浓度、检出频率、物质毒性以及光化学反应活性等因素，选取丙酮、甲苯、二氯甲烷 3 项物质作为污水处理厂 VOCs 的典型污染物。根据现场监测的样品分析结果，计算得到预处理单元 VOCs 的排放通量（图 4.1）。

污水在进入污水处理厂之后，首先进入格栅单元，此时的 VOCs 既没有经过剧烈的生化反应，也没有剧烈的外界扰动，其排放通量并不显著。随着污水进入沉砂池单元，曝气沉砂池和旋流沉砂池这两种不同的工艺结构在 VOCs 排放方面体现出明显的区别，曝气沉砂池内曝气产生的剧烈吹脱效应对污水中 VOCs 排放的促进作用显著强于旋流沉砂池仅由水流快速流动产生的扰动，前者 VOCs 的平均排放通量约为后者的 370 倍；与其前后相邻

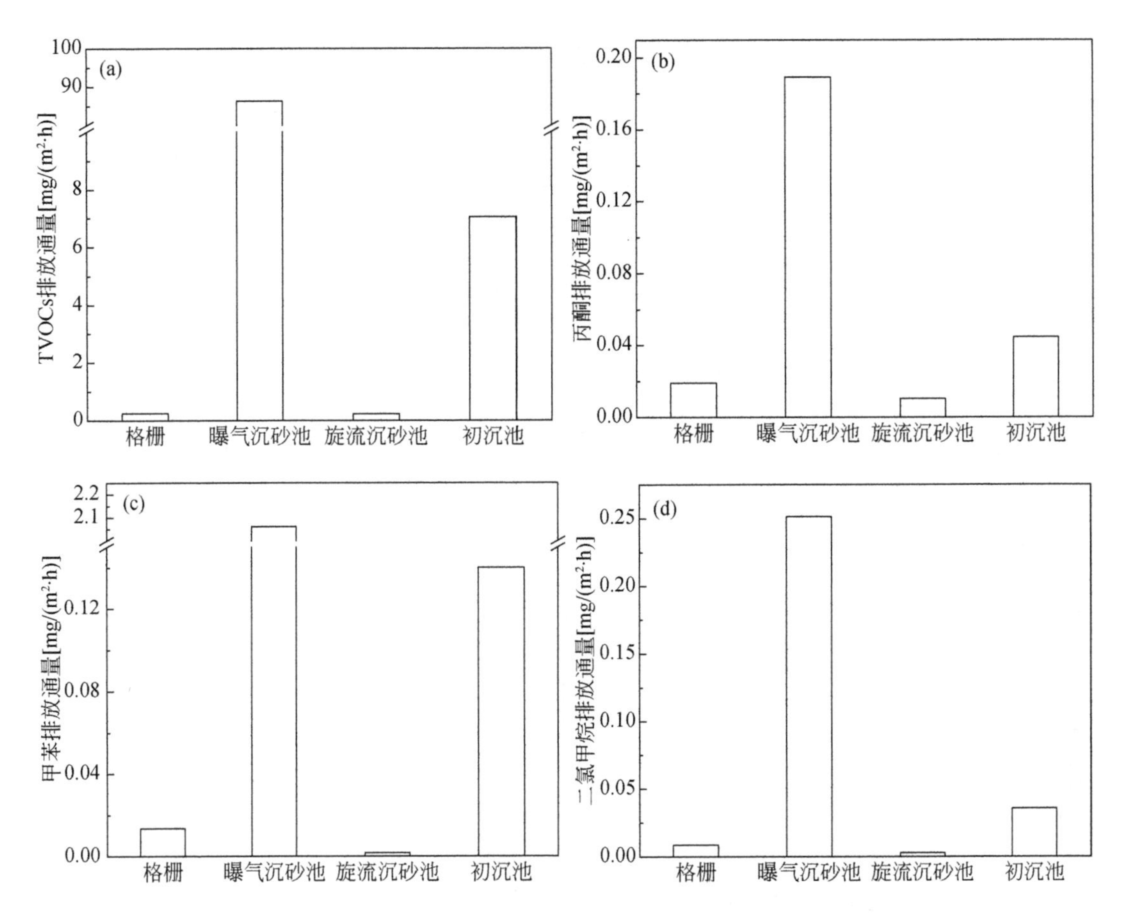

图 4.1　预处理单元 VOCs 的排放通量

(a) TVOCs；(b) 丙酮；(c) 甲苯；(d) 二氯甲烷

单元相比，曝气沉砂池排放的 TVOCs 平均排放通量约为格栅的 340 倍、初沉池的 12 倍。3 种典型污染物丙酮、甲苯、二氯甲烷在预处理单元的排放特征均与 TVOCs 一致，但相差倍数略有不同，如对丙酮而言，曝气沉砂池平均排放通量仅为旋流沉砂池的 18 倍，而甲苯的这一平比值可达 1000 倍；又如丙酮在曝气沉砂池中的平均排放通量为格栅的 9 倍，而甲苯的这一平均比值约为 150 倍。

预处理单元中 VOCs 排放通量最大的处理单元为曝气沉砂池，其他构筑物的排放通量由大到小依次为初沉池、格栅和旋流沉砂池。由此可见，影响预处理单元 VOCs 排放的主要因素是气体扰动的程度。

4.2.2　A^2/O 单元 VOCs 的排放特征

在 A^2/O 处理单元，污水依次经过 A^2/O 反应池（缺氧区、厌氧区、好氧区）和二沉池后排出。根据监测结果，A^2/O 处理单元 VOCs 的排放通量结果如图 4.2 所示。

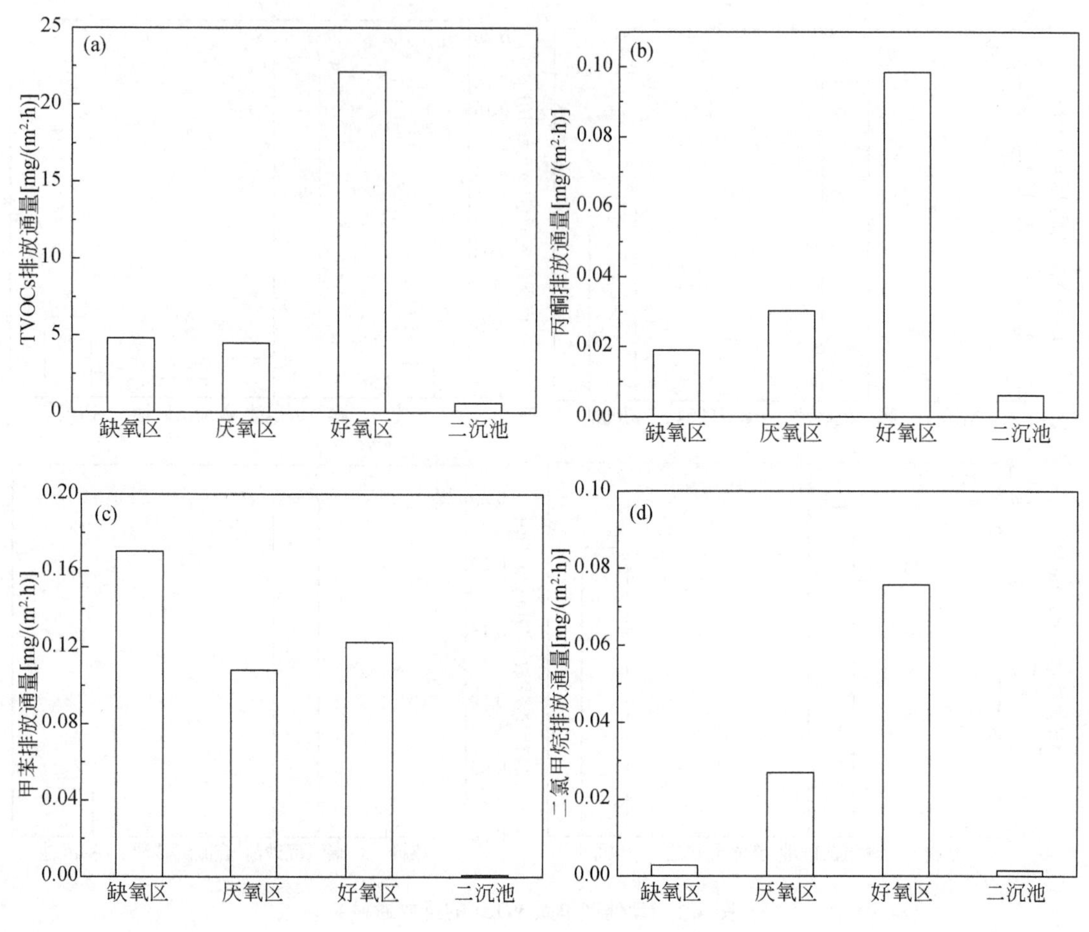

图 4.2　A^2/O 单元 VOCs 的排放通量

(a) TVOCs；(b) 丙酮；(c) 甲苯；(d) 二氯甲烷

在 A^2/O 单元的缺氧区和厌氧区，缺氧或厌氧的条件使得污水中的污染物通过水解和发酵反应不断分解转化大分子，厌氧产生的中间产物中存在一部分挥发性的酸物质，进而被甲烷菌转化为甲烷而释放。中间体的挥发性酸可能是非曝气区域主要的 VOCs 的组成部分，由于水面平静而缓慢释放导致污水中 VOCs 的持续积累；污水经过缺氧区进入厌氧区，VOCs 在持续积累过程中，TVOCs 的排放通量的由 4.4865mg/(m^2 · h) 升高至 4.8173mg/(m^2 · h)；污水进入好氧区后，TVOCs 的排放通量达到了 A^2/O 单元的最高值 [22.0982mg/(m^2 · h)]，表明污水中经缺氧、厌氧和好氧过程所产生和积累的大部分 VOCs 在剧烈的曝气扰动下迅速吹脱释放；污水进入二沉池意味着污水生化反应过程基本完成，污水中含有的生成 VOCs 的底物绝大多数被去除，使得 VOCs 在二沉池的产生量较少，又由于二沉池水面平静 VOCs 释放缓慢，TVOCs 在二沉池的排放通量降至 A^2/O 单元的最低值 [0.5968mg/(m^2 · h)]。丙酮、甲苯、二氯甲烷 3 种典型污染物在 A^2/O 单元与 TVOCs 呈现基本相同的排放特征。

4.2.3　氧化沟单元 VOCs 的排放特征

在氧化沟单元，污水依次经过厌氧池、氧化沟池（氧化沟曝气区域与氧化沟非曝气区域）、二沉池，完成有机物的去除、脱氮除磷以及泥水分离过程。受实验条件所限，未对氧化沟前厌氧池进行监测。根据监测结果，氧化沟单元 VOCs 的排放通量结果如图 4.3 所示。

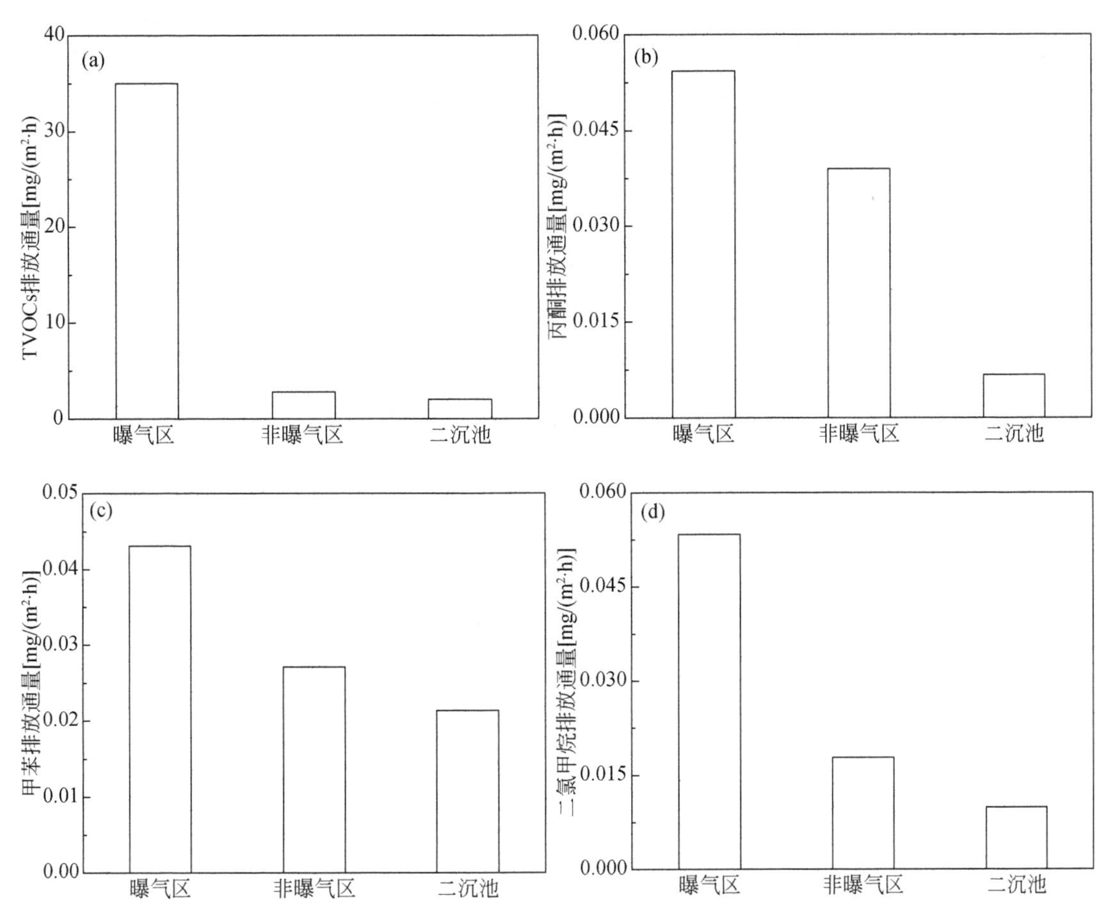

图 4.3　氧化沟单元 VOCs 的排放通量

(a) TVOCs；(b) 丙酮；(c) 甲苯；(d) 二氯甲烷

在氧化沟单元的非曝气区，厌氧或缺氧的环境使得污水中通过水解反应、发酵反应不断地分解转化大分子的生物多聚物，厌氧产生的中间产物中存在一部分挥发性的酸，进而被甲烷菌转化为甲烷而释放。中间体的挥发性酸可能是非好氧段主要的 VOCs 组成部分，由于水面平静而释放缓慢，污水经过厌氧池进入氧化沟非曝气阶段，TVOCs 的排放通量仅为 2.7906mg/(m^2 · h)，污水进入氧化沟曝气阶段 TVOCs 的排放通量升高至 35.0006mg/(m^2 · h)，表明污水在曝气阶段将之前积累的大部分 VOCs 在剧烈的曝气作用扰动下迅速吹脱释放。污水进入二沉池意味着污水处理过程基本完成，污水中含有的生成 VOCs 的底物绝大多数被去除，使得 VOCs 在二沉池的产生量较少，又由于二沉池水面平静 VOCs 释放缓慢，TVOCs 在二沉池的排放通量降至氧化沟单元的最低值［0.0234mg/(m^2·h)］。丙酮、甲苯、二氯甲烷 3 种典型污染物在氧化沟单元与 TVOCs 呈现基本相同的排放特征。

4.2.4　SBR 单元 VOCs 的排放特征

在 SBR 单元中，污水依次在 SBR 反应池经过进水-曝气阶段、沉淀阶段和滗水阶段，最后排出，完成有机物的去除、脱氮除磷以及泥水分离过程。根据监测结果，计算获得 SBR 单元 VOCs 的排放通量，如图 4.4 所示。

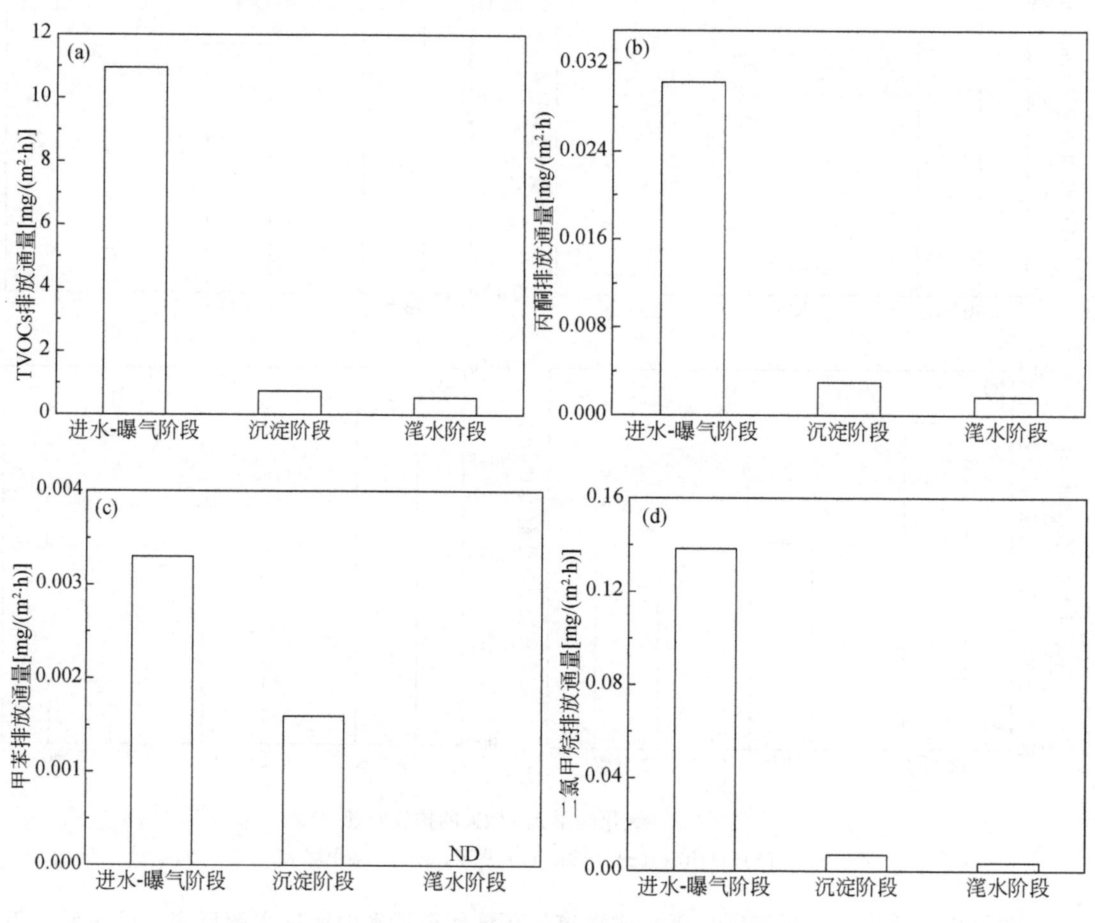

图 4.4　SBR 单元 VOCs 的排放通量

(a) TVOCs；(b) 丙酮；(c) 甲苯；(d) 二氯甲烷

在 SBR 单元，污水处理经过进水-曝气阶段（2h）、沉淀阶段（1h）和滗水阶段（1h）循环，污水中的溶解氧在各处理阶段不断变化，导致 SBR 单元 VOCs 的排放通量变化波动较大。污水进入 SBR 反应池的同时，反应池开始曝气，在污水中含有的 VOCs 由于曝气的吹脱作用迅速释放，同时在好氧条件下污水处理生成的 VOCs 也被吹脱释放，使得在进水-曝气阶段 TVOCs 的排放通量达到 SBR 单元的最高值 [10.9499mg/(m^2·h)]。进水-曝气阶段结束后，沉淀阶段开始，污水中的大部分有机物在进水-曝气阶段被降解，生成 VOCs 的底物较少，使得 VOCs 的产生量骤减，并且沉淀阶段污水水面稳定，TVOCs 的排放通量在沉淀阶段降低至 0.5400mg/(m^2·h)。沉淀阶段结束后，滗水阶段开始，污水开始向滗水器流动，污水在流动的过程中扰动了水面，略微促进了污水中 VOCs 的排放，滗水阶段 TVOCs 的排放通量与沉淀阶段差异不大，略微波动达到 0.7457mg/(m^2·h)。丙酮、甲苯、二氯甲烷 3 种典型污染物在 SBR 单元与 TVOCs 呈现基本相同的排放特征，不过其排放通量都在滗水阶段结束达到最小值，丙酮排放通量最小值为 0.0017mg/(m^2·h)、二氯甲烷排放通量最小值为 0.0037mg/(m^2·h)，甲苯在滗水阶段未检出。

4.3 城镇污水处理厂 VOCs 排放系数和总量估算

利用前文 VOCs 的排放通量监测结果、污水处理厂的日处理规模和各构筑物单元的水面面积，计算出城镇污水处理厂 VOCs 的排放系数。

4.3.1 城镇污水处理厂 VOCs 的排放系数

1. 预处理单元 VOCs 排放系数

表 4.1 为预处理单元的 VOCs 的排放系数。在预处理单元，TVOCs 和 3 种典型污染物的排放系数排序皆为：初沉池>曝气沉砂池>格栅>旋流沉砂池。初沉池的排放通量为预处理单元较小的单元，但由于初沉池的水面面积为预处理单元中最大（26904m^2），使得初沉池的 VOCs 排放系数为预处理单元中贡献最大，占预处理单元 VOCs 总排放系数的 57%~79%。旋流沉沙池的排放通量为预处理单元的最小的单元，其对应 VOCs 排放系数仍为预处理单元最小，占预处理单元 VOCs 总排放系数的 0.01%~0.35%。综上，在预处理单元，初沉池是 VOCs 排放的最主要控制点位。

表 4.1 预处理单元 VOCs 排放系数 （单位：mg/t 污水）

处理单元	TVOCs	丙酮	甲苯	二氯甲烷
格栅	0.1568	0.0180	0.0123	0.0080
旋流沉砂池	0.0516	0.0023	0.0004	0.0007
曝气沉砂池	52.7719	0.1161	1.2565	0.1542
初沉池	85.0105	0.5373	1.6928	0.4292
合计	137.9907	0.6738	2.9620	0.5921

2. A^2/O 单元 VOCs 的排放系数

表 4.2 为 A^2/O 单元的 VOCs 排放系数。TVOCs 的排放系数排序为：好氧区>二沉池>缺氧区>厌氧区；丙酮的排放系数排序为：好氧区>二沉池>厌氧区>缺氧区；甲苯的排放

系数排序为：好氧区>缺氧区>厌氧区>二沉池；二氯甲烷的排放系数排序为：好氧区>厌氧区>二沉池>缺氧区。上述结果看似规律不统一，实际上好氧区在各项污染物的排放系数中都是最大贡献者，占 A^2/O 处理单元 VOCs 总排放系数的75%~92%，其占比甚至超过了好氧区的排放通量占比，究其原因是好氧区的水面面积为 A^2/O 单元中第二大（$8832m^2$）。二沉池的 VOCs 各项污染物排放通量为 A^2/O 单元的最小值，但是 TVOCs 和丙酮的排放系数却在 A^2/O 单元中排第二位，这是由于二沉池拥有 A^2/O 单元最大的水面面积（$21703m^2$）。相应的由于缺氧区和厌氧区的水面面积较小，故虽排放通量明显高于二沉池，对应排放系数较小。综上，在 A^2/O 单元，好氧区是 VOCs 排放的最主要控制点位。

表 4.2　A^2/O 单元 VOCs 的排放系数　（单位：mg/t 污水）

处理单元	TVOCs	丙酮	甲苯	二氯甲烷
厌氧区	7.5741	0.0510	0.1823	0.0454
缺氧区	8.2411	0.0324	0.2909	0.0049
好氧区	265.2950	1.1810	1.4722	0.9089
二沉池	10.6408	0.1079	0.0119	0.0242
合计	291.7510	1.3723	1.9573	0.9834

3. 氧化沟单元 VOCs 的排放系数

表4.3 为氧化沟单元的 VOCs 的排放系数。在氧化沟单元，TVOCs 和二氯甲烷的排放系数排序为：曝气区>二沉池>非曝气区；丙酮的排放系数排序为：二沉池>曝气区>非曝气区；甲苯的排放系数排序为：非曝气区>二沉池>曝气区。TVOCs 和二氯甲烷的排放系数在氧化沟的曝气区达到最大值，虽然氧化沟的曝气区的水面面积较小（$966m^2$），曝气区 TVOCs 和二氯甲烷的排放通量为其他区域的 3 倍以上，使得曝气区为 TVOCs 和二氯甲烷的主要排放区域。甲苯在曝气区的排放通量与其他区域相比没有明显偏大，加之水面面积远小于二沉池（$4065m^2$），故甲苯在该区域的排放系数接近于二沉池，而非曝气区占比最大。综上，在氧化沟单元，氧化沟的曝气区是 VOCs 排放的最主要控制点位。

表 4.3　氧化沟单元 VOCs 的排放系数　（单位：mg/t 污水）

处理单元	TVOCs	丙酮	甲苯	二氯甲烷
氧化沟非曝气区	4.0178	0.0096	0.0389	0.0256
氧化沟曝气区	50.2450	0.0780	0.0618	0.0766
二沉池	6.1060	0.1173	0.0647	0.0299
合计	60.3688	0.2050	0.1655	0.1321

4. SBR 单元 VOCs 的排放系数

表4.4 为 SBR 单元的 VOCs 的排放系数。在 SBR 单元，TVOCs 的排放系数排序为：进水-曝气阶段>滗水阶段>沉淀阶段，3 种典型污染物丙酮、甲苯、二氯甲烷的排放系数排

序均为：进水-曝气阶段>沉淀阶段>滗水阶段。在 SBR 单元的 3 个阶段的水面面积相同，因此 SBR 单元的 VOCs 排放系数大小主要取决于其排放通量的大小。VOCs 在进水-曝气阶段的排放通量远大于沉淀和滗水阶段，因此进水-曝气阶段的排放系数为 SBR 单元的最大值。VOCs 各项污染物在沉淀和滗水阶段的排放通量差距较小，所以沉淀和滗水阶段的排放系数差异较少，其中由于甲苯在滗水阶段未检出。综上，在 SBR 单元，进水-曝气阶段是 VOCs 排放的最主要控制点位。

表 4.4　SBR 单元 VOCs 的排放系数　（单位：mg/t 污水）

处理阶段	TVOCs	丙酮	甲苯	二氯甲烷
进水-曝气	1039.9745	2.8746	0.3090	13.1447
沉淀	52.0569	0.2911	0.1583	0.6870
滗水	70.8255	0.1575	0.0000	0.3508
合计	1163.1682	3.3612	0.4917	14.1990

4.3.2　城镇污水处理厂 VOCs 排放总量估算

截至 2019 年，我国累计建成运行污水处理厂 9213 座，污水处理能力达 22846 万 m^3/d，平均处理水量为 18117 万 m^3/d。

利用监测所得的 A^2/O、氧化沟和 SBR 工艺的 VOCs 排放系数，估算全国污水处理厂 VOCs 的年排放总量（表 4.5）。其他工艺的排放系数以 A^2/O、氧化沟和 SBR 工艺三种工艺排放系数平均值计算，设定全国污水处理厂采用格栅和旋流沉砂池的工艺组合与格栅、曝气沉砂池和初沉池的工艺组合各占全国污水处理厂总数的 50%。

表 4.5　我国污水处理厂不同工艺空气污染物全年排放总量估算统计表（单位：t/a）

VOCs 名称	预处理年排放量	A^2/O 年排放量	氧化沟年排放量	SBR 年排放量	其他年排放量	总计
TVOCs	4567.64	7209.31	961.30	8047.43	3040.78	23826.47
丙酮	22.87	33.91	3.26	23.00	13.96	97.00
甲苯	98.34	48.37	4.24	3.23	32.17	186.35
二氯甲烷	19.84	24.30	2.10	98.15	10.59	154.99

参 考 文 献

王新明，傅家谟，盛国英，等. 1999. 广州大坦沙污水处理厂挥发有机物的去除及其向空气中的排放. 环境化学，(02)：157-162.

余杰，田宁宁，钱靖华，等. 2009. 城镇污水处理厂恶臭控制研究探讨分析. 中国建设信息（水工业市场），(12)：52-54.

Chou M S，Cheng W H. 2005. Gaseous emissions and control in wastewater treatment plants. Environmental Engineering Science，22（5）：591-600.

Oskouie A K，Lordi D T，Granato T C，et al. 2008. Plant-specific correlations to predict the total VOC emissions from wastewater treatment plants. Atmospheric Environment，42（19）：4530-4539.

第5章　城镇污水处理厂生物气溶胶排放特征研究

污水处理过程中，除了产生剩余污泥，还会逸散大量的生物气溶胶。在跌水、曝气充氧、机械搅拌等环节均可能产生生物气溶胶，而生物气溶胶中的微生物来源于污水或污泥，会对周边环境和人群健康造成影响。生物气溶胶的逸散量受污水处理工艺的工况、环境条件以及季节变化等因素的影响。为探究污水处理厂生物气溶胶的逸散特征及影响因素，本研究分别在京津冀地区、长三角地区和珠三角地区选择 A^2/O、氧化沟以及 SBR 等典型工艺的城镇污水处理厂，沿污水处理工艺以及污水处理厂的上风向和下风向位置设置采样点，并设计了不同季节采样方案。通过对三个地区各污水处理厂的采样与分析，研究这些污水处理厂在不同季节生物气溶胶的逸散特征，解析生物气溶胶逸散源，为城镇污水处理厂生物气溶胶的削减和控制提供理论依据。

5.1　典型污水处理厂生物气溶胶的逸散特征

5.1.1　逸散水平

污水处理厂设置的生物气溶胶采样点包括：进水单元（粗格栅、细格栅）、一级处理单元（曝气沉砂池、初沉池）、生物处理单元（生物反应池、序批式生物处理反应器、水解酸化池、二沉池）、污泥处理单元等。其中，粗格栅、细格栅、污泥脱水间的采样点设置在室内（王彦杰等，2017）。

图 5.1 ~ 图 5.3 分别是 A^2/O 工艺、氧化沟工艺和 SBR 工艺污水处理厂的生物气溶胶逸散水平的检测结果。A^2/O 工艺污水处理厂各处理单元空气中细菌气溶胶的浓度在（67±3）~（542±14）CFU/m^3（图 5.1）；氧化沟工艺污水处理厂各单元空气中细菌气溶胶的浓度水平为（74±18）~（2891±122）CFU/m^3 ［图 5.2（a）］；SBR 工艺污水处理厂各单元细菌气溶胶的浓度为 74 ~ 573CFU/m^3 ［图 5.3（a）］。对比监测的三类污水处理厂的细菌气溶胶浓度水平可以看出，A^2/O 工艺污水处理厂与 SBR 工艺污水处理厂大致相同，而氧化沟工艺污水处理厂细菌气溶胶的最大值远高于其他两类工艺污水处理厂。此外，各污水处理厂生物气溶胶浓度均较高地点为曝气沉砂池、生物反应池和污泥脱水间，以及其他封闭单元（Han et al.，2019a；Xu et al.，2018；Yang et al.，2019b；高敏等，2010；杨凯雄等，2018）。

除监测细菌气溶胶浓度外，还对氧化沟工艺污水处理厂和 SBR 工艺污水处理厂各采样点空气中的致病菌开展了检测［图 5.2（b）和图 5.3（b）］，检出浓度分别为 35 ~

106CFU/m³（氧化沟工艺）和6~41CFU/m³（SBR工艺）。致病菌逸散量较多的处理单元是污泥脱水间和生物反应池。在检出的可培养细菌中，致病菌占总细菌的比例为5%~10%（Wang et al.，2018a；Wang et al.，2018b；Wang et al.，2019）。

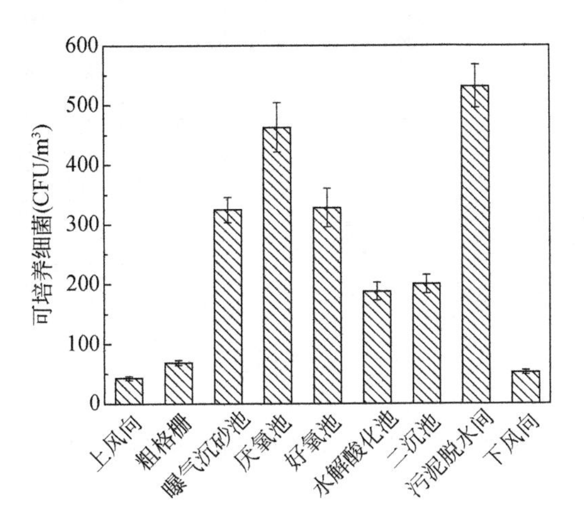

图5.1　A²/O工艺污水处理厂细菌气溶胶逸散

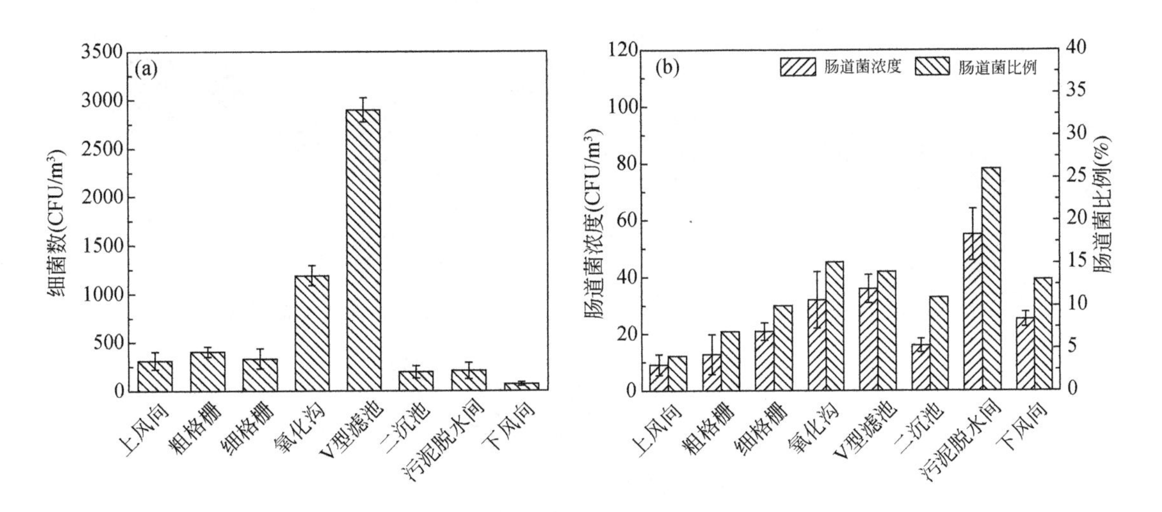

图5.2　氧化沟工艺污水处理厂逸散（a）细菌气溶胶浓度和（b）致病菌气溶胶浓度

5.1.2　粒径分布

A²/O工艺、氧化沟工艺、SBR工艺污水处理厂细菌气溶胶的空气动力学直径分布如图5.4~图5.6所示。可以看出，各污水处理厂数量最多的细菌气溶胶主要分布于7.0μm粒径以下。

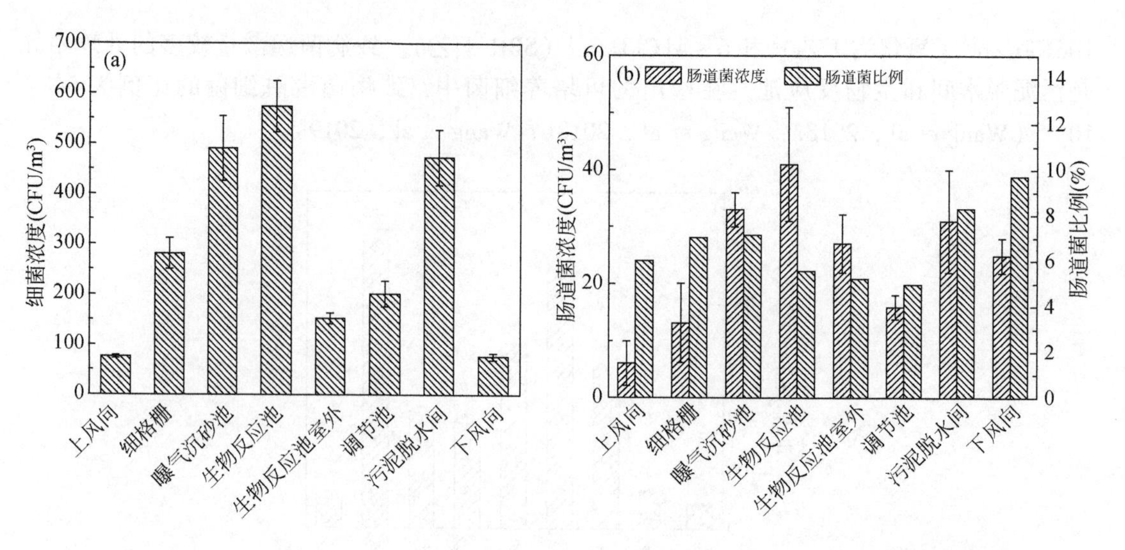

图 5.3 SBR 工艺污水处理厂逸散（a）细菌气溶胶浓度和（b）致病菌气溶胶浓度

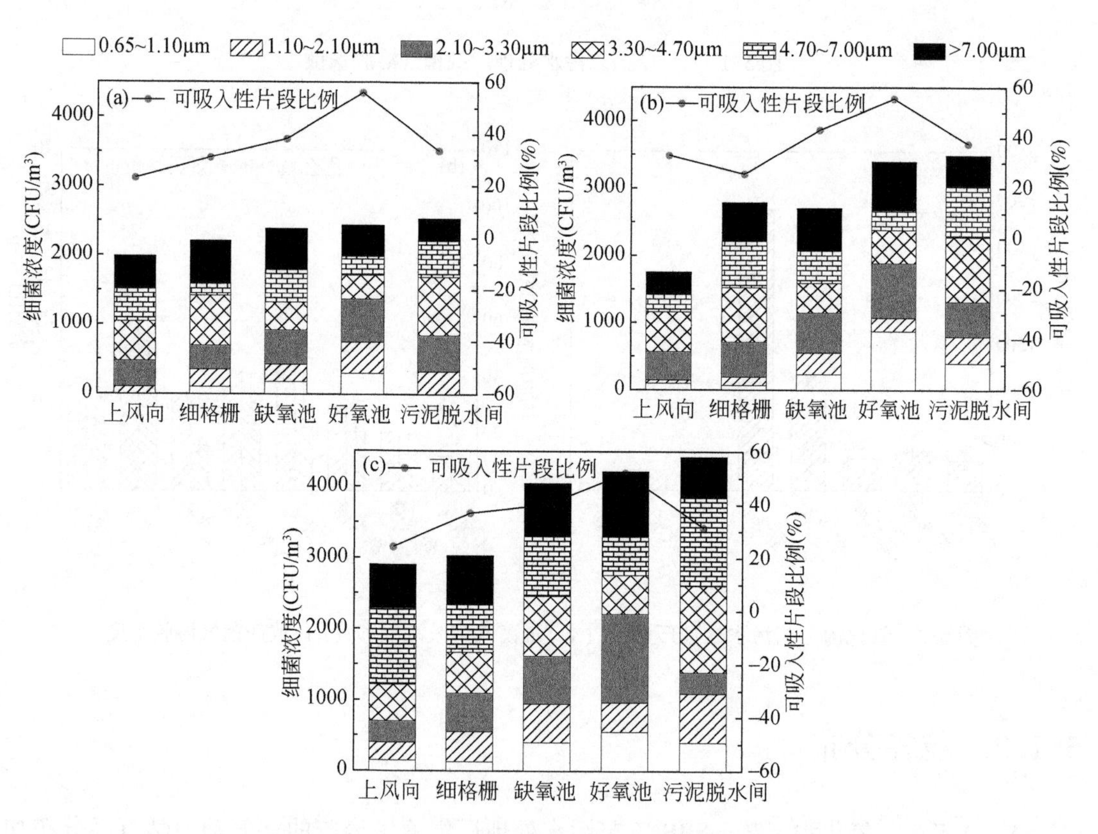

图 5.4 A^2/O 污水处理厂细菌气溶胶粒径分布

（a）（b）（c）分别为三个地区的污水处理厂

由图 5.4 可知，A^2/O 工艺污水处理厂缺氧池和二沉池处的细菌气溶胶，其空气动力学直径分别为 0.65 ~ 1.10μm 和 2.10 ~ 3.30μm。相比之下，其他样本采集点处细菌气溶胶的空气动力学直径较大，上风向对照点、初沉池和厌氧池处细菌气溶胶以大于 7.0μm 为主；好氧池和下风向厂界处细菌气溶胶以 4.70 ~ 7.00μm 和 3.30 ~ 4.70μm 为主。污水处理厂检测到的生物气溶胶粒径通常大于从其他环境中检测到的生物气溶胶粒径（Han et al.，2019b；Han et al.，2020b）。

氧化沟工艺污水处理厂不同采样点收集的细菌气溶胶的粒径，其分布存在差异（图 5.5）。格栅间和二沉池检出的占比最高的细菌气溶胶粒径均在 2.10 ~ 3.30μm 的范围内，分别为 35.0%（格栅间）和 39.1%（二沉池）。氧化沟转刷附近和粗格栅间，粒径在 0.65 ~ 1.10μm 之间的细菌气溶胶占比最高，分别为 34.6% 和 25.8%。比较而言，远离转刷位置处，小于 1.1μm 粒径的细菌气溶胶占比仅为 2.0%（Yang et al.，2019b）。

SBR 工艺污水处理厂各单元细菌气溶胶粒子的粒径分布显示（图 5.6），60% 的细菌气溶胶粒径均小于 4.70μm，明显区别于上风向采集的生物气溶胶（70% 大于 4.70μm）。粗格栅、细格栅以及沉砂池处的细菌气溶胶粒径分布类似，比较均匀地分布在 0.65 ~ 7.00μm 范围内。与其他处理单元相比，生物反应池产生的细菌气溶胶粒子较小，近 50% 的粒子粒径小于 1.1μm（Wang et al.，2019）。

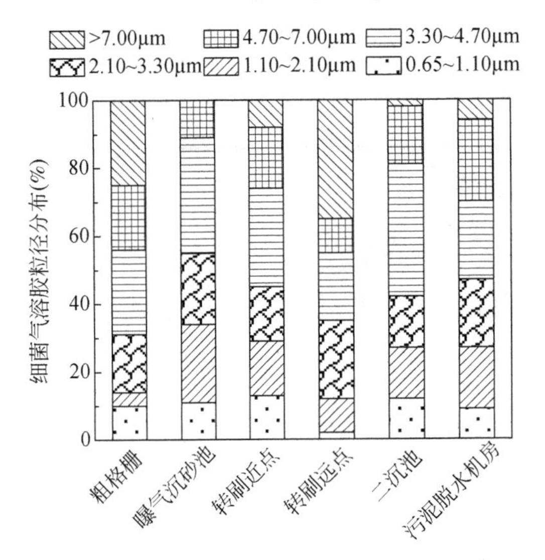

图 5.5　氧化沟污水处理厂细菌气溶胶粒径分布

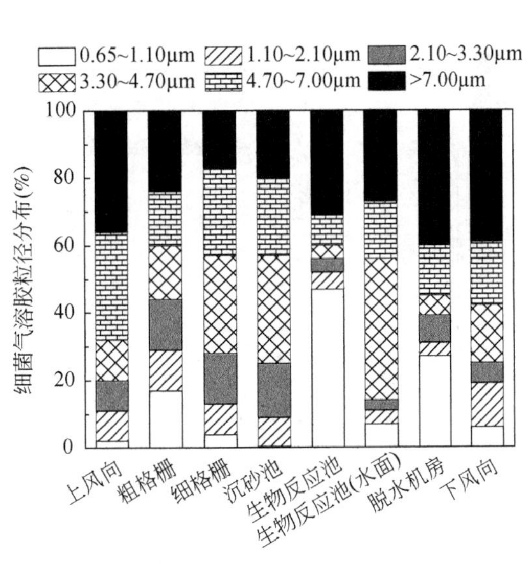

图 5.6　SBR 工艺污水处理厂细菌气溶胶粒径分布

上述调查结果表明，污水处理厂生物气溶胶的逸散水平和粒径分布与污水处理工艺、构筑物特点密切相关。污水处理厂处理设施位于室内的处理单元生物气溶胶浓度显著高于处理设施位于室外的单元；水体或污泥受到扰动程度较大的处理单元生物气溶胶逸散水平明显高于扰动程度较小的单元；采用机械曝气方式进行充氧的生物反应池生物气溶胶浓度显著高于采用鼓风曝气方式充氧的生物反应池，并且机械曝气产生的生物气溶胶的粒径较大。另外，空气的温度、相对湿度、风速、光照度等环境条件对污水处理厂生物气溶胶的逸散特征也有影响。温度和湿度较高、风速低、光照度弱时，生物气溶胶逸散水平较高，且粒径更大。

5.2　典型污水处理厂生物气溶胶的组成分析

5.2.1　微生物种群

A^2/O 工艺污水处理厂逸散的生物气溶胶中，微生物的主要种类（图 5.7）包括：*Hydrotalea* sp.、*Caulobacteraceae uncultured*、*Sphingomonas* sp.、*Paracoccus* sp.、*Peptostreptococcaceae incertae sedis*、*Arcobacter* sp. 和 *Aeromonas* sp.。各工艺段均检测出一定数量的潜在致病菌属，如 *Subdoligranulum*、*Micrococcaceae*、*Arthrobacter* 和 *Faecalibacterium* 等。*Subdoligranulum* 是来自人类排泄物中的菌属，严格厌氧，无芽孢，革兰氏染色为阴性，并且呈现多样性的球菌形态。*Faecalibacterium* 属于人体肠道的常见菌。*Arthrobacter* 广泛分布于自然环境，主要在土壤和水体中，可氧化烃类化合物，对人体有潜在致病作用（Yang et al., 2019a）。

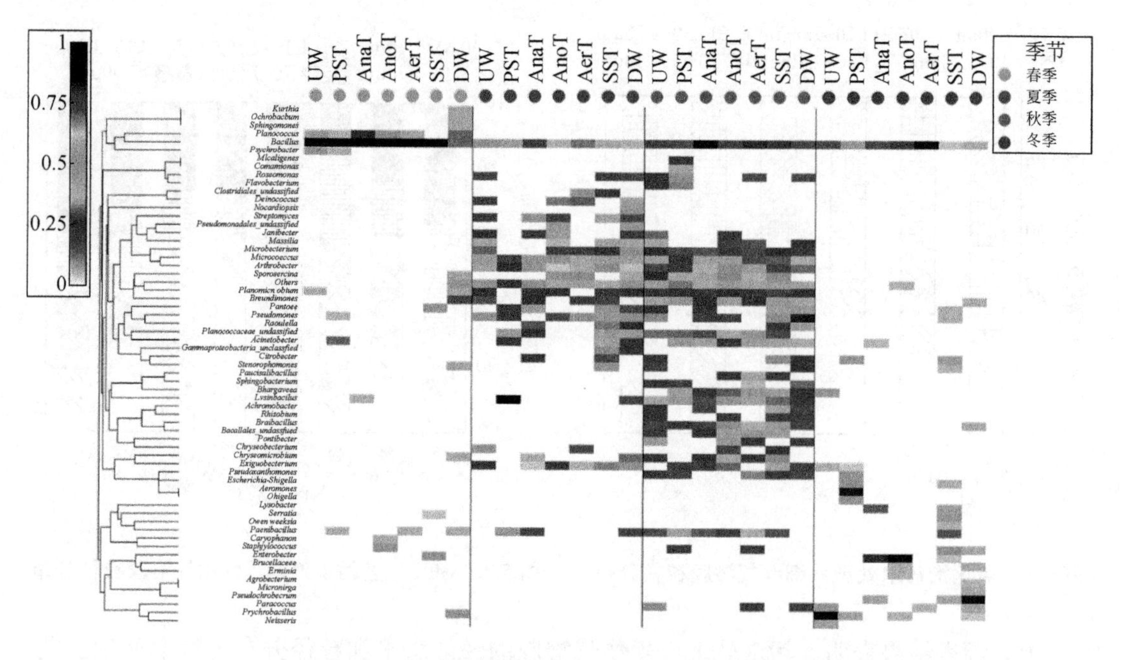

图 5.7　A^2/O 污水处理厂各处理工艺段微生物

UW 为上风向；PST 为初沉池；AnaT 为厌氧区；AnoT 为缺氧区；
AerT 为好氧区；SST 为二沉池；DW 为下风向

氧化沟工艺污水处理厂生物气溶胶的主要微生物种属（图 5.8）包括：*Cyanobacteria norank*、*Candidatus Microthrix*、*Romboutsia*、*Saccharibacteria norank*、*Chroococcidiopsis*、*Arcobacter*、*Mycobacterium*、*Acinetobacter*、*Sphingomonas*、*Comamonadaceae*、*Methylobacterium*、*Sphingomonadales*、*Peptostreptococcaceae incertae* 和 *Aeromonas*。其中污水处理各单元逸散的潜在致病菌中，*Enterobacter aerogenes* 的丰度最高，均高于99.5%。*Enterobacter aerogenes* 是

条件致病菌，会进入抵抗力较差的人体，引发肠道疾病。通常 *Enterobacter aerogenes* 存在于各种废物、化学品、污水和土壤中，本研究在细菌气溶胶中检出大量的 *Enterobacter aerogenes*，最可能的原因是由于其可以产生芽孢，从而可以在条件较为贫瘠的环境中单独生存。除此之外，各个工段还有其他种类潜在致病菌少量检出。格栅间细菌气溶胶为 *Staphylococcus* 和 *Pantoea*；生化处理段细菌气溶胶为 *Staphylococcus*（0.47%）和 *Streptococcus*（0.01%）；二沉池细菌气溶胶为 *Pantoea*（0.02%）、*Aeromonas*（0.02%）和 *Pseudomonas*（0.01%）；污泥脱水间细菌气溶胶为 *Klebsiella*（0.05%）、*Comamonadaceae*（0.01%）和 *Prevotella*（0.01%）等。致病菌中的 *Escherichia coli*、*Salmonella* 和 *Shigella* 会引起腺感染、血液流感染、尿道感染、腹内感染等（Yang et al.，2019c）。

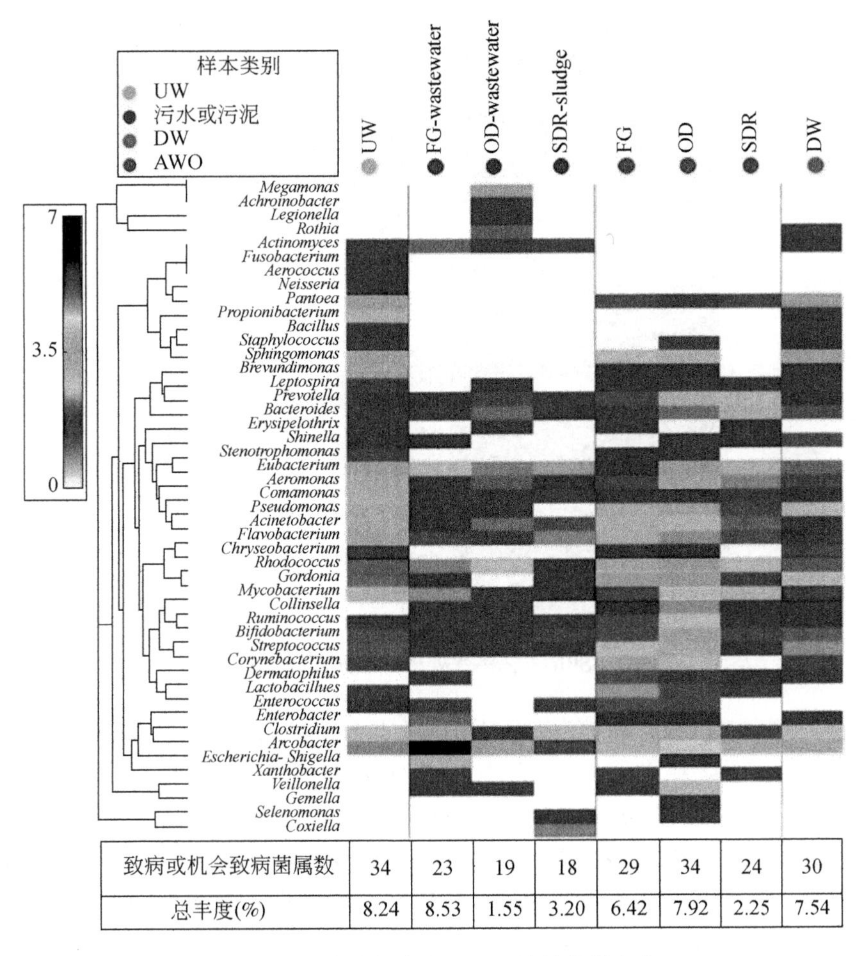

图 5.8　氧化沟污水处理厂可培养的微生物

UW 为上风向；FG-wastewater 为细格栅水样；OD-wastewater 为氧化沟水样；SDR-sludge 为污泥脱水间脱水污泥；FG 为细格栅；OD 为氧化沟；SDR 为污泥脱水间；DW 为下风向；AWO 以氧化沟为主体工艺的污水厂

SBR 工艺污水处理厂生物气溶胶中的主要细菌菌属包括：*Arcobacter*、*Aeromonas*、*Acinetobacter*、*Blastococcus*、*Chroococcidiopsis*、*Mycobacterium*、*Peptostreptococcaceae unclassified*、*Moraxellaceae uncultured*、*yanobacteria norank*、*Haliangium* 和 *Sphingomonas*（图 5.9）。致病菌

主要包括 *Enterobacter aerogenes*、*Aeromonas sp.* 和 *Acinetobacter baumannii*，不同工段潜在致病菌含量存在一定差异：污泥脱水间生物气溶胶中主要含有 *Enterobacter aerogenes*（97.67%），生化反应池生物气溶胶中主要含有 *Aeromonas*（76.3%）和 *Enterobacter aerogenes*（18.8%），格栅间生物气溶胶中主要含有 *Acinetobacter baumannii*（99.89%）。其中，*Aeromona sp.* 是一种普遍存在的细菌，有薄荚膜，生存能力较强，可以单独在空气中生存，目前已被环境保护署列入污染名单。*Aeromonas sp.* 会引起胃肠炎和伤口感染两类疾病，有时还伴有菌血症。*Acinetobacter baumanniican* 属于可感染人类的机会致病菌，多存在于医院、水及土壤等环境中，导致人的免疫功能低下或发生耐药菌感染。由于可以在干燥的表面长期生存，它们的扩散会给污水处理厂工作人员和周围居民的健康带来较大风险（许光素等，2018）。

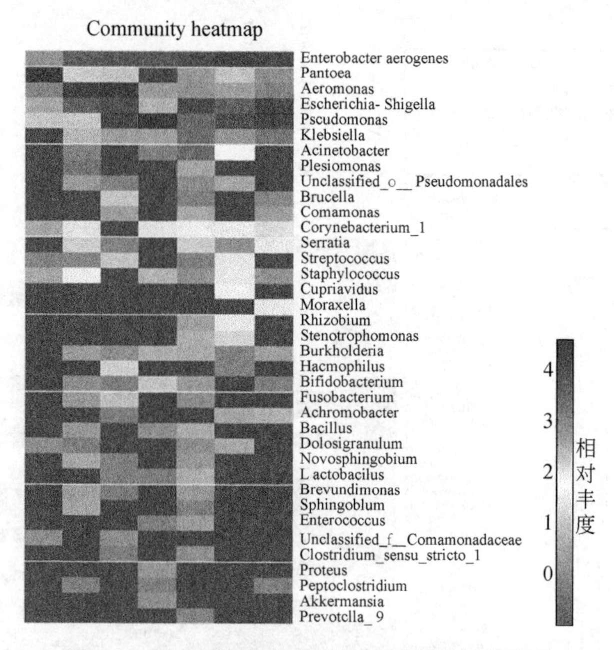

图 5.9 SBR 工艺污水处理厂致病菌气溶胶热图

对比三种典型工艺污水处理厂生物气溶胶的微生物组成，可以发现其主要物种和潜在致病性微生物种群存在差异。氧化沟工艺污水处理厂生物气溶胶的核心物种为 *Cyanobacteria norank*、*Candidatus Microthrix* 和 *Romboutsia sp.*，其中潜在致病性微生物以 *Enterobacter aerogenes* 为主。A^2/O 工艺污水处理厂生物气溶胶的核心物种为 *Hydrotalea sp.*、*Caulobacteraceae sp.* 和 *Sphingomonas sp.*，其中潜在致病性微生物以 *Subdoligranulum sp.*，*Micrococcaceae sp.*，和 *Arthrobacter sp.* 为主。SBR 工艺污水处理厂生物气溶胶的核心物种为 *Arcobacter sp.*、*Aeromonas sp.* 和 *Acinetobacter sp.*，其中潜在致病性微生物以 *Enterobacter aerogenes*、*Aeromonas sp.* 和 *Acinetobacter baumannii* 为主。

5.2.2 化学物质

A^2/O 工艺污水处理厂生物气溶胶中的水溶性无机离子浓度如图 5.10 所示。水溶性离子的总量范围20～100μg/m³，其中Cl^-和SO_4^{2-}是主要的阴离子，Ca^{2+}和Na^+是主要的阳离子。

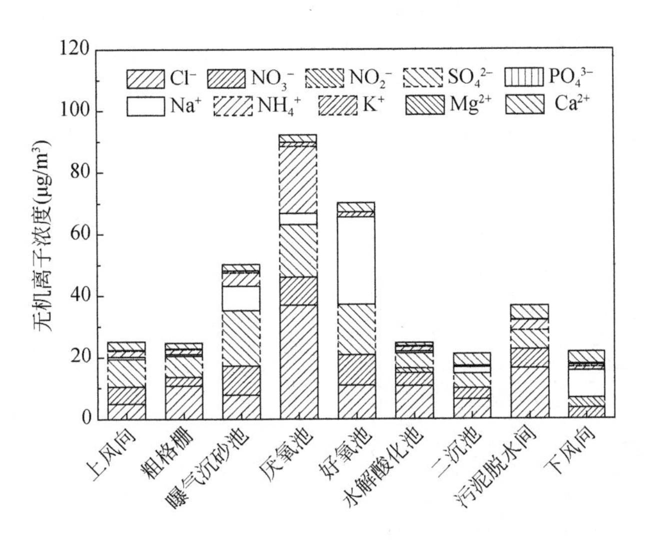

图5.10 污水处理厂A^2/O工艺生物气溶胶中水溶性无机离子种类和浓度

氧化沟工艺污水处理厂生物气溶胶中可溶物质和不可溶物质浓度如图5.11。氧化沟生物气溶胶中的颗粒物浓度范围为50～400μg/m³，主要产生源为污泥脱水间（300～400μg/m³）和生化处理段（200～300μg/m³）。总悬浮颗粒物包括可溶物质和不可溶物质，这两种物质所占比例在各个处理工艺段差异明显。Cl^-、NO_3^-、SO_4^{2-}、Na^+、NH_4^+和Ca^{2+}是主要的水溶性无机离子（图5.12）。气溶胶中各种水溶性无机离子的总浓度为40～120μg/m³。推测气溶胶中的主要化学物质为NaCl、$CaCl_2$、$CaSO_4$和Na_2SO_4。

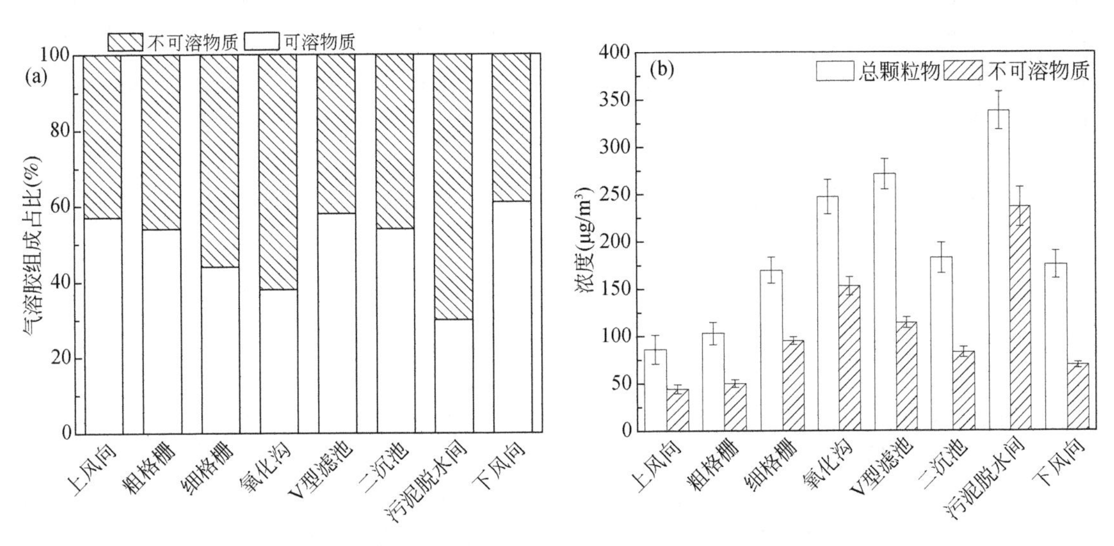

图5.11 氧化沟工艺污水处理厂（a）可溶性物质与不可溶物质和（b）总悬浮颗粒物和不可溶物质的量

SBR 工艺污水处理厂生物气溶胶中带有总悬浮颗粒物的浓度为 20 ~ 650μg/m³（图 5.13），污泥脱水间检测到的不可溶颗粒物较多（70%~80%），生化处理池和格栅间所含不溶物次之（65%~75%）。气溶胶中检出 35 ~ 55μg/L 的可溶性有机物。生化处理池的可溶性有机物（35 ~ 45μg/L）低于格栅间和二沉池位点的检出值（45 ~ 55μg/L）。生物气溶胶中主要阴离子是 Cl^- 和 SO_4^{2-}，主要阳离子是 Ca^{2+} 和 Na^+。推测气溶胶中的主要化学物质为 NaCl、$CaCl_2$、$CaSO_4$ 和 Na_2SO_4。

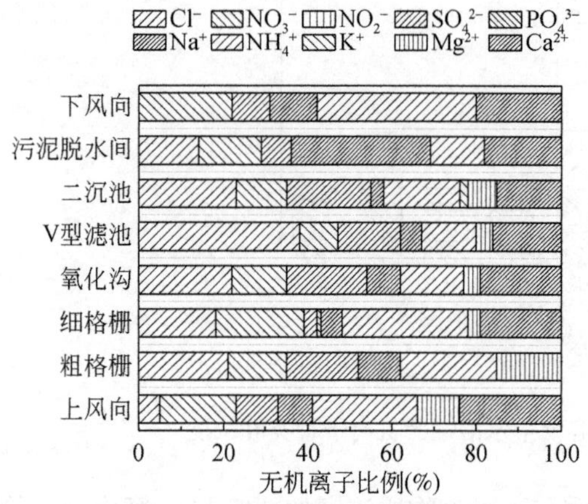

图 5.12　氧化沟工艺污水处理厂水溶性无机离子比例

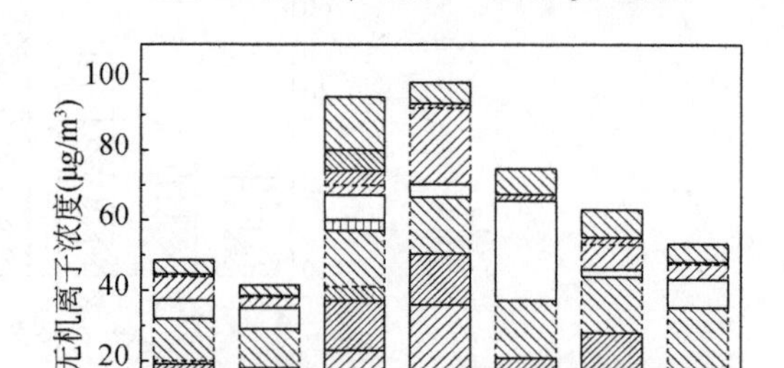

图 5.13　SBR 工艺污水处理厂各污水处理工艺段水溶性无机离子浓度

综上可以看出，所有监测的污水处理厂生物气溶胶中主要阴离子均为 Cl^- 和 SO_4^{2-}，主要阳离子均为 Ca^{2+} 和 Na^+。结合微生物组成和化学组成发现，污水处理厂生物气溶胶组成与污水水质特征密切相关。生物气溶胶的微生物种群与对应位点污水的微生物种群相似度更高，尤其是致病菌和潜在致病菌的种群，污水中微生物多样性较高时，生物气溶胶中微生物多样性也较高。同样，生物气溶胶的化学组分与对应位点污水的化学组分也具有较高相似度（Wang et al.，2018a）。

5.3　典型工艺污水处理厂生物气溶胶的排放量及来源解析

5.3.1　排放量

污水处理过程中生物气溶胶的排放通量包括曝气水面和静态水面的计算值。

A^2/O 工艺污水处理厂的曝气池和沉淀池细菌和致病菌的排放通量如表 5.1 所示。曝气池细菌气溶胶和致病菌气溶胶的排放量均高于沉淀池的排放量。由于曝气池内设有鼓风曝气充氧设施，曝气过程产生的大量气泡将水中的微生物带入空气中，形成生物气溶胶。另外，曝气扰动水面，加速气溶胶的生成和扩散。沉淀池没有曝气充氧设施，水面基本保持平静。因此，曝气池生物气溶胶的排放量远大于沉淀池的排放量。

表 5.1　A^2/O 工艺污水处理厂曝气池和沉淀池细菌和致病菌排放通量

指标	细菌		致病菌	
	曝气池	沉淀池	曝气池	沉淀池
微生物排放通量 [CFU/(m^2 · min)]	116	21	6	2
微生物排放量 (CFU/d)	4.49×10^8	1.99×10^7	8.01×10^7	6.91×10^6
微生物排放排放总量 (CFU/a)	1.64×10^{11}	7.26×10^9	2.92×10^{10}	2.52×10^9
微生物排放系数 (CFU/t)	449	19.9	80.1	6.91

注：表格中数据为多次采样的平均值。

SBR 工艺污水处理厂中生物反应池按进水-曝气-沉淀-排水-等待过程循环运行，对曝气和沉淀期间的细菌和致病菌排放通量进行监测和计算，结果见表 5.2。可以看出，在曝气期间，充氧设施产生的大量气泡将生物反应器内混合液中的微生物带进空气中，形成生物气溶胶。另外，曝气扰动水面，加速气溶胶的生成和扩散。在沉淀期间，生物反应器的水面保持平静状态，生物气溶胶形成较少。因此，生物反应器曝气期间的生物气溶胶的排放通量远大于沉淀期间。

表 5.2　SBR 工艺污水处理厂生物反应池曝气和沉淀期间细菌和致病菌排放量

指标	细菌		致病菌	
	曝气	沉淀	曝气	沉淀
微生物排放通量 [CFU/(m^2 · min)]	225	25	50	1
微生物排放量 (CFU/d)	5.75×10^7	6.39×10^6	1.27×10^7	2.5×10^5
微生物排放总量 (CFU/a)	2.10×10^{10}	2.33×10^9	4.64×10^9	9.13×10^7
微生物排放系数 (CFU/t)	1150	127.8	254	5

注：表格中数据为多次采样的平均值。

5.3.2　主要逸散位点及产生原因

氧化沟工艺污水处理厂生物气溶胶的主要产生源为格栅间、氧化沟和污泥脱水间，SBR 工艺污水处理厂生物气溶胶的主要产生源为曝气沉砂池和室内生物反应池，A^2/O 工艺污水处理厂生物气溶胶的主要产生源为曝气池和污泥脱水间。三种工艺生物气溶胶的主要产生源基本类似，主要包括格栅间、生物反应池和污泥脱水间。

1. 格栅间

格栅间的污水浓度较高，且含微生物数量较多。在机械格栅运转的扰动和跌水作用下，污水中的部分微生物、污泥、颗粒物等进入空气中，微小的颗粒在空气中气溶胶化，形成生物气溶胶。另外，通常格栅间内的空气流通速度低，不利于生物气溶胶的扩散。因此，格栅间空气中检测到的生物气溶胶浓度相对较高。

2. 生物反应池

生物反应池是污水处理工艺中最主要单元，利用微生物降解污染物，达到净化水质的目的。通常为生物反应池的供氧方式有机械曝气（氧化沟）和鼓风曝气（曝气池、序批式生物反应器）。氧化沟工艺采用转刷/转碟充氧和推动氧化沟中混合液流动。在转刷/转碟转动过程中，部分氧化沟内水面处含有活性污泥絮体和无机颗粒物的混合液被转刷/转碟扬起带入空气中形成众多的水滴颗粒。由于重力作用，大粒径的水滴回落水体；小粒径的水滴悬浮在空气中，在气水界面上形成雾化区，产生生物气溶胶。因此，氧化沟工艺的转刷/转碟附近空气中生物气溶胶的浓度较高。A^2/O 和 SBR 工艺污水处理厂的生物反应池采用微孔曝气充氧。当气泡在水面破裂时，在空气中形成无数个微小的膜液滴；水中的物质，如细菌、菌丝、污泥絮体、无机离子等，随膜液滴逸散到周围空气中，气溶胶化后形成生物气溶胶。因此 A^2/O 和 SBR 工艺的好氧单元空气中生物气溶胶的浓度较高（Han et al., 2021；Han et al., 2020a；Han et al., 2020c；Sanchez-Monedero et al., 2008）。

3. 污泥脱水间

在污泥脱水间内，污泥脱水机运转过程中部分小颗粒物质从设备缝隙逸散到空气中，形成气溶胶。在本研究的现场监测中，污泥脱水间的风速 0.1 ~ 0.6m/s，光照强度 10 ~ 30W/m^2，与室外相比，风速和紫外线强度均较低，致使生物气溶胶在污泥脱水间内积累。

5.3.3 来源解析

图 5.14 为污水处理厂的细菌气溶胶与对照点空气、污水、污泥细菌的 Venn 图。分析结果表明，空气中细菌的丰度远远低于污水或污泥中细菌的丰度。对照点、细格栅、污泥脱水间和曝气池处的细菌气溶胶分别包含 72 个、70 个、90 个和 41 个 OTUs，而格栅间的污水、污泥脱水间的脱水污泥和曝气池的活性污泥的细菌中分别检测到 450 个、766 个和 725 个 OTUs。

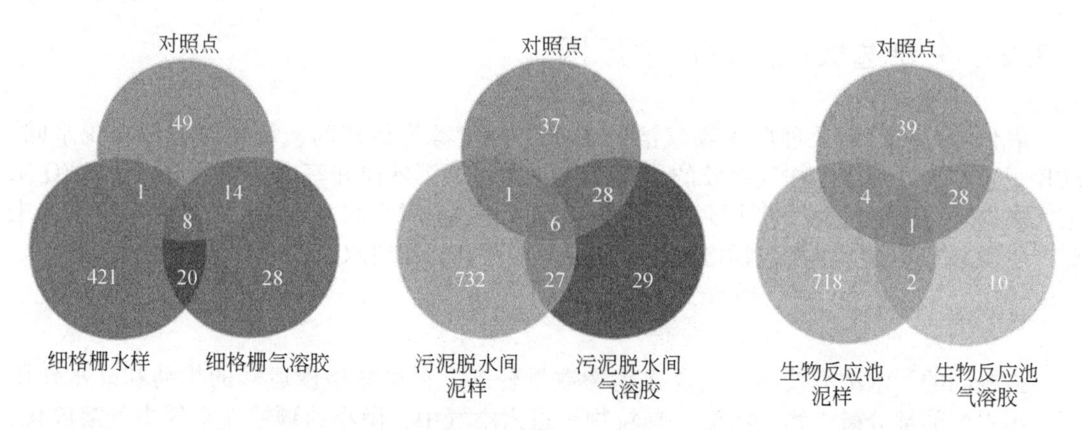

图 5.14 细菌气溶胶与对照点空气、污水、污泥细菌的 Venn 图

Venn 图分析结果显示，格栅间的细菌气溶胶与格栅间污水和对照点细菌气溶胶分别重叠 40%（70 个 OTUs 中的 28 个）和 31.4%（70 个 OTUs 中的 22 个）；污泥脱水间的细菌气溶胶与污泥脱水间的脱水污泥和对照点细菌气溶胶分别重叠 36.67%（90 个 OTUs 中

的33个）和37.78%（90个OTUs中的34个）；生物反应池周围空气中的细菌气溶胶与池内活性污泥的细菌以及对照点细菌气溶胶分别重叠7.32%（41个OTUs中的3个）和31.4%（41个OTUs中的29个）。

综上可以确定，污水是格栅间内细菌气溶胶的主要逸散源；环境空气中的细菌是室外的生物反应池处细菌气溶胶的主要来源；对于污泥脱水间，污泥和环境空气的细菌对污泥脱水间内细菌气溶胶的贡献同等重要（Li et al.，2021；Wang et al.，2019；Yang et al.，2019a）。

参考文献

高敏，李琳，刘俊新．2010. 典型城市污水处理工艺微生物气溶胶逸散研究．给水排水，46（09）：146-150.

王彦杰，李琳，许光素，等．2017. 微生物气溶胶采集技术的特点及应用．微生物学通报，44（03）：701-709.

许光素，刘俊新，韩云平，等．2018. 高通量测序技术应用于污水处理厂细菌气溶胶群落结构分析．环境科学学报，38（11）：4235-4242.

杨凯雄，侯红勋，王颖哲，等．2018. SBR工艺城市污水处理厂微生物气溶胶逸散特征．环境科学，39（11）：4909-4914.

Han Y，Li L，Wang Y，et al. 2020. Composition，dispersion，and health risks of bioaerosols in wastewater treatment plants：a review. Frontiers of Environmental Science & Engineering，15（3）：38.

Han Y，Yang K，Yang T，et al. 2019a. Bioaerosols emission and exposure risk of a wastewater treatment plant with A（2）O treatment process. Ecotoxicology and Environmental Safety，169：161-168.

Han Y，Yang T，Chen T，et al. 2019b. Characteristics of submicron aerosols produced during aeration in wastewater treatment. Science of the Total Environment，696：134019.

Han Y，Yang T，Han C，et al. 2020a. Study of the generation and diffusion of bioaerosol under two aeration conditions. Environmental Pollution，267：115571.

Han Y，Yang T，Yan X，et al. 2020c. Effect of aeration mode on aerosol characteristics from the same wastewater treatment plant. Water Research，170：115324.

Han Y，Yang，T，Xu G，et al. 2020b. Characteristics and interactions of bioaerosol microorganisms from wastewater treatment plants. Journal of Hazardous Materials，391：122256.

Li P，Li L，Yang K，et al. 2021. Characteristics of microbial aerosol particles dispersed downwind from rural sanitation facilities：Size distribution，source tracking and exposure risk. Environmental Research，195：110798.

Sanchez-Monedero M A，Aguilar M I，Fenoll R，et al. 2008. Effect of the aeration system on the levels of airborne microorganisms generated at wastewater treatment plants. Water Research，42（14）：3739-3744.

Wang Y，Lan H，Li L，et al. 2018a. Chemicals and microbes in bioaerosols from reaction tanks of six wastewater treatment plants：survival factors，generation sources，and mechanisms. Scientific Reports，8（1）：9362.

Wang Y，Li L，Xiong R，et al. 2019. Effects of aeration on microbes and intestinal bacteria in bioaerosols from the BRT of an indoor wastewater treatment facility. Science of the Total Environment，648：1453-1461.

Wang Y，Li，L，Han Y，et al. 2018b. Intestinal bacteria in bioaerosols and factors affecting their survival in two oxidation ditch process municipal wastewater treatment plants located in different regions. Ecotoxicology and Environmental Safety，154：162-170.

Xu G, Han Y, Li L, et al. 2018. Characterization and source analysis of indoor/outdoor culturable airborne bacteria in a municipal wastewater treatment plant. Journal of Environmental Sciences, 74: 71-78.
Yang K, Li L, Wang Y, et al. 2019b. Emission level, particle size and exposure risks of airborne bacteria from the oxidation ditch for seven months observation. Atmospheric Pollution Research, 10 (6): 1803-1811.
Yang K, Li L, Wang Y, et al. 2019a. Airborne bacteria in a wastewater treatment plant: emission characterization, source analysis and health risk assessment. Water Research, 149: 596-606.
Yang T, Han Y, Liu J, et al. 2019c. Aerosols from a wastewater treatment plant using oxidation ditch process: Characteristics, source apportionment, and exposure risks. Environmental Pollution, 250: 627-638.

第 6 章　城镇污水处理厂空气污染物扩散规律

6.1　污水处理厂 A^2/O 工艺空气污染物扩散规律

6.1.1　A^2/O 污水处理厂恶臭气体扩散规律

本研究调研某 A^2/O 污水处理厂所在地区的风频和风速（图 6.1），该污水处理厂所在地区的主导风向为北风，监测该厂厂界处的环境空气 NH_3 和 VSCs 的浓度，研究该厂排放 NH_3 和 VSCs 的扩散情况。使用 AERMOD 大气扩散模型，输入监测获得的该污水处理厂曝气沉砂池、初沉池、A^2/O 反应池、二沉池和反硝化滤池的 NH_3 和 VSCs 源强（排放通量）数据，计算该厂周边的 NH_3 和 VSCs 的扩散情况，并与实际监测结果进行对比，以评估该厂排放的恶臭气体对周边环境的影响。

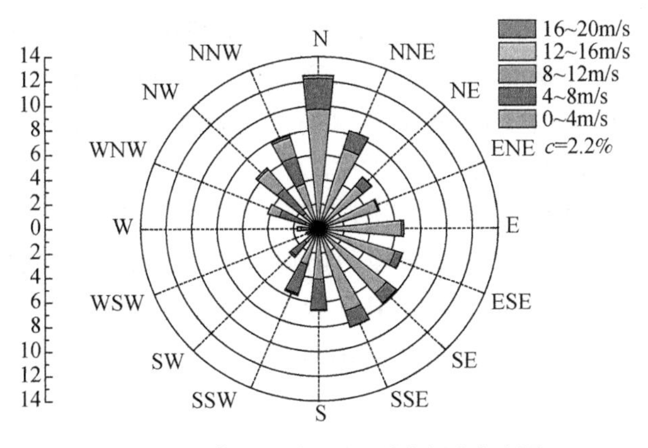

图 6.1　A^2/O 污水处理厂周边风玫瑰图

1. A^2/O 污水处理厂厂界恶臭气体扩散浓度监测

A^2/O 污水处理厂厂界环境空气中 NH_3 和 VSCs 的浓度监测结果如图 6.2 所示。

由图 6.2 可知，该污水处理厂厂界环境空气中 NH_3、H_2S、MT、DMS、CS_2 和 DMDS 的最大值分别为 360.00μg/m³、0.67μg/m³、0.22μg/m³、0.92μg/m³、0.23μg/m³ 和 3.53μg/m³，对比我国恶臭气体排放的相关标准，厂界 NH_3 和 VSCs 的环境空气最高浓度低于国家《恶臭污染物排放标准》（GB 14554—1993）和《城镇污水处理厂污染物排放标准（征求意见稿）》（GB 18918—2016）的厂界一级限值，表明该污水处理厂厂界 NH_3 和 VSCs 浓度满足上述标准。

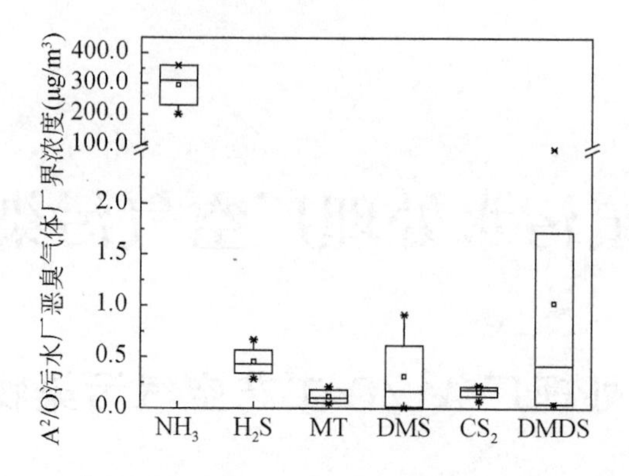

图 6.2　A^2/O 污水处理厂厂界 NH_3 和 VSCs 环境空气浓度

2. A^2/O 污水处理厂恶臭气体扩散模型预测

使用 AERMOD 模型预测了 A^2/O 污水处理厂各处理单元排放的 NH_3 和 VSCs 在大气中的最大小时平均浓度，结果如图 6.3 所示。该模型是在污水处理厂 NH_3 和 VSCs 排放单元周围的一个矩形网格区域（3.0km×3.0km）上进行的模型预测计算，覆盖了整个厂区和周边区域。

模型预测结果表明，NH_3 和 VSCs 的最大小时平均浓度的扩散分布情况相似，该厂 NH_3 和 VSCs 的扩散主要集中在东西方向，而不是主导风（南北）方向。这可能是由于 NH_3 和 VSCs 主要排放单元曝气沉砂池、初沉池和 A^2/O 反应池在该污水处理厂沿东西方向平行排列布置，环境空气中 NH_3 和 VSCs 在东西方向扩散时浓度不断增加，使得 NH_3 和 VSCs 的浓度在东西方向上累计并达到最大值。

NH_3、DMS、CS_2 和 DMDS 的最大小时平均浓度极值点位于 A^2/O 污水处理厂西侧 A^2/O 反应池附近的厂界，最大小时平均浓度极值出现在秋季，极值浓度分别为 201.88μg/m³、0.77μg/m³、0.85μg/m³ 和 3.89μg/m³。H_2S 和 MT 的最大小时平均浓度极值点位于西侧厂界初沉池附近，最大小时平均浓度极值出现在春季，极值浓度分别为 7.21μg/m³ 和 1.48μg/m³。

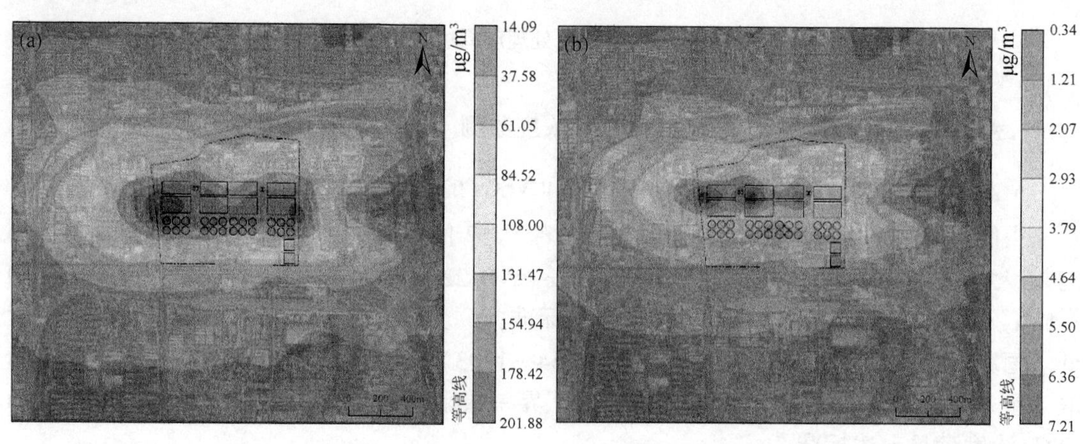

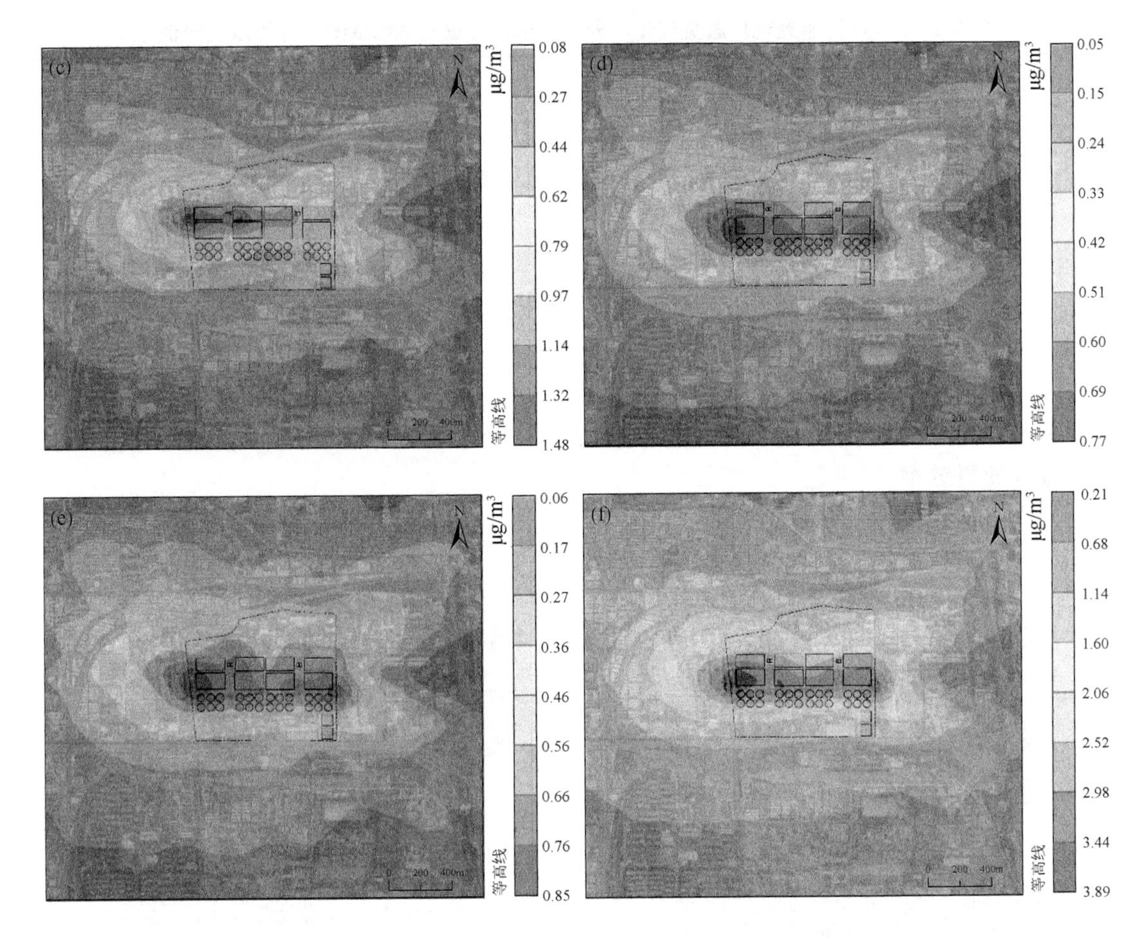

图 6.3　A^2/O 污水处理厂 NH_3 和 VSCs 最大小时平均浓度

(a) NH_3；(b) H_2S；(c) MT；(d) DMS；(e) CS_2；(f) DMDS

表 6.1 为该污水处理厂厂界实测恶臭气体浓度极值与 AERMOD 计算最大小时平均浓度极值对比。环境空气中 NH_3 的实测极值和模型极值均为恶臭气体中最大值，这是由于 NH_3 在该污水处理厂各处理单元 NH_3 的排放通量在均大于其他恶臭气体。NH_3、DMS、CS_2 和 DMDS 的实测极值与模型预测极值的差异较小，而 H_2S 和 MT 的模型预测极值与实测极值存在一定差异。这可能是由于 H_2S 和 MT 的化学性质相对活泼，尤其 MT 在环境空气中的半衰期只有 4.8h，极易发生化学转化，导致了模型预测值与实测值之间的差异。另外，模型预测结果覆盖了该污水处理厂周边区域整个自然年的扩散情况，而实际采样监测的覆盖的区域为该污水处理厂厂界区域，实际监测的覆盖面积和时间长度有限，使得实际采样监测无法全面表征出恶臭气体在该污水处理厂周边的扩散情况，这也是导致模型预测值与实测值存在差异的原因。总体来说，厂界实测极值与采用 AERMOD 模型预测的极值差异较小，利用 AERMOD 模型预测该污水处理厂周边恶臭气体的扩散浓度结果较为准确，使用 AERMOD 模型计算的方法对研究恶臭气体在污水处理厂释放后在环境空气中的扩散情况具有重要的参考意义。

表 6.1　A^2/O 污水处理厂恶臭气体厂界实测浓度极值与 AERMOD 计算浓度极值

恶臭气体种类	厂界实测极值（μg/m³）	最大小时平均浓度极值（μg/m³）
NH_3	360.00	201.88
H_2S	0.67	7.21
MT	0.22	1.48
DMS	0.92	0.77
CS_2	0.23	0.85
DMDS	3.53	3.89

图 6.4 为 A^2/O 污水处理厂各处理单元对 NH_3 和 VSCs 最大小时平均浓度极值点恶臭气体排放的贡献率。

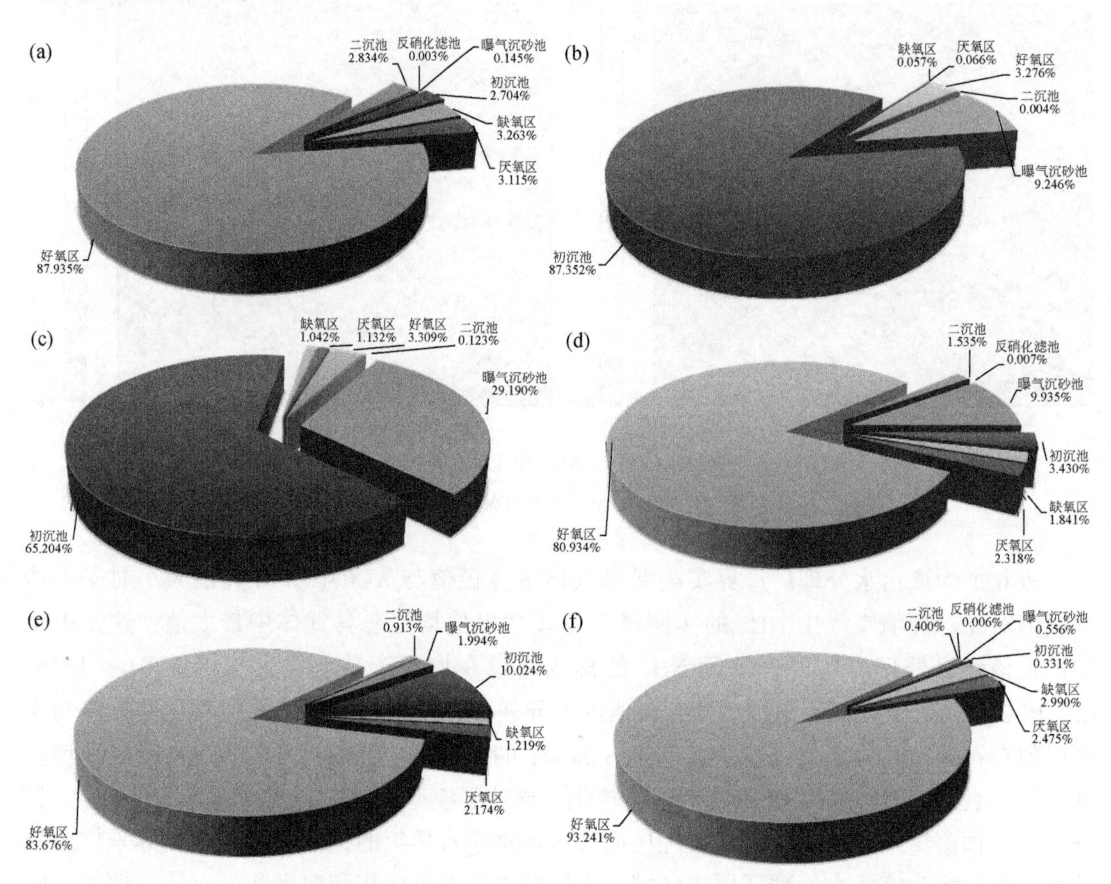

图 6.4　A^2/O 污水处理厂处理单元对 NH_3 和 VSCs 最大小时平均浓度极值点的贡献率

(a) NH_3；(b) H_2S；(c) MT；(d) DMS；(e) CS_2；(f) DMDS

由图 6.4 可知，A^2/O 反应池对 NH_3、DMS、CS_2 和 DMDS 的最大小时平均浓度极值点的浓度起主要贡献作用，贡献率达到 85% 以上。其中 A^2/O 好氧区的贡献率最高，贡献率为 80% 以上；预处理单元对 H_2S 和 MT 的最大小时平均浓度极值点的浓度起主要贡献作用，贡献率达到94%以上。其中，预处理单元初沉池的贡献率最高，贡献率为65%以上。反硝化滤池单元的 NH_3 和 VSCs 排放通量较小，对环境空气中扩散的 NH_3 和 VSCs 的贡献率非常低，仅对 NH_3、DMS 和 DMDS 的最大小时平均浓度达到极值点时起到贡献作用，贡献作用小于0.007%。

综上，通过模型计算结果可知，该污水处理厂排放并扩散到周边环境空气中的 NH_3、DMS、CS_2 和 DMDS 主要由 A^2/O 反应池贡献，最大小时平均浓度的极值在秋季出现，NH_3、DMS、CS_2 和 DMDS 的浓度极值分别为201.88μg/m^3、0.77μg/m^3、0.85μg/m^3 和3.89μg/m^3；H_2S 和 MT 主要由初沉池贡献，最大小时平均浓度的极值在春季出现，H_2S 和 MT 的浓度极值分别为7.21μg/m^3 和1.48μg/m^3。因此该污水处理厂在处理排放的 NH_3 和 VSCs 时，应注重在春季和秋季的 NH_3 和 VSCs 废气收集和处理工作，并且着重对 A^2/O 反应池排放的 NH_3、DMS、CS_2 和 DMDS 进行收集处理，对初沉池排放的 H_2S 和 MT 进行收集处理。

3. A^2/O 污水处理厂恶臭气体大气扩散浓度评估

利用 A^2/O 污水处理厂厂界恶臭气体浓度的实际监测结果和污水处理厂厂区周边恶臭气体浓度的模型预测结果，确定 NH_3 和 VSCs 对该污水处理厂厂区内工作的员工和厂区外居民产生的感官和健康影响，以研究评价该污水处理厂排放的恶臭气体扩散到环境空气后的造成的环境影响。

（1）A^2/O 污水处理厂恶臭气体大气扩散浓度感官影响评估

将 AERMOD 模型预测获得的 A^2/O 污水处理厂周边恶臭气体的环境空气扩散浓度，对照表3.16单一恶臭气体浓度和臭气强度之间的关系，对扩散到污水处理厂周边环境空气内的恶臭气体进行感官影响评估，确定该污水处理厂释放和扩散的恶臭气体的臭气强度等级的影响范围。

以 A^2/O 污水处理厂为中心，在污水处理厂周边8.101km^2 的范围内，对污水处理厂排放和扩散到环境空气中的恶臭气体浓度进行感官影响评估，结果如图6.5所示。

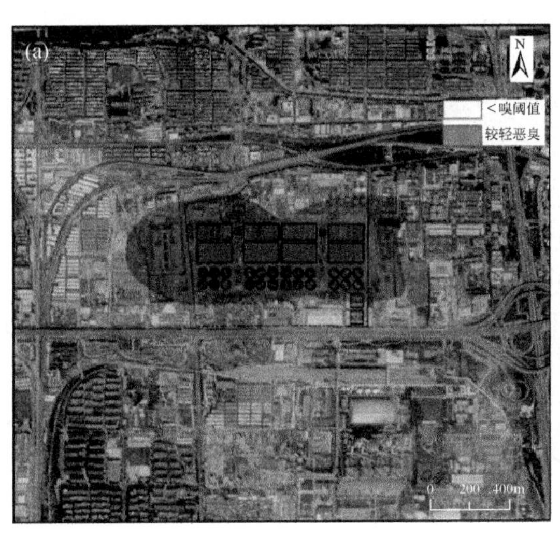

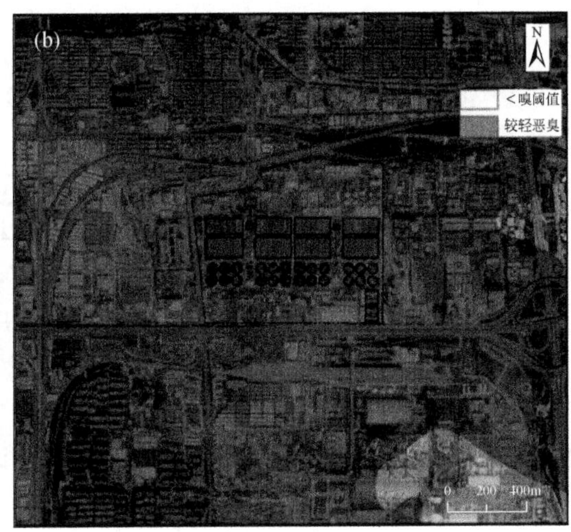

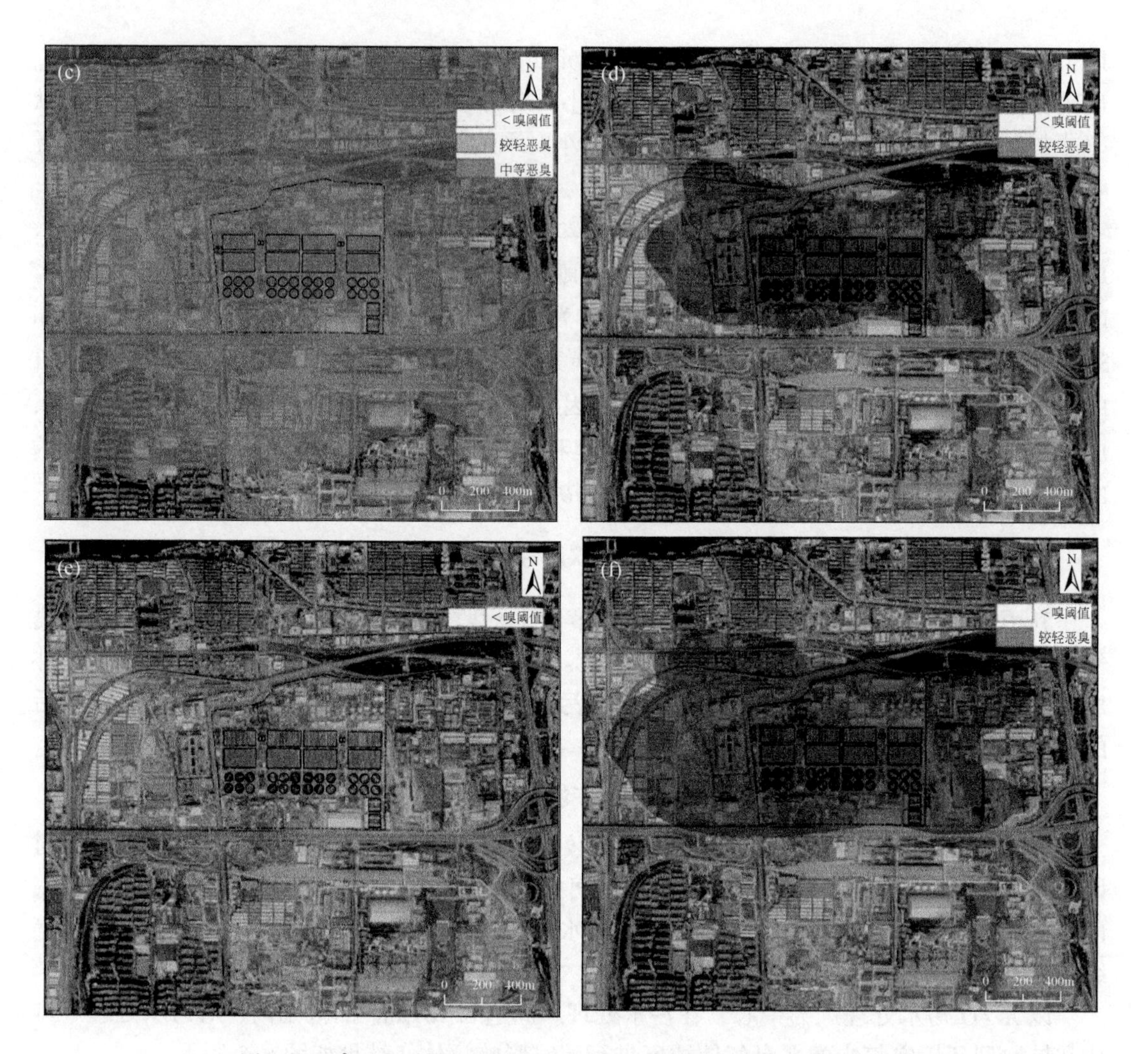

图 6.5 A²/O 污水处理厂 NH_3 和 VSCs 扩散的臭气强度影响区域

(a) NH_3；(b) H_2S；(c) MT；(d) DMS；(e) CS_2；(f) DMDS

由图 6.5 可知，NH_3 和 DMS 对该污水处理厂厂区的绝大部分区域产生较轻恶臭的影响，仅东西方向非常少的区域未造成恶臭影响；H_2S、MT 和 DMDS 对该污水处理厂厂区和周边居民均产生较轻恶臭以上的影响，其中 MT 对厂区西部初沉池周边区域产生了较强恶臭的影响；CS_2 对该污水处理厂厂区和周边环境未造成恶臭影响。

表 6.2 为 A²/O 污水处理厂周边区域内 NH_3 和 VSCs 不同臭气强度的影响面积。在研究区域内（8.101km²），厂周边受到 NH_3、H_2S、MT、DMS 和 DMDS 的影响范围分别为 0.692km²、7.557km²、6.596km²、1.307km² 和 2.045km²，分别占研究区域总面积的 8.5%、93.3%、81.4%、16.1% 和 25.2%。其中，H_2S 对厂周边区域的恶臭影响最大，MT 的恶臭影响等级最高（较强恶臭等级）。该污水处理厂排放和扩散到环境空气中的 CS_2 的臭气强度未超过嗅阈值。

表6.2　A^2/O 污水处理厂 NH_3 和 VSCs 的不同臭气强度的影响面积

恶臭气体种类	影响面积（km^2）			
	<嗅阈值	较轻恶臭	中等恶臭	较强恶臭
NH_3	7.409	0.692	0	0
H_2S	0.544	7.557	0	0
MT	1.506	6.594	0.002	0
DMS	6.795	1.307	0	0
CS_2	0	0	0	0
DMDS	6.056	2.045	0	0

结果表明，A^2/O 污水处理厂应加强对 NH_3、H_2S、MT、DMS 和 DMDS 排放的收集和处理，减少对周边人群的恶臭影响，尤其是减少厂区西部初沉池附近环境空气中 MT 对员工的影响。

（2）A^2/O 污水处理厂环境空气中恶臭气体对人体健康评估

A^2/O 污水处理厂周边环境空气中 NH_3 和 VSCs 的实测和模型预测浓度均未超过 ACGIH 给定的 TLV-TWA 值（表3.23），表明该厂排放并扩散到周边环境空气中的 NH_3 和 VSCs 不会对污水处理厂非处理单元车间内的员工和厂区外的居民造成寿命影响，且不会引发相应的病症。

A^2/O 污水处理厂周边 NH_3、H_2S 和 CS_2 厂界实测极值和模型预测极值的非致癌健康风险评估计算结果（HQ 和 HI）如表6.3所示。

表6.3　A^2/O 污水处理厂厂界实测极值和模型预测极值的非致癌健康风险评估

	HQ			HI
	NH_3	H_2S	CS_2	
厂界实测极值	0.72	0.34	0.00	1.06
最大小时平均浓度极值	0.40	3.61	0.00	4.01

由表6.3可知，NH_3 和 CS_2 厂界实测极值和模型预测极值的 HQ 均小于1，表明该污水处理厂排放到环境空气中的 NH_3 和 CS_2 不会对在厂内员工造成非致癌的健康风险；而 H_2S 厂界模型预测极值的 HQ>1，表明在该污水处理厂周边存在 H_2S 浓度较高的区域，由于该区域环境空气中接收了较多的污水处理厂排放的 H_2S，该区域内的人群会受到非致癌的健康风险。该污水处理厂厂界实测极值和模型预测极值的 HI 均大于1，表明 NH_3、H_2S 和 CS_2 的混合恶臭会对厂区内和周边区域的人群产生非致癌的健康风险。综上所述，该污水处理厂需要对释放到环境空气中的 NH_3、H_2S 和 CS_2 产生的混合恶臭气体实施防控措施，尤其是加强针对 H_2S 排放的防控措施，以降低（或消除）对厂区内和周边人群的非致癌健康风险。

6.1.2　A^2/O 污水处理厂 VOCs 扩散规律

1. A^2/O 污水处理厂 VOCs 扩散模型预测

使用 AERMOD 模型预测了污水处理厂 A^2/O 工艺各处理单元排放的 VOCs 在环境空气中的最大小时平均浓度，结果如图 6.6 所示。模型是在该污水处理厂 A^2/O 工艺 VOCs 排放单元周围的一个矩形网格区域（3.0km×3.0km）进行的模型预测计算，以覆盖该污水处理厂厂界内和厂界外周边区域。

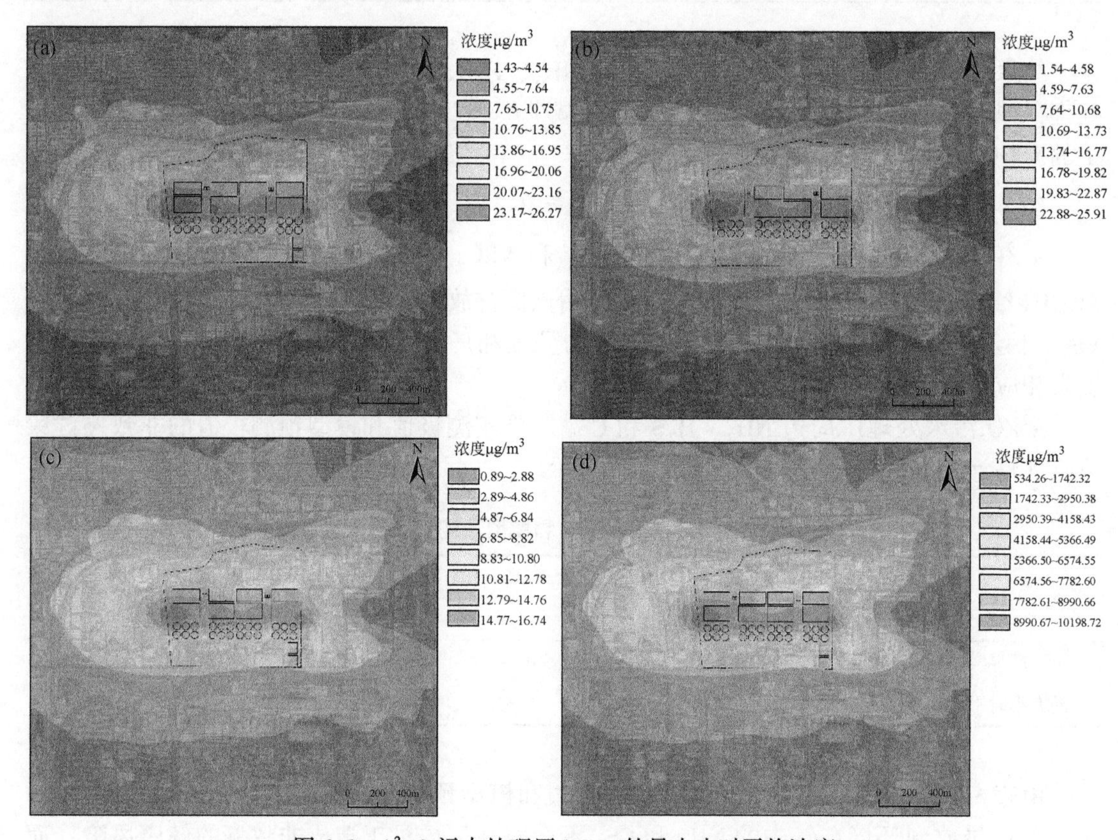

图 6.6　A^2/O 污水处理厂 VOCs 的最大小时平均浓度

（a）甲苯；（b）丙酮；（c）二氯甲烷；（d）总 VOCs

模拟结果表明，甲苯、丙酮、二氯甲烷和总 VOCs（以苯计）的扩散分布情况基本相同，即该污水处理厂 VOCs 的扩散主要集中在东西方向。VOCs 最大小时平均浓度的极值点位于污水处理厂区内西北部，最大小时平均浓度极值（$\mu g/m^3$）出现在夏季，分别为甲苯（26.35）、丙酮（26.14）、二氯甲烷（16.85）和总 VOCs（以苯计）（10269.18）。

图 6.7 为该污水处理厂不同处理单元对 VOCs 最大小时平均浓度极值点的贡献率。A^2/O 反应池对 VOCs 最大小时平均浓度的极值点贡献率为 98% 以上，对环境空气中 VOCs 极值点的浓度起决定性作用。

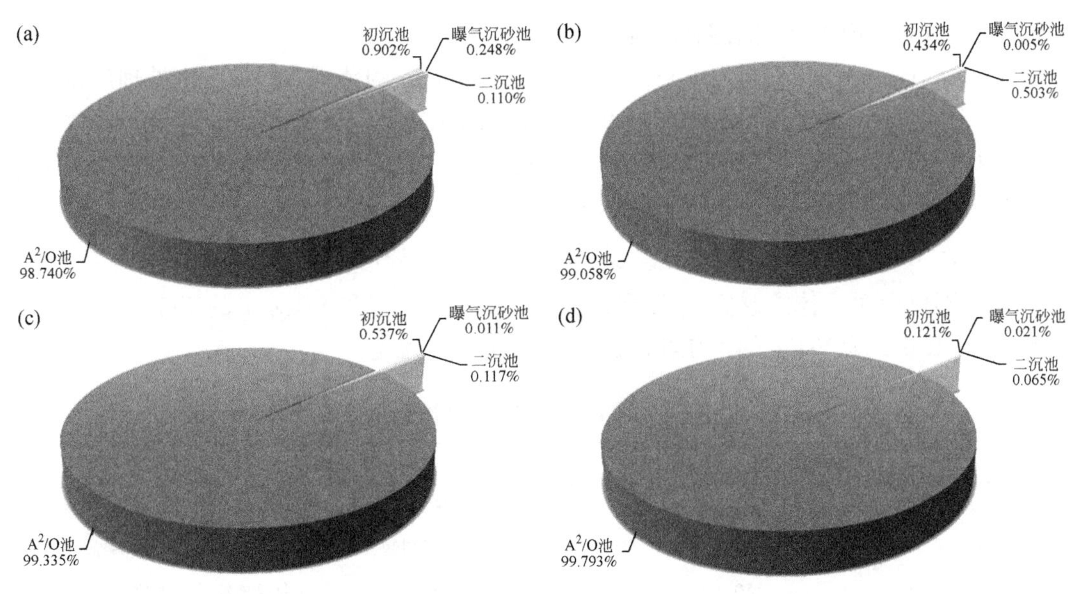

图6.7　A^2/O污水处理厂工艺处理单元对VOCs最大小时平均浓度极值点的贡献率

(a) 甲苯；(b) 丙酮；(c) 二氯甲烷；(d) 总VOCs

综上，通过模型预测结果可知，该污水处理厂排放并扩散到周边环境空气中的VOCs主要由A^2/O反应池贡献，最大小时平均浓度的极值在夏季出现。因此该污水处理厂应注重在夏季VOCs废气的收集和处理，特别是加强A^2/O反应池排放的VOCs收集与处理。

2. A^2/O污水处理厂VOCs大气扩散浓度评估

利用A^2/O污水处理厂VOCs在大气中扩散的浓度模型预测结果，确定VOCs对厂区内员工和厂区外居民产生的感官和健康影响，以评价该污水处理厂排放的VOCs扩散到环境空气后造成的环境影响。

(1) A^2/O污水处理厂VOCs大气扩散浓度感官影响评估

嗅阈值是指引起人嗅觉最小刺激的物质浓度（或稀释倍数），Yoshio et al.（1980）确定了单一VOC气体浓度的嗅阈值如表6.4所示。通过监测该污水处理厂不同处理阶段各构筑物的环境空气中VOCs的浓度，对照表6.4可以得出该污水处理厂各构筑物对人体感官造成的影响。

表6.4　VOCs的嗅阈值

VOCs种类	嗅阈值（ppm）
甲苯	1.3
丙酮	32
二氯甲烷	160

将AERMOD模型预测获得的A^2/O污水处理厂周边VOCs的大气扩散浓度对照表6.4单一VOC气体的嗅阈值，对扩散到厂周边环境空气中VOCs进行感官影响评估，确定该污

水处理厂释放和扩散 VOCs 的感官影响。

以污水处理厂 A^2/O 工艺为中心，在厂周边 8.101km^2 的范围内对该污水处理厂排放到环境空气中的 VOCs 浓度进行感官影响评估。评估结果表明，污水处理厂排放和扩散到环境空气中的甲苯、丙酮、二氯甲烷浓度均未超过嗅阈值，说明该污水处理厂排放到环境空气中的 VOCs 扩散不会对周边人群造成恶臭影响。

（2）A^2/O 污水处理厂 VOCs 大气扩散浓度健康风险评估

VOCs 不仅会对人体的感官造成严重影响，长时间暴露在 VOCs 下的工作人员也存在健康隐患。表 6.5 为 VOCs 的 TVL-TWA 值及引起的相应症状。

表 6.5 VOCs 的 TVL-TWA 及引起的相应症状

VOCs 种类	TVL-TWA（ppm）	病症
甲苯	20	视觉损伤，女性生育损伤，流产
丙酮	500	上呼吸道和眼部刺激，中枢神经系统损害，血液系统影响
二氯甲烷	50	碳氧血红蛋白血症，中枢神经系统损害

除了采用 TVL-TWA 对健康风险进行评估外，也可采用 VOCs 的致癌和非致癌风险对厂内员工的健康风险进行评估。采用该方法以弥补 TVL-TWA 无法评估复合恶臭气体对人体产生健康影响的缺陷。美国环保署（US EPA）制定了综合危险度信息库（IRIS）系统（https：//www.epa.gov/iris），提供了环境毒物非致癌物的吸入参考剂量（RFC），可分别用于 VOCs 的非致癌风险评估。表 6.6 为 VOCs 的 IRIS 系统中的 RFC 值，IRIS 系统中仅给出了甲苯和二氯甲烷的 RFC 值。

表 6.6 VOCs 的 RFC 值

VOCs 气体	RFC（mg/m^3）
甲苯	5
丙酮	—
二氯甲烷	0.6

注："—"表示 IRIS 系统中未提供相关数据。

A^2/O 污水处理厂厂界内外环境空气中 VOCs 模型预测浓度远低于 ACGIH 给定的 TVL-TWA 值（表 6.5），表明该污水处理厂排放并扩散到周边环境空气中的 VOCs 不会对污水处理厂界内外的人群造成工作寿命的影响，且不会引发相应的病症。

甲苯和二氯甲烷的模型模拟扩散极值的非致癌健康风险评估计算结果（HQ）均小于 1（表 6.7），表明该污水处理厂排放和扩散到环境空气中甲苯和二氯甲烷不会对厂内工作人员和周边居民造成非致癌健康风险。该污水处理厂厂界实测极值和模型模拟极值的 HI 均小于 1，表明在甲苯和二氯化碳的混合 VOCs 气体不会对暴露在污水处理厂厂区内和周边人群产生非致癌的健康风险。综上所述，A^2/O 污水处理厂释放到环境空气中的 VOCs 对人的影响较小，不会对厂区内和周边人群产生非致癌健康风险。

表 6.7　A^2/O 污水处理厂 VOCs 扩散极值的非致癌健康风险评估结果

HQ		HI
甲苯	二氯甲烷	
5.2×10^{-6}	2.8×10^{-5}	3.3×10^{-5}

6.2　氧化沟污水处理厂空气污染物扩散规律

6.2.1　氧化沟污水处理厂恶臭气体扩散规律

本研究调研某氧化沟污水处理厂所在地区的风频和风速（图 6.8）。该污水处理厂所在地区的主导风向为北风，监测该污水处理厂厂界的环境空气 NH_3 和 VSCs 的浓度，研究污水处理厂排放 NH_3 和 VSCs 的扩散情况。使用 AERMOD 大气扩散模型，输入监测获得的该污水处理厂曝气沉砂池、厌氧池、氧化沟反应池和二沉池的 NH_3 和 VSCs 源强（排放通量）数据，预测污水处理厂周边的 NH_3 和 VSCs 的扩散情况，并与实际监测结果进行对比，以研究该污水处理厂排放的恶臭气体对周边环境的影响。

1. 氧化沟污水处理厂厂界恶臭气体扩散浓度监测结果

氧化沟污水处理厂厂界环境空气中 NH_3 和 VSCs 浓度监测结果如图 6.9 所示。

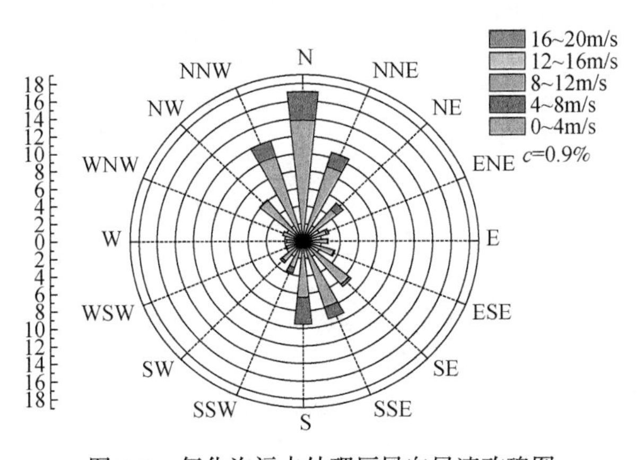

图 6.8　氧化沟污水处理厂风向风速玫瑰图

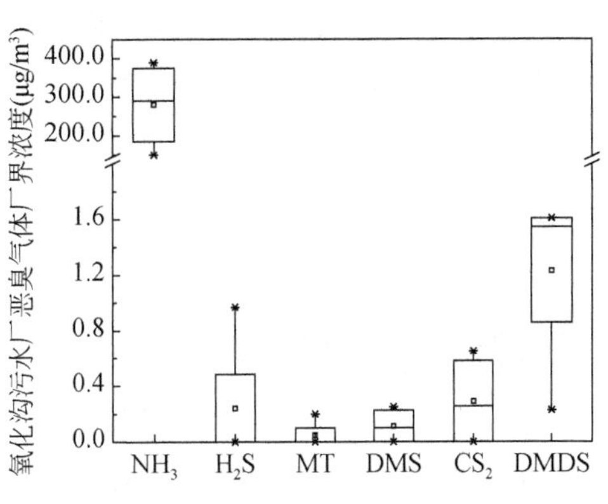

图 6.9　氧化沟污水处理厂厂界 NH_3 和 VSCs 环境空气浓度

由图 6.9 可知，在该污水处理厂厂界环境空气中 NH_3、H_2S、MT、DMS、CS_2 和 DMDS 的最大值分别为 390.00μg/m³、0.97μg/m³、0.20μg/m³、0.25μg/m³、0.65μg/m³ 和 1.61μg/m³，对比我国恶臭气体排放的相关标准，该污水处理厂厂界环境空气中 NH_3 和 VSCs 的最高浓度低于国家《恶臭污染物排放标准》（GB 14554—1993）和《城镇污水处理厂污染物排放标准（征求意见稿）》（GB 18918—2016）的厂界一级限值，表明该污水

处理厂的厂界 NH_3 和 VSCs 浓度满足我国相关标准要求。

2. 氧化沟污水处理厂恶臭气体扩散模型预测

使用 AERMOD 模型预测了氧化沟污水处理厂各处理单元排放的 NH_3 和 VSCs 在大气中的扩散行为。图 6.10 为氧化沟污水处理厂周边 NH_3 和 VSCs 最大小时平均浓度的扩散模型预测结果。模型是在氧化沟污水处理厂 NH_3 和 VSCs 排放单元周围的一个矩形网格区域（1.0km×1.0km）进行的模型预测计算，覆盖了该污水处理厂厂区和周边区域。

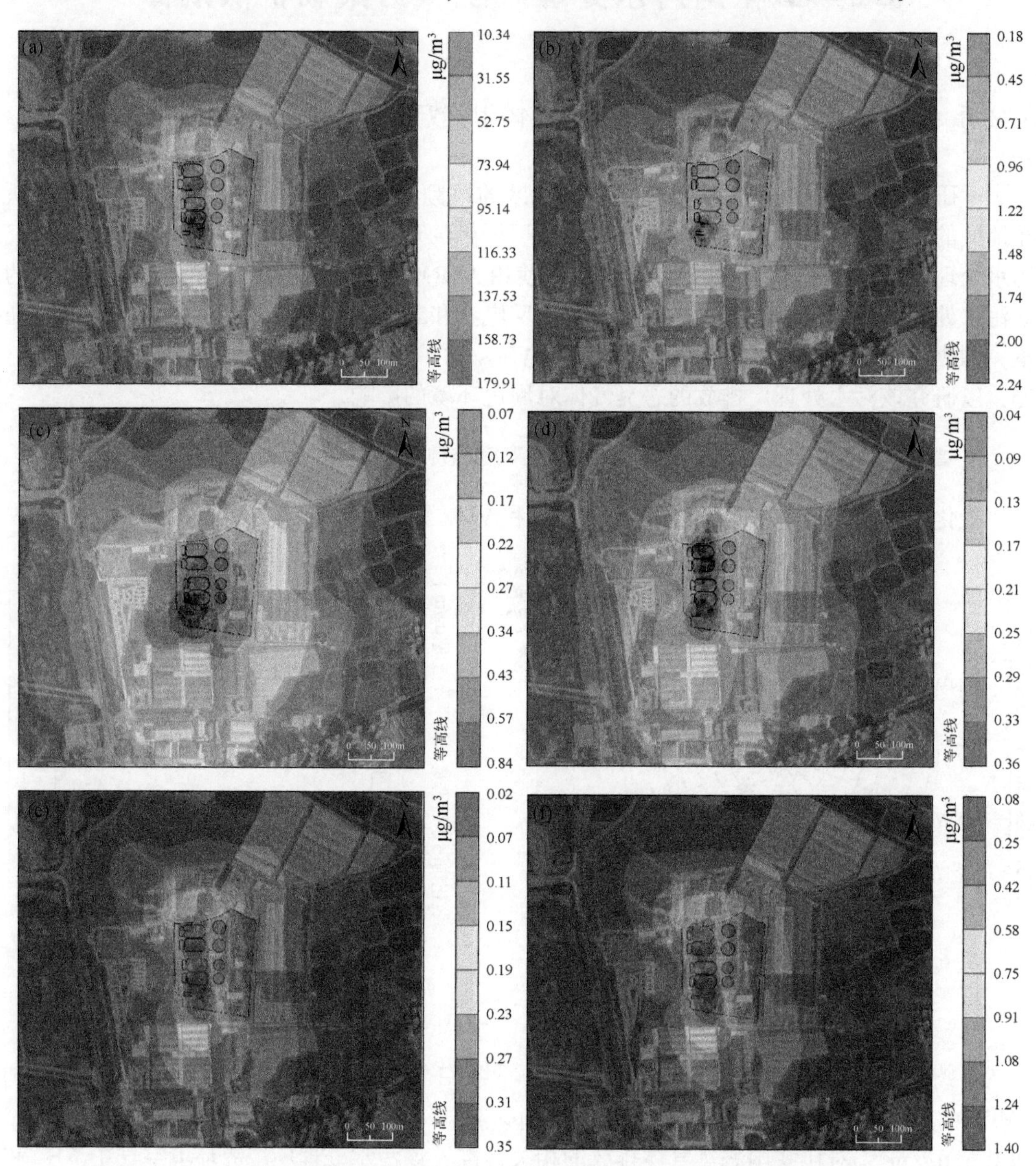

图 6.10 氧化沟污水处理厂 NH_3 和 VSCs 的最大小时平均浓度

（a）NH_3；（b）H_2S；（c）MT；（d）DMS；（e）CS_2；（f）DMDS

模型预测结果表明，NH_3 和 VSCs 的扩散分布情况基本相同，即污水处理厂 NH_3 和 VSCs 的扩散主要集中在主导风（南北）方向。NH_3、DMS、CS_2 和 DMDS 的最大小时平均浓度的极值点位于该污水处理厂的两组氧化沟池之间（污水处理厂中部），NH_3、DMS、CS_2 和 DMDS 最大小时平均浓度极值分别为 179.91μg/m^3、0.36μg/m^3、0.35μg/m^3 和 1.40μg/m^3，其中 NH_3、CS_2 和 DMDS 的最大小时平均浓度极值出现在春季，DMDS 的最大小时平均浓度极值出现在夏季。H_2S 和 MT 的最大小时平均浓度的极值点位于该污水处理厂的曝气沉砂池附近（厂区南部），H_2S 和 MT 的最大小时平均浓度的极值出现在夏季，分别为 2.24μg/m^3 和 0.84μg/m^3。

表6.8为氧化沟厂界实测恶臭气体浓度极值与 AERMOD 预测最大小时平均浓度极值对比。

表6.8　氧化沟污水处理厂恶臭气体厂界实测浓度极值与 AERMOD 预测浓度极值

恶臭气体种类	厂界实测极值（μg/m^3）	最大小时平均浓度极值（μg/m^3）
NH_3	390.00	179.91
H_2S	0.97	2.24
MT	0.20	0.84
DMS	0.25	0.36
CS_2	0.65	0.35
DMDS	1.61	1.40

由表6.8可知，环境空气中 NH_3 的实测极值和模型极值为恶臭气体中最大值。这是由于该污水处理厂各处理单元 NH_3 的排放通量均大于其他恶臭气体。除 H_2S 外，NH_3 和 VSCs 的模型极值与实测极值差异较小，这可能是由于 H_2S 的化学性质相对活泼，极易发生化学转化，导致了模型预测值与实测值之间的差异。另外，模型预测结果覆盖了污水处理厂周边区域整个自然年的扩散情况，而实际采样监测的覆盖的区域面积和时间长度有限，使得实际采样监测无法全面表征出恶臭气体在氧化沟污水处理厂周边的扩散情况，这也是导致模型预测值与实测值存在差异的原因。总体来说，厂界的实测极值与采用 AERMOD 模型预测的极值差异较小，利用 AERMOD 模型预测污水处理厂周边恶臭气体的扩散浓度结果较为准确，使用 AERMOD 模型预测的方法对研究恶臭气体在污水处理厂释放后在大气中的扩散情况具有重要的参考意义。

图6.11为氧化沟污水处理厂不同处理单元对 NH_3 和 VSCs 最大小时平均浓度极值点恶臭气体排放的贡献率。

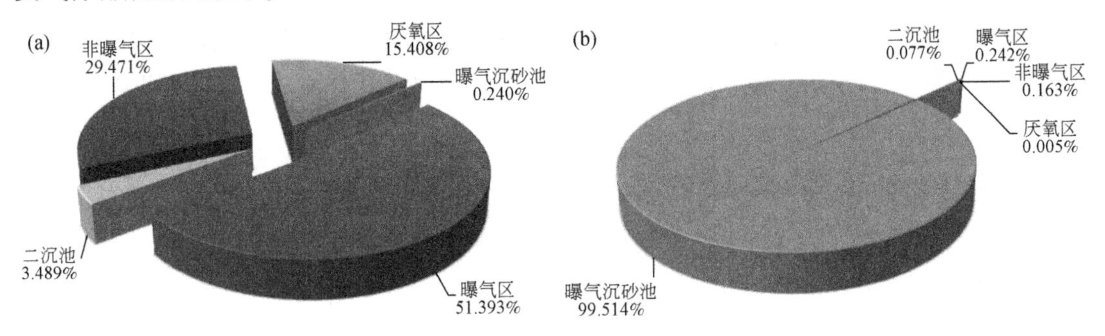

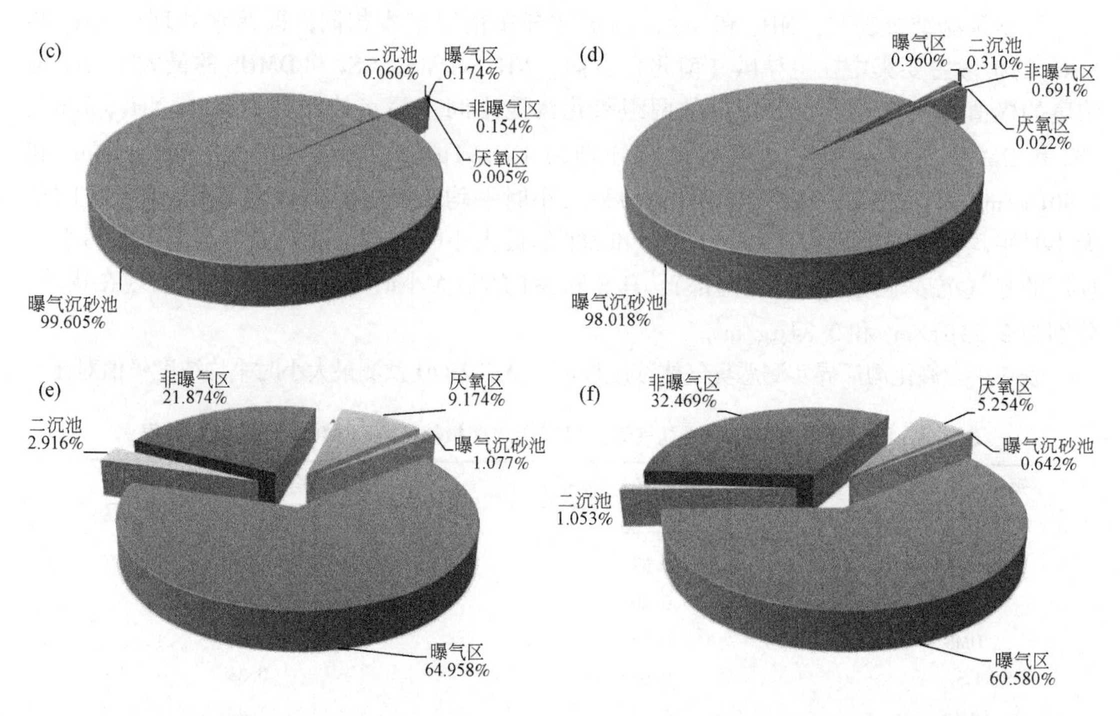

图 6.11　氧化沟污水处理厂各处理单元对 NH_3 和 VSCs 最大小时平均浓度极值点的贡献率

(a) NH_3；(b) H_2S；(c) MT；(d) DMS；(e) CS_2；(f) DMDS

由图 6.11 可知，氧化沟反应池单元对 NH_3、CS_2 和 DMDS 的最大小时平均浓度极值点的浓度起主要贡献作用，贡献率达到 80% 以上。其中，氧化沟反应池曝气区的贡献率最高，贡献率占 50% 以上；曝气沉砂池单元对 H_2S、MT 和 DMS 的最大小时平均浓度极值点的浓度起主要贡献作用，贡献率达到 98% 以上。厌氧池和二沉池单元对 H_2S、MT 和 DMS 最大小时平均浓度极值点的贡献率极低，贡献率低于 0.31%；对 NH_3、CS_2 和 DMDS 最大小时平均浓度极值点有一定贡献，但非主要贡献单位，贡献率最多达到 15%。

综上，通过模型预测结果可知，该污水处理厂排放并扩散到周边环境空气中的 NH_3、CS_2 和 DMDS 主要由氧化沟反应池贡献，最大小时平均浓度极值分别为 179.91μg/m³、0.35μg/m³ 和 1.40μg/m³；H_2S、MT 和 DMS 主要由曝气沉砂池贡献，最大小时平均浓度极值分别为 2.24μg/m³、0.84μg/m³ 和 0.36μg/m³。NH_3、CS_2 和 DMDS 的最大小时平均浓度极值出现在春季，H_2S、MT 和 DMDS 的最大小时平均浓度极值出现在夏季。因此该污水处理厂应注重在春季和夏季的 NH_3 和 VSCs 废气收集和处理，特别是加强对氧化沟反应池排放的 NH_3、CS_2 和 DMDS 的收集处理，对曝气沉砂池排放的 H_2S、MT 和 DMS 进行收集处理。

3. 氧化沟污水处理厂恶臭气体大气扩散浓度评估

本研究利用氧化沟污水处理厂厂界恶臭气体浓度的实际监测结果和污水处理厂厂区周边恶臭气体浓度的模型预测结果，确定 NH_3 和 VSCs 对该污水处理厂厂区内员工和厂区外居民产生的感官和健康影响，以评价该污水处理厂排放的恶臭气体扩散到环境空气后的造成的环境影响。

(1) 氧化沟污水处理厂恶臭气体大气扩散浓度感官影响评估

将 AERMOD 模型预测获得的氧化沟污水处理厂周边恶臭气体的大气扩散浓度对照表3.16，对扩散到该污水处理厂周边大气内的恶臭气体进行感官影响评估，确定该污水处理厂释放和扩散的恶臭气体的臭气强度等级的影响范围。

以氧化沟污水处理厂为中心，在厂周边 0.860km^2 的范围内，对该污水处理厂排放和扩散到环境空气中的恶臭气体浓度进行感官影响评估，结果如图6.12所示。

由图6.12可以看到，除 CS_2 外，NH_3 和 VSCs 均会对该污水处理厂内和厂区周边产生较轻恶臭的影响。NH_3、DMS 和 DMDS 产生较轻恶臭的区域主要为厂区内的氧化沟反应池和曝气沉砂池附近区域。H_2S 和 MT 产生较轻恶臭的区域为整个厂区和厂界外南部地区。

图6.12 氧化沟污水处理厂 NH_3 和 VSCs 扩散的臭气强度影响区域

(a) NH_3；(b) H_2S；(c) MT；(d) DMS；(e) CS_2；(f) DMDS

表6.9为氧化沟污水处理厂周边区域内 NH_3 和 VSCs 造成恶臭影响的区域面积。在研究区域内（0.860km²），受到 NH_3、H_2S、MT、DMS 和 DMDS 的影响范围分别为 0.015km²、0.075km²、0.211km²、0.002km² 和 0.004km²，分别占研究区域总面积的 1.7%、8.7%、24.5%、0.2%和0.4%。其中，MT对污水处理厂周边区域的恶臭影响最广。污水处理厂排放和扩散到环境空气中的 CS_2 的臭气强度未超过嗅阈值。

表6.9 氧化沟污水处理厂 NH_3 和 VSCs 的不同臭气强度的影响面积

恶臭气体种类	影响面积（km²）	
	<嗅阈值	较轻恶臭
NH_3	0.845	0.015
H_2S	0.785	0.075
MT	0.650	0.211
DMS	0.858	0.002
CS_2	0.860	0
DMDS	0.857	0.004

结果表明，氧化沟污水处理厂应对 NH_3、H_2S、MT、DMS 和 DMDS 的排放和扩散进行收集和处理，减少 NH_3、DMS 和 DMDS 对厂内员工的影响，减少 H_2S 和 MT 对厂内员工和厂界外居民的影响。尤其关注降低在厂区曝气沉砂池附近员工受到环境空气中 NH_3 和 VSCs 的恶臭影响。

(2) 氧化沟污水处理厂恶臭气体大气扩散浓度人体健康评估

氧化沟污水处理厂周边大气扩散的 NH_3 和 VSCs 浓度均未超过 ACGIH 给定的 TLV-TWA 值（表3.23），表明该污水处理厂排放并扩散到周边环境空气中的 NH_3 和 VSCs 不会对厂内非处理单元车间内的员工和厂区外居民造成工作寿命影响，且不会引发相应的病症。

氧化沟污水处理厂厂界 NH_3、H_2S 和 CS_2 的实测极值和模型预测极值的非致癌健康风险评估计算结果（HQ 和 HI）如表 6.10 所示。

表 6.10　氧化沟污水处理厂厂界实测极值和模型预测极值的非致癌健康风险评估计算

	HQ			HI
	NH_3	H_2S	CS_2	
厂界实测极值	0.78	0.49	0.00	1.27
最大小时平均浓度极值	0.36	1.12	0.00	1.48

由表 6.10 可知，H_2S 模型预测极值的 HQ>1，表明在该厂周边存在 H_2S 浓度较高的区域，由于该区域环境空气中接收了较多该污水处理厂排放的 H_2S，在该区域的员工或居民会受到非致癌的健康风险。NH_3 和 CS_2 的厂界实测极值和模型预测极值的 HQ<1，表明该污水处理厂排放和扩散到环境空气中 NH_3 和 CS_2 不会对厂内员工和周边居民造成非致癌健康风险。该污水处理厂恶臭气体的模型预测极值的 HI>1，表明在 NH_3、H_2S 和 CS_2 的混合恶臭会对污水处理厂厂内和周边浓度较高区域的人员产生非致癌的健康风险。

综上所述，该污水处理厂需要对释放到环境空气中的 NH_3、H_2S 和 CS_2 实施防控措施，尤其是针对 H_2S 的排放和扩散的防控措施，以降低（或消除）NH_3、H_2S 和 CS_2 的混合恶臭气体对厂内和周边人员的非致癌健康风险。

6.2.2　氧化沟污水处理厂 VOCs 扩散规律

1. 氧化沟污水处理厂模型模拟 VOCs 扩散结果

使用 AERMOD 模型模拟了氧化沟污水处理厂各处理单元排放的 VOCs 在大气中的扩散行为。图 6.13 为该污水处理厂周边 NH_3 和 VSCs 最大小时平均浓度的扩散模型预测结果。模型是在该污水处理厂 VOCs 排放单元周围的一个矩形网格区域（1.0km×1.0km）上进行的模型预测，覆盖了该污水处理厂厂区和厂界外的区域。

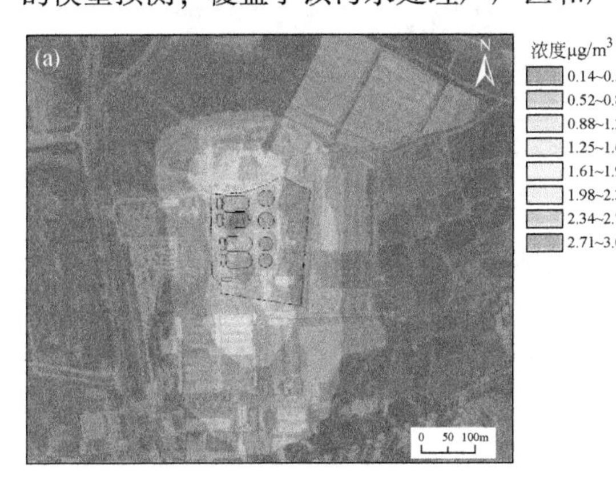

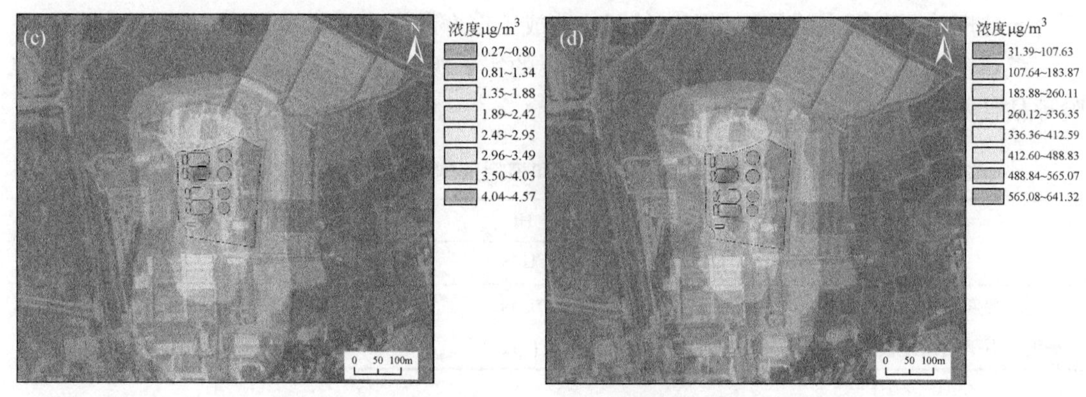

图 6.13　SBR 污水处理厂 VOCs 的最大小时平均浓度

(a) 甲苯；(b) 丙酮；(c) 二氯甲烷；(d) 总 VOCs

模拟结果表明，甲苯、丙酮、二氯甲烷和总 VOCs（以苯计）的扩散分布情况基本相同，即该污水处理厂 VOCs 的扩散主要集中在南北方向。VOCs 最大小时平均浓度的极值点位于污水处理厂厂界内东北部，最大小时平均浓度极值（μg/m³）出现在冬季，分别为甲苯（4.05）、丙酮（5.68）、二氯甲烷（5.99）和总 VOCs（以苯计）（847.78）。

图 6.14 为该污水处理厂不同处理单元对 VOCs 最大小时平均浓度极值点的贡献率。

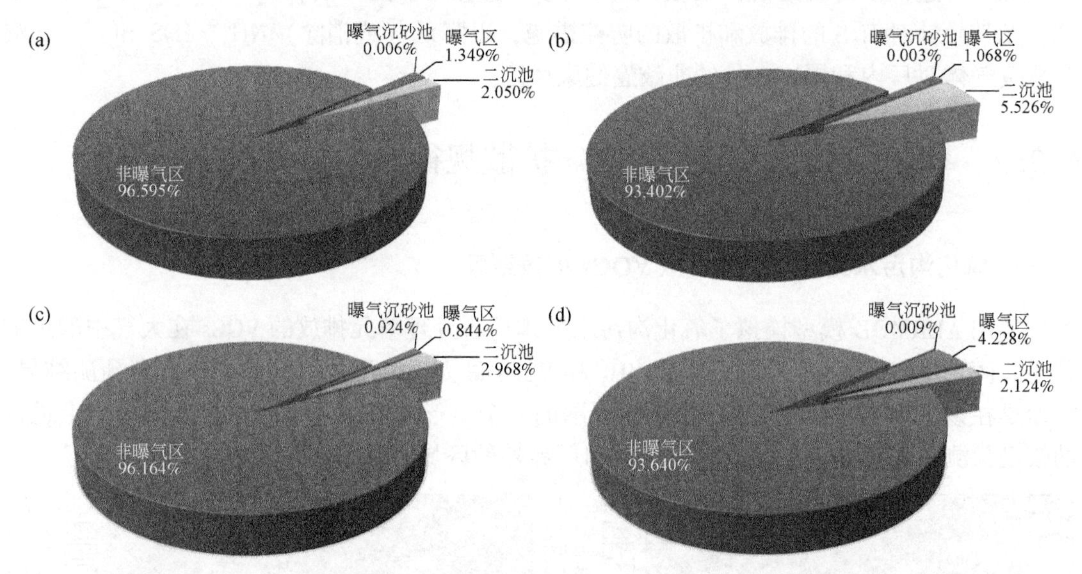

图 6.14　氧化沟污水处理厂处理单元对 VOCs 最大小时平均浓度极值点的贡献率

(a) 甲苯；(b) 丙酮；(c) 二氯甲烷；(d) 总 VOCs

可以看出，氧化沟池的非曝气区对 VOCs 最大小时平均浓度的极值点贡献率为 93% 以上，对环境空气中 VOCs 极值点的浓度起决定性作用。曝气沉砂池虽然 VOCs 的排放通量较大，对 VOCs 最大小时平均浓度的极值点贡献率极小，不足 1%，这是由于该污水处理厂的曝气沉砂池的水面积太小（约 88m²）使得 VOCs 的总排放量较小。

综上，通过模型预测结果可知，氧化沟污水处理厂排放并扩散到周边环境空气中的

VOCs 主要由氧化沟反应池的非曝气区贡献，最大小时平均浓度的极值在冬季出现。因此该污水处理厂应注重在冬季的排放 VOCs 废气的收集和处理工作，特别是加强氧化沟反应池排放的 VOCs 收集处理。

2. 氧化沟污水处理厂 VOCs 大气扩散浓度评估

利用氧化沟污水处理厂 VOCs 在大气中扩散的浓度模型预测结果，确定 VOCs 对污水处理厂厂区内员工和厂区外居民产生的感官和健康影响，以研究评价该污水处理厂排放的 VOCs 扩散到环境空气后的造成的环境影响。

（1）氧化沟污水处理厂 VOCs 大气扩散浓度感官影响评估

将 AERMOD 模型预测获得的氧化沟污水处理厂周边 VOCs 的大气扩散浓度对照表 6.4 单一 VOCs 气体的嗅阈值，对扩散到污水处理厂周边大气内的 VOCs 进行感官影响评估，确定该污水处理厂释放和扩散的 VOCs 的感官影响。

以氧化沟污水处理厂为中心，在污水处理厂周边 0.860km^2 的范围内对污水处理厂排放和扩散到环境空气中的 VOCs 浓度进行感官影响评估。评估结果表明，研究区域内污水处理厂排放和扩散到环境空气中的甲苯、丙酮、二氯甲烷的浓度均未超过嗅阈值，说明该污水处理厂排放到环境空气中的 VOCs 不会对周边人群造成恶臭影响。

（2）氧化沟污水处理厂 VOCs 大气扩散浓度健康风险评估

氧化沟污水处理厂厂界内外环境空气中 VOCs 模型预测浓度远低于 ACGIH 给定的 TVL-TWA 值（表 3.23），表明该污水处理厂排放到周边环境空气中的 VOCs 不会对厂内员工或周边居民造成寿命的影响，且不会引发相应的病症。

甲苯和二氯甲烷的模型模拟扩散极值的非致癌健康风险评估计算结果（HQ）均小于 1（表 6.11），表明该污水处理厂排放和扩散到环境空气中甲苯和二氯甲烷不会对厂内工作人员和周边居民造成非致癌健康风险。污水处理厂厂界实测极值和模型模拟极值的 HI 均小于 1，表明在甲苯和二氯化碳的混合 VOCs 气体不会对暴露在污水处理厂厂内和周边人群产生非致癌的健康风险。综上所述，该污水处理厂释放到环境空气中的 VOCs 对人体的影响较小，不会对厂内和周边人群产生非致癌健康风险。

表 6.11　氧化沟污水处理厂 VOCs 扩散极值的非致癌健康风险评估结果

HQ		HI
甲苯	二氯甲烷	
8.1×10^{-7}	9.9×10^{-6}	1.1×10^{-5}

6.3　SBR 污水处理厂空气污染物扩散规律

6.3.1　SBR 污水处理厂恶臭气体扩散规律

本研究调研了某 SBR 污水处理厂所在地区的风频和风速（图 6.15），该污水处理厂所在地区的主导风向为北风，监测该污水处理厂厂界环境空气 NH_3 和 VSCs 的浓度，研究该污水处理厂排放 NH_3 和 VSCs 的扩散情况。使用 AERMOD 大气扩散模型，输入监测获得的该污水处理厂旋流沉砂池、SBR 反应池、硝化滤池和反硝化滤池的 NH_3 和 VSCs 源强（排放通量）数据，预测污水处理厂周边的 NH_3 和 VSCs 的扩散情况，并与实际监测结果进行对比，以研究 SBR 污水处理厂排放的恶臭气体对周边环境的影响。

1. SBR 污水处理厂厂界恶臭气体扩散浓度监测

SBR 污水处理厂厂界环境空气中 NH_3 和 VSCs 的浓度监测结果如图 6.16 所示。

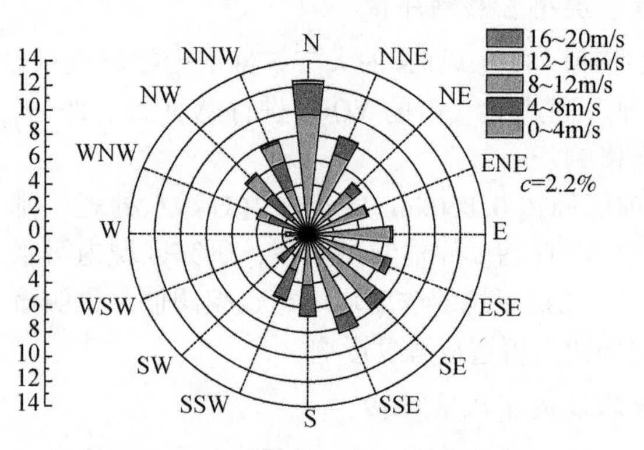

图 6.15　SBR 污水处理厂风向风速玫瑰图

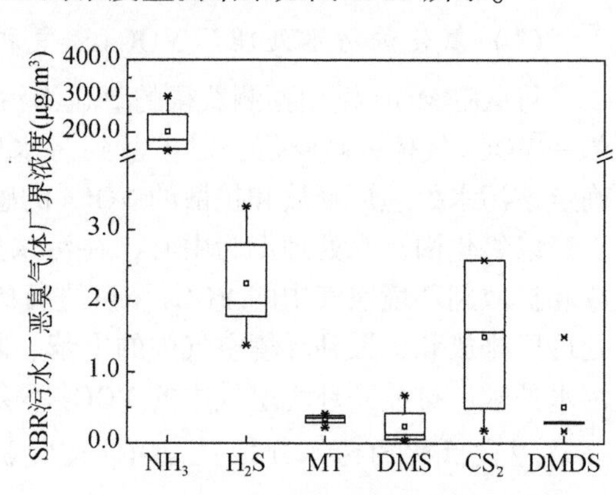

图 6.16　SBR 污水处理厂厂界 NH_3 和 VSCs 环境空气浓度

由监测结果可知，该污水处理厂厂界环境空气中 NH_3、H_2S、MT、DMS、CS_2 和 DMDS 的最大浓度分别为 300.00μg/m³、3.33μg/m³、0.42μg/m³、0.67μg/m³、2.58μg/m³ 和 1.50μg/m³，对比我国恶臭气体排放的相关标准，该污水处理厂厂界环境空气中 NH_3 和 VSCs 的最高浓度低于国家《恶臭污染物排放标准》（GB 14554—1993）和《城镇污水处理厂污染物排放标准（征求意见稿）》（GB 18918—2016）的厂界一级限值。表明该污水处理厂的厂界 NH_3 和 VSCs 浓度满足标准。

2. SBR 污水处理厂恶臭气体扩散模型预测

使用 AERMOD 模型预测了 SBR 污水处理厂各处理单元排放的 NH_3 和 VSCs 在大气中的扩散行为。图 6.17 为该污水处理厂周边 NH_3 和 VSCs 最大小时平均浓度的扩散模型预测结果。模型是在该污水处理厂 NH_3 和 VSCs 排放单元周围的一个矩形网格区域（1.5km×1.5km）上进行的模型预测计算，覆盖了该污水处理厂区和厂界外的部分区域。

模型预测结果表明，NH_3 和 VSCs 的扩散分布情况基本相同，即污水处理厂 NH_3 和 VSCs 的扩散主要集中在主导风（南北）方向。NH_3 和 DMDS 的最大小时平均浓度的极值点位于污水处理厂的南部（主导风向下方向），最大小时平均浓度极值出现在秋季，分别为 151.10μg/m³ 和 1.05μg/m³；H_2S、MT、DMS 和 CS_2 的最大小时平均浓度的极值点位于污水处理厂的北部，最大小时平均浓度的极值出现在夏季，分别为 33.90μg/m³、12.62μg/m³、4.25μg/m³ 和 0.68μg/m³。

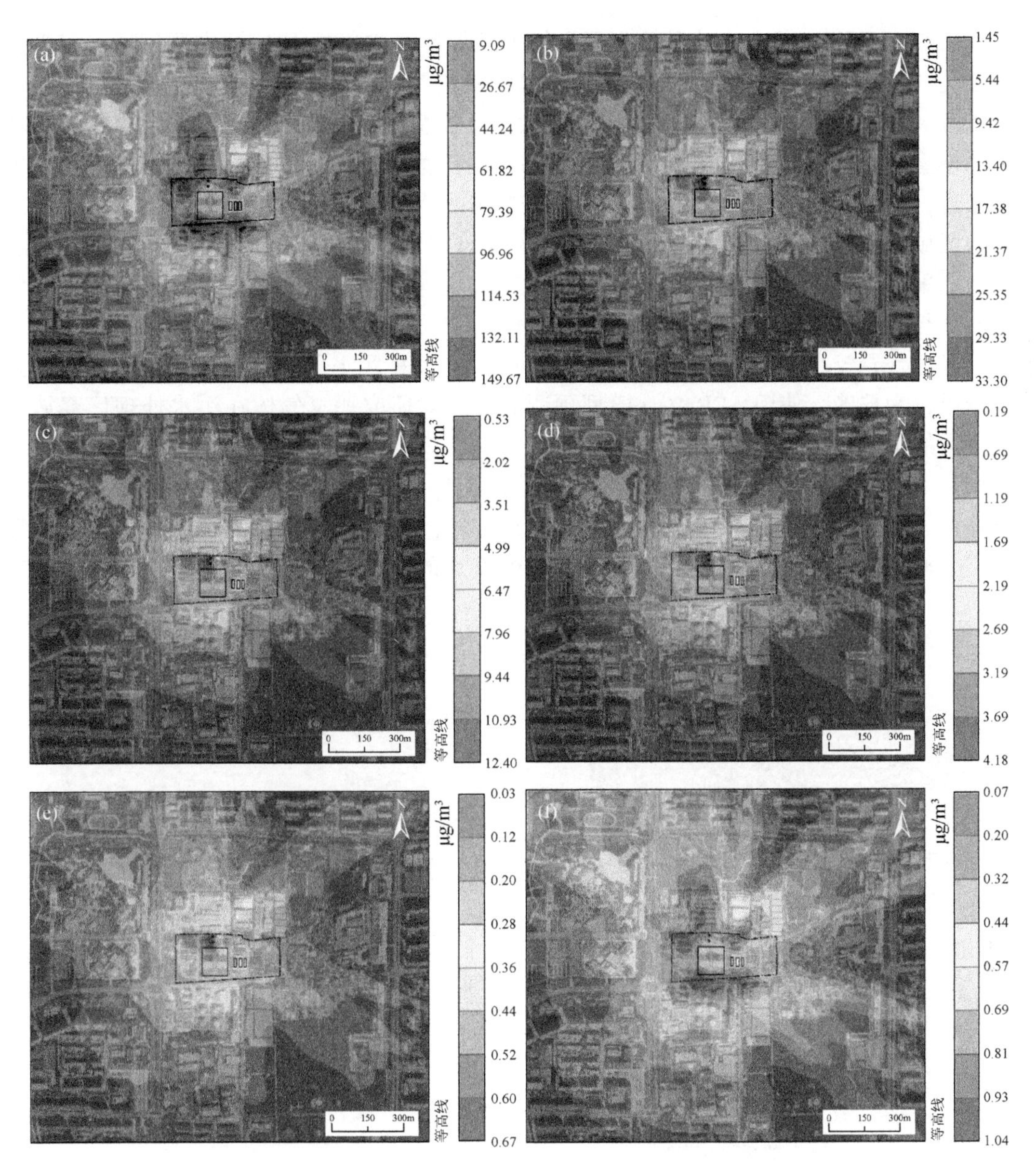

图 6.17　SBR 污水处理厂 NH_3 和 VSCs 的最大小时平均浓度

(a) NH_3；(b) H_2S；(c) MT；(d) DMS；(e) CS_2；(f) DMDS

表 6.12 为厂界实测恶臭气体浓度极值与 AERMOD 预测最大小时平均浓度极值对比。

表 6.12　SBR 污水处理厂恶臭气体厂界实测浓度极值与 AERMOD 预测浓度极值

	NH_3	H_2S	MT	DMS	CS_2	DMDS	参考文献
厂界实测极值（μg/m³）	300.00	3.33	0.42	0.67	2.58	1.50	本研究
扩散浓度极值（μg/m³）	151.10	33.90	12.62	4.25	0.68	1.05	本研究
扩散浓度极值（μg/m³）	4.30	59.00	—	—	—	—	(Zhang et al., 2016)

注：“—”表示文献未给出。

由表6.12可知，SBR污水处理厂恶臭气体厂界环境空气中NH_3的实测极值和模型极值为恶臭气体中最大值，H_2S的实测极值和模型极值为VSCs中最大值。这是由于NH_3和H_2S在污水处理厂排放通量在各处理单元均大于其他恶臭气体。与Zhang et al.（2016）使用高斯模型对SBR污水处理厂NH_3和H_2S的排放扩散研究结果对比，H_2S扩散极值浓度较为接近，NH_3的扩散极值浓度与本研究相比较小。另外，模型预测结果覆盖了污水处理厂周边区域整个自然年的扩散情况，而实际采样监测的覆盖的区域面积和时间长度有限，使得实际采样监测无法全面表征出恶臭气体在污水处理厂周边的扩散情况，这也是导致模型预测值与实测值存在一定差异的原因。总体来说，厂界实测极值与采用AERMOD模型预测的极值差异较小，表明利用AERMOD模型预测SBR污水处理厂周边恶臭气体的扩散浓度结果较为准确，使用AERMOD模型预测的方法对研究恶臭气体在污水处理厂释放后在大气中的扩散情况具有重要的参考意义。

图6.18为SBR污水处理厂不同处理单元对NH_3和VSCs最大小时平均浓度极值点恶臭气体排放的贡献率。表明旋流沉砂池对H_2S、MT、DMS和CS_2最大小时平均浓度的极值点贡献率达到了100%，对这4种VSCs在极值点的浓度起决定性作用。SBR反应池对

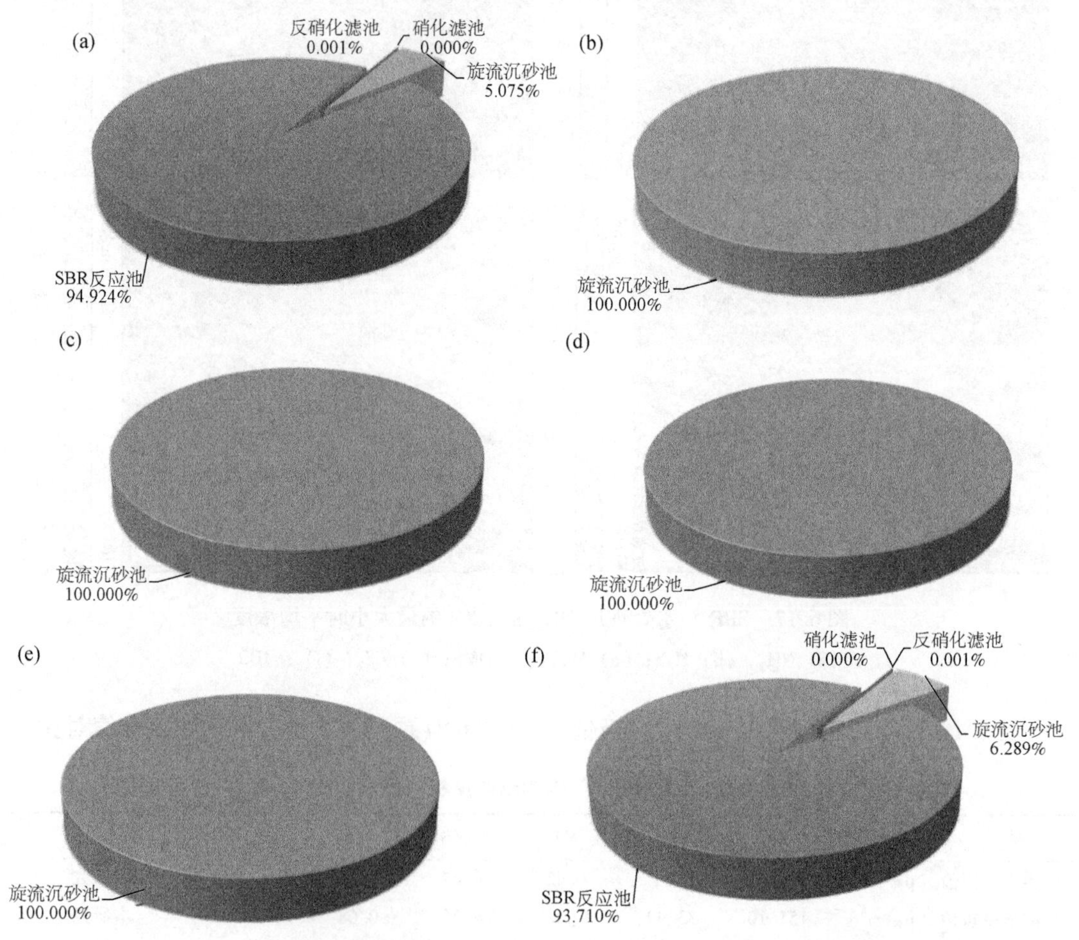

图6.18 SBR污水处理厂各处理单元对NH_3和VSCs最大小时平均浓度极值点的贡献率

(a) NH_3；(b) H_2S；(c) MT；(d) DMS；(e) CS_2；(f) DMDS

NH_3 和 DMDS 的最大小时平均浓度的极值点贡献率为 94%，对 NH_3 和 DMDS 在极值点的浓度起主要贡献作用。反硝化滤池和硝化滤池单元的 NH_3 和 VSCs 排放通量较小，对环境空气中 NH_3 和 VSCs 的贡献率非常低（<0.001%）。

综上，通过模型预测结果可知，SBR 污水处理厂排放并扩散到周边环境空气中的 NH_3 和 DMDS 主要由 SBR 反应池贡献，最大小时平均浓度的极值在秋季出现，极值分别为 151.10μg/m³ 和 1.05μg/m³；H_2S、MT、DMS 和 CS_2 主要由旋流沉砂池贡献，最大小时平均浓度的极值在秋季出现，极值分别为 33.90μg/m³、12.62μg/m³、4.25μg/m³ 和 0.68μg/m³。因此该污水处理厂应注重在夏季和秋季的 NH_3 和 VSCs 废气收集和处理，重点对 SBR 反应池排放的 NH_3 和 DMDS 和对旋流沉砂池排放的 H_2S、MT、DMS 和 CS_2 进行收集与处理。

3. SBR 污水处理厂恶臭气体大气扩散浓度评估

本研究利用 SBR 污水处理厂厂界恶臭气体浓度的实际监测结果和污水处理厂厂区周边恶臭气体浓度的模型预测结果，确定 NH_3 和 VSCs 对污水处理厂厂内员工和厂区外居民产生的感官和健康影响，以研究评价该污水处理厂排放的恶臭气体扩散到环境空气后的造成的环境影响。

（1）SBR 污水处理厂恶臭气体大气扩散浓度感官影响评估

将 AERMOD 模型预测获得的 SBR 污水处理厂周边恶臭气体的大气扩散浓度对照表 3.16 单一恶臭气体浓度和臭气强度之间的关系，对扩散到污水处理厂周边大气内的恶臭气体进行感官影响评估，确定该污水处理厂释放和扩散的恶臭气体的臭气强度等级的影响范围。以 SBR 污水处理厂为中心，在污水处理厂周边 3.01km² 的范围内，对污水处理厂排放和扩散到环境空气中的恶臭气体浓度进行感官影响评估，结果如图 6.19 所示。

可以看出，NH_3 对厂区北部和南部小部分区域产生较轻恶臭的影响，对临近厂区北方和南方的小部分区域内的居民和单位产生较轻恶臭的影响。H_2S、MT 和 DMS 对全部厂区和周边区域的居民和单位均产生较轻恶臭以上的影响，其中 MT 对厂区旋流沉砂池周边区域甚至产生了较强恶臭的影响。

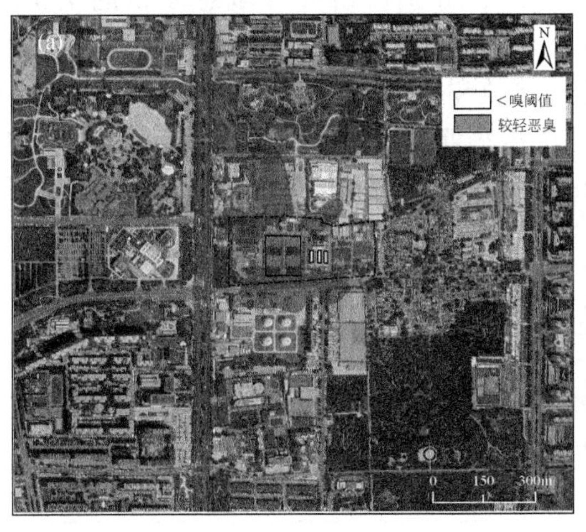

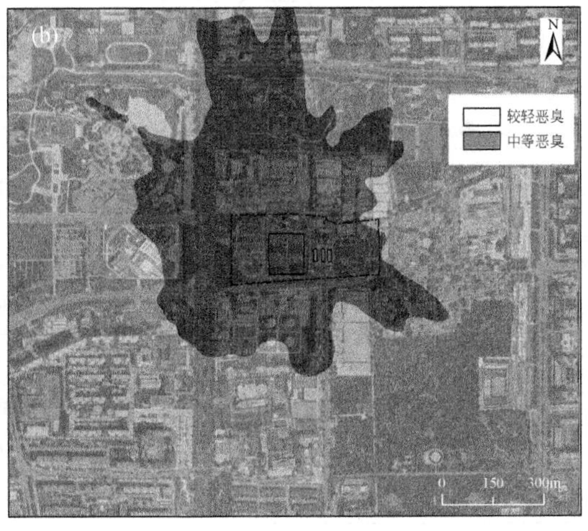

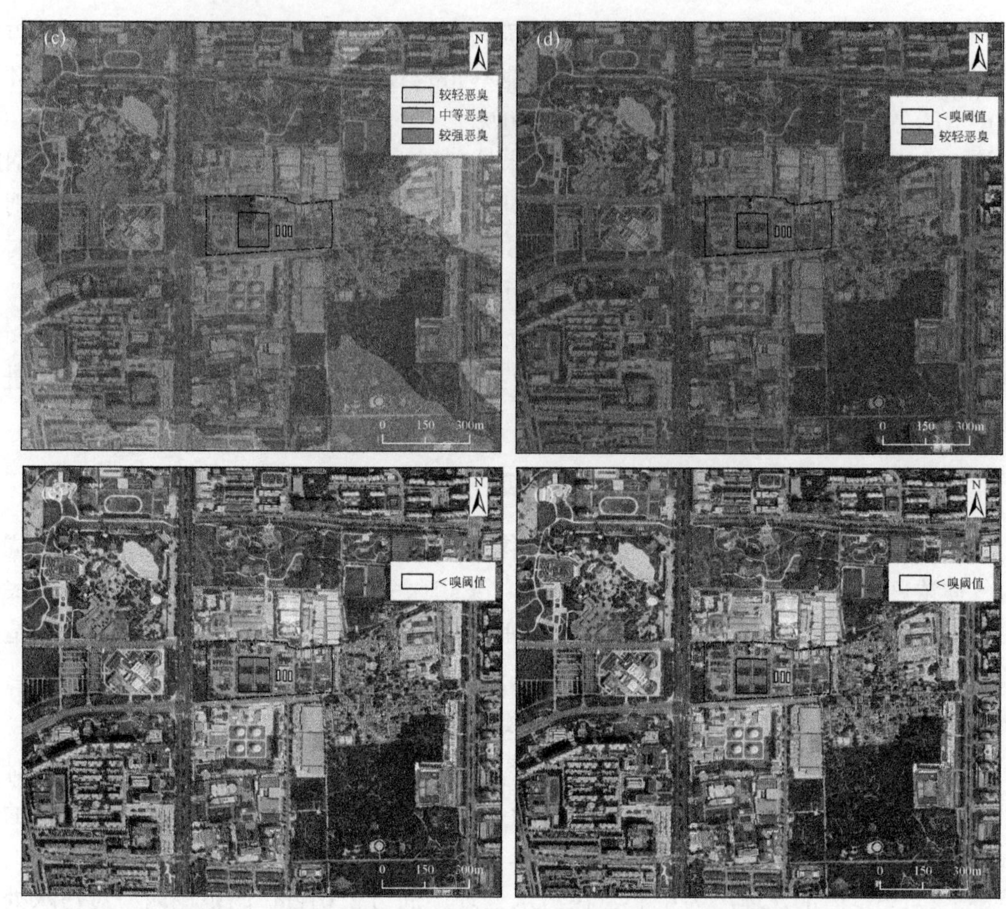

图 6.19　SBR 污水处理厂 NH_3 和 VSCs 的不同臭气强度的影响区域

(a) NH_3; (b) H_2S; (c) MT; (d) DMS; (e) CS_2; (f) DMDS

表 6.13 为 SBR 污水处理厂周边区域内 NH_3 和 VSCs 不同臭气强度的影响面积。在研究区域内（3.014km^2），周边受到污水处理厂排放 NH_3、H_2S、MT 和 DMS 的影响范围分别为 0.071km^2、3.014km^2、3.014km^2 和 2.927km^2，分别占研究区域总面积的 2.3%、100.0%、100.0% 和 97.0%。其中 MT 对污水处理厂周边区域的恶臭影响最为严重，恶臭影响等级达到了较强恶臭等级；而该污水处理厂排放和扩散到环境空气中的 CS_2 和 DMDS 的臭气强度均未超过嗅阈值。上述结果表明，该污水处理厂应对 NH_3、H_2S、MT 和 DMS 的排放和扩散进行收集和处理，减少对周边的恶臭影响。尤其要控制旋流沉砂池排放的 MT 对厂内员工的影响。

表 6.13　SBR 污水处理厂 NH_3 和 VSCs 的不同臭气强度的影响面积

恶臭气体种类	影响面积（km^2）			
	<嗅阈值	较轻恶臭	中等恶臭	较强恶臭
NH_3	2.943	0.071	0	0
H_2S	0	2.479	0.535	0

续表

恶臭气体种类	影响面积（km^2）			
	<嗅阈值	较轻恶臭	中等恶臭	较强恶臭
MT	0	0.840	2.168	0.007
DMS	0.088	2.927	0	0
CS_2	3.014	0	0	0
DMDS	3.014	0	0	0

（2）SBR污水处理厂恶臭气体大气扩散浓度人体健康评估

SBR污水处理厂向周边大气扩散的 NH_3 和VSCs浓度均未超过ACGIH给定的TLV-TWA值（表3.23），表明该污水处理厂排放并扩散到周边环境空气中的 NH_3 和VSCs不会对厂内非处理单元的员工和厂外居民造成寿命影响，也不会引发相应的病症。

NH_3、H_2S 和 CS_2 的厂界实测极值和模型预测极值的非致癌健康风险评估计算结果（HQ和HI）如表6.14所示。

表6.14　SBR污水处理厂厂界实测极值和模型预测极值的非致癌健康风险评估计算

	HQ			HI
	NH_3	H_2S	CS_2	
厂界实测极值	0.60	1.67	0.00	2.27
最大小时平均浓度极值	0.30	16.95	0.00	17.25

可以看出，H_2S 厂界实测极值和模型预测极值的HQ均大于1，表明在SBR污水处理厂周边存在 H_2S 浓度较高的区域，由于该区域环境空气中接收了较多的SBR排放和扩散的 H_2S，在该区域的工作人员或居民会受到非致癌的健康风险。NH_3 和 CS_2 的厂界实测极值和模型预测极值的HQ均小于1，表明该污水处理厂排放和扩散到环境空气中 NH_3 和 CS_2 不会对厂内员工和周边居民造成非致癌健康风险。该污水处理厂厂界实测极值和模型预测极值的HI均大于1，表明 NH_3、H_2S 和 CS_2 的混合恶臭会对厂内员工和周边浓度较高区域的人群产生非致癌的健康风险。

综上所述，该污水处理厂需要对释放到环境空气中的 NH_3、H_2S 和 CS_2 实施防控措施，尤其是加强针对 H_2S 的排放和扩散的防控措施，以降低（或消除）NH_3、H_2S 和 CS_2 的混合恶臭气体对厂内和周边人群的非致癌健康风险。

6.3.2　SBR污水处理厂VOCs扩散规律

1. SBR污水处理厂模型模拟VOCs扩散结果

使用AERMOD模型模拟了SBR污水处理厂VOCs的最大小时平均浓度，结果如图6.20所示，预测模型是在SBR污水处理厂VOCs排放单元周围的一个矩形网格区域

(1.5km×1.5km) 上进行的模型预测计算，以覆盖该污水处理厂厂区和厂界外的部分区域。

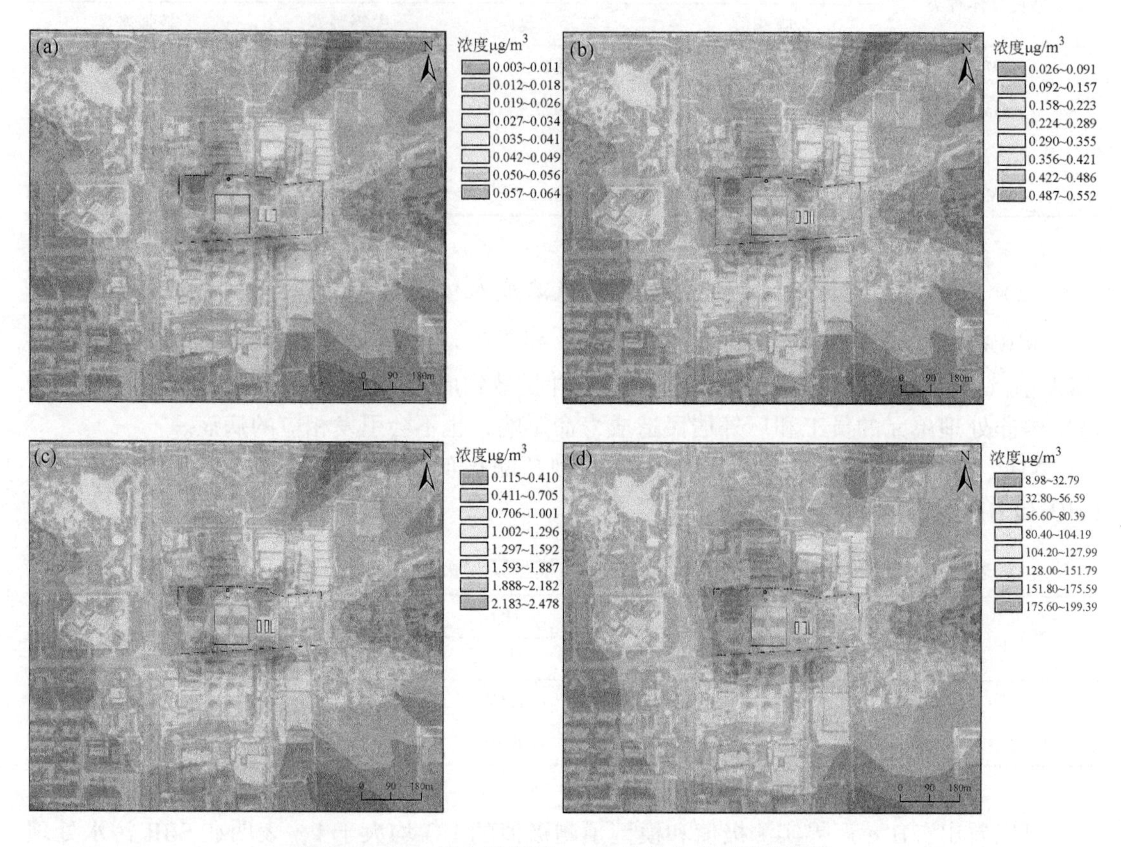

图 6.20　SBR 污水处理厂 VOCs 的最大小时平均浓度

(a) 甲苯；(b) 丙酮；(c) 二氯甲烷；(d) 总 VOCs

模拟结果表明，甲苯、丙酮、二氯甲烷和总 VOCs（以苯计）的扩散分布情况基本相同，即该污水处理厂 VOCs 的扩散主要集中在南北方向，VOCs 最大小时平均浓度的极值点位于该污水处理厂厂区内西北部，最大小时平均浓度极值（μg/m³）出现在秋季，分别为甲苯（0.06）、丙酮（0.51）、二氯甲烷（2.30）和总 VOCs（201.80）。

图 6.21 为 SBR 污水处理厂不同处理单元对 VOCs 最大小时平均浓度极值点的贡献率。

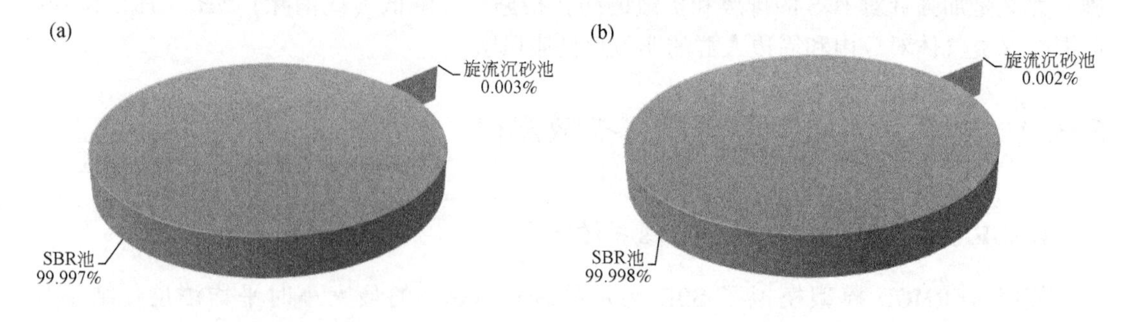

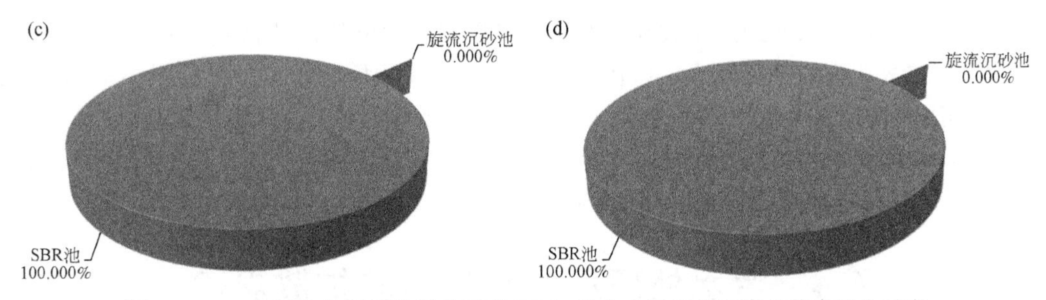

图 6.21　SBR 污水处理厂处理单元对 VOCs 最大小时平均浓度极值点的贡献率
(a) 甲苯；(b) 丙酮；(c) 二氯甲烷；(d) 总 VOCs

由图 6.21 可知，SBR 反应池对 VOCs 最大小时平均浓度的极值点贡献率达到了 99%以上，对 VOCs 在极值点的浓度起决定性作用。

综上，通过模型预测可知，该污水处理厂排放并扩散到周边环境空气中的 VOCs 主要由 SBR 反应池贡献，最大小时平均浓度的极值在秋季出现。因此该污水处理厂应注重秋季排放 VOCs 的收集和处理，特别要加强 SBR 反应池排放的 VOCs 收集与处理。

2. SBR 污水处理厂 VOCs 大气扩散浓度评估

利用 SBR 污水处理厂 VOCs 在大气中扩散的浓度模型预测结果，确定 VOCs 对该污水处理厂厂内员工和厂区外居民产生的感官和健康影响，以研究评价该污水处理厂排放的 VOCs 扩散到环境空气后造成的影响。

(1) SBR 污水处理厂 VOCs 大气扩散浓度感官影响评估

将 AERMOD 模型预测获得的 SBR 污水处理厂周边 VOCs 大气扩散浓度对照表 6.4 单一 VOCs 气体的嗅阈值，对扩散到污水处理厂周边大气内的 VOCs 进行感官影响评估，确定污水该处理厂释放的 VOCs 的感官影响。

以 SBR 污水处理厂为中心，在厂周边 3.01km^2 的范围内对该排放和扩散到环境空气中的 VOCs 浓度进行感官影响评估。评估结果表明，该污水处理厂排放和扩散到环境空气中的甲苯、丙酮、二氯甲烷的浓度均未超过嗅阈值，说明该污水处理厂排放到环境空气中的 VOCs 不会对周边人群造成恶臭影响。

(2) SBR 污水处理厂 VOCs 大气扩散浓度健康风险评估

SBR 污水处理厂厂界内外环境空气中 VOCs 模型预测浓度远低于 ACGIH 给定的 TVL-TWA 值（表 3.23），表明该污水处理厂排放并扩散到周边环境空气中的 VOCs 不会对厂内外人群造成工作寿命的影响，且不会引发相应的病症。

甲苯和二氯甲烷的模型模拟扩散极值的非致癌健康风险评估计算结果（HQ）均小于 1（表 6.15）。

表 6.15　SBR 污水处理厂 VOCs 扩散极值的非致癌健康风险评估结果

HQ		HI
甲苯	二氯甲烷	
1.2×10^{-5}	3.8×10^{-3}	3.9×10^{-3}

可以看出，该污水处理厂排放和扩散到环境空气中的甲苯和二氯甲烷不会对厂内员工和周边人群造成非致癌健康风险。该污水处理厂厂界实测极值和模型模拟极值的 HI 均小于 1，表明甲苯和二氯化碳的混合 VOCs 气体不会对暴露在污水处理厂厂区内和周边人群产生非致癌的健康风险。综上所述，该污水处理厂释放到环境空气中 VOCs 对人群的影响较小，不会对厂内和周边人群产生非致癌健康风险。

6.4 污水处理厂生物气溶胶扩散规律

分别在生物反应池水面上方 0.1m、1.5m 和 3.0m 处设置监测点，分析生物气溶胶的浓度，研究生物气溶胶的垂直扩散规律，并在距离生物反应池下风向的不同距离处（25m、55m 和 210m）设置采样点研究生物气溶胶的水平扩散规律。

6.4.1 生物气溶胶垂直扩散规律

1. 颗粒物垂直扩散规律

生物反应池水面上方不同采样点的颗粒物数量如图 6.22 所示。

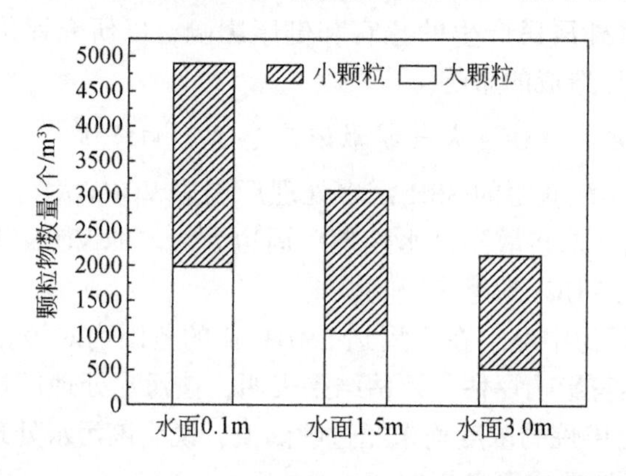

图 6.22 污水处理厂水面上方不同采样点颗粒物数量

研究发现，颗粒物的粒径及数量与距离生物反应池的高度相关。在水面上方 0.1m 处的空气中，空气检出颗粒物数量为 4891 个/m³。水面上方 3.0m 处，空气中颗粒物数量为 2152 个/m³。随着距离水面高度的增加，空气中的颗粒物的数量明显减小，在 3.0m 处时减少了 69.5%。扫描电镜观察发现，大颗粒的数量和比例明显降低，同时，小颗粒的比例增加，从 59.46% 增加至 75.62%。

2. 微生物垂直扩散规律

图 6.23 和图 6.24 分别为污水处理厂生物反应池不同水面高度采样点细菌气溶胶浓度和种群多样性分析结果。

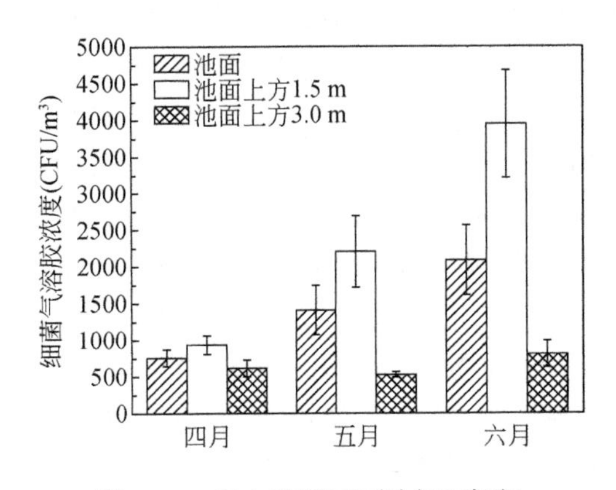

图6.23　污水处理厂不同水面高度细菌气溶胶的浓度

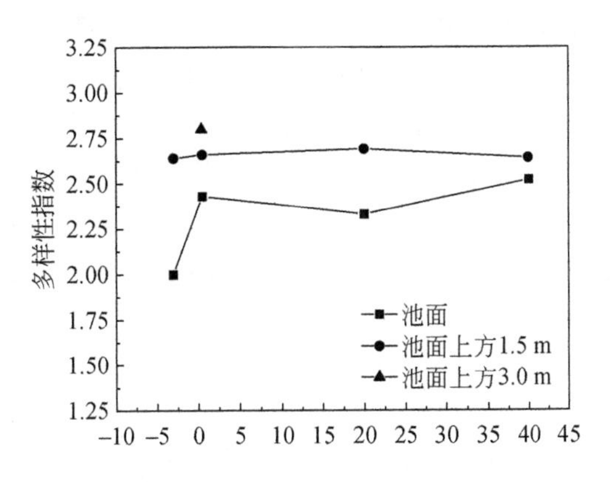

图6.24　污水处理厂不同水面高度细菌气溶胶种群多样性

结果表明，在氧化沟工艺污水处理厂，水面上方0.1m处检测到的微生物浓度较高，是对照空气中的20~30倍。随着高度增加，到水面上方1.5m处和水面上方3.0m处时，细菌气溶胶的浓度分别下降了34.29%和72.44%。在生物反应池水面上方的垂直空间内，生物气溶胶的种群组成也相应变化。随高度的增加，微生物种群的多样性明显增多。水面0.1m处的生物气溶胶中的主要微生物为*Enterobacter aerogenes*，在3.0m处，其所占比例下降了7.41%。

在SBR工艺污水处理厂，当距离水面的距离从0.1m增加到1.5m和3.0m时，生物反应池空气中的细菌气溶胶浓度分别下降了24.8%和83.4%，室外的空气流动加速了生物气溶胶的扩散。在水面上方0.1m处，生物气溶胶中大多数的细菌与水中相近，表明空气的微生物主要来源于生物反应池。在京津冀地区的污水处理厂中，水面上方0.1m处生物气溶胶中20%~30%的细菌来源于污水；随着采样点高度的增加，1.5m高处的气溶胶来源于污水的细菌减少了5.36%。在长三角地区和珠三角地区的污水处理厂也观察到类似的现象。除了数量，生物气溶胶中微生物群落结构也有明显变化，对比水面上方0.1m处和水面上方3.0m处的生物气溶胶的种群结构，主要微生物*Moraxellaceae*的丰度减少了7.25%。

在A^2/O污水处理厂的生物反应池的采样高度从水面0.1m增加到3.0m时，生物气溶胶的微生物平均浓度下降36.14%，生物反应池的主要微生物*Subdoligranulum*和*Micrococcaceae*所占比例下降了12%。细菌气溶胶在生物反应池垂直高度内的传输过程中，随高度增加气溶胶中微生物种群的多样性增加。

6.4.2　生物气溶胶水平扩散规律

污水处理厂的生物气溶胶从产生源释放至周围环境空气中之后，其主要组成成分，包括微生物、颗粒物及化学物质的数量都会发生变化。随着水平距离的扩散，污水处理厂生物气溶胶中主要物质浓度都呈现下降的趋势，微生物群落、颗粒物中可溶性物质占比、小颗粒占比及化学物质组分也发生变化（Han et al.，2021；Xu et al.，2018）。细菌气溶胶的水平扩散结果显示，A^2/O 工艺污水处理厂各单元产生的生物气溶胶中，有低于5.0%的气溶胶逸散到污水处理厂外，位于室外的处理工段空气中的细菌气溶胶具有类似的优势菌群，当扩散到下风向厂界时，其多样性降低。氧化沟工艺污水处理厂各单元产生的生物气溶胶中，有低于9.0%的气溶胶逸散到污水处理厂外，沿水平方向各处理单元空气中的生物气溶胶主要菌属的丰度明显降低（图6.25）（Yang et al.，2019）。在生化处理段生物气溶胶的浓度为100～1000 CFU/m^3，主要菌种类包括 *Bacteroidetes*、*Proteobacteria* 和 *Actinobacteria*。随着采样点与生物反应池水平距离的增加，在25m、55m和210m等位点处生物气溶胶丰度分别下降了40%～50%、60%～70%和68%～75%，小粒径粒子的比例增多，主要菌种类也发生变化（*Verrucomicrobia*，*Planctomycetes* 和 *Spirochaetes*）。SBR工艺污水处理厂产生的生物气溶胶中，有低于10.0%的气溶胶逸散到污水处理厂外，从厂区传输至下风向的过程中除个别菌属逐渐积累增多以外，多数菌属的丰度在传输过程中有不同程度的降低。

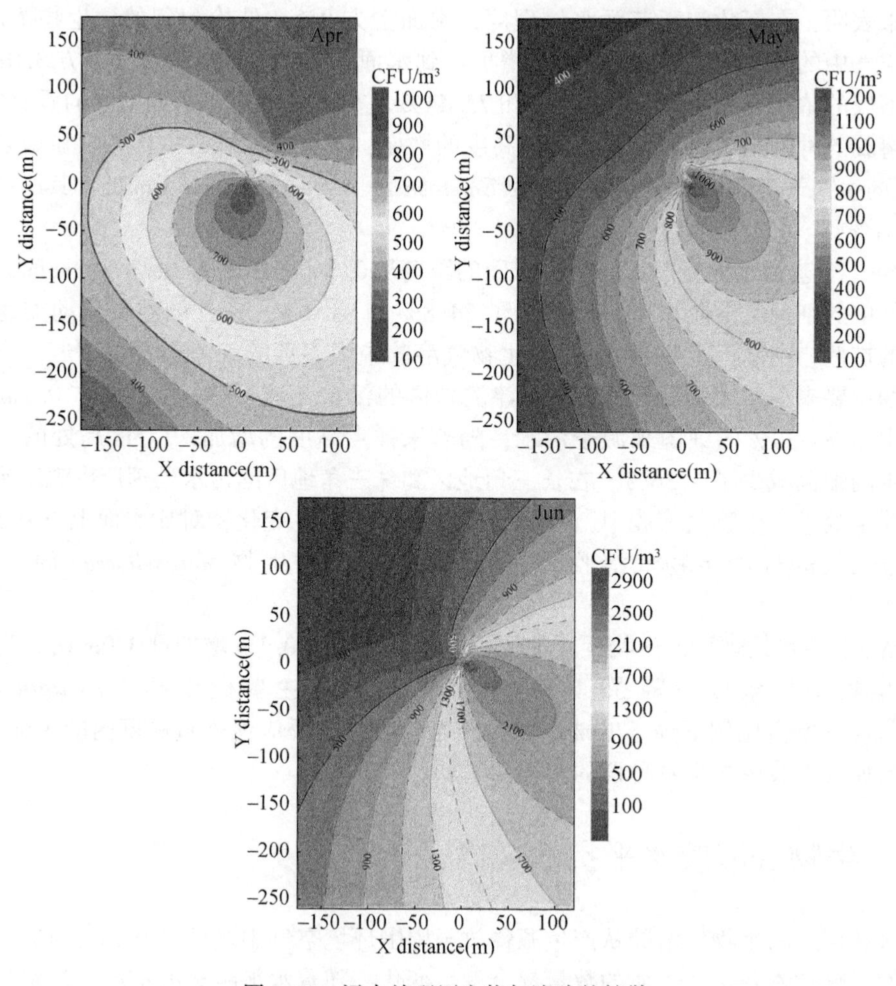

图6.25　污水处理厂生物气溶胶的扩散

6.4.3　环境因子对生物气溶胶扩散的影响

1. 影响因素

城镇污水处理厂产生的大量生物气溶胶，其扩散受外界环境的影响因素包括风速、温度、相对湿度、光照强度、大气压力、空气离子等。

风速：生物气溶胶颗粒的大气传输和气象条件如风等密切相关，风速被认为是最主要的决定因素。风吹过水和陆地表面产生气溶胶，使其悬浮在空气中并进行传输（Dueker et al., 2017；Griffin，2007）。京津冀地区、长三角地区和珠三角地区污水处理厂的平均风速分别为 2.98m/s、1.56m/s 和 0.33m/s。风会通过空气流动将小颗粒带向较远的位置，因此可以减少生物气溶胶的浓度。

温度和湿度：温度和湿度通常被认为会影响微生物的空气传播，同时也会影响其传染性。例如，传染性颗粒的粒径会由于温湿度的变化而改变。但是温度、湿度对病毒、细菌和真菌的影响有所不同。有研究显示高湿度对病毒具有杀灭作用；降雨会导致空气中花粉、内毒素和葡聚糖浓度升高，真菌孢子浓度也升高。

光照：生物气溶胶在空气中传播，还会受到辐射的作用，包括紫外辐射以及长波和可见光的辐射等。其中，紫外辐射波长短、能量强，可以破坏菌体的 DNA。长波和可见光会影响酵母菌和细菌线粒体中的细胞色素。与室内传播相比，微生物的室外传播受到的影响因素更复杂，即使是光照和温湿度都相同的情况下，室外环境对微生物的毒性影响仍比室内更强。

2. 环境因子对生物气溶胶扩散的相关性分析

CCA 分析的结果也显示风对生物气溶胶的扩散有影响（图 6.26）。除了风速，温度、光照强度以及相对湿度等都会对生物气溶胶的扩散有一定的影响。对于微生物种群，温度

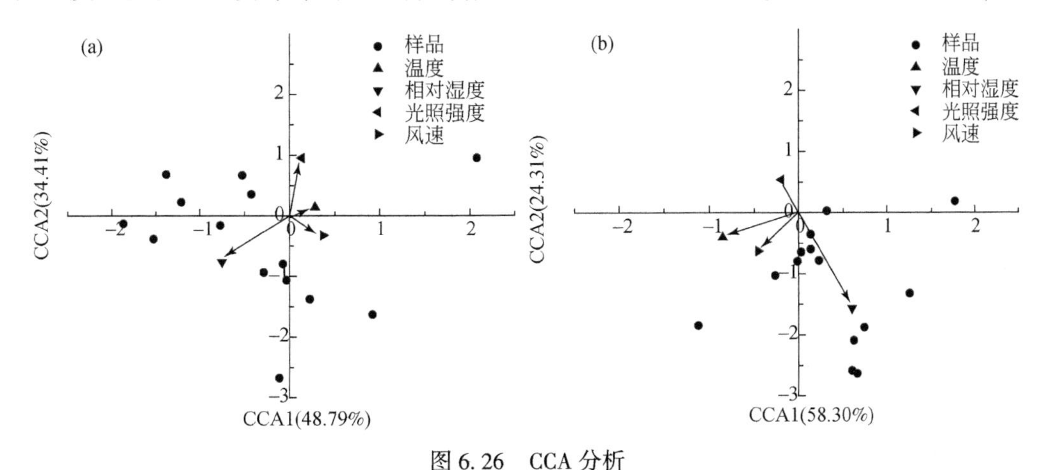

图 6.26　CCA 分析

（a）微生物；（b）化学物质

和湿度与其正相关，而风速和光照则是负相关。由于大颗粒的沉降、风的稀释和扩散以及紫外线损伤等原因，导致空气中的生物气溶胶的浓度随着距离产生源的水平距离的增加而显著降低，其种群结构也发生明显变化。悬浮在空气中的生物气溶胶以小粒径的粒子为主（Wang et al.，2018）。

参考文献

Dueker M E，O'Mullan G D，Martinez J M，et al. 2017. Onshore wind speed modulates microbial aerosols along an urban waterfront. Atmosphere，8（11）：215.

Griffin D W. 2007. Atmospheric movement of microorganisms in clouds of desert dust and implications for human health. Clinical Microbiology Reviews，20（3）：459-477.

Han Y，Li L，Wang Y，et al. 2021. Composition，dispersion，and health risks of bioaerosols in wastewater treatment plants：a review. Frontiers of Environmental Science & Engineering，15（3）：38.

Nagata Y，Takeuchi N. 1980. Relationship between concentration of odorants and odor intensity. Bulletin of Japan Environmental Sanitation Center，7：75-86.

Wang Y，Li L，Han Y，et al. 2018. Intestinal bacteria in bioaerosols and factors affecting their survival in two oxidation ditch process municipal wastewater treatment plants located in different regions. Ecotoxicology and Environmental Safety，154：162-170.

Xu G，Han Y，Li L，et al. 2018. Characterization and source analysis of indoor/outdoor culturable airborne bacteria in a municipal wastewater treatment plant. Journal of Environmental Sciences，74：71-78.

Yang K，Li L，Wang Y，et al. 2019. Emission level，particle size and exposure risks of airborne bacteria from the oxidation ditch for seven months observation. Atmospheric Pollution Research，10（6）：1803-1811.

Zhang C，Wang L，Wang X，et al. 2016. Odor emission impact assessment of Zhengwangfen wastewater treatment plant in Beijing. Desalination and Water Treatment，57（38）：17901-17910.

第7章　城镇污水处理厂典型空气污染物控制技术方案

7.1　城镇污水处理厂典型空气污染物控制技术概述

随着我国经济的高速发展与城镇化进程的加快，城镇环境空气复合性污染态势日趋严重，由细颗粒物、VOCs等不同类型的污染物大量排放所导致的城镇环境空气质量恶化问题，已成为近年我国政府和广大城镇居民关注的重大环境问题之一。城镇污水处理厂在完成对污水净化的同时，也会向城镇空气中排放大量的有毒有害污染物（Yang et al., 2019；林坚等, 2016），主要包括恶臭气体（如氨气、硫化氢、有机硫化物等）、VOCs（如苯系物、卤代烃类等）、温室气体（如甲烷、二氧化碳、氧化亚氮等）和生物气溶胶（含有细菌、真菌、病毒和过敏原）等（Sanchez-Monedero et al., 2005），因此，城镇污水处理厂也被认为是空气污染物和灰霾的重要排放源之一。

我国在《城镇污水处理厂污染物排放标准》（GB 18918—2002）中，规定了氨、硫化氢、臭气浓度、甲烷等废气排放限定值。近几年，我国新建和升级改造的污水处理厂相继建设废气处理设施控制污水处理厂的臭气。但对甲硫醇和甲硫醚等恶臭物质、VOCs、微生物气溶胶等目前并没有规定排放标准，在废气处理设施的设计和建设中也未予以考虑。然而，这些物质存在于污水处理过程产生的废气中，并对人体健康和周边环境具有潜在的危害。

这里进行城镇污水处理厂空气污染物控制技术与排放标准的国内外调研，包括空气污染物的收集方式、处理技术类型、处理效能以及空气污染物排放标准等，为全面控制城镇污水处理厂废气污染，指导相关部门科学地选择适宜技术和高效组织实施与过程的规范化管理，提供支持。

7.1.1　城镇污水处理厂空气污染物的控制技术

1. 恶臭和VOCs的控制技术

1）源头控制技术

（1）*源头减量技术*

源头减量是指在空气污染物的产生源采取措施减少污染物产生。某城镇污水处理厂采用源头削减的微生物除臭技术，即通过特制填料的接种、诱导和催化作用，在污水处理厂生物池的活性污泥中培养、富集高效的除臭微生物，并将含有除臭微生物的污泥回流至污水处理厂进水端。除臭微生物与水中的恶臭物质发生吸附、凝聚和生物转化降解等作用，使得恶臭物质在进水端的水中得到去除。在后续的污水处理过程中，没有恶臭物质逸散。该除臭系统正常运行后，构筑物周围的环境空气明显改善，没有了原来的刺激性气味。恶臭得到了有效地去除。另外，根据环保部门统计，污水处理厂自源头削减除臭系统运行以来，周边一直没有接到有关恶臭的投诉，与以往较高的投诉率相比有了彻底地改善。在运行成本方面，源头削减除臭工艺无需臭气收集和输送，运行成本大幅降低，同时，处理设备少、维护简单。

(2) 全过程源头削减生物除臭工艺

全过程除臭工艺是将含有组合生物填料的培养箱安装于污水处理厂生物池内，活性污泥混合液经过培养箱，其中的除臭微生物得以驯化和富集；将二沉池排出的活性污泥回流于污水处理厂进水端，除臭微生物将水中的恶臭物质转化为无臭无害类物质，使得污水处理厂各构筑物恶臭物质在水中得到去除，实现污水处理厂恶臭的全过程控制，如图 7.1 所示。

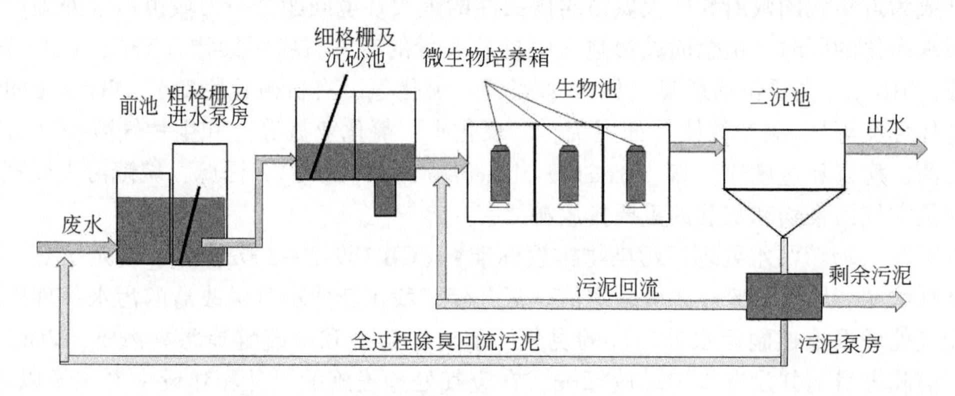

图 7.1 全过程除臭系统

全过程除臭系统由两部分组成，包括微生物培养系统和除臭污泥投加系统。微生物培养系统为在污水处理厂生物池内安装一定数量的微生物培养箱，每台培养箱提供微量空气。除臭污泥投加系统为在污泥回流泵房安装污泥泵，铺设管道输送至污水处理厂进水端。

全过程除臭工艺与常规的除臭技术不同，该技术无需臭气收集输送环节，无需新建除臭设施，在生物池内培养增殖活化除臭微生物，除臭微生物随水力流动于污水处理厂各构筑物水体中，在水中消除恶臭，实现污水处理厂全过程除臭。

在某污水处理厂全过程除臭系统投入运行前后，对除臭效果进行了长期跟踪监测，粗格栅、细格栅、旋流沉砂池和曝气沉砂池等各恶臭污染源恶臭均得到大幅消减。第三方厂界监测结果表明，各项指标均低于《城镇污水处理厂污染物排放标准》（GB 18918—2002）中相应限值。

(3) 加盖封闭技术

加盖密封的特点是将产生空气污染物的污水处理单元或设施加盖或围挡，使空气污染物与周围空气隔离（图 7.2 和图 7.3）。将空气污染物的扩散范围限制在被覆盖或围挡的密闭空间内，有效防止因有害空气污染物的逸出和扩散（李慧丽等，2007）。通常，只在加盖或围挡的罩壁上留有观察窗或不经常打开的操作检修门。根据空气污染物产生源的特点，密闭设施可以做成固定式，也可以做成移动式。

图7.2　反应池加罩

图7.3　各种反应池加罩

上海白龙港污水处理厂设计除臭能力达到175万m^3/h，除臭改造规模居全国第一。针对上海白龙港污水处理设施的特点，采用了包括无骨架大跨度低净空轻型除臭罩、臭气收集风量平衡指示及控制系统、超高效智能型复合式除臭一体化设备等，工程总加盖面积超过25万m^2，安装风管约78.5km，铺设再生水管超过10km，安装分项设备及仪器仪表逾2000个。将污水处理厂废气排放标准由目前的厂界二级提升到厂界一级。

2）过程控制技术

污水处理厂空气污染物的过程控制包括气体的收集、输送和处理。

（1）气体的收集

常用的气体收集装置是集气罩。设计完善的集气罩能在不影响污水处理设施操作和运行的前提下，用较小的排风量获得最佳的控制效果。按照气体的流动方式，集气罩分为吸气式集气罩和吹吸式集气罩两类。集气罩的安装要求应满足以下几个方面：

①集气罩尽可能包围或靠近污染源，使污染源的扩散限制在最小范围内，减小排风量；

②集气罩的吸气气流方向应尽可能与污染物气流运动方向一致，以充分利用污染气流的初始动能；

③在保证控制污染的条件下，尽量减少集气罩的开口面积，使排风量最小；

④设计时要充分考虑操作人员的位置和活动范围；

⑤集气罩的配置应与生产工艺协调一致，力求不影响工艺操作和设备检修；

⑥集气罩应力求结构简单、坚固耐用而造价低，并便于制作安装和拆卸维修；

⑦要尽可能避免或减弱干扰气流对吸气气流的影响。

（2）气体的输送

在空气污染物输送过程中，合理地设计、施工和运用输送系统，不仅能充分发挥净化系统的能效，而且直接关系到设计和运转的经济合理性。管道配置与净化装置密切相关，一般来说，管道配置应遵循以下原则：

①管道系统的配置应统一规划，力求简单、紧凑、适用，而且安装、操作、维修方便，并尽可能缩短管线长度，减少占地空间，节省投资。

②对于有多个污染源的场合，可以分散布置多个独立系统。

③管道布置应力求顺直、以减少阻力。一般圆形管道强度大、耗用材料少，但占用空间大。矩形管件占用空间小、易于布置。管道铺设应尽量明装，以方便检修。管道尽量集中成列，平行安装，并尽可能靠墙或柱子铺设，其中管径大或有保温材料的管道应设于靠墙体的内侧。管道与墙、梁、柱设备及管道之间要保持一定距离，以满足安装施工、管理维修及热胀冷缩等因素的要求。

④管道应尽量避免遮挡室内采光和妨碍门窗的开闭；应尽量避免通过电动机、配电设备以及仪表盘等的上空；应不妨碍设备、管件、阀门和人孔的操作和检修；应不妨碍吊车的通过。

⑤水平管道的铺设应有一定的坡度，以便于防水、放气和防止积尘，一般坡度为0.002～0.005。对于含固体结晶或黏度大的流体，坡度可视情况适当增大，但一般不超过0.01。坡度应考虑向风机方向倾斜，并在风管的最低点和风机底部装设水封泄液管。

⑥为方便维修、安装，以焊接为主要连接方式的管道中，应设置足够数量的法兰；以螺栓连接为主的管道，应设置足够数量的活接头；穿过墙壁或楼板的管段不得有焊缝。

⑦管道与阀件不宜直接支撑在设备上，须单独设置支架与吊架；保温管的支架应设支托；管道的焊缝应布置在施工方便和受力较小的位置上，焊缝不得位于支架处，它与支架的距离不应小于管径，至少要大于200 mm。

⑧管道上应设置必要的调节和测量装置，或者预留安装测量装置的接口，调节和测量装置应设在便于操作和观察的位置，并尽可能远离弯头、三通等部件，以减少局部涡流的影响。

⑨输送剧毒物质的风管不允许是正压，此风管也不允许穿过其他房间。

风机的选择。根据风机的作用原理，风机可分为离心式、轴流式和贯流式三种。在工程应用中选择风机时应考虑系统管网的漏风以及风机运行工况与标准工况不一致等情况。

3）末端处理技术

在传统处理技术中，研究较多且广泛采用的有吸附法、焚烧法、冷凝法、吸收法、生物法等。近年来，通过引进一些高新技术手段，逐步形成和优先发展的控制技术包括光分解法、电晕法、臭氧分解法、等离子体分解法等（李琳 & 刘俊新，2001；杨凯雄等，2016）。在这些技术中，生物除臭技术利用微生物新陈代谢作用使得污染物分解转化，无需额外消耗能源，具有工艺简单、操作方便、运行稳定、处理效果好、无二次污染、运行费用低等优势，已在国内外得到广泛应用。

（1）生物除臭技术

生物除臭的原理主要是利用微生物的新陈代谢作用，将恶臭气体作为营养物质吸收分解（Ottengraf & Van Den Oever，1983）。具体过程如下：恶臭气体通被附着在填料上的生物膜吸收，之后易溶于水的气体可以直接被微生物的细胞壁或细胞膜吸收，不溶于水的气体则需要微生物分泌胞外酶分解为可溶性物质，再被吸收至体内。恶臭气体作为营养物质被微生物代谢，最终降解为水、二氧化碳和其他小分子物质，净化后的气体排出。

① 常规生物除臭技术

生物滤池、生物洗涤器、生物滴滤池是常见的废气生物处理技术。其中生物滤池应用最为广泛（李琳 & 刘俊新，2015）。

a. 生物滤池

生物滤池内部填充填料，填料上附着微生物。先将被处理的废气加湿处理，之后加压预湿后的废气从底部进入生物滤池，与填料表面的微生物接触，被微生物降解后从生物滤池的顶部排出，其基本结构如图 7.4 所示。生物滤池可处理污染物的范围广，包括亲水性物质和疏水性物质。通常亨利系数小于 1 的物质一般适合采用生物滤池处理。

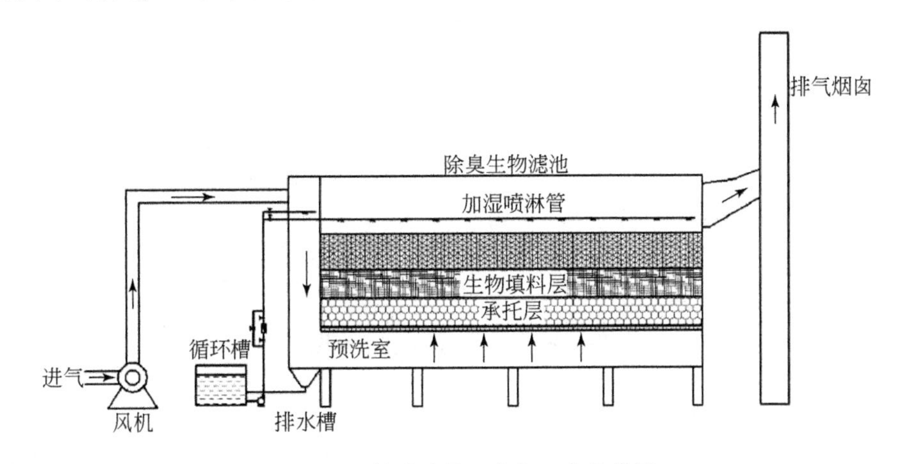

图 7.4　生物滤池处理废气工艺示意图

b. 生物洗涤塔

生物洗涤塔由装有惰性填料的洗涤塔和带有活性污泥的生物反应器两部分组成。洗涤塔顶部向下持续喷洒水珠，废气从底部进入，在向上扩散过程中与水接触后从气相转入液相，进入液相的污染物被水带入生物反应器，被微生物降解（图 7.5）。生物洗涤塔适用于处理亨利系数小于 0.01 的易溶性 VOCs 和恶臭物质，如 SO_2、乙酸、氨等。

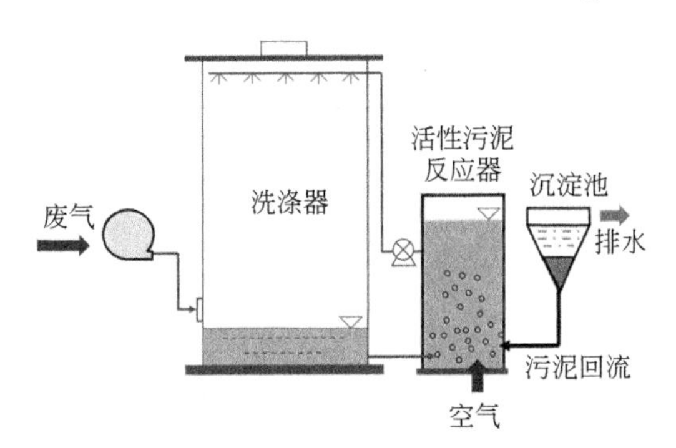

图 7.5　生物洗涤塔基本构造

c. 生物滴滤池

生物滴滤池是介于生物滤池和生物洗涤塔之间的废气处理装置。生物滴滤池的装置顶部设有喷淋装置，提供了微生物生长的营养物质。废气由气相到液相的传质以及生物降解发生在同一个反应器内，循环水不断从生物滴滤池顶部向下喷洒在填料上，孔隙率高、持水力低的惰性填料表面被微生物形成的生物膜所覆盖（图 7.6）。废气通过滴滤池时，首先被生物膜表面的液膜吸收（或溶解于其中），然后在生物膜上发生生物降解，从而被去除。生物滴滤池可以处理亨利系数小于 0.1 的挥发性有机污染物及恶臭物质。生物滴滤由于设有营养液循环喷淋系统，在微生物生长调节方面具有优势，其除臭过程更容易调控，具有更大的缓冲能力，但运行成本相应增高（王东伟，1999）。

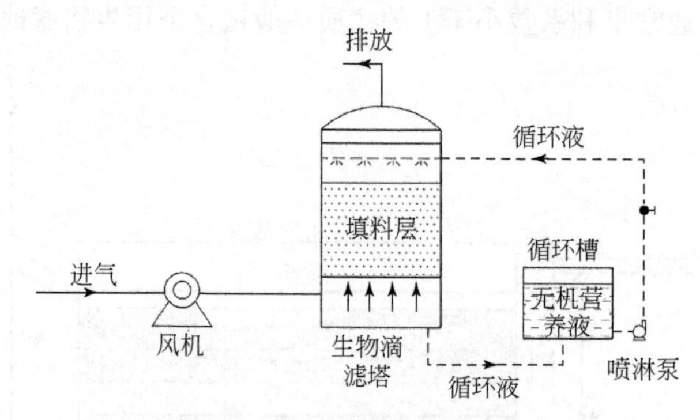

图 7.6　生物滴滤工艺示意图

② 新型生物除臭技术

近年来，针对污水处理厂产生的废气污染物组分复杂、负荷易发生变化的问题，研发了以下新的生物除臭技术。

a. 真菌生物反应器

细菌和真菌是常见的 VOCs 和恶臭生物反应器中两种主要的微生物，其中真菌适合生存于湿度低、pH 为 3～5 的环境，可以降解水溶性较差或疏水性的污染物。针对真菌的这一特性，研发了真菌生物反应器用于去除废气中的疏水性物质（图 7.7）（Li et al., 2015；Zhu & Liu, 2004；李琳等，2005；李琳 & 刘俊新，2003）。

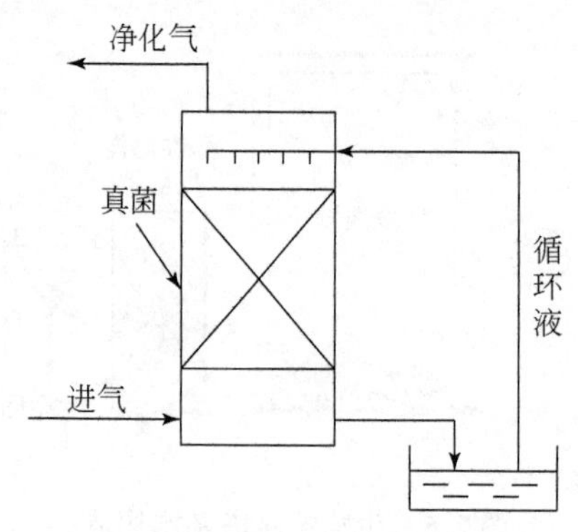

图 7.7　真菌生物反应器示意图

b. 细菌-真菌复合式生物除臭反应器

实际废气中不仅有亲水性物质，还有疏水性物质。根据被处理物质的成分与特性及周围微环境（pH、温度、湿度等）选择培养不同的功能种群，利用细菌适于处理亲水性物质和真菌适于处理疏水性物质的特性，构建细菌-真菌复合式生物反应器（图 7.8），达到降解不同空气污染物的目的（Li et al., 2017；Lin et al., 2015；Sun et al., 2018）。

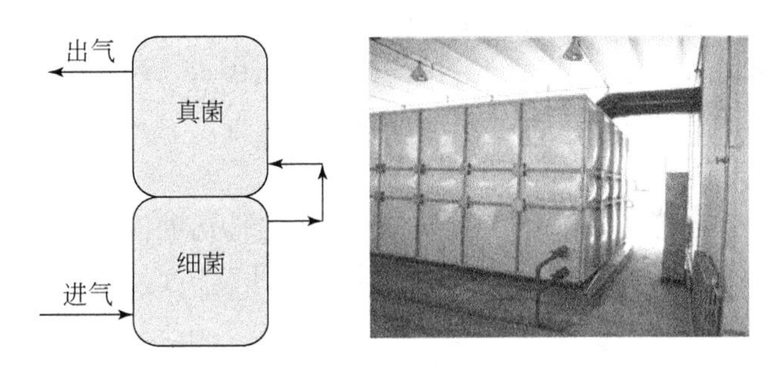

图 7.8　细菌-真菌复合式生物除臭反应器示意图及实际应用

c. 双液相生物反应器

双液相生物反应器是另一种可用于处理疏水性、难生物降解的有机废气的生物处理装置。双液相是指水相（aqueous phase）和不溶于水的非水相（non-aqueous-phase liquid, NAPL）。通过在无机盐营养液中添加二甲基硅油等能够溶解疏水性有机物的非水相，可以促进液相大量吸收亲水性较差的有机废气，提高传质速度和效率。疏水性物质进入反应器后首先迅速溶解到非水相中，再通过液-液传质扩散到水相或微生物膜内，被微生物降解成 H_2O 和 CO_2 等物质。

d. 转鼓生物滤池

在转盘上固定生物滤床填料，将轴向两端封闭形成一个“转鼓”。废气污染物从转鼓生物滤池顶部进入转鼓和外壳之间的空间，经过微生物的净化后从转鼓中间空心轴排出。转鼓生物滤池底部装有营养液，转鼓上的生物膜可以随着鼓的转动间歇地与营养液接触，摄取营养组分、排出代谢产物。转鼓每转一圈，转盘上固定的生物滤床填料就与装置底部的营养液充分接触一次，这样可以保持微生物降解污染物的生物活性（图 7.9）。

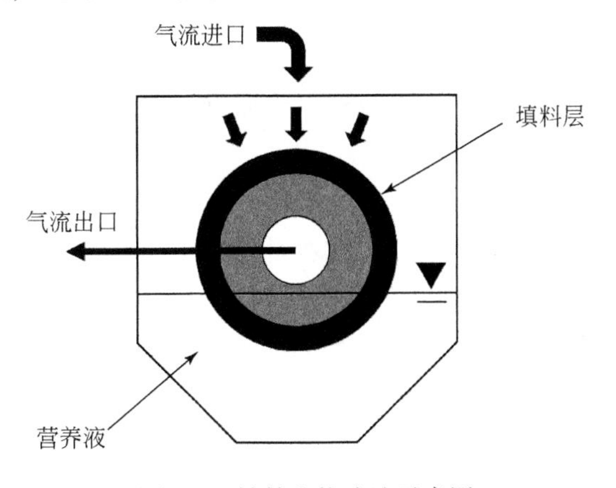

图 7.9　转鼓生物滤池示意图

③ 其他生物除臭技术

a. 土壤过滤法

土壤中的有机质及矿物质具有吸附能力，可以将臭气吸附、浓缩到土壤中，土壤中微生物的新陈代谢活动可以将其降解。多级穿孔管构成空气分布系统，铺设在生物土壤底部。臭气依靠风机进入穿孔管，然后在土壤介质中慢慢扩散，向上扩散穿过土壤介质时，被土壤介质表面的微生物吸收，进入微生物细胞内，最终被转化成 CO_2 和 H_2O。

土壤法具有设备简单、操作方便和运行费用极低的优点。但是，其占地较大，抗冲击负荷能力低，一般适用于臭气浓度低以及土地充裕的地方。

b. 曝气式活性污泥法

曝气式活性污泥法是将臭气以曝气的形式分散到活性污泥混合液中，通过悬浮生长的微生物的代谢作用降解臭气物质，达到脱臭的目的（图 7.10）。

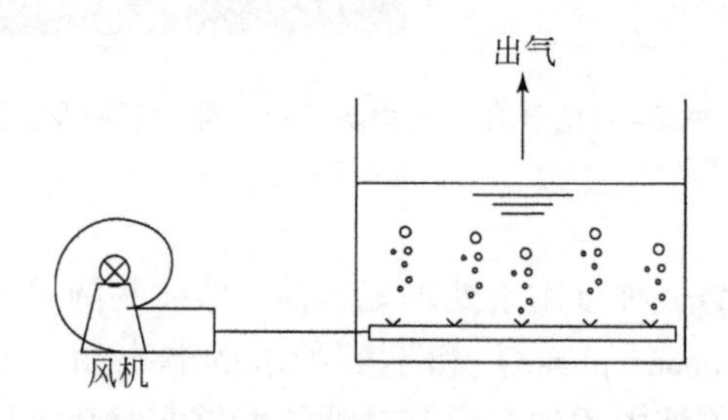

图 7.10　曝气式活性污泥法处理工艺

对于污水处理厂来说，采用曝气式活性污泥法，只需在原有污水处理设施基础上增设风机和配管，将臭气引入曝气池内即可，因此该法系统简单，设备投资、维护管理费较少。由于曝气池水深、曝气强度、污泥浓度、酸碱度以及营养物质的平衡等都会影响曝气式活性污泥法的除臭效率。因此，在使用中应结合曝气池和系统运行的实际情况。

c. 天然植物提取液法

天然植物提取液法是将一些特殊天然植物的提取液作为药液，利用喷洒、喷雾技术，使雾化分子在空气中分散均匀，吸附空气中的异味分子，并发生分解、聚合、置换、取代等化学反应，使之改变原有的分子结构，最终失去臭味，生成无害的分子。

（2）物化除臭技术

物化除臭技术主要包括吸附法、吸收法、光催化氧化法、低温等离子体法、掩蔽法、稀释扩散法、燃烧法、臭氧氧化法等。

① 吸附法

吸附法是利用吸附剂（如活性炭、活性炭纤维、分子筛等）对恶臭物质、VOCs 中各组分选择性吸附的特点，将空气污染物富集到吸附剂上后再进行后续处理的方法。

吸附法易受废气中水汽、颗粒等物质影响，需对恶臭物质、VOCs 进行除湿处理，并及时更换吸附剂，以保证控制设施的效率。设备初次投入成本较低，但运行费用较高。吸附剂使用一段时间后需要再生或更换，被更换的吸附剂由于含有恶臭、VOCs 等各种类型污染物，需妥善处理。

② 吸收法

吸收法适宜处理含 NH_3 或 H_2S 等水溶性的恶臭气体。吸收法是采用水或含酸、碱等吸收剂与臭气充分接触混合，臭气中污染物溶解于水或与吸收剂发生反应，将臭气中的污染物去除的一种处理工艺。同样，吸收剂也需定期更换。

③ 光催化氧化法

光催化氧化法主要是利用真空紫外光活化光催化材料，氧化吸附在催化剂表面的恶臭物质、VOCs 及微生物气溶胶。真空紫外光（波长<200 nm，VUV）光子能量高，光催化材料在紫外光的照射下产生电子和空穴，激发出“电子-空穴”（一种高能粒子）对，进而生成极强氧化能力的活性物质——羟基自由基（·OH）。羟基自由基的反应能高于有机物中的各类化学键能，能迅速有效地分解恶臭物质、VOCs、微生物气溶胶。

目前光催化氧化法存在反应速率慢、光子效率低、催化剂易失活和产生大量 O_3 等缺点，对于浓度较高的恶臭物质、VOCs、微生物气溶胶的净化通常需要与其他处理方法结合进行联合处理。

④ 低温等离子体法

等离子体（plasma）是由部分电子被剥夺后的原子及原子团被电离后产生的正负离子组成的离子化气体状物质，广泛存在于宇宙中，被视为是继固态、液态、气态之后的物质第四态，亦被称为等离子态，或者“超气态”。

低温等离子体法是通过高压放电，获得低温等离子体，即产生大量高能电子、离子和自由基等活性粒子，可与各种污染物发生作用，转化为 CO_2 和 H_2O 等无害或低害物质，从而使恶臭物质、VOCs、微生物气溶胶得到净化。等离子体去除空气污染物的过程包括：

在高能电子作用下，产生强氧化性氧自由基和氢氧自由基；气体分子因高能电子的碰撞被激发，化学键断裂，发生分解反应；氧自由基和氢氧自由基与激发原子、分子发生系列化学反应，含碳，含氮以及含硫物质最终被氧化降解为二氧化碳、水、NO_x 以及 SO_2 等小分子物质。电子能量与物质分子结合键能的大小影响转化效率。

利用低温等离子体产生的具有高氧化性的臭氧、自由基，在较低的温度下，可以有效削减污水处理产生的硫化氢和氨等臭味物质。当进气中的硫化氢为 1.79～3.58mg/m^3、氨为 0.87～1.32mg/m^3、臭气浓度为 298～1076 时，利用低温等离子技术（发生功率：200W），硫化氢、氨和臭气浓度的去除率分别达到 91.1%、93.4% 和 93.6%。气体的总处理量可以达到 16000m^3/h，能耗为 0.05～1Wh/m^3。

⑤ 掩蔽法

掩蔽法是通过利用某些物质发出更强烈的、可以被接受的气味，掩盖、遮蔽恶臭气体的异味。其原理与许多空气清新剂相同。

⑥ 稀释扩散法

将恶臭气体由烟囱排向高空扩散，或用无臭的空气将其稀释，以保证烟囱下风向和恶臭气体发生源附近的人们不受恶臭的影响。

⑦ 燃烧法

燃烧法可分为直接和触媒燃烧法。直接燃烧法是在高于 600℃ 的温度下燃烧恶臭气体使之脱臭。而触媒燃烧法则是使用催化剂降低气体的燃烧温度，减少反应时间。但是，触媒燃烧法易出现存在催化剂中毒、反应床层堵塞等问题，因此在污水除臭中应用较少。

⑧ 臭氧氧化法

臭氧具有强氧化性，能够氧化、分解臭气中的致臭物质，最终达到脱臭的目的。由于臭氧氧化反应速度比较慢，实际工程应用时，臭气一般先经过药液清洗，除去大部分的臭味物质，剩余的臭气再使用臭氧氧化法处理。药液清洗法与臭氧氧化法结合使用净化空气污染物经济高效。但是，在除臭过程中未参与反应的残余臭氧属于次生污染物，后续需要加以处理。

(3) 物化-生物组合技术

废气处理生物反应器需要保持足够的气体停留时间，以使反应器内的微生物能够充分接触、吸附、吸收和转化气体中的污染物。当污染物的进气负荷突然增大，生物反应器出现负荷波动或超负荷时，部分污染物不能被微生物及时降解、转化，导致排放的气体中仍然含有污染物。另外，对于生物降解速率慢或难生物降解的物质，单独使用生物方法难以得到有效的去除。将物化技术和生物技术相结合的物化-生物组合技术，可以有效地去除不同类型的污染物，并且组合的处理系统耐冲击负荷能力强。目前已有的物化-生物组合技术包括活性炭吸附-生物降解组合式处理技术、膜生物反应器、催化氧化-生物技术、等离子-生物处理技术。

①活性炭吸附-生物降解组合式处理技术

活性炭吸附-生物降解组合式废气处理装置由生物反应器和活性炭吸附净化装置组成。在生物反应器内，气体中的部分污染物被微生物降解转化，未被及时降解的污染物进入吸附净化装置中，被活性炭吸附。积聚在活性炭上的污染物脱附后再次进入生物反应器内被微生物降解。根据污染物的种类选择和改性活性炭，可以达到更好的处理效果（Li et al., 2011）。

② 膜生物反应器

20 世纪 80 年代，国外开始将膜生物反应器用于疏水性的恶臭及 VOCs 的处理。膜生物反应器是将气体膜分离技术和生物降解作用相结合的一项废气处理新工艺。根据运行方式分为浸没式膜生物反应器和分体式膜生物反应器。这两种膜生物反应器使用的膜材料不相同，废气处理的技术原理也各异。

浸没式膜生物反应器将膜对污染气体的选择性分离与生物降解相结合，微生物附着在浸没式膜生物反应器膜表面形成生物膜，膜两侧分别为气相和液相，气体在膜的一侧流动，微生物在膜的另一表面黏附形成生物膜，生物膜的另一侧是营养液。气体中的各种组分透过膜的速度不相同，能够透过膜的组分（多为疏水性物质）穿过膜到达长有生物膜的一侧，与微生物接触，被微生物降解。不能透过膜的组分从膜生物反应器的排气口排出。

分体式膜反应器是指在生物反应器后增加气体膜分离装置（图 7. 11），废气首先流经生物反应器，其中的污染物被反应器内的微生物降解；从生物反应器排出的气体进入气体膜分离装置中，未被生物降解的物质选择性通过气体分离膜并回流至生物反应器内，继续被处理，从而延长了该种物质在生物反应器内的停留时间，达到提高废气净化效果的目的。另外，生物反应器的负荷突然发生变化时，出气浓度也可以基本保持稳定。因此，分体式膜生物反应器可以提高污染物的去除效率，适应污染物负荷的突然变化，并减小生物反应器的体积（Li et al.，2012）。

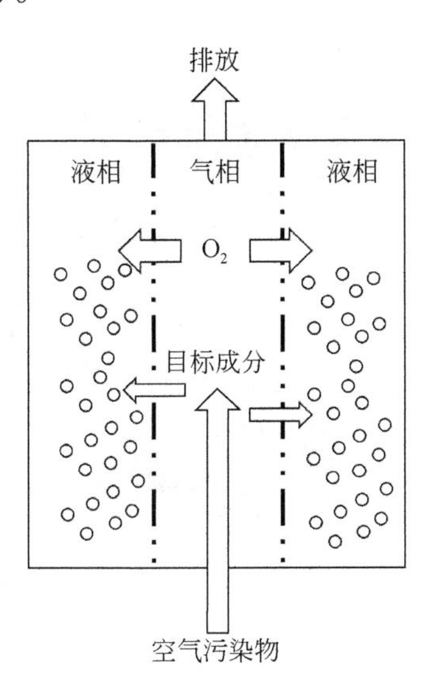

图 7.11　浸没式膜生物反应器

目前用于分体式膜生物反应器的膜材料主要有聚砜、聚芳酰胺、聚酰亚胺、硅橡胶、聚苯醚和醋酸纤维素系列。在已有的气体分离装置中，大约 90% 采用高分子聚合膜材料，膜组件多采用中空纤维式和螺旋卷式。

③ 催化氧化-生物技术

催化氧化-生物反应器是针对难生物降解的物质研发的一种生物反应器，将微生物降解和催化剂的活化作用相结合，催化剂可有效活化空气中的氧，将未被生物降解的物质迅速降解，大大提高了污染物的降解速度和去除效率（Li et al.，2007）。

④ 等离子-生物处理技术

等离子-生物处理先利用等离子技术将污染物转化为分子量较小的易生物降解的中间产物，然后再利用微生物的作用将其完全降解。

由低温等离子体装置（NTP）与带有微生物的生物滴滤池组成的中试规模的低温等离子体-生物组合废气处理系统，处理含二甲基硫醚的恶臭气体的研究发现，NTP 装置产生的臭氧将二甲基硫醚氧化为甲醇和羰基硫等有机物中间体。带有有机物中间体的气体进入生物滴滤池，甲醇和羰基硫被生物反应器内的微生物作为营养和能源利用，分解为硫酸盐、二氧化碳和水。组合处理系统可以有效去除气体中的二甲基硫醚，去除率达到 96%。研究证明低温等离子体-生物组合废气处理系统可以有效去除恶臭污染物，净化臭气，具有实用化的潜力。

物化-生物组合反应器可以承受污染物负荷的变化、对污染物去除效率高、装置结构紧凑、设备占地面积小、操作简单、运行费用低，适合处理含生物降解慢的有机污染物。

4）各种恶臭及 VOCs 控制技术国内外应用状况

目前，城镇污水处理厂排放的废气处理技术主要有物理法、吸附法、吸收法、焚烧法、化学氧化法、燃烧法、生物法等（李琳 & 刘俊新，2015；杨凯雄等，2016）。一些废气处理装置如图 7.12 和图 7.13 所示。研发的大多数恶臭及 VOCs 控制技术与方法在污水处理厂均有不同程度的应用。

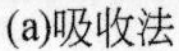

(a)吸收法

(b)吸附法

(c)化学处理法

图 7.12　城镇污水处理厂废气处理装置

图 7.13　城镇污水处理厂废气生物处理装置

荷兰的 Groenestijn 曾对几种废气处理方法进行了比较，结果显示生物处理技术的投资及运行费用是最低的（李琳 & 刘俊新，2015）。生物法主要是利用微生物将废气中的污染物进行生物氧化，降解为无害或危害较低的物质，具有工艺设备简单、安全性好、管理维护方便、反应条件温和、能耗低、投资及运行费用低、对污染物去除率较高、无二次污染等优点，是目前城镇污水处理厂废气处理主要采用的技术。

在调研的各种恶臭及 VOCs 处理技术与方法中，生物处理技术在城镇污水处理厂应用最广泛（图 7.14），其中以生物滤池和生物滴滤池为主，比例分别为 58% 和 31%。据报道，1987 年在日本城镇污水处理厂建设的脱臭装置有 166 座；至 21 世纪，在欧洲建立的废气生物处理系统和相关设施超过 7500 座，最大处理规模超过 20 万 m^3/h；荷兰城镇污水处理厂 80% 的臭味气体控制采用生物技术。在国内也有许多科研人员开展了生物除臭技术研究，生物过滤法、生物滴滤塔可以有效地去除废气中的甲苯、氨和硫化氢；国内也有以生物洗涤塔处理含氯苯废气，处理含有乙醇、丙酮、乙醇醚、芳香族化合物、树脂等废气的研究，均获得了较好的处理效果；针对传统生物反应器存在的问题，研究开发了使用真菌与细菌复合处理的新型生物反应器，并在多个城镇污水处理厂和垃圾填埋厂的除臭工程中应用（Li et al., 2013；Liu et al., 2017）。

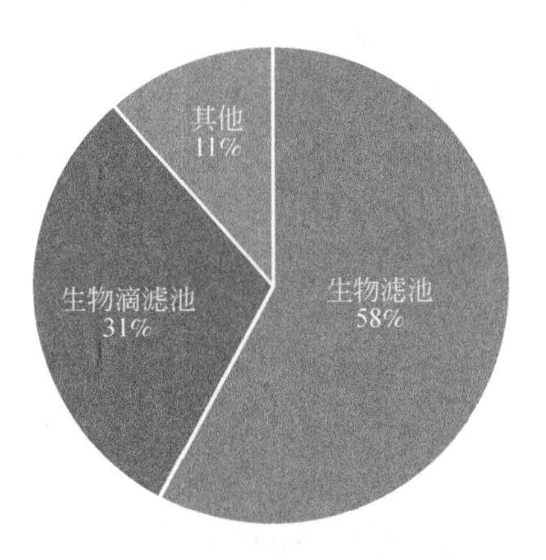

图7.14　城镇污水处理厂废气生物处理设施种类比例

近几年，我国新建和升级改造的污水处理厂也相继采用生物滤池工艺去除污水处理过程产生的臭气，如深圳市罗芳污水处理厂二期工程厌氧池的除臭设备采用生物滤池，除臭效率大于90%。采用的生物滤塔工艺除臭效率可达96%以上，净化后的气体达到《恶臭污染物排放标准》（GB 14554—1993）二级标准。北京清河污水处理厂、无锡市城北污水处理厂、青岛市团岛污水处理厂、泉州市北峰污水处理厂、泉州市城东污水处理厂、珠海吉大水质净化厂等均采用生物滤池工艺，用于处理格栅间、泵房、曝气沉砂池、生化池、污泥脱水间等工段的恶臭气体及VOCs。

目前，在污水处理厂应用较多的物化技术主要有吸附法、吸收法和掩蔽法。各种恶臭及VOCs处理方法国内外应用状况见表7.1。

表7.1　各种恶臭及VOCs处理方法国内外应用状况

污水处理厂除臭技术与方法		应用	
		国内	国外
生物法	生物滤池	√	√
	生物洗涤塔	√	√
	生物滴滤池	√	√
	真菌生物反应器	√	√
	细菌-真菌复合式生物反应器	√	√
	双液相生物反应器	未应用	√
	转鼓生物滤池	未应用	√
	土壤过滤法	√	√
	曝气式活性污泥法	√	√
	天然植物提取液	√	√

续表

污水处理厂除臭技术与方法		应用	
		国内	国外
物化法	吸附法	√	√
	吸收法	√	√
	光催化氧化法	√	√
	低温等离子体法	√	√
	掩蔽法	√	√
	稀释扩散法	√	√
	燃烧法	√	√
	臭氧氧化法	√	√
生物-物化组合式	膜生物反应器	√	√
	活性炭吸附-生物降解组合式处理技术	√	√
	催化氧化-生物技术	未应用	未应用
	等离子-生物处理技术	未应用	未应用

2. 生物气溶胶的控制技术

目前，污水处理厂生物气溶胶的污染问题受到了越来越多的关注，随着对其危害性的了解和认识，防止其大量扩散造成生态环境和人体健康的影响，加强其控制技术的研究刻不容缓。

目前针对生物气溶胶的控制技术主要有两种方式：

源头削减：通过覆盖、封闭等手段控制、减少生物气溶胶的逸散；

过程控制技术：采用适当的技术手段削减已经逸散的生物气溶胶。

1）源头削减

近年来，随着污水排放量急剧上升，建成的城镇污水处理厂数量及规模也逐步增加，同时也导致产生更多的恶臭气体和生物气溶胶。综合国内外研究发现，源头控制生物气溶胶逸散的技术主要有改变污水处理厂工艺操作条件、增加气溶胶收集设施、覆盖封闭污染源、植物屏障（Schlegelmilch et al., 2005）。

研究表明，加快污水向反应器流动，减少污水和污泥的停留时间；通过鼓风收集气溶胶；建设封闭式屋顶；反应池上覆盖生物膜等，均可以阻隔和减少生物气溶胶向周围空气的逸散。在污水处理厂周围大量铺设绿化带在一定程度上也可防止污水处理厂释放的生物气溶胶的扩散。

目前，国内采取的源头控制措施包括：

①污水处理厂周围建立隔离带，隔离带内不建造居民点、医院、食品厂、学校、敬老院、托儿所。

②在污水处理厂与居民区之间种植树木，建立起植物屏障，使污水气溶胶通过绿化带时起过滤作用。

③曝气池设计可以阻挡气溶胶扩散的防护罩，或在反应池上覆盖生物膜等措施减少生物气溶胶的逸散和传输。

2）过程控制技术

（1）通风

在格栅间、污泥脱水间建设封闭式屋顶，并采用大量通风换气可以有效减少室内生物气溶胶的浓度（Ding et al., 2016）。

（2）膜过滤

利用安装在空调、通风、暖气等系统里的过滤膜，通过空气交换滤去空气中的微生物。常用的过滤膜结构简单、成本较低，如纳米级纤维膜、聚丙烯腈过滤膜、玻璃纤维膜等。对比研究发现，聚丙烯腈过滤膜的孔径比玻璃纤维膜的更均匀，且聚丙烯腈过滤膜可在较少的膜损失下获得和玻璃纤维膜的相近的微生物截留效果（Kummer & Thiel, 2008; Yun et al., 2007）。

在制作空气过滤膜的过程中，添加抗菌材料，如碘、银、碳纳米管、二氧化钛等，可以有效抑制微生物生长。一项利用添加碘的过滤膜去除细菌气溶胶的研究发现，在低湿度和室温条件时，添加碘的过滤膜比对照膜灭活枯草芽孢杆菌的效果更加明显（Lee et al., 2008）。银作为一种有效的抗菌物质被广泛应用到空气净化领域。银能和微生物细胞膜的基本元素发生反应，导致细胞结构改变和质子移动力消失，最终导致微生物的死亡（宋璐等, 2020）。Yoon et al.（2008）通过无电镀沉降法，在活性炭过滤膜表面涂覆银。这种涂有银的过滤膜对空气中大肠杆菌和枯草杆菌的去除效果明显高于对照膜。当纳米管的浓度为1.6μg/cm^{2}时，添加这种碳纳米管的过滤膜对枯草杆菌黑色变种的灭活效率高达95%。

（3）喷洒和熏蒸化学消毒剂

室内环境喷洒和熏蒸化学消毒剂是一种有效的灭活生物气溶胶的方法。化学消毒剂的灭菌效果和许多因素有关，如消毒剂的浓度、温度、酸碱度、微生物的种类和数量等。但是，很多化学消毒剂本身对人体有害，并且在灭活过程中和灭活后产生残留物，引起二次污染物（表7.2）。

表7.2 喷洒和熏蒸化学消毒剂去除生物气溶胶

方法	主要设备与药剂	处理剂量	操作人员可否进入	适用范围	处理条件
消毒剂喷洒	普通喷雾器与适宜消毒液，如过氧乙酸、煤酚皂溶液	0.2%～1%，10～30min 5%，0.5～2h 0.1%，0.5～1h	否	室内空气消毒	喷水有气味消毒剂，事后应能通风排除
气溶胶喷洒	气溶胶喷雾器与适宜消毒液	0.2%～1%，10～30min 5%，0.5～2h 0.1%，0.5～1h	否	室内空气消毒	房屋密闭性较好；使用有气味消毒剂，事后应能通风排除；温湿度适宜
熏蒸消毒	甲醛	10～20g/m^2，12～24h	否	室内空气消毒	
	乙型丙内脂	2～5g/m^2，2h	否		
	过氧乙酸	3g/m^2，1～1.5h	否		
	醛氯合剂	3g/m^2，1h	否		
	乳酸	4mg/m^2	可		
	臭氧	10ppm，5min	否		
	碘	3.5mg/m^2	否		

(4) 紫外辐射

紫外辐射（UVGI）具有较高的光子能量，能够穿透微生物的细胞膜和细胞核，可以破坏 DNA 的分子键，使其失去活性，最终导致微生物的死亡。目前，紫外灯已广泛用于控制和杀灭室内空气中的微生物（Li et al., 2021; Zhang et al., 2019）。

此外，静电场、电离子发射、微波辐射、光催化氧化等物理化学方法，也能够灭活空气中的微生物，达到降低室内生物气溶胶浓度、净化空气的目的（Lee et al., 2004）。

上述生物气溶胶的控制技术国内外均有研究，除了通风、紫外消毒以及加隔离罩等技术与方法在国外的污水处理厂有一定的应用以外，其他技术尚处在实验室研究阶段，设备尚未商品化，污水处理厂也没有应用实例。

3. 空气污染物控制技术的发展

1999 年我国开始有污水处理厂生物除臭的报道，2006 年之前我国污水处理厂生物除臭处于初步发展阶段，2006 年以后我国污水处理厂广泛使用生物除臭技术。进一步分析发现污水处理厂采用的生物除臭方法主要为生物滤池和生物滴滤池（Xue et al., 2018; Yang et al., 2018; Zhang et al., 2015），其他的除臭方式还有生物洗涤塔、复合式生物除臭反应器等（李琳 & 刘俊新, 2015; 刘建伟等, 2020）。其中大部分的污水处理厂生物除臭设施是新建的，其余的污水处理厂在改建或扩建的过程中新增了生物除臭设施（李慧丽等, 2007），说明污水处理厂开始越来越重视污水处理过程中逸散的恶臭物质，而生物技术已成为主要的除臭技术（刘建伟等, 2020）。

采用生物除臭技术的城镇污水处理厂大多分布在我国的东部沿海地区，主要是京津冀、长三角、珠三角等地区，这些地区经济发达、环保产业发展迅速、居民对城镇污水处理厂周边环境要求较高，从而促进了生物除臭技术在这些地区城镇污水处理厂的应用。

城镇污水处理厂生物除臭设施主要去除污水处理工艺过程产生的 H_2S、NH_3、苯、恶臭等物质，几乎没有生物气溶胶去除的案例。在调研的采用生物除臭设施的城镇污水处理厂中，大多数生物除臭设施对 H_2S 和 NH_3 等的去除率都能达到 85% 以上。

7.1.2 工程案例

1. 上海市白龙港污水处理厂除臭提标改造工程

上海白龙港污水处理厂坐落于上海浦东新区，是亚洲最大的污水处理厂。历经多次改、扩建，形成了 2004 年建成的 120 万 m^3/d 一级强化处理设施，2008 年建成的 200 万 m^3/d 二级出水标准处理设施，以及 2013 年建成的 80 万 m^3/d 一级 B 出水标准的处理设施。目前总处理能力 280 万 m^3/d。

上海白龙港污水处理厂除臭提标改造工程总除臭风量 4200 万 m^3/d，加罩面积超 25 万 m^2，收集风管超 78.5 km，并配套新建再生水处理和生物除臭菌自培养供给系统（中国土木工程学会总工程师工作委员会, 2021）。提标改造后，构筑物臭气排放执行《城镇污水处理厂大气污染物排放标准》（DB 31/982—2016）。

生物反应池收集的臭气，采用在原有“生物滤池”处理工艺后端增加“生物滤池+活性炭吸附”组合式工艺进行处理。初沉池收集的臭气，采用“化学洗涤+两级生物滤池+活性炭吸附+物化处理”组合式工艺进行处理，同时初沉池配套接力风机系统对池内进行补风，进一步降低池体内废气浓度。恶臭气体通过处理后浓度大大降低，可达标排放。

上海白龙港污水处理厂建成的除臭工程是目前世界上规模最大、国内标准最高的污水处理厂除臭创新工程（图 7.15）。具备以下亮点：

①工程设置中和池，除臭设备排污排入中和池进行处理，中和池内通过自动控制投加碱液，使排放废液 pH 在 6～9 之间，后通过水泵提升排入厂区放空管系统。排放废水满足《污水综合排放标准》（GB 8978—1996）的相关要求。

②除臭设施中每一级除臭都能实现独立运行，当某一级或二级的除臭设备出现故障退出运行时，其他级别的除臭设施仍然可以运行。同时除臭设施设置有应急措施，使其在设备部分工段需进行检修时仍能确保达标排放。

③除臭设施的自动化程度高，可实现全自动运行，能够按照设备需求自动补水以及定期排水，可根据臭气中主要污染物浓度加入对应比例的药剂，在正常运行过程中只需要定期巡检，不需要操作人员手动操作，设备运行出现故障会自动上报厂区 DCS 控制室，大大降低了现场操作的难度且减少了装置运行需要的人员数量。

图 7.15　上海白龙港污水处理厂除臭“一体化车间”

2. 临沂市青龙河净水厂除臭项目

青龙河净水厂位于临沂市区中心，所有污水处理设施都在地下，地上为市民休闲公园。进水全部为生活污水，运用 A^2/O 污水处理工艺，设计出水水质满足《城镇污水处理厂污染物排放标准》（GB 18918—2002）一级 A 标准，设计规模为 3 万 m^3/d。

该项目预处理段包括粗格栅、细格栅、曝气沉砂池和初沉池；生物处理段为 A^2/O 生物池；污泥处理段包括贮泥池和污泥脱水机房。预处理和污泥处理段的除臭采用“等离子-生物除臭”组合工艺；生物处理段采用生物除臭工艺。

粗格栅、细格栅和曝气沉砂池采用玻璃钢板密封；初沉池、A^2/O 池和贮泥池的顶板预留洞口用玻璃钢蒙皮平盖板密封；带式脱水机为成套设备，自带不锈钢板密封。各个处理单元产生的臭气均采用风机吸气，负压收集。等离子除臭送风管为不锈钢方形风管；生物除臭进、排风管均为不锈钢圆形风管。所有处理后的废气经地面排风井，外排至空气中。

该项目等离子除臭的设计总风量为17000 m^3/h，其分为两套独立的等离子体除臭系统（李墨爱 & 李帅，2021）。其中，粗格栅、细格栅、曝气沉砂池和初沉池的设计风量为12500 m^3/h，功率为7.5 kW，全压为2300 Pa；贮泥池和污泥脱水机房的设计风量为4500 m^3/h，功率为2.2 kW，全压为700 Pa。

该项目生物除臭装置为成套设备，主要包括臭气收集系统、生物除臭系统、连接管道系统及其他附属系统，设计总风量为54000 m^3/h，共有3套系统。粗格栅、细格栅、曝气沉砂池和初沉池的设计风量为14000 m^3/h，功率为15 kW，全压为2000 Pa；生物池的设计风量为32000 m^3/h，功率为55 kW，全压为3800 Pa；贮泥池和污泥脱水机房的设计风量为8000 m^3/h，功率为7.5 kW，全压为1800 Pa。

该项目自2017年运行以来，外排废气从未超标排放，具体监测结果如表7.3所示。

表7.3 无组织废气监测结果

监测项目	标准限值	监测结果
NH_3（mg/m^3）	1.5	0.006
H_2S（mg/m^3）	0.06	0.006
臭气浓度（无量纲）	20	12
甲烷（厂区最高体积浓度,%）	1	2.38×10^{-4}

3. 广州市猎德污水处理厂污泥系统除臭工程

猎德污水处理厂位于广州市天河区，占地面积39万 m^2，服务面积150 km^2，服务人口约215万人。

厂区分3期建设，设计处理能力为64万 m^3/d。一期工程于1999年正式投产，采用AB两段吸附降解生物处理工艺，设计处理能力为22万 m^3/d；二期工程于2003年试通水运行，二期工程采用组合交替活性污泥法处理工艺，设计处理能力为22万 m^3/d；三期工程于2006年实现通水试运行，采用改良 A^2/O 工艺设计处理能力为20万 m^3/d。

猎德污水处理厂产生的恶臭气体对其西北边的高档住宅及写字楼影响较大。因此，开展了对产生的恶臭气体进行收集处理除臭工程。

猎德污水处理厂产生臭气的主要构筑物为一期曝气池，二期UNITANK池，一、二期污泥浓缩池、污泥脱水间及污泥码头，其中以污泥处理系统构筑物的臭气污染最为严重。因此，除臭工程分步实施，首先实施污泥系统除臭工程，主要对一、二期工程污泥浓缩池进行加盖及臭气处理，收集污泥脱水间及贮泥池产生的臭气并进行处理。

本工程采用“化学洗涤-生物滤床”联合除臭工艺（图7.16），除臭装置在纵向分成数个区域，自前而后分别是臭气的导入区、前级洗涤区、多级生物滤床过滤区、后级化学洗涤区和净化气体排出区，前后两级洗涤区可单独使用不同的洗涤药剂，正常情况下后级洗涤可不工作（李亮等，2007）。当出现气温低（10℃以下）导致微生物活性降低或出现处理废气负荷突然增大时，生物滤床处理效果下降，才激活使用后级化学处理，以去除生物滤床未去除的恶臭污染物，确保达标排放。

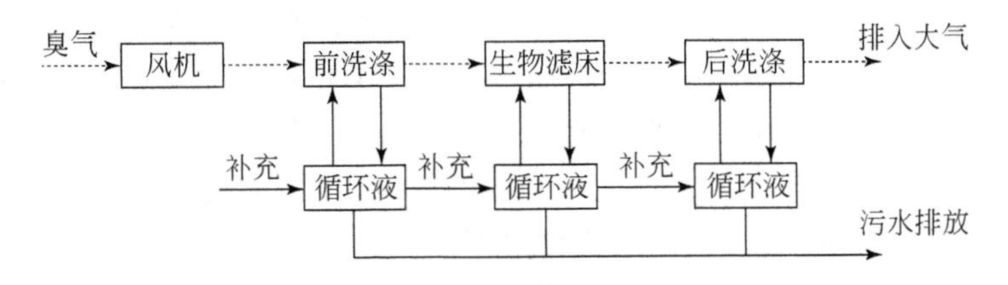

图7.16 化学洗涤-生物滤床联合除臭工艺流程

化学洗涤-生物滤床联合除臭工艺对臭气中主要污染物处理效果显著，NH_3去除率大于90%，H_2S去除率大于99%。除臭工程自2005年投入运行后，污水处理厂的恶臭污染状况得到明显好转，厂内工作环境得到改善，周围居民投诉明显减少。

4. 杭州市七格污水处理厂三期工程除臭系统

七格污水处理厂位于杭州市东北角下沙七格村，紧邻钱塘江下游段，设计规模为60万m^3/d。污水处理采用A^2/O+反硝化滤池工艺，出水水质执行《城镇污水处理厂污染物排放标准》（GB 18918—2002）一级A标准。污泥处理采用离心脱水工艺，脱水至含水率为80%后外运处置。

七格污水处理厂三期工程的污水预处理区域、生物处理区域以及污泥处理区域全部加盖封闭，产生的臭气经收集后送入除臭系统。该污水处理厂总共建有8座除臭系统，其中包括1座预处理区域的除臭系统（设计除臭风量为25000 m^3/h），6座生物处理区域的除臭系统（每座设计除臭风量为33500 m^3/h），以及1座污泥处理区域的除臭系统（设计除臭风量为10000 m^3/h）（张丽丽等，2020）。

臭气处理采用两级串联生物除臭工艺，执行GB 18918—2002中厂界废气排放二级标准。一级除臭为“生物滴滤+活性炭吸附”组合工艺，一级除臭的出气通过风机进入二级除臭装置，二级除臭采用生物滴滤工艺，此前未完全去除的臭味物质，在二级除臭系统中被进一步降解。臭气经两级联合除臭后经排气筒排放到大气。

一级除臭组合工艺中的生物滴滤填料采用泡沫填料，活性炭采用煤质柱状活性炭。臭气通过风机和管道收集后进入一级除臭系统，先经过中水喷淋对恶臭气体进行加湿，循环水连续喷洒在泡沫填料组成的生物滴滤床上，使臭气中的NH_3、H_2S和能溶于水的臭味物质溶解到水中；溶解于水中的臭气成分被栖息于填料表面的微生物吸收，部分作为微生物的营养物，部分被氧化分解，水喷淋和生物滴滤阶段的液气比为1.2～2 L/m^3，填料层停留时间为16～25 s。臭气经过煤质柱状活性炭层时，利用活性炭的吸附作用去除臭气中的臭味物质。二级除臭采用椰壳活性炭作为微生物生长的媒介。

本工程中，H_2S在一级除臭的泡沫生物滤床阶段去除率达到99%以上；NH_3进气浓度较低，均低于厂界臭气排放标准，生物除臭系统对NH_3的去除率为10%～40%；生物除臭系统对臭气的去除率为70%～99%，大部分物质在一级除臭的泡沫生物滤床阶段去除

（去除率为 58% ~81%），煤质活性炭吸附、二级除臭阶段对臭气也有部分去除。

5. 上海市石洞口污水处理厂除臭提标改造工程

石洞口污水处理厂位于上海市宝山区月浦镇，设计污水处理规模为 40 万 m^3/d，污水处理采用一体化活性污泥法工艺。工程于 1999 年 12 月动工兴建，2002 年底调试运行。

按照上海市地方标准《城镇污水处理厂大气污染物排放标准》（DB 31/982—2016）和《恶臭（异味）污染物排放标准》（DB 31/1025—2016）的规定，石洞口污水处理厂需执行最新地方标准的排气筒和厂界污染物排放限值。因此，为贯彻落实上海市最新恶臭污染物排放标准，进一步降低污水处理厂对周边环境的影响，2018 年对石洞口污水处理厂实施了以上海市新地方标准为依据的除臭提标工程（刘发辉等，2019）。

在原除臭系统设计中，对石洞口污水处理厂的预处理区（粗格栅、进水泵房、细格栅和沉砂池）、综合池及溢流水调蓄池产生的臭气采用 3 套生物滤池除臭设施处理；一体化生物反应池产生的臭气为大空间区域臭气，采用 12 套植物液喷淋除臭设施。

除臭提标工程对原有除臭设施进行改造利用，在现有生物滤池后增设活性炭吸附段，提高对臭气中污染物的去除率；一体化生物反应池总除臭风量大，故根据生物反应池工艺运行情况，将其分为 4 个独立的处理单元，设置 4 套“生物滤+活性炭吸附”除臭组合工艺设施进行处理，每套设施处理能力为 60000 m^3/h，确保臭气排放的可靠性和稳定性。

本工程自 2018 年底建成投运后，设备运转正常，在线监测数据均能达到设计要求，也达到上海最新地标的污染物排放要求。

6. 上海市竹园第一、第二污水处理厂提标改造除臭工程

竹园第一污水处理厂处理规模为 170 万 m^3/d，竹园第二污水处理厂处理规模为 50万 m^3/d。

本工程在考虑到稳定达标的前提下满足高效、节能、省地要求，除臭工艺为“生物滤池+预喷淋+高级氧化+除臭液活性吸附”组合工艺，污泥处理区辅以离子送风工艺（白海梅 & 李明杰，2019）。

① 生物滤池

恶臭气体接触到受散水而湿润的填料（生物媒）表面的水膜而溶解于水中的恶臭成分被栖息于生物媒上的微生物吸收分解。被吸收的恶臭成分成为微生物的营养源被吸收、氧化、分解、利用，分解成二氧化碳、水和硫酸、硝酸等物质，散水能冲掉这些酸性物质，并得以保持适当的微生物生长环境。

② 预喷淋

初步去除废气中的可溶性气体，降低臭气浓度。增加适当的湿度，促进后续高级氧化，迅速分解空气中的水分子及耦合光触媒反应生成具有强氧化性的臭氧和活性自由基，大幅提高恶臭气体处理效果。

③ 高级氧化

高级氧化能够促进致臭物质表面羟基活化，有利于羟基自由基的生成，促进臭味官能团的分解，从而提高后续除臭液剂活性吸收的概率，达到更高的除臭效率。

④ 除臭液活性吸收

除臭液通过高压装置后气雾化，具有极大的表面积，具有强大的表面能和活性，除臭液活化后与恶臭分子迅速发生聚合、取代、置换、吸附等化学反应，能快速高效去除恶臭分子。

恶臭气体通过上述 4 种除臭工艺串联处理后，NH_3、H_2S 和臭气浓度太太降低，满足《城镇污水处理厂大气污染物排放标准》（DB 31/982—2016）。

7. 天津市张贵庄污水处理厂除臭工程

张贵庄污水处理厂位于天津市东丽区么六桥乡，一期工程污水处理规模为 20 万 m^3/d，配套再生水厂处理规模为 6 万 m^3/d，污泥处置中心规模为 300 t/d，总占地面积约 24hm^2，于 2012 年建成投产。

工程针对不同的处理单元，采取了不同的除臭工艺。在张贵庄污水处理厂的除臭设计中，污水处理系统采用全过程除臭工艺，污泥脱水机房采用离子除臭工艺，污泥处置中心采用生物滤池工艺（冯辉 & 王舜和，2017）。

工程在污水系统设计中采用了全过程除臭工艺，该工艺与常规的除臭技术相比，不用设置加盖封闭措施，无需臭气收集输送环节。其原理为通过设置在缺氧和厌氧池的生物培养箱进行接种，使生物池内活性污泥中培养增殖出高效的除臭微生物；将含有除臭微生物的污泥回流至污水处理厂进水端，通过除臭微生物与水中恶臭物质发生的吸附及生物转化作用，使得恶臭物质在水中得到去除。

与常规的除臭技术对比，全过程除臭工艺具有以下优势：① 从进水源头开始处理，对污水处理厂水系统全流程恶臭去除效果显著；② 不需要对构筑物进行加盖和管道收集，运行稳定维护简单；③ 工程投资和运行成本大幅度降低。

污泥脱水机房为污泥处理及排放区，是全厂恶臭气体最集中的区域，须进行单独处理。工程根据污泥脱水机房的特点，有针对性地选择了离子除臭工艺。主要包含离子除臭送风机、离子除臭外排机及送排风管道。由于工程采用的脱水机均为全封闭机体，并设有独立的外排风口，因此除臭外排机可实现点对点连接，无需将脱水机房内部空间的气体全部处理，从而大幅减少了气体的处理量。

污泥处置中心采用了负压式好氧发酵工艺，车间建筑面积约 12000 m^2，其中发酵车间建筑面积约 8000 m^2。与常规正压曝气的区别在于：通过负压抽吸的方式为污泥发酵提供气源，这种曝气方式不仅显著降低了臭气的弥散程度，而且在曝气的同时可以将臭气收集、输入处理管道。根据该工艺特点，设计选择了生物滤池除臭工艺。

污水处理厂不同区域均发挥了各处理工艺的优势，取得了较好的处理效果。经检测，厂区周界下风向无组织排放 NH_3、H_2S 和臭气浓度最高点均符合天津市地方标准《恶臭污染物排放标准》（DB 12/-059—1995）限值要求。

8. 苏州市某污水处理厂除臭系统提标改造工程

苏州某污水处理厂的处理规模为 4 万 m^3/d，处理对象为生活污水和工业废水的混合废水，处理工艺选用循环式活性污泥法，采用浓缩脱水一体机进行污泥处理。该污水处理厂于 2004 年 8 月开工建设，2007 年底基本建成。

该污水处理厂产生恶臭污染的环节包括预处理区（粗格栅、细格栅和沉砂池）、生物池和污泥区（贮泥池、污泥脱水机房和污泥堆场）（应建韩等，2015）。目前该污水处理厂已对污泥脱水机房配置了除臭系统，对污泥脱水机及污泥堆场进行了加盖密闭，采用生物过滤的除臭工艺，有效控制了局部恶臭气源。

但污泥脱水机房和污泥堆场的局部控制不足以有效治理厂区异味。环保部门要求该污水处理厂对厂内各恶臭源构筑物采取密闭、除臭等综合整治措施，进一步减小恶臭气体的无组织排放。根据该污水处理厂的实际情况，对其整个厂区进行统筹考虑，新增对预处理区、生物池和贮泥池 3 部分的除臭系统。

工程在现有除臭设施基础上增加预处理区、生物池和贮泥池的臭气收集和处理系统。新增的除臭装置包括两套等离子除臭+土壤滤池装置和 1 套与现有生物滤池除臭装置配套的土壤滤池装置。

该污水处理厂除臭工程自 2014 年 7 月调试以来，除臭设施运行基本稳定，3 个异味较为严重的废水处理单元的恶臭物质去除率均在 85% 以上，最高达到 99%，恶臭物质处理效果良好。

9. 温岭市观岙污水处理厂生物池除臭工程

观岙污水处理厂位于温岭市城南镇三宅村，是目前温岭市中心城区污水处理系统配套的规模最大的污水处理厂，目前处理规模为 14 万 m^3/d，服务面积约为 21.92 km^2，出水水质执行《城镇污水处理厂污染物排放标准》（GB 18918—2002）一级 A 标准。

目前，观岙污水处理厂已完成大部分的臭气密闭、收集和处理工程，除一座已建的二期生物反应池，其他构筑物均局部建设了各种类型的密闭系统（袁航 & 顾潇，2020）。

本工程对二期生物反应池厌、缺氧段产生的臭气源进行加盖密封、负压吸引与集中除臭，加盖总面积为 4000 m^2。除臭工艺采用等离子除臭，系统总处理能力为 28000 m^3/h。设置臭气处理系统 1 套，处理能力为 28000 m^3/h。离子设备附属产生臭氧增加量（1h 均值）< 0.01mg/m^3，离子发生器产生的离子新风设备段其离子浓度含量需不低于 2 万个正负氧离子/（cm^3气体）。经除臭后的气体进入排放管，排放管直径为 DN1400，排放烟囱高为 15 m。

除臭系统于 2019 年 7 月安装调试结束，臭气浓度去除率为 95.3%，NH_3 去除率为 85.6%，H_2S 去除率为 82.5%，处理后达到《恶臭污染物排放标准》（GB 14554—1993）二级标准。

10. 温州市中心片污水处理厂除臭工程

温州市中心片污水处理厂位于温州市滨江商务区，厂区采用半地下全封闭建构筑形式，设计污水处理规模为 40 万 m^3/d。污水处理采用改良 A^2/O 工艺+高效沉淀池+纤维滤池工艺，污水经处理后达到国家一级 A 排放标准。

污水处理厂一期工程并未同步考虑除臭工程。随着城镇的快速发展，温州市中心城区范围迅速扩张，污水处理厂附近人口大幅增长。为了配合温州市中心商务区总体建设进程、改善周边区域空气状况、提高周边居民生活质量，温州市中心片污水处理厂建设了除臭工程（吴旭磊等，2015）。

根据各种除臭技术特点并结合温州市中心片污水处理厂臭气特点、可用场地等实际情况，最终选择生物滴滤床除臭技术。为了保证除臭系统的可靠性，在整个系统末端增加设置植物提取液喷淋系统，作为系统备用强化处理单元。

工程采用成套生物滴滤床装置，由壳体、滤料托架、生物滤料、营养液喷淋系统、过滤水箱以及控制系统等部分组成。生物滤料主要采用抗生物降解、耐酸碱腐蚀的高效生物滴滤床滤料，孔隙率为90%，比表面积为380 m^2/m^3。营养液喷淋系统包括循环液槽、循环泵、喷淋管路等，其功能是保持滤料湿润，维持微生物新陈代谢所需营养，保证生物净化系统高效、稳定运行。

在除臭设施稳定运行情况下，污水处理厂厂界主要臭气污染物指标（如 NH_3 和 H_2S 等）均达到设计标准要求，唯臭气浓度稍有超标，有待进一步改进。

11. 青岛市李村河污水处理厂扩建工程除臭系统

李村河污水处理厂是青岛市污水处理规模最大的污水处理厂，位于青岛市市北区，总服务面积147 km^2，服务人口百万余人。

李村河污水处理厂扩建工程，将粗格栅间、细格栅间以及污泥脱水机房产生的臭气集中收集，之后再采用等离子方法进行除臭处理；曝气沉砂池、初沉池以及污泥浓缩池采用反吊膜覆盖封闭；在生物池缺氧段增加除臭填料罐，作为微生物培养箱培养除臭微生物。系统由两大部分组成，包括微生物强化系统和除臭污泥回流系统。悬浮式生物除臭填料释放是在污水处理厂曝气池内安装一定数量的释放罐，用于培养除臭微生物，罐内一次性投加生物菌剂，在系统启动阶段可强化微生物活性，在短时间内达到高效除臭效率。除臭污泥回流系统是在污泥回流泵房安装污泥泵，再通过管道输送至污水处理厂进水端，确保除臭污泥与污水充分接触，臭气去除率可达90%以上（宁海丽等，2019）。

为保障高效的除臭效率，在污水处理区的粗、细格栅间与污泥脱水机房设置臭气集中收集设施，再经等离子除臭设备处理后达标排放。工程的等离子除臭系统建设投资为86万元，与其他等离子除臭投资持平。

工程对臭气浓度比较集中的曝气沉砂池、初沉池及污泥浓缩池进行反吊膜加盖覆盖，使构筑物形成密封环境并保持适度负压。与玻璃钢、纤维板、工程塑料等加盖方式相比，该种加盖形式外观新颖、美观；膜具有透光性，方便对池内运行状况观察；适用于较大跨度的构筑物覆盖。加盖除臭工艺可实现恶臭气体的有效减排，同时有效改善周边环境空气质量。

运行结果见表7.4，表明采用多种除臭组合工艺后，污水处理厂厂界 NH_3、H_2S 和臭气浓度均可达到《城镇污水处理厂污染物排放标准》（GB 18918—2002）二级标准。

表7.4　厂界无组织空气监测结果

检测时间	恶臭物质	标准值	上风向	下风向
夏季	NH_3（mg/m^3）	1.5	0.08～0.14	0.06～0.17
	H_2S（mg/m^3）	0.06	未检出	未检出
	臭气浓度（无量纲）	20	未检出	未检出

续表

检测时间	恶臭物质	标准值	上风向	下风向
冬季	NH_3（mg/m^3）	1.5	0.04～0.05	0.05～0.08
	H_2S（mg/m^3）	0.06	0.004～0.007	0.007～0.020
	臭气浓度（无量纲）	20	未检出～15	15～19

12. 大庆污泥处理厂生物除臭工程

为进一步改善百姓居住环境，2011年大庆市政府投资建设了一座总占地面积约6万m^2的污泥处理厂，处理来自大庆市及周边7座污水处理厂的剩余污泥，处理量达到300t/d。在污泥处理厂，污泥经过调理、发酵、稳定后，被加工成营养土或复合肥料，回归园林，改善种植土质。

除了污泥处理主厂房，厂区还建设了污水处理间和除臭车间，对污泥处理过程产生的污水、臭气进行集中处理。剩余污泥中含有多种有机质，在发酵等处理过程中会产生大量的臭味物质，其成分复杂多样，既有疏水性物质如硫醇、硫醚、二硫化碳、苯乙烯，也有亲水性物质如氨、乙酸。除臭工程采用了中国科学院生态环境研究中心研发的细菌-真菌复合式生物除臭技术。该技术克服了原有生物除臭技术只对亲水性物质去除效果好，不适合处理疏水性物质的缺陷，利用细菌生物转化亲水性物质效率高，真菌可以有效去除疏水性物质的生物降解特性，在除臭设备内构建了真菌与细菌复合生物系统，利用细菌、真菌的协同作用，有效地将臭味气体中的亲水性和疏水性物质去除，达到净化和除臭的目的。并且设备操作简单、处理效果稳定、运行成本低、能耗低。

复合式生物除臭设备建设在产生臭味的污泥发酵车间的旁边，可节省管道费用，降低臭味气体输送能耗。臭味气体处理工艺包括3个系统，即由气体收集管道和风机组成的气体收集系统、加湿塔和复合式生物除臭设备组成的除臭系统以及监测系统（图7.17和图7.18）。其中，复合式生物除臭设备，即除臭主体设备，其长、宽、高分别为10m、5.0m、3.0m，总体积为150m^3，处理能力为8000m^3/h，由于生物除臭设备规格较大，为降低除臭设备的重量和造价，除臭设备池体采用质地较轻的玻璃钢板。

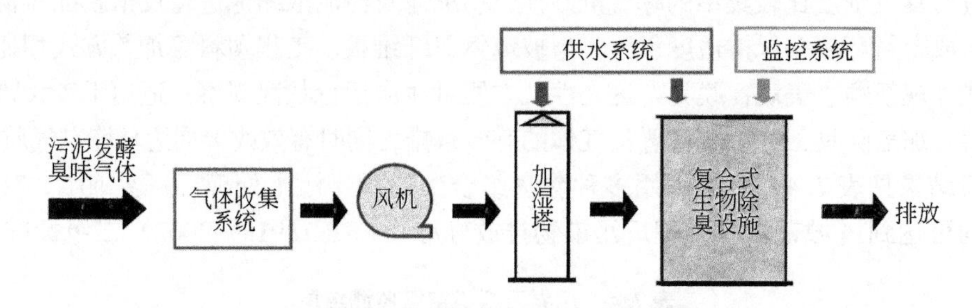

图7.17　复合式生物除臭工艺示意图

除臭设备的运行结果见表7.5。复合式生物除臭反应器可以有效地去除气体中的多种臭味物质。净化后的气体由除臭设备顶部的烟囱排出。污泥处理厂厂界各种恶臭物质和臭气浓度均达到《恶臭污染物排放标准》（GB 14554—1993）的要求。

图 7.18　污泥处理厂生物除臭工程

表 7.5　臭味物质平均去除率

检测项目	进气浓度（平均）(mg/m^3)	去除率（平均）(%)		
		细菌区	真菌区	总去除率
硫化氢	17.7	47.4	52.6	100
氨	46.3	90.2	8.1	100
乙酸	57.2	92.7	7.3	100
乙硫醇	7.6	35.8	64.2	100
乙硫醚	5.9	21.6	78.4	100
二硫化碳	2.6	0	60.7	61.8
苯乙烯	28.1	27.3	66.2	93.5

7.2　城镇污水处理典型空气污染物控制技术评估

由 7.1 节可知，用于控制污水处理厂空气污染物的技术有多种，每种技术的控制效果具有差异。现阶段，对城镇污水处理厂空气污染物控制技术的选择没有统一的依据，这往往导致选择污水处理厂空气污染物控制的技术存在盲目性。因此，从环境性能、经济性能和技术性能等方面考虑，构建一整套污水处理厂空气污染物控制技术评估体系，并对现有的控制技术进行评估，其评估结果可为政府监管部门、设计部门和企业提供污水处理厂典型空气污染物控制技术的选择提供指导。

7.2.1　污水处理厂空气污染物控制技术评估体系的构建

1. 评估指标的选取

1）评估指标选取的原则

选取合适的城镇污水处理厂空气污染物控制技术评估指标至关重要，会对评估结果有直接的影响。指标的选取时应遵循以下原则。

①目的性原则：选取的评估指标能够准确反映待评价主体的特征；

②科学性原则：选取的评估指标具有科学依据，保证来源信息具有可靠性和客观性，使评估结果具有可信性；

③全面性原则：选取的评估指标能够对评价主体面面俱到，尽量齐全；

④逻辑性原则：选取的评估指标相互之间遵循一定的整体逻辑性原则，能够分析影响控制技术的因素，然后将这些影响因素按照不同的层次结构从上到下进行排列，构成一定的逻辑关系；

⑤可比性原则：指选取的评估指标具有相互可比性，便于分析各项评估指标对综合评估结果影响的重要程度。

2）评价指标的确定

根据以上原则，本研究通过文献调研和专家咨询，从环境影响、技术可行性、经济合理性和运行管理复杂性等 4 个方面构建了污水处理过程中空气污染物控制技术评价指标体系，确定了含有 17 项指标的指标层，包括定量指标 11 项（排放口恶臭值、NH_3 去除效率、H_2S 去除效率、稳定运行率、适用性、主体设备寿命、占地面积、单位建设投资、运行费用、周期维护费用和人工需求）和定性指标 6 项（二次污染、技术成熟度、技术稳定性、操作难易程度、维修管理和操作环境），具体如表 7.6 所示。

表 7.6　污水处理空气污染物控制技术评价指标体系

目标层 A	准则层 B	指标层 C
典型空气污染物处理技术	环境影响 B_1	排放口恶臭值 C_1
		NH_3 去除率 C_2
		H_2S 去除率 C_3
		稳定运行率 C_4
		二次污染 C_5
	技术可行性 B_2	适用性 C_6
		技术成熟度 C_7
		技术稳定性 C_8
		主体设备寿命 C_9
		占地面积 C_{10}
	经济合理性 B_3	单位建设投资 C_{11}
		运行费用 C_{12}
		周期维护费用 C_{13}
	运行管理复杂性 B_4	操作难易程度 C_{14}
		人工需求 C_{15}
		维修管理 C_{16}
		操作环境 C_{17}

（1）隶属环境影响准则层的指标

① 排放口恶臭值：指恶臭气体经过处理后在排放口的恶臭值。根据《恶臭气体污染物排放标准》（GB 14554—1993）中的最严恶臭限制值定为 10，具体指标分级如表 7.7 所示。

②NH_3去除率：恶臭气体处理设备对NH_3的去除效果。NH_3去除率计算公式为：

$$NH_3\ 去除率=\frac{[NH_3]_{进口}-[NH_3]_{出口}}{[NH_3]_{进口}}\times100\% \tag{7.1}$$

调研各种废气处理技术的实际运行效果表明，NH_3去除率在 56% ~92% 之间。考虑工程运行实际情况，将NH_3去除率在 55 ~95% 之间分为 5 个级别。

③H_2S 去除率：恶臭气体处理设备对 H_2S 的去除效果。H_2S 去除率计算公式为：

$$H_2S\ 去除率=\frac{[H_2S]_{进口}-[H_2S]_{出口}}{[H_2S]_{进口}}\times100\% \tag{7.2}$$

调研各种废气处理技术的实际运行效果，H_2S 去除效率为 55% ~95%。考虑工程运行实际情况，将 H_2S 去除效率在 56% ~92% 之间分为 5 个级别。

④ 稳定运行率：指废气经过废气处理设备处理后稳定达标概率，将稳定率为 60%（含 60%）以下为此指标层的最差等级，以此为标准分别确定其余分级标准，具体见表 7.7。

⑤二次污染：指废气气体处理过程中产生二次污染物的程度和治理的难度，具体见表 7.7。

隶属环境影响准则层的指标分级如表 7.7 所示。

表 7.7　隶属环境影响准则层的指标分级

指标层	指标分级				
	10	7.5	5	2.5	0
排放口恶臭值 C_1	[0, 5]	(5, 10]	(10, 15]	(15, 20]	(20, ∞)
NH_3去除率 C_2（%）	(95, 100]	(80, 95]	(68, 80]	(55, 68]	[0, 55]
H_2S 去除率 C_3（%）	[92, 100]	[80, 92)	[68, 80)	[58, 68)	[0, 58)
稳定运行率 C_4（%）	[96, 100]	[84, 96)	[72, 84)	[60, 72)	[0, 60)
二次污染 C_5	无二次污染	二次污染较少，非常容易处理	二次污染中等，容易处理，需较少投资处理	二次污染较多，需中等投资处理	二次污染非常多，需较大投资处理

（2）隶属技术可行性准则层的指标

①适用性：通过比较废气处理技术能够适用的NH_3和 H_2S 浓度范围来评判其适用性。废气处理技术适用范围跨度约在 500 ~5000mg/m^3，以此作为分级范围，分为 5 级。

②技术成熟度：指废气处理技术处理工程的运用成熟情况，以技术就绪度为衡量标准，判断废气处理技术的可实施程度。

③技术稳定性：指废气处理技术在运行过程中抗负荷冲击能力和恢复运行能力，将抗

冲击负荷能力高低和恢复处理能力所需时间长短作为分级的依据。

④主体设施寿命：指废气处理主体设施运行寿命，废气处理技术的主体设施寿命约为10～25年，考虑到工程实施的实际情况，确定8～20年为主体设施寿命的指标分级范围。

⑤占地面积：指废气处理技术成功建设并运行后的占地面积。废气处理技术实施的占地面积为40～650 $m^2/(10^4\ m^3 \cdot h)$，考虑到工程实施的实际情况，将50～500 $m^2/(10^4\ m^3 \cdot h)$规定为占地面积的指标分级范围。

隶属技术可行性准则层的指标分级如表7.8所示。

表7.8　隶属技术可行性准则层的指标分级

指标层	指标分级				
	10	7.5	5	2.5	0
适用性 C_6	国际领先，且控制设施进口 NH_3 和 H_2S 浓度适用范围 [5000mg/m^3，∞)	国内领先，且控制设施进口 NH_3 和 H_2S 浓度适用范围 [3500，5000mg/m^3)	接近国内领先，且控制设施进口 NH_3 和 H_2S 浓度适用范围 [2000，3500mg/m^3)	国内一般水平，且控制设施进口 NH_3 和 H_2S 浓度适用范围 [500，2000mg/m^3)	处于国内地位末端，且控制设施进口 NH_3 和 H_2S 浓度适用范围 [0，500mg/m^3)
技术成熟度 C_7	得到广泛推广运用	标准化或规范化	通过第三方评估或用户验证认可	技术/工程示范	中试研究
技术稳定性 C_8	抗负荷冲击能力高，可在短时间内恢复处理能力	抗负荷冲击能力较高，可在较短时间内恢复处理能力	抗负荷冲击能力中等，恢复处理能力所需时间中等	抗负荷冲击能力较低，恢复处理能力所需时间较长	抗负荷冲击能力低，恢复处理能力所需时间长
主体设备寿命 C_9（年）	[20，∞)	[16，20)	[12，16)	[8，12)	[0，8)
占地面积 C_{10} [$m^2/(10^4 m^3 \cdot h)$]	[0，50)	[50，200)	[200，350)	[350，500)	[500，∞)

（3）隶属经济合理性准则层的指标

①单位建设投资：指处理 $1.0\times10^3\ m^3$ 废气的投资费用，包括建设施工和购买设备费用。调研结果表明，单位建设投资为200～1800元/($10^3 \cdot m^3$)。考虑工程实际情况，将300～1800元/($10^3 \cdot m^3$) 作为指标分级范围。

②运行费用：指正常投入使用后的运行费用，包括水电费、人工费等。调研结果表明，运行费用为100～1100元/($10^4 \cdot m^3$)。考虑工程实际情况，将100～1000元/($10^4 \cdot m^3$) 作为指标分级范围。

③周期维护费用：指对该技术的主要设备周期维护时所需要的费用。周期维护费用一般为3万～5万元/ ($10^4\ m^3 \cdot h \cdot a$)，作为该指标分级的7.5分档，并确定其余分级标准。

隶属经济合理性准则层的指标分级如表7.9所示。

表7.9　隶属经济合理性准则层的指标分级

指标层	指标分级				
	10	7.5	5	2.5	0
单位建设投资 C_{11} [元/($10^3\cdot m^3$)]	[0, 300]	(300, 800]	(800, 1300]	(1300, 1800]	(1800, ∞)
运行费用 C_{12} [元/($10^4\cdot m^3$)]	[0, 100]	(100, 400]	(400, 700]	(700, 1000]	(1000, ∞)
周期维护费 C_{13} [万元/($10^4\cdot m^3\cdot h\cdot a$)]	[0, 3]	[3, 5)	[5, 7)	[7, 9)	[9, ∞)

（4）隶属运行管理复杂性准则层的指标

①操作难易程度：指废气处理技术在正常运行操作处理的难易程度，对操作工人要求的高低。

②人工需求：指废气处理技术在正常运行操作处理时，处理$1.0\times10^5\ m^3/h$需要的工人数量。

③维修管理：指当主体设备出现故障时对主体设备进行维修的难易水平，工作量的大小。

④操作环境：指在实际操作处理工程中工人所处环境的好坏。

隶属运行管理复杂性准则层的指标分级如表7.10所示。

表7.10　隶属运行管理复杂性准则层指标分级

指标层	指标分级				
	10	7.5	5	2.5	0
操作难易程度 C_{14}	全自动运行，操作容易	全自动运行，操作较容易	半自动运行，操作难度一般	半自动运行，操作难度较大	手动操作运行，操作难度大
人工需求 C_{15}	需要1人	需要2人	需要3人	需要4人	需要5人
维修管理 C_{16}	设备基本无维修	设备维修容易	设备维修中等	设备难，需要专门技术人员	—
操作环境 C_{17}	工作环境好，劳动强度低	工作环境较好，劳动强度较小	工作环境中等，劳动强度中等	工作环境较差，劳动强度较大	工作环境差，劳动强度大

2. 指标权重的确定

鉴于城镇污水处理厂空气污染物处理技术评估体系中所涉及的评估指标较多，且有6项指标只能定性评价，本研究采用层次分析方法（AHP）来确定评估指标体系中各项指标的权重，它可以将复杂的问题以层次的结构体现，通过多位专家的判断来决定各项指标的相对重要性，具有系统性、科学性、实用性和简洁性等优点。

（1）权重计算方法

根据 AHP 的特点，首先把整个评估体系分解为目标层、准则层和指标层三个层次结构，并以此为基础，将定性指标和定量指标有机结合起来分析。为了获得所需的判断矩阵，需要将在同层中两两要素中进行相对重要性比较，再利用数学方法或者相关软件，计算判断矩阵的最大特征值和对应的特征向量，再将各项指标的特征向量做归一化处理，获得该层要素的权重数值。与此同时，将所得数据进行一致性检验判断是否具有满意的一致性，若一致性通过则表示合格，获得的权重数值是有效的，反之，则无效。

运用 AHP 计算权重，大致分为五个步骤：

①构建层次结构模型

经过对目标整体分析后，把与之相关联的各个因素进行属性分类，按照不同属性的包含关系分解成多个层次结构。同一层次的两两因素是对等的关系，而对上一层的相关因素具有隶属关系，对下一层的相关因素具有引领的关系。在 AHP 中，把这个体系分解为三个层次结构，分别为目标层、准则层和指标层。

目标层 A：在层次结构中是最高的，代表此次建模评价的目标。

准则层 B：表示体现评估技术优劣的主要影响因素。

指标层 C：表示隶属准则层 B 中能够体现待评价技术优劣主要影响因素的具体全部指标项，是根据所属的不同目标所设立的终极指标。

给出目标层 A、准则层 B 和指标层 C 评判对象的因素集和子因素集，如图 7.19 所示。

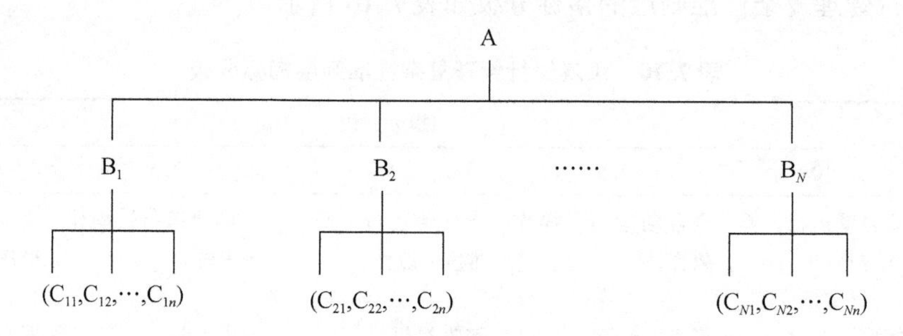

图 7.19　AHP 建模结构示意图

图中，因素集 $A=B_1, B_2, \cdots, B_N$；B 的子因素集 $B=C_{11}, C_{12}, \cdots, C_{Nn}$。

②构造比较矩阵

全面分析评估指标体系中各因素之间的逻辑结构，将同一层次的各元素进行两两相对重要性比较，结果由 1 ~ 9 数值表示，由此获得的矩阵即为判断矩阵。

例如设某层含有 n 个因素，$X=\{x_1, x_2, \cdots, x_n\}$，需要确定这 n 个因素相对于上一层层次的权重，将这 n 个元素互相进行两两比较，两者之间重要程度的比较结果用 1 ~ 9 数值表示（表 7.11）。用 a_{ij} 表示第 i 个因素相对于第 j 个因素的比较结果，这种方法构造出的矩阵称之为比较矩阵。

$$a_{ij}=\frac{1}{a_{ji}} \tag{7.3}$$

表 7.11　两两元素之间对比时的重要程度及取值

序号	重要性等级	a_{ij}赋值
1	i，j 两元素同等重要	1
2	i 元素比 j 元素重要	3
3	i 元素比 j 元素明显重要	5
4	i 元素比 j 元素强烈重要	6
5	i 元素比 j 元素极强烈重要	7

注：若两个因素的比较结果的重要度介于上述两个相邻等级之间时，可以赋值等于 2，4，6，8。

按照上述方法进行同一层次因素两两重要性的互相比较，获得的矩阵 $\boldsymbol{A}=[a_{ij}]$ 称为判断矩阵。矩阵中 n 越大，重要度分得越细致，给专家造成的困难会越大。由于在 AHP 中指标的重性赋值为 1 ~9，为了给专家留有一定的选择判断空间余地，选择 n 时应不大于 9。而判断矩阵为指标两两比较得到，因此 n 应该不小于 2，故 n 的范围应在 $2<n<9$ 范围内最佳。

③求解判断矩阵

单一目标层 A 下被比较元素的相对权重，即层次单排序将得到的矩阵按行将各元素连乘并开 N 次方，求得各行元素的几何平均值：

$$w_i = \left(\prod_{j=1}^{N} a_{ij}\right)^{\frac{1}{N}} \tag{7.4}$$

计算后得到列向量，$w_i=[w_1, w_2, w_3, \cdots, w_N]^{\mathrm{T}}$，$i=1, 2, 3, \cdots, N$，将所得的 w_i 向量分别做归一化处理，获得同一准则下各个元素的权重占比 w_i'。

计算判断矩阵的最大特征根。

$$\lambda_{\max} = \sum_{i=1}^{n} \frac{A_{w_i}}{nw_i} \tag{7.5}$$

④层次排序一致性检验

一致性指标：

$$\mathrm{CR}=\frac{\mathrm{CI}}{\mathrm{RI}} \tag{7.6}$$

其中，$\mathrm{CI}=\lambda_{\max}$，当 $\mathrm{CR}<0.1$ 时，则认为所求解的判断矩阵能够满足一致性要求，若不能达到要求，应该将评分表返回给专家进行再次评分，直到满足一致性要求才认为评分数据是有效的。RI 的取值见表 7. 12。

表 7.12　一致性指标 RI 值

判断矩阵阶段	1	2	3	4	5	6	7	8	9
RI 值	0.00	0.00	0.58	0.90	1.12	1.24	1.32	1.41	1.45

⑤层次总排序

计算相同层次内所有因素对于目标层权重值的排序权值，称为层次总排序。这个过程从最高层到最低层逐层计算。假设某一层次 A 含有 4 个因素，则其层次总排序权值为 α_1、α_2、α_3、α_4，若其下一层次 B 含有 n 个因素，则它们对上一层 A 的单排序权值分别为 b_{1j}、

b_{2j}、…、b_{nj}，此时 B_1 总排序权值为 $\sum_{i=1}^{4} a_i b_{1j}$。其余以此类推。

(2) 权重计算原始数据

在污水处理空气污染物控制技术体系评价的过程中，为了得到各项指标比较准确的权重系数，采用专家打分法。邀请数十位行业专家进行打分，这些专家包括从事环境管理的人员、污水处理厂运营管理和相关科研的研究人员。对搜集上来的评分表数据进行整理，分析指标的重要性是否具有大体上的一致性，如若不能满足则返回专家手中重新进行打分，直到数据有大体上的一致性。对于计算检验合格的评分表依照一定的顺序进行整理。由于评分数据表比较多，因此本研究在此仅列出专家一的评分数据表，专家一对各准则层之间的评分情况如表 7.13 所示，专家一对各隶属准则层的指标层之间的评分情况如表 7.14～表 7.17 所示。

表 7.13 准则层判断矩阵

	指标 B_1	指标 B_2	指标 B_3	指标 B_4
指标 B_1	1	5	3	7
指标 B_2	—	1	1/3	5
指标 B_3	—	—	1	7
指标 B_4	—	—	—	1

表 7.14 环境影响判断矩阵

	指标 C_1	指标 C_2	指标 C_3	指标 C_4	指标 C_5
指标 C_1	1	2	2	6	9
指标 C_2	—	1	1	4	6
指标 C_3	—	—	1	4	6
指标 C_4	—	—	—	1	3
指标 C_5	—	—	—	—	1

表 7.15 技术可行性判断矩阵

	指标 C_6	指标 C_7	指标 C_8	指标 C_9	指标 C_{10}
指标 C_6	1	3	3	9	9
指标 C_7	—	1	2	6	7
指标 C_8	—	—	1	3	4
指标 C_9	—	—	—	1	2
指标 C_{10}	—	—	—	—	1

表 7.16 经济合理性判断矩阵

	指标 C_{11}	指标 C_{12}	指标 C_{13}
指标 C_{11}	1	3	6
指标 C_{12}	—	1	3
指标 C_{13}	—	—	1

表 7.17　运行管理复杂性判断矩阵

	指标 C_{14}	指标 C_{15}	指标 C_{16}	指标 C_{17}
指标 C_{14}	1	0. 8	3	5
指标 C_{15}	—	1	6	9
指标 C_{16}	—	—	1	2
指标 C_{17}	—	—	—	1

(3) 权重计算结果

由于在计算矩阵的指标权重过程中会处理大量矩阵，公式计算不仅过程烦琐，而且耗时长，因此在计算过程中借助了层次分析法软件，进行计算，得到恶臭气体处理技术评估指标的各项权重，如表 7. 18 所示。

表 7.18　恶臭气体处理技术评估指标权重

准则层	权重值	指标层	指标综合权重
环境影响 B_1	0. 3765	排放口恶臭值 C_1	0. 1278
		NH_3 去除效率 C_2	0. 0672
		H_2S 去除效率 C_3	0. 0548
		稳定运行率 C_4	0. 0875
		二次污染 C_5	0. 0392
技术可行性 B_2	0. 3172	适用性 C_6	0. 1204
		技术成熟度 C_7	0. 0680
		技术稳定性 C_8	0. 0661
		主体设备寿命 C_9	0. 0326
		占地面积 C_{10}	0. 0301
经济合理性 B_3	0. 1616	单位建设投资 C_{11}	0. 0766
		运行费用 C_{12}	0. 0558
		周期维护费 C_{13}	0. 0291
运行管理复杂性 B_4	0. 1447	操作难易程度 C_{14}	0. 0472
		人工需求 C_{15}	0. 0454
		维修管理 C_{16}	0. 0263
		操作环境 C_{17}	0. 0257

专家对恶臭气体处理技术评估指标打分结果表明，对于准则层而言，运行管理复杂性所占的权重比值较低，为 0. 1447，而环境影响和技术可行性所占的权重比值较高，分别为 0. 3765 和 0. 3172。这说明专家针对某项处理技术时会多看重它对环境的影响的重要程度和技术的可行性方面，对于运行管理复杂性方面关注较少。

对于指标层而言，排放口恶臭值和适用性所占的权重值比例较高，分别为 0.1278 和 0.1204，说明专家较关注；而维修管理和操作环境方面专家关注较少，所占的权重比值较低，分别为 0.0263 和 0.0257，这也间接表明某种处理技术，专家首先会对其处理效果和适用性考虑，而对它的维修管理和操作环境方面看得相对薄弱。

从分析每个准则层下面的指标层而言，对于准则层的环境影响，排放口恶臭值所占的比重最高，二次污染所占的比重最小，说明只有保证处理技术的处理效果，达标排放，才有可能对环境产生的影响最小，而二次污染对于环境影响程度相对较小；对于准则层的技术可行性，适用性所占的比重最高，占地面积所占的比重最低，说明某项处理技术适用性好，即能处理相对复杂的恶臭气体时会受到专家的关注，而专家对于某项技术的占地面积关注度较少；对于准则层的经济合理性而言，单位建设投资所占的比重最高，周期维护费用所占的比重最低，说明对于某项技术专家最较关心它的单位建设投资，也是企业选择某项处理技术的主要因素；对于准则层的运行管理复杂性而言，操作难易程度所占的比最高，操作环境所占比重最低，这说明相比对于人工需求、维修管理和操作环境，操作难易程度方面对选择技术影响最大，对操作环境方面关注较少。

7.2.2 关键技术评估

1. 评估对象

现阶段，城镇污水处理厂空气污染物的控制技术可以分为物理法、化学法、生物法和联合法。本研究将这四类方法中的常用技术作为评价对象，技术清单如表 7.19 所示。

表 7.19　污水处理厂空气污染物控制技术清单

物理技术	化学技术	生物技术	联合技术
稀释扩散法	吸收法	生物滤池	生物滤池+吸附法
吸附法	燃烧法	生物滴滤池	生物滤池+吸收法
掩蔽法	化学氧化法	生物洗涤法	
	等离子体法		

2. 评估规则

评估指标中的定量指标的数据由调研获得，打分分数根据指标分级标准而定；评估中的定性指标由专家根据各个指标的分级（表 7.7 ~ 表 7.10）分别给出定性指标层对 12 种备选技术的分值，分值取 0 ~ 10，得分越高，表示越好。

3. 评估技术数据

通过检索文献和咨询工程师（从事环保设备销售及售后工作）获得评价技术的相关数据，如表 7.20 和表 7.21 所示。

4. 技术指标分值计算

根据文献调研和咨询多位专家（从事环境管理的人员、环保工程师和环保科研单位人员），对不同处理技术各指标进行打分，统计专家针对某种技术的每个指标评分结果，将指标得分求平均值，得到废气处理技术各指标得分 S_i'，如表 7.22 所示。

$$S'_i = \frac{1}{n}\sum_{i=1}^{n} S_{ni} \tag{7.7}$$

式中，S_i'为第 i 个指标得分；S_{ni}为第 n 个专家对第 i 个指标打分。

5. 技术综合分值计算

根据各项指标权重和指标得分结果，由式（7.8）可得出恶臭气体处理技术的综合评价得分（TAI）：

$$\mathrm{TAI} = \sum_{i=1}^{17} w_i S'_i \tag{7.8}$$

式中，TAI 为处理技术的综合评价得分；S_i'为第 i 个指标得分值；w_i为第 i 个指标相对于目标层的权重值。

通过收集整理数据，分别计算各种空气污染物处理技术的综合得分，如表 7.23 所示。

表 7.20　物理法和化学法处理技术相关数据

二级指标	稀释扩散法	吸附法	掩蔽法	吸收法	燃烧法	化学氧化法	等离子体法
C_1	0	10	12	10	5	10	10
C_2	0	75%	55%	85%	95%	80%	90%
C_3	0	75%	55%	85%	95%	80%	90%
C_4	78%	87%	67%	85%	85%	81%	83%
C_5	未处理	有	无	有	有	有	有
C_6	较低	<200mg/m^3	<500mg/m^3	100～2000mg/m^3	200～10000mg/m^3	<500mg/m^3	<500mg/m^3
C_7	明确基本原理及技术方案	广泛运用	部分用户认可及标准化或规范化	部分用户认可及标准化或规范化	中试研究阶段及形成产品	部分用户认可及标准化或规范化	推广运用
C_8	抗负荷能力强，恢复快	吸附能力有限	浓度大时处理效果明显降低	有一定的抗负荷能力	抗负荷能力强，恢复快	抗负荷能力强，恢复快	抗负荷能力强，恢复快
C_9	15 a	15 a	10 a	13 a	13 a	20 a	10 a
C_{10}	40 m^2	270 m^2	1.44 m^2	245 m^2	185 m^2	70 m^2	623 m^2
C_{11}	2 元	1150 元	50 元	233.0 元	1863.7 元	176 元	600 元
C_{12}	6.75 元	276.8 元	166 元	74.4 元	1088.3 元	126 元	456 元

续表

二级指标	稀释扩散法	吸附法	掩蔽法	吸收法	燃烧法	化学氧化法	等离子体法
C_{13}	30160 元	74160 元	55680 元	58320 元	66240 元	55680 元	55680 元
C_{14}	容易	较容易	较容易	较大	较大	较容易	较容易
C_{15}	1 人	2 人	2 人	2 人	2 人	2 人	2 人
C_{16}	容易	中等	容易	难	难	难	较难
C_{17}	环境中等，劳动强度中等	环境较好，劳动强度较小	环境中等，劳动强度中等	环境中等，劳动强度中等	环境较好，劳动强度较小	环境较好，劳动强度较小	环境较好，劳动强度较小

表 7.21　生物法和联合法处理技术相关数据

二级指标	等离子体法	生物滤池法	生物滴滤法	生物洗涤法	生物滤池+吸附法	生物滤池+吸收法
C_1	10	10	10	5	5	10
C_2	85%	85%	85%	95%	95%	85%
C_3	85%	85%	85%	95%	95%	85%
C_4	85%	86%	83%	93%	91%	85%
C_5	无	无	无	有	有	无
C_6	500 ~ 1000mg/m³	<500mg/m³	1000 ~ 5000mg/m³	200 ~ 1200mg/m³	100 ~ 3000mg/m³	500 ~ 1000mg/m³
C_7	得到广泛推广运用	得到部分用户认可及标准化或规范化	得到部分用户认可及标准化或规范化	得到广泛推广运用	得到部分用户认可及标准化或规范化	得到广泛推广运用
C_8	抗负荷能力较强，恢复快	抗负荷能力中等，恢复中等	抗负荷能力较强，恢复快	抗负荷能力强，恢复快	抗负荷能力强，恢复快	抗负荷能力较强，恢复快
C_9	20a	20a	20a	15a	15a	20a
C_{10}	127.6 m²	65 m²	90 m²	397.6 m²	372.6 m²	127.6 m²
C_{11}	360.9 元	380 元	402.3 元	1510.9 元	593.9	360.9 元
C_{12}	42.5 元	45 元	55 元	319.3 元	116.9 元	42.5 元
C_{13}	53920 元	52160 元	55680 元	61840 元	60080 元	53920 元
C_{14}	容易	容易	容易	容易	较大	容易
C_{15}	2 人	2 人	2 人	2 人	2 人	2 人
C_{16}	容易	维修容易	中等	中等		容易
C_{17}	环境好，劳动强度小	环境好，劳动强度小	环境好，劳动强度小	环境好，劳动强度小	环境较好，劳动强度较小	环境好，劳动强度小

表 7.22　恶臭气体处理技术各指标得分

评价指标/技术名称	稀释扩散法	吸附法	掩蔽法	吸收法	燃烧法	化学氧化法	等离子体法	生物滤池法	生物滴滤法	生物洗涤法	生物滤池+吸附法	生物滤池+吸收法
排放口恶臭值 C_1	0.0	7.5	5.0	7.5	10.0	7.5	7.5	7.5	7.5	7.5	10.0	10.0
NH_3 去除效率 C_2	0.0	5.0	0.0	7.5	10.0	5.0	7.5	7.5	7.5	7.5	10.0	10.0
H_2S 去除效率 C_3	0.0	5.0	0.0	7.5	10.0	7.5	7.5	7.5	7.5	7.5	10.0	10.0
稳定运行率 C_4	5.0	8.2	3.9	7.7	7.7	6.8	7.3	7.7	8.0	7.3	9.3	8.9
二次污染 C_5	2.7	4.5	3.4	4.8	4.5	4.1	6.4	7.5	7.7	6.8	8.2	7.5
适用性 C_6	0.0	0.0	0.0	2.5	10.0	0.0	0.0	2.5	0.0	7.5	2.5	5.0
技术成熟度 C_7	7.3	8.2	4.8	7.3	6.1	6.8	5.5	8.6	8.0	8.0	8.2	8.4
技术稳定性 C_8	5.7	5.5	5.2	7.0	7.0	6.4	7.7	6.1	6.8	6.8	7.5	8.0
主体设备寿命 C_9	5.0	5.0	2.5	5.0	5.0	7.5	2.5	7.5	7.5	7.5	5.0	5.0
占地面积 C_{10}	10.0	5.0	10.0	5.0	7.5	7.5	0.0	7.5	7.5	7.5	2.5	2.5
单位建设投资 C_{11}	10.0	5.0	10.0	10.0	0.0	10.0	7.5	7.5	7.5	7.5	2.5	7.5
运行费用 C_{12}	0.0	7.5	7.5	10.0	0.0	7.5	5.0	10.0	10.0	10.0	7.5	7.5
周期维护费 C_{13}	9.3	4.3	6.4	6.1	5.2	6.4	6.4	6.6	6.8	6.4	5.7	5.9
操作难易程度 C_{14}	8.6	6.6	7.3	6.4	6.6	5.9	6.6	6.8	6.6	6.6	7.0	7.0
人工需求 C_{15}	9.5	7.7	7.5	7.5	6.8	8.0	8.0	8.2	8.2	8.2	7.7	8.0
维修管理 C_{16}	8.9	6.6	7.5	6.1	4.5	5.9	5.0	7.3	7.3	6.8	7.0	6.8
操作环境 C_{17}	5.9	6.4	5.9	5.9	5.5	5.9	7.0	6.8	6.6	6.8	6.1	6.6

表 7.23 恶臭气体处理技术评价综合得分

技术分类	技术名称	综合得分
物理法	稀释扩散法	4.14
	吸附法	6.08
	掩蔽法	4.77
化学法	吸收法	7.28
	燃烧法	6.11
	化学氧化法	6.54
	等离子体法	6.09
生物法	生物滤池	7.46
	生物滴滤池	7.37
	生物洗涤法	7.58
联合法	生物滤池+吸附法	7.35
	生物滤池+吸收法	7.89

由表7.23可知，生物法得分高于物理法和化学法，联合法中“生物滤池+吸收法”评价得分最高，为7.89（满分为10分）。

6. 评估结果分析

根据建立的恶臭气体处理技术评估体系对常规恶臭气体处理技术进行综合评估，结果表明：

①联合法中“生物滤池+吸收法”评估得分最高，为7.89（满分为10分），物理法中的稀释扩散法评估得分最低，为4.14。究其原因，准则层中的环境影响所占权重值最高，并且联合法在隶属准则层环境影响的5个评价指标中得分均得到了较高分数，而得分最低的稀释扩散法虽然在其他指标中得到了较高分数，但是在隶属准则层环境影响的5个评价指标得分中均得了较低分数，从而导致整体得分非常差，这也间接表明环境影响是决定恶臭处理技术得分高低的重要影响因素。

②生物法评估得分普遍高于物理法和化学法。这说明生物法相比于物理法、化学法具有一定的优势，这与实践工程的应用相符合。根据评估结果反推原因，不管是联合法中的“生物滤池+吸收法”或“生物滤池+吸附法”，还是单独的生物法，在环境影响方面的评估指标都得到了较高的分数，这说明生物处理法处理效果较好，这就是实践中生物处理法应用较多的原因；联合法的得分较高，说明联合法相对于单独使用某种处理方法具有一定的优势，在处理复杂的恶臭气体或排放标准要求严格时应采用联合法来处理。

③物理法中的吸附法、化学法中的吸收法和生物法中的生物洗涤法在同类方法中得分较高。究其原因，吸附法在隶属准则层环境影响的5个评价指标中得分均高于稀释扩散法和掩蔽法，而其他评估指标得分不相上下，这又一次说明了环境影响因素对处理技术的重要性；化学法中表现最优的吸收法虽然在每个评估指标上的得分不是最高的，但是在权重占比比较大的得分指标上相比于同类方法中的其他技术要高，燃烧法虽然在隶属准则层环

境影响的 5 个评价指标中得分均很高，但是在单位建设投资和运行费用这两个评估指标的得分是零，说明单位建设投资和运行费用也应该得到决策者的重视；生物法中的生物洗涤法得分略高于生物滤池和生物滴滤法，这三种处理方法指标得分基本都差不多，从得分上看生物滤池的适用性要高于前面二者，这一项评估指标得分是生物洗涤法总体得分高于二者的关键因素，这与评估指标适用性所占权重比重较高是相符合的。

④此外，为了有效去除空气污染物中的生物气溶胶，在生物处理技术后增加光催化氧化技术（化学氧化技术）是非常必要的。传统的化学吸收和吸附，对生物气溶胶的去除性能是十分有限的，而光催化氧化技术对微生物的灭活能力较好，能消除城镇污水处理过程产生的生物气溶胶。

7.3　城镇污水处理典型空气污染物控制技术规范的编制

在《城镇污水处理厂污染物排放标准》（GB 18918—2002）中，规定了氨、硫化氢、臭气浓度、甲烷等废气排放限定值，我国一些新建城镇污水处理厂也配套建设了恶臭气体处理设施。但是，对于甲硫醇和甲硫醚等恶臭物质、VOCs、生物气溶胶等污染物，目前尚无排放标准，在废气处理设施的设计和建设中也未予以考虑。然而，这些物质存在于污水处理过程产生的废气中，并对人体健康和周边环境具有潜在的危害。为全面控制污水处理厂废气污染，保障公众健康，指导相关部门科学地选择适宜技术及规范化管理，结合环保公益性行业科研专项“城镇污水处理气态污染物排放特征与监管技术研究”的相关研究成果，编制了《城镇污水处理厂典型空气污染物控制技术规范》。

7.3.1　编制总体思路和方法

为保证我国城镇污水处理厂空气污染物排放符合国家规定的要求，控制城镇污水处理过程中产生的空气污染物，保护污水处理厂及其周边环境质量，保障公众健康，依据国家和行业相关法律法规、标准规范，在总结相关研究成果与工程实践经验基础上，依据安全可靠、技术先进、经济合理、管理方便的原则，编制《城镇污水处理厂典型空气污染物控制技术规范》，简称《技术规范》。

在编写过程中，编制组进行了城镇污水处理厂典型空气污染物处理工程的调查研究，总结相关研究成果与工程实践经验，对主要问题开展了专题讨论，并借鉴了国外的先进经验。

根据污水处理厂所在地区的环境空气质量要求和大气污染物治理技术和设施条件，确定了污水处理厂厂界（防护带边缘）空气污染物排放最高允许浓度要求。污水处理厂空气污染物经过处理后，有组织排放源排放限值以及污水处理厂厂界（防护带边缘）的空气污染物排放最高允许浓度标准值应符合《城镇污水处理厂污染物排放标准》（GB 18918—2002）和《恶臭污染物排放标准》（GB 14554—1993）的相关规定。

《技术规范》可作为城镇污水处理厂空气污染物处理设施设计、建设、监测、检测、施工、验收及运营管理的技术依据。

7.3.2 主要内容

《技术规范》的主要内容包括如下10个方面：

1. 总则；
2. 规范性引用文件；
3. 术语和定义；
4. 基本规定；
5. 污水处理厂气体收集量估算；
6. 空气污染物的收集和输送；
7. 控制技术与工艺选择；
8. 监测与过程控制；
9. 施工和验收；
10. 运行管理。

7.3.3 编制说明

为便于正确理解和执行各项条文，按章、节、条顺序编制了条文说明，对条文规定的目的、依据及执行中需注意的有关事项进行了说明。

1. 总则

规定了制定《技术规范》的目的和适用范围。规定了确定污水处理厂厂界（防护带边缘）空气污染物排放最高允许浓度要求的依据和方法。规定了经过处理后，有组织排放源排放限值以及污水处理厂厂界（防护带边缘）的空气污染物排放最高允许浓度标准值，以及关于空气污染物处理工程尚应执行的有关标准和规范的规定。

2. 规范性引用文件

本规范编制过程中，参考了《中华人民共和国环境保护法》《建设项目环境保护设计规定》《恶臭污染物排放标准（GB 14554—1993）》《城镇污水处理厂臭气处理技术规程（CJJ/T 243—2016）征求意见稿》《建设项目竣工环境保护验收管理办法》等法律、法规、相关政策、标准等39个文件，涉及设计、施工、验收、监测等多个方面。

3. 术语和定义

分别规定了恶臭污染物、挥发性有机化合物、生物气溶胶、气体收集率、洗涤处理、生物滤池、生物滴滤池、光催化氧化、吸附处理等9个术语。涉及处理的污染物和处理技术的定义。

4. 基本规定

城镇污水处理厂空气污染物控制是一个系统工程，不仅仅是空气污染物的控制和处理，还涉及污水处理厂前期规划、处理工艺的选择、新技术、新设备和新材料的合理应用，以及必要的自动化设备和相关的运行管理措施。基本规定包括如下 9 个方面：

①对污水处理厂空气污染物处理设施和控制方法的选择进行了原则规定。

②对处理设施建设的基本建设程序或技术改造审批程序进行了原则规定。

③总体布置应根据污水处理厂的空气污染物产生量和污水处理厂周边环境要求，同时考虑便于空气污染物控制和处理。

④去除空气污染物系统相关设施组成的规定。

⑤去除空气污染物设施防冻和保温的规定。

⑥去除空气污染物设施和敏感建筑物之间防护距离的规定。

⑦处理过程中二次污染治理和排放的相关规定。

⑧处理后空气污染物排放的相关规定。

⑨处理设施的在线检测设备的相关规定。

5. 污水处理厂气体收集量估算

按空气污染物产生源为封闭空间和空气污染物产生源为开放空间两种情形，分别规定了污水处理厂空气污染物收集量的估算方法和计算公式。

6. 空气污染物的收集与输送

①规定了控制污染源空气污染物扩散、防止对周边环境影响应采取的措施和方法。

②空气污染物收集与输送管道的设计应满足的要求和规定。

③对空气污染物收集与输送管道的结构及材料做了规定。

④对空气污染物收集与输送管道的施工及架设做了规定。

7. 控制技术与工艺选择

对生物法、光催化氧化法、吸附法、洗涤法等 4 种空气污染物控制技术，以及洗涤-生物滤池空气污染物处理工艺、生物滴滤池-光催化氧化空气污染物处理工艺、洗涤-光催化氧化空气污染物处理工艺、吸附-光催化氧化空气污染物处理工艺等 4 种典型空气污染物处理工艺及其选择，做了规定。

(1) 空气污染物控制技术

空气污染物控制技术中，根据每种技术的特点，分别做了相关规定。对于生物法，在关于生物处理设施运行温度、填料的物理化学性质、填料含水率、排气筒的设计等 8 个方面做了规定。对于光催化氧化法，在关于反应光源、气体流速、催化剂的适用条件以及光催化氧化处理设施前宜加除雾、除湿设备等 4 个方面做了规定。对于吸附法，在关于吸附剂的选择和再生方法、固定床吸附装置和移动式吸附装置的气体流速等 8 个方面做了规定。对于洗涤法，在关于洗涤法的适用条件、洗涤剂的适用条件和选择、洗涤塔、洗涤液循环装置组成、尾气除雾装置等 7 个方面做了规定。

(2) 典型空气污染物处理工艺及选择

对于已建有生物除臭设施的城镇污水处理厂的空气污染物采用物化-生物组合处理

工艺，结合每种处理技术的优点，使处理后的气体达到排放要求。物化处理技术可采用洗涤法、光催化氧化法等，生物处理技术可采用生物滤池、生物滴滤池、生物洗涤塔等。

①关于洗涤-生物滤池空气污染物处理工艺的规定

洗涤法适宜处理气量大、浓度高的空气污染物，生物滤池适宜处理气量大、浓度低的空气污染物。洗涤法具有投资费用低、运行管理简单、便于管理等特点。生物滤池具有处理效果好、运行维护简单、运行经济费用低、易于管理、无二次污染等特点。城镇污水处理产生的空气污染物成分复杂，既有亲水性物质又有疏水性物质，通常还含有大量的生物气溶胶。洗涤装置置于生物滤池之前，可以去除生物气溶胶，空气污染物中的可溶性物质能够在洗涤装置中去除。剩余的溶解性低的物质，进入生物滤池，被生物滤池中的微生物降解。洗涤塔和生物滤池产生的废水经处理后可循环利用。

②关于生物滴滤-光催化氧化空气污染物处理工艺的规定

生物滴滤池的优点是去除效率高、设备少、操作简单、压降低、填料不易堵塞等。空气污染物先进入生物滴滤池进行处理，难生物降解的物质通过光催化氧化去除。生物气溶胶在光催化氧化反应器中灭活。

未建有生物除臭设施的城镇污水处理厂空气污染物处理采用物化处理工艺，使处理后的气体达到排放要求。物化处理技术可采用洗涤法、光催化氧化法、吸附法等。如洗涤-光催化氧化空气污染物处理工艺、吸附-光催化氧化空气污染物处理工艺。

8. 监测与过程控制

（1）监测

①城镇污水处理厂产生的空气污染物应监测的因子包括臭气浓度、硫化氢、氨、二硫化碳、二甲二硫、甲硫醇、甲硫醚、甲苯、二氯甲烷、丙酮、生物气溶胶。监测频率应符合相关规定。

②应在空气污染物处理设施前后设置永久性采样口，采样口的设置应符合要求。采样方法应满足要求。

③空气污染物处理设施应设有风量、压降、温度等监测装置，应设置臭气浓度、硫化氢、氨、二硫化碳、二甲二硫、甲硫醇、甲硫醚、甲苯、二氯甲烷、丙酮等的监测仪表。

④参与控制和管理的机电设备应设置工作与事故状态的监测装置。

测定生物处理设施的压损，监测填料层的堵塞状况，确保生物处理设施正常运行。测定风量，使其达到设计要求。通过测定断面面积和断面流速计算风量，计算方法如下：

$$Q_w = U \times A_w \tag{7.9}$$

式中，Q_w为断面的风量（m^3/s）；U为断面的流速（m/s）；A_w为断面的面积（m^2）。

（2）过程控制

处理设施宜采用集中监视、分散控制的自动控制系统。风机宜采用变频器调节气量。采用成套设备时，设备的控制宜与系统控制相结合。

9. 施工和验收

（1）施工

在关于工程设计和施工单位，工程施工，工程变更，采用防腐蚀材质的设备、管路和管件等的施工，风管施工，生物处理设施施工，生物处理设施填料装填，施工单位应遵守劳动安全、环境保护及卫生消防等标准等 8 个方面做了规定。

（2）验收

在关于空气污染物处理设施工程验收、工程验收所采用依据、风管系统和加盖加罩漏光验收、吸风口风量测定及测定气量的方法、竣工环境保护验收、吸附处理系统工程验收等 6 个方面做了规定。

10. 运行管理

（1）一般规定

处理设施应与产生空气污染物的生产工艺设备同步运行。由于事故或设备维修等原因造成处理设施停止运行时，应立即报告当地环境保护行政主管部门，并在处理设施正常运行中气体排放、处理设施运行负荷、企业建立与处理设施相关的规章制度、运行维护操作规程及处理设施运行状况台账制度等方面做了一般规定。

（2）人员与运行管理

在关于处理设施运行过程中配备专业管理人员和技术人员、处理设施管理和运行人员培训上岗的要求、企业建立处理设施运行状况、设施维护等的记录制度、运行人员做好巡视制度和交接制度、操作人员进入系统前须通风、污水和污泥处理设施的加盖和空气污染物收集系统运行、洗涤法等处理装置运行等 10 个方面做了规定。

（3）维护

在关于制定空气污染物处理设施维护计划、维护人员应根据计划定期检查、维护和更换必要的部件材料、维护人员应做好相关记录等方面做了规定。

对本规范要求严格程度不同的用词也做了相应的说明，以便在执行中区别对待。

参 考 文 献

白海梅，李明杰．2019. 上海市竹园第一、第二污水处理厂提标改造工程案例．净水技术，38（06）：41-45+50.

冯辉，王舜和．2017. 天津市张贵庄污水处理厂除臭系统设计．中国给水排水，33（14）：51-54.

李慧丽，张建新，张荣兵，等．2007. 污水处理厂生物除臭设施运行及影响因素的研究．环境工程学报，（05）：25-30.

李亮，赵忠富，张明杰，等．2007. 猎德污水处理厂污泥系统除臭工程设计．给水排水，（12）：40-43.

李琳，崔福义，刘俊新．2005. 真菌降解废气中邻-二甲苯试验研究．环境科学学报，（01）：99-104.

李琳，刘俊新．2001. 挥发性有机污染物与恶臭的生物处理技术及其工艺选择．环境污染治理技术与设备，(05)：41-47.
李琳，刘俊新. 2003. 真菌降解挥发性有机污染物的特性与影响因素. 环境污染治理技术与设备，(03)：1-5.
李琳，刘俊新. 2015. 臭气生物处理技术. 生物产业技术，(03)：43-47.
李墨爱，李帅. 2021. 离子-生物除臭技术在全地埋式城市污水处理厂的应用. 中国资源综合利用，39(03)：176-178.
林坚，李琳，刘俊新，等. 2016. 城市污水处理厂主要处理单元恶臭及挥发性有机物的逸散. 环境工程学报，10 (05)：2329-2334.
刘发辉，许龙海，陈汝超，等. 2019. 石洞口污水处理厂除臭提标改造的思路与实践. 中国给水排水，35(22)：52-57.
刘建伟，李琳，赵珊，等. 2020. 恶臭气体生物处理新技术与应用实例. 北京：中国环境出版集团.
宁海丽，康广凤，祝征海，等. 2019. 多种除臭组合工艺在城市污水处理厂中的应用. 净水技术，38(08)：94-98.
宋璐，王灿，孟格，等. 2020. 气载致病微生物和空气消毒技术. 中国给水排水，36 (06)：37-44.
王东伟. 1999. 生物滴滤塔处理屠宰废气的试验研究. 给水排水，(09)：69.
吴旭磊，顾森，孙智莉，等. 2015. 生物滴滤床用于温州市中心片污水处理厂的臭气治理. 中国给水排水，31 (16)：98-101.
杨凯雄，李琳，刘俊新. 2016. 挥发性有机污染物及恶臭生物处理技术综述. 环境工程，34 (03)：107-111+179.
应建韩，李春华，李若红. 2015. 土壤滤池+等离子除臭技术在污水处理厂的应用. 环境科技，28 (03)：35-37.
袁航，顾潇. 2020. 离子除臭技术在温岭观岙污水处理厂臭气治理中的应用. 净水技术，39 (S1)：158-160.
张丽丽，郭红峰，严国奇，等. 2020. 七格污水处理厂三期工程生物除臭系统的运行效果. 中国给水排水，36 (01)：69-73+79.
中国土木工程学会总工程师工作委员会. 2021. 上海白龙港污水处理厂提标改造除臭工程. 城乡建设，(05)：72-73.
Ding W, Li L, Han Y, et al. 2016. Site-related and seasonal variation of bioaerosol emission in an indoor wastewater treatment station: level, characteristics of particle size, and microbial structure. Aerobiologia, 32 (2): 211-224.
Kummer V, Thiel W R. 2008. Bioaerosols-sources and control measures. International Journal of Hygiene and Environmental Health, 211 (3-4): 299-307.
Lee J H, Wu C Y, Wysocki K M, et al. 2008. Efficacy of iodine-treated biocidal filter media against bacterial spore aerosols. Journal of Applied Microbiology, 105 (5): 1318-1326.
Lee S A, Willeke K, Mainelis G, Adhikari, et al. 2004. Assessment of electrical charge on airborne microorganisms by a new bioaerosol sampling method. Journal of Occupational and Environmental Hygiene, 1 (3): 127-138.
Li L, Han Y, Yan X, et al. 2013. H_2S removal and bacterial structure along a full-scale biofilter bed packed with polyurethane foam in a landfill site. Bioresource Technology, 147: 52-58.
Li L, Lian J, Han Y, et al. 2012. A biofilter integrated with gas membrane separation unit for the treatment of

fluctuating styrene loads. Bioresource Technology, 111: 76-83.

Li L, Liu S, Liu J. 2011. Surface modification of coconut shell based activated carbon for the improvement of hydrophobic VOC removal. Journal of Hazardous Materials, 192 (2): 683-690.

Li L, Yang K, Lin J, et al. 2017. Operational aspects of SO_2 removal and microbial population in an integrated-bioreactor with two bioreaction zones. Bioprocess and Biosystems Engineering, 40 (2): 285-296.

Li L, Zhang C, He H, et al. 2007. An integrated system of biological and catalytic oxidation for the removal of o-xylene from exhaust. Catalysis Today, 126 (3-4): 338-344.

Li L, Zhang J, Lin J, et al. 2015. Biological technologies for the removal of sulfur containing compounds from waste streams: bioreactors and microbial characteristics. World Journal of Microbiology & Biotechnology, 31 (10): 1501-1515.

Li P, Li L, Yang K, et al. 2021. Characteristics of microbial aerosol particles dispersed downwind from rural sanitation facilities: Size distribution, source tracking and exposure risk. Environmental Research, 195: 110798.

Lin J, Li L, Ding W, et al. 2015. Continuous desulfurization and bacterial community structure of an integrated bioreactor developed to treat SO_2 from a gas stream. Journal of Environmental Sciences, 37: 130-138.

Liu J, Yang K, Li L, et al. 2017. A full-scale integrated-bioreactor with two zones treating odours from sludge thickening tank and dewatering house: performance and microbial characteristics. Frontiers of Environmental Science & Engineering, 11 (4): 6.

Ottengraf S P, Van Den Oever A H. 1983. Kinetics of organic compound removal from waste gases with a biological filter. Biotechnology and Bioengineering, 25 (12): 3089-3102.

Sanchez-Monedero M A, Stentiford E I, Urpilainen S T. 2005. Bioaerosol generation at large-scale green waste composting plants. Journal of the Air & Waste Management Association, 55 (5): 612-618.

Schlegelmilch M, Herold T, Streese J, et al. 2005. The potential to reduce emissions of airborne microorganisms by means of biological waste gas treatment systems. Waste Management, 25 (9): 955-964.

Sun Y, Xue S, Li L, et al. 2018. Sulfur dioxide and o-xylene *co*-treatment in biofilter: performance, bacterial populations and bioaerosols emissions. Journal of Environmental Sciences, 69: 41-51.

Xue S, Chen W, Deng M, et al. 2018. Effects of moisture content on the performance of a two-stage thermophilic biofilter and choice of irrigation rate. Process Safety and Environmental Protection, 113: 164-173.

Yang K, Li L, Ding W, et al. 2018. A full-scale thermophilic biofilter in the treatment of sludge drying exhaust: performance, microbial characteristics and bioaerosol emission. Journal of Chemical Technology and Biotechnology, 93 (8): 2216-2225.

Yang K, Wang C, Xue S, et al. 2019. The identification, health risks and olfactory effects assessment of VOCs released from the wastewater storage tank in a pesticide plant. Ecotoxicology and Environmental Safety, 184: 109665.

Yoon K Y, Byeon J H, Park C W, et al. 2008. Antimicrobial effect of silver particles on bacterial contamination of activated carbon fibers. Environmental Science & Technology, 42 (4): 1251-1255.

Yun K M, Hogan C J, Mastubayashi Y, et al. 2007. Nanoparticle filtration by electrospun polymer fibers. Chemical Engineering Science, 62 (17): 4751-4759.

Zhang J, Li L, Liu J. 2015. Thermophilic biofilter for SO_2 removal: performance and microbial characteristics.

Bioresource Technology, 180: 106-111.
Zhang X L, Lee K, Yu H R, et al. 2019. Photolytic quorum quenching: a new anti- biofouling strategy for membrane bioreactors. Chemical Engineering Journal, 378: 122235.
Zhu GY, Liu J X. 2004. Investigation of factors on a fungal biofilter to treat waste gas with ethyl mercaptan. Journal of Environmental Sciences, 16 (6): 898-900.

第8章　城镇污水处理典型空气污染物厂界排放限值

8.1　典型空气污染物的选择

8.1.1　筛选原则

典型空气污染物的筛选应遵循以下原则：

①属于城镇污水处理过程中排放的特征污染物，特别是本研究中已检测出的空气污染物及在生化处理过程中难降解且易挥发的污染物；

②重点选择嗅阈值低、异味明显、急性或慢性毒性效应大的化合物，国际上公认的致癌物质、致突变物质、高毒害物质和国家优先控制名单上的物质；

③优先选择对国家污染物减排、大气污染联防联控等行动所涉及的关键 VOCs，特别是促进细颗粒物 $PM_{2.5}$和臭氧形成，造成雾霾污染的物质；

④国家和地方相关标准已经控制的重点空气污染物，如《大气污染物综合排放标准》《恶臭污染物排放标准》以及地方控制标准等列出的重点空气污染物。

8.1.2　筛选依据

（1）现场监测结果

本研究在华北地区、长三角地区、珠三角地区分别选取 A^2/O、氧化沟、SBR 三种典型工艺的污水处理厂作为研究对象，对污水处理厂各工艺处理单元环境空气中的空气污染物进行了现场采样监测。监测的空气污染物种类包括氨气、硫化氢、二硫化碳、甲硫醇、甲硫醚、二甲二硫、臭气浓度、VOCs、生物气溶胶等。监测结果表明，我国城镇污水处理排放的典型空气污染物主要有氨、硫化氢、甲硫醇、臭气浓度、VOCs、丙酮、甲苯、二氯甲烷、生物气溶胶。

（2）现已发布的我国和地方城镇污水处理厂污染物排放标准的控制项目

我国已发布和正在制订的国家和地方城镇污水处理厂污染物排放标准控制项目的设置见表8.1。

表 8.1　国家和地方城镇污水处理厂空气污染物制订的排放标准

标准名称	综合指标	特征污染物控制指标
国家标准		
《城镇污水处理厂污染物排放标准》（GB 18918—2002）	臭气浓度	氨、硫化氢、甲烷
《城镇污水处理厂污染物排放标准》（GB 18918）修订征求意见稿（环办函［2015］1782 号）	臭气浓度	氨、硫化氢、甲烷
地方标准		
天津市《城镇污水处理厂污染物排放标准》DB 12/599—2015	臭气浓度	氨、硫化氢、甲烷
上海市《城镇污水处理厂大气污染物排放标准》DB 31/982—2016	臭气浓度	氨、硫化氢、甲烷、甲硫醇
山东省《挥发性有机物及恶臭污染物排放标准 第 7 部分：其他行业》	臭气浓度	二硫化碳、二甲二硫、甲硫醇、甲硫醚、三甲胺

8.1.3　典型空气污染物的确定

（1）恶臭污染物

根据典型空气污染物筛选原则和筛选依据，选择氨、硫化氢和甲硫醇作为恶臭特征污染物控制项目，臭气浓度作为恶臭污染物综合控制项目。

①氨和硫化氢

氨和硫化氢是城镇污水处理厂排放的主要空气无机化合物，是城镇污水处理厂异味的主要来源之一。我国现行的国家和地方有关恶臭污染物排放标准中均将其列为控制指标。

②甲硫醇

根据本研究现场监测结果，甲硫醇是城镇污水处理过程中的典型挥发性有机物和含硫化合物，并且是常见的具有气味物质中嗅阈值最低的。根据我国国家环境保护恶臭污染控制重点实验室的研究结果，其嗅阈值为 $0.00014mg/m^3$。因此将其作为恶臭污染物控制项目。

③臭气浓度

臭气浓度是衡量恶臭污染物含量的综合指标，国内现行有关恶臭污染物的排放标准中，均将其作为综合性衡量指标。城镇污水在处理过程中，经过厌氧、好氧等生化处理会伴随产生大量的恶臭物质，主要包括氨、硫化氢和低沸点、易挥发的微生物挥发性有机化合物（microbial volatile organic compounds，MVOCs）。MVOCs 由低分子量的醇、醛、胺、酮、萜烯、芳族、氯代烃以及基于硫的化合物组成，异味明显，对环境空气质量影响明显，目前污水处理厂产生的恶臭或异味已成为居民投诉的重点。采用臭气浓度作为恶臭污染控制的综合指标，可以反映城镇污水处理厂特征污染物（氨、硫化氢、甲硫醇）以外，其他恶臭污染物的含量。

（2）VOCs

VOCs 的选择主要考虑污染物的毒性特征。VOCs 种类繁多、毒性各异，部分 VOCs 具有致癌性，严重影响人体健康；部分 VOCs 光化学活性较强，极易导致光化学烟雾的形成，影响环境空气质量。根据国际癌症研究机构（IARC）关于致癌性的分类、职业卫生的MAC值（最高允许浓度）或TWA值（8h时间加权平均允许浓度）等，将VOCs健康毒性分为3类：第一类为高毒害VOCs，如丙烯腈、苯、环氧乙烷、1,3-丁二烯、1,2-二氯乙烷、氯乙烯等；第二类为中等毒害VOCs，如甲醛、乙醛、酚类、苯胺、硝基苯、氯甲烷等；第三类为低毒害VOCs，如甲苯、二甲苯、乙苯、氯苯、甲醇、丙酮等。根据本研究对我国典型城镇污水处理厂VOCs的监测结果，占比较大的是丙酮、甲苯等，均属低毒害污染物。因此，只控制VOCs总量，不再设立单项挥发性有机物。

（3）生物气溶胶

目前国内外空气质量标准一般采用菌落总数作为生物学控制指标。本研究也选用菌落总数作为生物气溶胶的控制指标。

综上，城镇污水处理空气污染物的控制指标共6项：氨、硫化氢、甲硫醇、臭气浓度、VOCs、菌落总数，具体见表8.2。

表8.2 控制项目筛选结果

序号	控制项目	筛选原因
1	氨	污水处理过程典型恶臭气体、嗅阈值低、$PM_{2.5}$的成因之一
2	硫化氢	污水处理过程典型恶臭气体、嗅阈值低
3	甲硫醇	污水处理过程典型恶臭气体和VOCs之一、嗅阈值低
4	臭气浓度	恶臭污染物异味水平的综合控制指标
5	VOCs	挥发性有机物综合控制指标
6	菌落总数	生物学指标，作为生物气溶胶的控制指标

8.2 浓度限值

8.2.1 限值的确定方法

目前国内外相关标准中厂界浓度限值的确定方法主要如下。

（1）基于技术和经济可行性

根据调研的数据，并与国内外的相关标准比较，同时兼顾当前先进技术可行性进行筛选和确定标准限值。

（2）多介质环境目标值

多介质环境目标值（multimedia environmental goals，MEG）是美国环保署（EPA）工业环境实验室推算出的化学物质或其降解产物的环境介质（空气、水、土）中的含量以及排放量的限定值。早在1977年，美国环保署工业环境实验室就建立了MEG方法，并在1980年对其进行了增补，目的是为当时正在建立的一整套综合环境评价方法服务。即用这套方法进行环境评价时，是将所得的评价对象的环境监测数据与MEG进行比较，从而衡量污染物对环境影响的程度。依据其影响程度给污染物“排队”，然后再对排放流和产生排放流的工艺给环境带来的潜在影响，以及针对该工艺的污染控制设施的效果进行定量评价。

MEG包括周围环境目标值（ambient MEG，AMEG）和排放环境目标值（discharge MEG，DMEG）。AMEG表示化学物质在环境介质中可以容许的最大浓度（估计生物体与这种浓度的化学物质终生接触都不会受其有害影响），即厂界浓度限值。AMEG主要是由经验数据推算出来的，也叫估计容许浓度（estimated permissible concentrations，EPC）。DMEG是指生物体与排放流短期接触时，排放流中化学物质的容许浓度。

DMEG实际上是排放流中未被稀释的化学物质的最大容许浓度，在该浓度下化学物质引起的急性毒副作用最小，所以又叫最小急性毒作用排放值（minimum acute toxity values，MATE）。

MEG值分别由阈限值、推荐值以及经验数据确定，此3种值互为补充，取其较小、保守值。估算MEG所依据的各项毒理学数据含义分别如下。

①阈限值：美国政府工业卫生学家协会（ACGIH）对工作场所空气中有毒物质制定的职业接触限值。它分为3种规定的浓度：8 h时间加权平均浓度（TLV-TWA）；短时间接触限值（TLV-STEL）；上限值（TLV-C）。一般采用第一种浓度值。

②推荐值：美国国家职业安全和卫生研究所（NIOSH）制定的车间空气最高浓度推荐值。

③LD_{50}：半数致死量，即在一定的实验条件下，引起受试动物半数死亡的剂量（一般取大鼠经口给毒的LD_{50}。若无此数据，可取与其接近的毒理学数据，单位为mg/kg）。

④LD_{L0}：实验动物的最低致死剂量，表示在某实验总体的一组受试动物中，仅引起个别动物死亡的剂量。

在本研究中，推导以健康影响为依据的空气介质排放环境目标值（$AMEG_{AH}$）是MEG法的核心，其他项目的MEG推导模式都是在此基础上扩展得到的。以对健康影响为例，用毒理学资料估算AMEG的模式见表8.3。其中$AMEG_{AH}$是一个与大气中污染物最高容许浓度有同等意义的参数，由化合物的阈限值或LD_{50}推算出。

表8.3　估算AMEG的模式

项目	方法	公式
$AMEG_{AH}$	由阈限值（单位为mg/m^3）或推荐值进行推算以大鼠经口给毒的LD_{50}为依据	$AMEG_{AH}$=阈限值/420×10^3 $\mu g/m^3$（8.1） $AMEG_{AH}=0.107\times LD_{50}$ $\mu g/m^3$（8.2）

（3）依据恶臭物质浓度与人的嗅觉刺激程度确定厂界限值

由于恶臭污染是直接作用于人的嗅觉的感官污染，因此国外针对恶臭的环境或者厂界的浓度限值均依据恶臭物质浓度与人的嗅觉刺激程度作为制定依据。如日本各地方政府根据当地人口和工业发展情况选择某一臭气强度水平，这一强度水平对应的特定恶臭物质浓度，同时低于劳动卫生部门规定的人体健康的最大允许值即为该地区厂界标准。

我国现行大气污染物排放标准中厂界浓度限值的确定多采用第（1）种方法。

本研究采用第（3）种方法确定恶臭污染物（氨、硫化氢、甲硫醇、臭气浓度）的厂界浓度限值，即从保护人体健康和环境质量考虑，以城镇污水处理厂边界无异味为出发点，根据恶臭污染物浓度与臭气强度的对应关系，选择某一臭气强度水平，以这一强度水平对应的特定恶臭物质浓度为依据，再结合国内外相关标准与恶臭气体处理技术水平确定恶臭污染物厂界浓度限值。

本研究采用第（1）种方法确定 VOCs、菌落总数厂界浓度限值，即根据调研的数据，并与国内外的相关标准比较，兼顾技术经济可行性确定。

8.2.2　恶臭气体的浓度限值确定

氨、硫化氢和甲硫醇是造成城镇污水处理厂恶臭的主要贡献者。臭气强度以无量纲的指标综合定量恶臭物质总量，能够综合反映恶臭排放通量和污染程度。因此，本节将恶臭强度、氨、硫化氢和甲硫醇等核心控制项目的厂界限值共同讨论。

（1）臭气强度划分

臭气强度是指恶臭气体在未经稀释的情况下对人体嗅觉器官的刺激程度。一般情况下，臭气强度以数字的形式表示。臭气强度指标是人体对于恶臭污染最直观的反映，可以简单直观地反映恶臭污染的程度。不同国家关于臭气强度的分级方法略有不同，我国通常采用日本的 6 阶段分级法，不同的强度级别对应的感官描述见表 8.4。

表 8.4　臭气强度的感官描述

臭气强度	描述	对应的臭气浓度*
0	无臭	≤10
1	气味似有似无，勉强可感知的臭气（感知阈值）	10 ~ 34
2	微弱的气味，但是能确定什么样的气味（辨识阈值或者认知阈值）	34 ~ 78
3	能够明显感觉到气味	78 ~ 176
4	感觉到比较强烈的气味	176 ~ 600
5	非常强烈难以忍受的气味	≥600

* 源自《恶臭污染评估技术及环境基准》（化学工业出版社，2013）。

（2）臭气强度与恶臭污染物浓度的关系

臭气强度与恶臭污染物浓度的关系遵循韦伯–费希纳定律，其公式如下：

$$Y = k\lg C + a \tag{8.3}$$

式中，Y 为感觉强度，即臭气强度；C 为刺激强度，即恶臭物质的浓度，ppm 或者 mg/m^3；k，a 为常数。

这个定律说明了人的一切感觉的强度与刺激量的对数成正比，恶臭物质浓度增加 10 倍时，臭气强度增加 k 值。

因此，有必要研究并建立臭气强度与恶臭物质浓度的对应关系，依据臭气强度计算对应的恶臭物质浓度，可获得恶臭物质浓度的标准限值。

天津市生态环境科学研究院以及中国台湾地区都曾经对臭气强度与恶臭物质的浓度之间的关系进行了研究，一些恶臭物质浓度与臭气强度的关系式见表 8. 5。

表 8. 5 臭味强度与恶臭污染物浓度的关系

序号	恶臭污染物	关系式（天津）（mg/m^3）	关系式（台湾）（ppm）
1	氨	$Y=1.13\lg C+1.681$，$R^2=0.980$	$Y=1.67\lg C+2.38$
2	三甲胺	$Y=1.149\lg C+2.815$，$R^2=0.998$	$Y=0.90\lg C+4.56$
3	硫化氢	$Y=1.462\lg C+3.659$，$R^2=0.983$	$Y=0.95\lg C+4.14$
4	甲硫醇	$Y=0.955\lg C+4.15$，$R^2=0.991$	$Y=1.25\lg C+5.99$
5	甲硫醚	$Y=1.104\lg C+3.3$，$R^2=0.996$	—
6	二甲二硫	$Y=1.089\lg C+3.108$，$R^2=0.990$	$Y=0.78\lg C+4.06$
7	苯乙烯	$Y=1.77\lg C+1.778$，$R^2=0.999$	$Y=1.42\lg C+3.10$
8	乙苯	$Y=1.353\lg C+1.277$，$R^2=0.999$	—
9	丙醛	$Y=1.13\lg C+2.679$，$R^2=0.997$	—
10	丁醛	$Y=1.305\lg C+3.258$，$R^2=0.991$	—
11	戊醛	$Y=1.195\lg C+3.347$，$R^2=0.999$	—
12	乙酸乙酯	$Y=1.784\lg C-0.336$，$R^2=0.992$	—
13	乙酸丁酯	$Y=1.435\lg C+2.601$，$R^2=0.9$	—
14	甲基乙基酮	$Y=1.41\lg C+1.057$，$R^2=0.987$	$Y=1.85\lg C+0.15$
15	甲基异丁基酮	$Y=1.72\lg C+1.783$，$R^2=0.991$	—
16	乙醛	—	$Y=1.01\lg C+3.85$
17	丙烯酸甲酯	—	$Y=1.30\lg C+4.30$
18	甲基丙烯酸甲酯	—	$Y=2.05\lg C+2.68$
19	酚类	—	$Y=1.42\lg C+3.74$

注：“—”表示相关研究未给出结果。

(3) 恶臭污染物厂界浓度限值的确定依据

①基于臭气强度的计算结果

依据表 8. 4 臭味强度的感官描述，恶臭污染物厂界浓度限值应控制在臭味强度小于 2。考虑到天津市生态环境科学研究院给出的关系式更符合国内的情况，本研究以其为依据来估算不同臭味强度对应的恶臭污染物的浓度，由此计算得到氨、硫化氢、甲硫醇臭味强度 0 级、0. 5 级、1 级、1. 5 级和 2 级对应的浓度值，见表 8. 6。

表 8. 6 不同臭味强度对应的恶臭污染物的浓度计算值

臭味强度	0	0.5	1	1.5	2
臭味强度的感官描述	无臭		感知阈值		辨识阈值
氨（mg/m^3）	0.03	0.09	0.25	0.69	1.91

续表

臭味强度	0	0.5	1	1.5	2
硫化氢（mg/m³）	0.003	0.007	0.015	0.033	0.073
甲硫醇（mg/m³）	4.5×10⁵	0.00015	0.0005	0.0016	0.0056

②恶臭污染物厂界浓度现场监测结果

本研究对不同地区、不同工艺的城镇污水处理厂恶臭污染物厂界浓度进行现场监测，监测结果见表 8.7。

表 8.7　恶臭污染物厂界浓度监测结果

处理工艺	氨（mg/m³）	硫化氢（mg/m³）	甲硫醇（mg/m³）	臭气浓度（无量纲）
SBR	0.06～0.72	n.d～0.0028	n.d～0.0004	n.d～2.65
A^2O	0.16～0.65	n.d～0.0009	n.d～0.0003	1～3.75
氧化沟	0.11～0.72	n.d～0.0145	n.d～0.0016	n.d～2.17

注："n.d" 表示未检出。

③国内外相关标准限值

氨、硫化氢、甲硫醇、臭气浓度的国内外相关标准厂界浓度限值见表 8.8。

表 8.8　国内外相关标准恶臭污染物厂界浓度限值

国家	标准名称		厂界浓度限值（mg/m³）			
			硫化氢	氨	甲硫醇	臭气浓度
中国	《城镇污水处理厂污染物排放标准》（GB 18918—2002）	一级	0.03	1.0	/	10
		二级	0.06	1.5	/	20
		三级	0.32	4.0	/	60
	《恶臭污染物排放标准》（GB 14554—1993）	一级	0.03	1.0	0.004	10
		二级	0.06	1.5	0.007	20
		三级	0.32	4.0	0.020	60
	北京市《大气污染物综合排放标准》（DB 11/501—2007）		0.03	1.0	0.02	/
	天津市《恶臭污染物排放标准》（DB 12-059—1995）新源		0.03	1.0	0.004	20
	上海市《城镇污水处理厂大气污染物排放标准》（DB 31/982—2016）		0.03	0.8	0.004	10
	山东省《挥发性有机物及恶臭污染物排放标准 第 2 部分：城镇污水处理厂》（征求意见稿）		0.03	1.0	0.004	10
	中国台湾《固定污染源空气污染物排放标准》		0.15	0.759	0.021	10
	中国香港《环境影响评估程序技术的备忘录》					50*

续表

国家	标准名称	厂界浓度限值（mg/m^3）			
		硫化氢	氨	甲硫醇	臭气浓度
美国	《康涅狄格州异味控制环境标准》	0.0068	/	0.0021	/
	《纽约州室外大气环境质量标准》	0.015	/	/	/
	旧金山				4D/T**
日本***	《异味控制标准》	0.03～0.3	0.759～3.80	0.0043～0.021	10～126

*：臭气浓度测定采用 odour concentration by dynamic olfactometry（EN13725）方法；

**：臭气浓度测定采用美国 ASTM E679-04：2011 方法；

***：日本异味控制标准为国家颁布的各类恶臭污染物厂界、排气筒排放限值的范围，各地方政府可在这个范围内根据各地实际情况进行选择。

（4）厂界浓度限值确定

比较表 8.8 中有关国内外相关标准恶臭污染物厂界浓度限值可知，硫化氢的浓度限值范围为 0.0068～0.06mg/m^3，国内标准中以上海市最为严格，浓度限值为 0.03mg/m^3；氨的浓度限值范围为 0.759～3.80mg/m^3，以中国台湾最为严格，浓度限值为 0.759mg/m^3；甲硫醇的浓度限值范围为 0.0021～0.021mg/m^3，国内标准中最严值为 0.004mg/m^3；臭气浓度的浓度限值范围为 10～126（无量纲），国内标准中普遍采用 10（无量纲）和 20（无量纲），而且随着环保要求的提高，逐步采用 10（无量纲）的浓度限值。

本研究臭气浓度的限值也定为 10（无量纲），主要依据是根据《空气质量恶臭的测定三点比较式臭袋法》（GB/T 14675—1993），专业监测人员恰好不能分辨是否有臭味的臭气浓度临界值为 10（无量纲）。从保护人体健康和环境质量考虑，本标准要求城镇污水处理厂边界无明显异味，将臭气浓度无组织排放监控限值定为 10（无量纲）。

综合分析国内外相关标准限值和现场监测结果，硫化氢、氨、甲硫醇限值以臭味强度为 1.5 级（即介于感知阈值和辨识阈值之间）所对应的浓度为依据确定。根据表 8.6 的计算结果，硫化氢、氨和甲硫醇限值分别为 0.03mg/m^3、0.7mg/m^3 和 0.002mg/m^3。

汇总本研究确定的恶臭污染物厂界浓度限值见表 8.9。

表 8.9　本研究确定的恶臭污染物厂界浓度限值

控制项目	硫化氢（mg/m^3）	氨（mg/m^3）	甲硫醇（mg/m^3）	臭气浓度（无量纲）
厂界浓度限值	0.03	0.7	0.002	10

8.2.3 VOCs

我国已发布的国家和地方标准中对 VOCs 的控制指标有的采用非甲烷总烃来表征 VOCs（表 8.10），有的直接采用 VOCs 总量进行控制。本研究采用 VOCs 总量作为挥发性有机物的控制指标。

表 8.10　部分国内标准中 VOCs 厂界浓度限值　（单位：mg/m^3）

	标准名称		VOCs 厂界浓度限值
国家	大气污染物综合排放标准 GB 16297—1996		5.0
	合成革与人造革工业污染物排放标准 GB 21902—2008		10*
	石油化学工业污染物排放标准 GB 31571—2015		4.0
	石油炼制工业污染物排放标准 GB 31570—2015		4.0
	合成树脂工业污染物排放标准 GB 31572—2015		4.0
	橡胶制品工业污染物排放标准 GB 27632—2011		4.0
	挥发性有机物无组织排放控制标准（征求意见稿）		4.0
	涂料、油墨及胶黏剂工业大气污染物排放标准（征求意见稿）		4.0
北京	大气综合污染物排放标准 DB 11/501—2007		2.0
	印刷业挥发性有机物排放标准 DB/11 1201—2015　Ⅱ时段		1.0
	木质家具制造业大气污染物排放标准 DB 11/1202—2015　Ⅱ时段		0.5
	汽车整车制造业（涂装工序）大气污染物排放标准 DB 11/ 1227—2015		2.0/5.0
	工业涂装工序大气污染物排放标准 DB 11/1226—2015		5.0
	汽车维修业大气污染物排放标准 DB 11/1228—2015		2.0
天津	工业企业挥发性有机物排放控制标准 DB 12/524—2014	石油炼制与石油化学	2.0*
		其他行业	2.0*
广东	制鞋行业挥发性有机化合物排放标准 DB 44/817—2010		2.0*
	表面涂装（汽车制造业）挥发性有机物排放标准 DB 44/816—2010		2.0*
	印刷行业挥发性有机化合物排放标准 DB 44/815—2010		2.0*
	家具制造行业挥发性有机物排放标准 DB 44/814—2010		2.0*
	集装箱制造业挥发性有机物排放标准 DB 44/1837—2016		3.0*
	涂料、油墨及其类似产品制造工业大气污染物排放标准 DB 31/881—2015		4.0*
上海	大气污染物排放标准 DB 31/933—2015		4.0
山东	山东省《挥发性有机物及恶臭污染物排放标准 第 2 部分：城镇污水处理厂》（征求意见稿）		2.0*

注：标“*”的控制指标为 VOCs，未标“*”的控制指标为非甲烷总烃。

从表 8.10 可知，目前我国和地方排放标准中 VOCs 总量的厂界标准限值为 2.0 ~ 10mg/m^3。本研究对我国典型城镇污水处理厂各处理单元 VOCs 总量的监测结果介于 0.005 ~ 56.51mg/m^3，厂界 VOCs 总量的监测结果介于 0 ~ 0.48mg/m^3。根据国内相关标准和目前我国城镇污水处理厂空气污染物处理技术及排放水平，建议 VOCs 厂界浓度限值定为 2.0mg/m^3。

8.2.4　生物气溶胶

迄今为止，在生物气溶胶污染的控制标准方面，我国只有 2002 年颁布的室内空气质量标准（GB/T 18883—2002）做了规定，室内空气的菌落总数限值为 2500 CFU/m^3，目前我国空气质量标准和大气污染物排放标准尚未对生物气溶胶进行规定。

空气是人类生存的重要环境，也是微生物借以扩散的媒介，空气微生物的多少对人体健康有直接的影响，是衡量空气质量的重要标准之一，越来越引起人们的关注。关于室内外空气微生物污染评价标准，国内比较认可的是中国科学院生态环境研究中心制定的空气微生物评价标准（表 8.11）。

表 8.11　空气微生物评价标准　　（单位：10^4 CFU/m^3）

级别号	污染程度	异养细菌	真菌	微生物总浓度
Ⅰ	清洁	<0.1	<0.08	<0.3
Ⅱ	较清洁	0.1~0.25	0.08~0.125	0.3~0.5
Ⅲ	轻微污染	0.25~0.5	0.125~0.2	0.5~1.0
Ⅳ	污染	0.5~1.0	0.2~0.45	1.0~1.5
Ⅴ	重度污染	1.0~2.0	0.45~1.1	1.5~3.0
Ⅵ	严重污染	2.0~4.5	1.1~3.5	3.0~6.0
Ⅶ	极严重污染	>4.5	>3.5	>6.0

本研究对我国典型城镇污水处理厂生物气溶胶的监测结果为：在各处理单元的菌落总数介于 58~6633 CFU/m^3，厂界介于 16~1058 CFU/m^3。根据空气微生物评价标准，城镇污水处理厂污染严重的单元，如曝气沉砂池等会达到轻度污染水平，其他单元基本为较清洁水平，厂界为清洁水平。

根据国内外相关标准及空气微生物评价标准，结合目前我国城镇污水处理厂的处理技术与排放水平，本研究建议菌落总数厂界标准限值为 3000 CFU/m^3，即保障城镇污水处理厂厂界微生物达到清洁水平。本研究限值与国内外相关标准比较见表 8.12。

表 8.12　本标准生物气溶胶厂界限值与相关标准比较

控制指标	国家/地区	标准值（CFU/m^3）	标准/文献
菌落总数	本标准	3000	
细菌	韩国	800	Korean Ministry of Environment, 2004
	美国	500	Conference of Governmental Industrial Hygienists (ACGIH) for the US
	中国香港	500	Indoor Air Quality Objective (HKIAQO) Level 1 standard
	中国	2500	《室内空气质量标准》GB/T 18883—2002
真菌	WHO	150	WHO, 1988
内毒素	瑞士	100 EN/m^3	瑞士行业标准

综上，城镇污水处理典型空气污染物厂界浓度限值建议值见表 8.13。

表 8.13　本研究建议的厂界浓度限值

序号	控制项目	限值
1	氨气（mg/m^3）	0.7
2	硫化氢（mg/m^3）	0.03
3	甲硫醇（mg/m^3）	0.002
4	臭气浓度（无量纲）	10
5	VOCs（mg/m^3）	2.0
6	菌落总数（CFU/m^3）	3000

8.3　与国内现行标准的比较

我国针对城镇污水处理厂大气污染物排放控制发布了《城镇污水处理厂污染物排放标准》（GB 18918—2016）国家标准，天津市发布了《城镇污水处理厂污染物排放标准》（DB 12/599—2015）地方标准，上海市发布了《城镇污水处理厂大气污染物排放标准》（DB 31/982—2016）地方标准，本限值与现行国家和地方标准比较见表 8.14。

表 8.14　本限值与现行标准比较

控制项目	本限值	GB 18918—2016	DB 12/ 599—2015	DB 31/982—2016
氨气（mg/m^3）	0.7	1.0～4.0	1.0	1.0
硫化氢（mg/m^3）	0.03	0.03～0.32	0.03	0.03
甲硫醇（mg/m^3）	0.002	/	/	0.004
臭气浓度（无量纲）	10	10～60	20	10
VOCs（mg/m^3）	2.0	/	/	/
菌落总数（CFU/m^3）	3000	/	/	/

由表 8.14 可知，我国城镇污水处理厂空气污染物排放现行标准主要以控制恶臭污染物为主，尚未对 VOCs 和生物气溶胶进行控制。本研究根据本项目的研究成果，增加了 VOCs 和生物气溶胶的控制指标：VOCs 和菌落总数。恶臭污染物指标均严于或与现行标准相当。

8.4　达标技术措施

调研发现，目前我国运行的城镇污水处理厂多数尚未对空气污染物进行控制，仅有少量污水处理厂对污水处理过程中产生的空气污染物进行收集和处理。根据本研究对城镇污水处理厂典型空气污染物厂界浓度的监测结果，城镇污水处理厂只要对污水处理过程产生的空气污染物进行有效收集和处理，均可达到本研究提出的厂界浓度限值。采取的技术措施如下：

①根据城镇污水处理厂运行监督管理技术规范（HJ 2038—2014），恶臭污染治理设施

应与污水、污泥处理设施同步建设、同期运行。

②应对城镇污水处理厂的预处理单元（格栅、沉砂池、初沉池等）、生化处理单元（A^2/O、SBR 和氧化沟等）以及污泥处理单元（脱水机房）所产生的恶臭气体及挥发性有机气体采取必要措施进行收集。不同构筑物的密闭方式的选择详见第 9 章。

③合理设计送、排风系统，污水处理厂废气输送系统管道材质、风量的确定详见第 9 章。污水处理单元的封闭措施应达到负压状态，并在封闭单元设置负压状态指示，防止废气泄漏。

④收集后的空气污染物应全部进入集中净化处理装置进行处理，并根据污水处理厂实际情况选择适宜有效的处理方法。根据 7.2 节，推荐对恶臭污染物处理的单项技术为生物洗涤法、生物滤池法、生物滴滤池和吸收法；组合技术为生物与吸收耦合、生物与吸附耦合。不同技术的适用条件及技术经济指标详见第 9 章。

第 9 章　城镇污水处理空气污染物排放监管体系的构建

根据文献、现场调研与监测研究，优化了城镇污水处理不同空气污染物的现场采集设备与分析方法、样品保存与运输方法、实验室分析方法、数据处理方法、整体监测的质量保证与控制。在此基础上，本研究确定了城镇污水处理厂三种工艺及相关单元空气污染物排放的关键位点、排放通量与排放系数，筛选出城镇污水处理厂排放控制的典型空气污染物和控制技术方法。这些研究成果为构建城镇污水处理厂空气污染物排放监管体系奠定了基础。

9.1　构建城镇污水处理空气污染物排放监测体系

9.1.1　监测的准备

1. 监测方案的制定

收集污水处理厂相关资料，掌握污水处理规模和污水组成、污水与污泥处理工艺。现场核查污水处理厂上述信息，调查城镇污水处理设施运行工况，掌握各处理构筑物具体信息，包括构筑物所处位置；空气污染物输送管道的布置及断面形状、尺寸、周围环境情况。整合调查资料和现场核查情况，编制切实可行的监测方案，监测方案的内容主要包括监测目的、监测内容、监测项目、采样位置、采样频次、采样时间、采样方法、分析方法、监测报告和质量保证等。

2. 采样点的布设

（1）处理单元

针对城镇污水处理厂预处理单元（格栅、沉砂池和初沉池）、生化处理单元（生化池和二沉池）、污泥处理单元（污泥浓缩池和污泥脱水车间）和废气处理设施排放口等单元构筑物，依据单元构筑物特点和运行原理采用相应的采样方式，具体实施方法与过程见第 2 章。

（2）厂区、厂界

对于污水处理厂厂区和厂界样品的采集，需要在污水处理厂厂区上风向、下风向各布设一个环境空气采样点；在污水处理厂上风向、下风向 300m 处各布设一个环境空气采样点。

3. 监测条件的准备

根据监测方案确定的监测内容，参照 2.2 节准备现场监测和实验室分析所需仪器设备。对于水气界面采样，应采用静态平衡箱（不锈钢材质）、曝气采样袋采样，并对静态平衡箱和曝气采样袋内壁进行聚四氟乙烯惰性化处理。

氨气可采用常规的空气采样器完成溶液吸收法采集，使用前对空气采样器进行校准和气密性检验，保证其工作状态良好；也可采用传感器进行采集分析，要求传感器的分析范围为 0.1 ~ 100 ppm，灵敏度 0.1，分析误差小于 3%，使用前须对传感器进行定量校准。

硫化氢可采用传感器完成采集分析，要求传感器的分析范围 0.01 ~ 100 ppm，灵敏度 0.01，分析误差小于 3%，使用前须对传感器进行定量校准。

VSCs 采样应使用惰性硅烷化处理的苏玛罐。采样前，用清罐仪清洗苏玛罐，要求清洗后各目标化合物小于≤0.2ppb，后将苏玛罐抽真空，真空度低于 50 mtorr（1torr = 1.33×10^2 Pa）。

VOCs 采样应使用惰性硅烷化处理的苏玛罐。采样前清洗苏玛罐，要求清洗后各目标化合物≤0.2 ppb，总有机碳≤10 ppbC，然后抽真空，真空度低于 50 mtorr，清洗好的苏玛罐待用。

生物气溶胶采样前，采样仪器应进行流量、温度、压力等参数的校准，确保仪器正常运转。采样头需做灭菌处理，并置于无菌环境。采样膜灭菌后存放于恒温恒湿环境至恒重，称量后在恒温恒湿环境中保存。

在确定的采样点布设采样平台，采样平台要有足够作业面积，保证监测人员安全及方便操作。事先准备现场采样和实验室分析所需化学试剂、耗材、记录表和安全防护用品等。

9.1.2　现场监测

（1）现场采样

具体样品采集方法与采样装置见本书 2.2.1 小节。

监测期间同时记录污水与污泥处理构筑物的运行情况，确保被监测期间厂内设备运行正常，工况条件符合监测条件。

（2）样品保存和运输

对装有氨气样品的吸收瓶遮光低温保存，安全运送到实验室进行分析。样品从采集到分析要求在 72h 以内完成。

对装有采集气体的苏玛罐要遮光保存，运送到实验室进行分析。样品从采集到分析要求在 12h 以内完成；对于 VOCs 样品，要求在 20 天内完成检测。

生物气溶胶样品保存取决于运送时间及不同微生物对干燥、温度、营养、pH 的耐受能力。为确保微生物的存活，将采样膜装入平皿，使用封口膜将平皿封闭，以隔绝外源污染和保持湿度。置于保温容器（0 ~ 4℃），样品从采集到前处理要求在 1 周之内完成。

(3) 采样时间和频次

环境空气中的氨气采样时，利用便携式空气采样器在指定采样位置连续采集5 min，采集速率为1.0L/min；利用传感器在指定采样位置连续采集2 min以上。环境空气中的气态有机硫化物采样时，采样苏玛罐连续采集1h，获取小时平均值；利用传感器在指定采样位置连续采集2 min以上。环境空气中的VOCs采样时，采样苏玛罐连续采集2h，获取平均值。

采集静态箱样品时，放置静态平衡箱10 min以上，使箱体内达到压力平衡后，对空气污染物采集瞬时样两个；采集曝气袋样品时，待曝气采样袋膨胀完全鼓起，并且采样袋内达到压力平衡后，对空气污染物采集混合样1个。生物气溶胶采样时，在预设采样位置连续采集4h，采集速率为100L/min。

对于空气污染物处理设施排放口等有组织排放源，应按生产周期确定监测频率，生产周期在8h以内的，每4h采集一次；生产周期大于8h的，每6h采集一次，取其最低测定值。

对于污水处理单元与车间等无组织排放源，若为连续排放源相隔4h采一次，共采集4次，取其最大测定值；若为间歇排放源，选择在设备或构筑物连续运行阶段采样，样品采集次数不少于3次，取其最大测定值。

(4) 样品分析

具体样品分析方法见2.2.2，2.2.3小节。

9.1.3 数据处理与结果表达

1. NH_3、VSCs和VOCs样品数据处理

静态箱采集NH_3、VSCs和VOCs样品排放通量的计算方法如式(9.1)所示。

$$E_n = 1440\left(\frac{\mathrm{d}\,C_{NH_3}}{\mathrm{d}t}\right)V/A_s \tag{9.1}$$

式中，E_n为静态箱采集样品的排放通量，g/(m^2·d)；V为静态箱在液面上的体积，m^3；A_s为静态箱所罩水体的表面面积，m^2；C_{NH_3}为静态箱内样品的浓度，g/m^3；t为静态箱采样时间，min。

曝气袋采集样品NH_3、VSCs和VOCs排放通量的计算方法如式(9.2)所示。

$$E_a = Q(C_v - C_a)/A \tag{9.2}$$

式中，E_a为曝气袋采集样品的排放通量，g/(m^2·d)；Q为曝气量，m^3/d；C_v为气袋内样品浓度，g/m^3；C_a为环境空气中样品浓度，g/m^3；A为曝气袋与水面接触的面积，m^2。

污水处理厂NH_3、VSCs和VOCs排放系数的计算方法如式(9.3)所示。

$$E_v = E \cdot A_u/1000Q_w \tag{9.3}$$

式中，E_v为各处理单元NH_3、VSCs和VOCs的排放系数，g/m^{3}污水；E为水气界面NH_3排放通量，g/(m^2·d)；A_u为不同处理单元的水面面积，m^2；Q_w为污水日处理量，m^3/d。

2. 生物气溶胶样品数据处理

(1) 微生物计数

取0.2mL洗脱液涂布于LB培养基上，置于37℃培养箱，培养48h。空气的细菌数量由式（9.4）计算。

$$C_m = \frac{(N \times \frac{V}{0.2})}{(A \times T)} \tag{9.4}$$

式中，C_m为空气中的菌落数，CFU/m^3；N为平皿菌落数，CFU；T为采样时间，min；A为采样设备与水面接触的面积，m^2；V为洗脱液体积，mL。

(2) 微生物多样性

Shannon-Wiener（H）指数分析生物气溶胶的种数、数量、物种多样性、均匀性等特征，由式（9.5）计算。Shannon-Wiener指数愈大，群落所含的信息量愈大，即群落中生物种类增多代表了群落的复杂程度增高。

$$\mathrm{H} = \sum_{N}^{n_i} \ln\left(\frac{n_i}{N}\right) \tag{9.5}$$

式中，n_i为第i个种的个体数目；N为群落中所有种的个体总数。

9.1.4 质量保证和质量控制

1. 仪器的校准

温度计、风速仪、压力计、臭气浓度仪、氨气浓度分析仪（传感器）、H_2S浓度分析仪（传感器）、预浓缩仪、吹扫捕集仪、气相色谱-质谱联用仪和大气颗粒采样器等，必须定期检定，检定合格后方可用于监测工作；苏玛罐采样分析完成后，尽快清洗，并确保清洗完后的苏玛罐内呈负压，定期检查苏玛罐内压力是否保持稳定；运输和保存过程中，确保静态平衡箱和曝气采样袋完好无损，保证采样器气密性良好。

2. 现场监测质量保证

监测前规划好监测方案，采样人员参照该监测方案进行监测；监测人员对监测期间污水处理运行工况进行监督，确保各处理单元均正常运行，工况条件满足监测条件。

3. 分析方法质量保证

(1) 氨气分析

采用传感器分析时，要求传感器的分析浓度范围为0.1～100 ppm，分辨率0.1，标准误差3%。传感器在使用之前，需要进行标定。

采用次氯酸钠水杨酸分光光度法分析时，方法的检出限为0.1μg/10mL吸收液。当吸收液总体积为10mL，采样体积为1.0～4.0 L。采用次氯酸钠水杨酸分光光度法分析时，对保存样品补加适量水，将样品溶液定容至10mL。进行氨气分析方法质量控制实验，包括方法检出限测定、精密度检测和工作曲线测定。

精密度分析：分析含氨1.44～1.50mg/L的统一标样，重复性限0.007mg/L，变异系数5.0%；再现限0.046mg/L，变异系数3.1%；加标回收率为92.4%～104%。

工作曲线建立：取7支具塞10mL比色管，按表9.1制备标准系列。各管用水稀释至10mL，分别加入1.0mL水杨酸-酒石酸钾钠溶液，2滴亚硝基铁氰化钠溶液，2滴次氯酸钠使用液，摇匀，放置1h，待测。用10 mm比色皿，于波长697 nm处，以水为参比，测定吸光度。以扣除试剂空白的吸光度为纵坐标，氨含量（μg）为横坐标，绘制标准曲线。

表9.1　氨气分析标准系列

管号	0	1	2	3	4	5	6
氨浓度（μg/mL）	0.0	2.0	4.0	6.0	8.0	10.0	12.0

（2）VSCs分析

硫化氢可以采用传感器分析，要求传感器的分析浓度范围为0.01～100 ppm，分辨率0.01，标准误差3%。传感器在使用之前，需要进行标定。

VSCs也可采用苏玛罐收集，采用预浓缩-气相色谱法对气态有机硫化物进行分析测试。在分析测试之前，使用预浓缩-气相色谱法（配有火焰光度检测器）对VSCs标气进行分析方法质量控制实验，包括动态稀释实验、方法检出限测定、精密度检测和工作曲线测定。

精密度检测：选择5μg/m^{3}浓度的VSCs混合标气，进样体积为100mL和200mL两组水平，重复分析6次，计算得到VSCs各组分的相对标准偏差（RSD），各组RSD均小于10%，满足《环境监测 分析方法标准制修订 技术导则》（HJ 168—2010）中硫化氢和VOS的精密度要求。

工作曲线测定：选择10μg/m^{3}浓度的混合标气，依次进样400mL、300mL、200mL、100mL和50mL。分析测定5种浓度梯度下VSCs在FPD检测器中的响应峰面积和对应的含量。对数处理VSCs的响应峰面积，分别建立标准工作曲线。

（3）VOCs分析

在分析测试之前，使用预浓缩/气相色谱-质谱法对VOCs标气进行分析方法质量控制实验，包括动态稀释实验、方法检出限测定、精密度检测和工作曲线测定。

精密度检测：选择10 nmol/mL浓度的混合标气，进样体积为80mL、400mL和720mL三组水平，重复分析6次，计算得到各挥发性有机物的相对标准偏差（RSD），各组别RSD均小于20%，满足标准的精密度要求。

工作曲线测定：选择10nmol/mL浓度的混合标气，依次进样40mL、100mL、200mL、400mL、600mL、800mL。内标气浓度为10nmol/mL，与标气同时进样，进样量为400ppb。绘制标准曲线。

（4）生物气溶胶分析

微生物分析需考察测试数据是否合理，须做稀释性曲线、覆盖率以及Rank-abundance

曲线测定。稀释性曲线反映样品的测试深度、样本中物种的丰富度以及样本测序数据量的合理性。当曲线趋向平坦时，说明测序数据量合理，反之则表明测序数量不能反映样本物种的丰富度，需要继续测序。Rank-abundance 曲线反映样本物种丰度和物种均匀度。在水平方向，物种的丰度由曲线的宽度来反映，物种的丰度越高，曲线在横轴上的范围越大；曲线的形状（平滑程度）反映了样本中物种的均度，曲线越平缓，物种分布越均匀。所构建微生物文库的完整性以覆盖率 C 来评估，计算方法如式（9.6）所示：

$$C = \left(1 - \frac{n_1}{N}\right) \times 100\% \tag{9.6}$$

式中，N 为 16S rDNA 克隆文库的库容；n_1 为在 16S rDNA 克隆文库中仅出现一次的 OTU 的数量。

4. 实验室数据质量保证

属于国家强制检定目录内的实验室分析仪器及设备必须按期送计量部门检定，检定合格，取得检定证书后方可用于样品分析工作；分析用的各种试剂和纯水的质量必须符合分析方法的要求；应使用经国家计量部门授权生产的有证标准物质进行量值传递，标准物质应按要求妥善保存，不得使用超过有效期的标准物质；送实验室的样品应及时分析，否则必须按各项目的要求保存，并在规定的期限内分析完毕。每批样品至少应做一个全程空白样，实验室内进行质控样、平行样或加标回收样品的测定。

9.2 控制技术体系

当污水处理厂在净化污水的同时，所有处理构筑物会向大气排放空气污染物，为了减少各构筑物产生的空气污染物，需要对污水处理厂的运行参数进行调节控制，既能满足其处理污水和污泥后出水和污泥的净化要求，又能减少恶臭气体的排放。

在整个污水/污泥处理阶段中空气污染物来源可以划分为两个路径，第一是从污水处理中产生；第二是从污泥处理中产生。由此可知，针对污水处理厂空气污染物产生的控制就是分别对污水和污泥两方面的源头、过程和末端进行控制。

9.2.1 源头控制

1. 污水处理工程设计方面

在污水处理工程设计中将减少空气污染物产生和排放作为选择污水处理工艺和设备的考量因素之一。一是污水处理主体工艺设计上考量，本研究对 A^2/O、氧化沟、SBR 三种工艺的研究表明，氧化沟工艺的空气污染物吨水排放量较低。因此污水处理工程设计中可优先考虑氧化沟作为污水处理的主体工艺，以减少空气污染物的排放。二是污水处理工段的筛选上考量，研究表明曝气沉砂池、曝气池污泥浓缩池、脱水机房等环节的空气污染物排放量较大，在工程设计中初沉、沉砂等污水预处理环节可考虑水力扰动较小的沉砂池类型，污泥处理可选用无浓缩环节的污泥脱水设备。三是曝气设备的筛选上，可考虑采用微孔曝气、纯氧曝气等方式提高氧利用效率，减少曝气剧烈扰动导致空气污染物的逸散。

2. 污水处理运维管理方面

在污水处理运维管理中，可通过调节污水处理运行参数减少空气污染物的产生和排放。一是选择适宜的曝气方式和曝气强度，满足污水处理所需要的溶解氧和推动水流要求的同时，减少空气污染物的产生和排放。二是格栅间、沉砂池等产生的泥沙、脱水污泥等及时清运转移，减少异味物质在污水处理厂内的停留时间，从而减少空气污染物的释放。三是室内安装紫外消毒设施以及加强格栅间、污泥脱水机房等相对封闭空间的通风，削减室内空气污染物。四是在保证预处理单元去除悬浮物、漂浮物和沉沙等效果的前提下，减少污水在预处理单元的停留时间，减少空气污染物的生成和释放。五是提高硝化和反硝化反应的效率，可以从一定程度上减少了恶臭气体的生成和释放。

3. 投加药/菌剂

污水处理过程中投加除臭剂/菌等，抑制恶臭气体和 VOCs 的产生。例如，在预处理单元投加除磷试剂（$FeCl_3$）可以使 Fe^{3+} 还原过程中氧化 S^{2-}，中和 H_2S；或者通过金属和硫反应生成沉淀，与磷酸盐沉淀共同沉淀后排出，从而减少污水中硫化物的量，减少 VSCs 的生成，达到减少 VSCs 排放的目的。

在污泥脱水过程中可以适当地添加化学药剂，可以从源头上对污泥释放的恶臭气体进行控制。例如，添加可发生芬顿反应的化学药剂，使污泥中的硫化物转化为更稳定的诸如硫酸盐、砜或亚砜酸等物质，从而减少恶臭气体的产生。

9.2.2　过程控制

1. 空气污染物的污水处理过程控制策略

在污水处理过程中，含有曝气作用的处理单元内，曝气作用极大地促进了空气污染物的释放。因此在有曝气作用的处理单元，如曝气沉砂池、A^2/O 的好氧区、SBR 进水-曝气阶段，可以根据 DO 浓度在线调控曝气强度，降低曝气对空气污染物排放的促进作用，进而达到减排的目的。但是在需曝气的处理单元，如果一味地降低曝气强度，使得污水中 DO 不足时，废水中 SO_4^{2-} 可以作为电子受体生成 H_2S 进而转化为其他 VSCs。因此调控曝气区的曝气强度需根据污水处理的要求进行操作。例如，氧化沟工艺脱氮适合的 DO 浓度应控制在 2.0～3.0mg/L。

2. 空气污染物的污泥处理过程控制策略

（1）优化降低搅拌强度

对储泥池和污泥浓缩池应优化降低搅拌强度，防止污泥和上清液排放时发生飞溅，从而减少污泥处理过程中空气污染物的排放。

（2）减少污泥暴露时间

污泥处理过程中，尽量减少污泥暴露在空气环境中的时间，对于脱水的污泥尽快外运，减少污泥暴露在外释放空气污染物。

3. 空气的密闭与输送

（1）密闭方式

城镇污水处理厂空气污染物的源头控制措施是指在曝气池、曝气沉砂池等开放工艺段进行加盖封闭污染源，以及封闭格栅间、污泥脱水间等工艺段，并建立氨气、气态有机硫化物、挥发性有机物及生物气溶胶的收集系统。

针对空气污染物的密闭，在选择密闭方式时应遵循具有有效体积尽量小、密度小、耐腐蚀风化、巡检及维护方便快捷、成本低、外观美观等优点的原则。目前恶臭气体的密闭方式主要有简易拆卸式、滑轨式、不锈钢骨架+玻璃覆面、大跨度氟碳纤维反吊膜和土建与加盖板结合的5种方式，5种方式的对比如表9.2所示。

表9.2　5种密封方式的比较

密封方式	适用池体	设备检修	观察设备及工艺运行	钢结构使用寿命	盖板使用寿命（a）	建设成本（元/m^2）
简易拆卸式	中小型池体（跨度为5～7m）	较难	方便	5～10	15～20	150～600（玻璃钢） 800～1200（不锈钢）
滑轨式	中小型池体（跨度为5～7m）	容易	方便	5～10	15～20	500～1100
不锈钢骨架+玻璃覆面	较大池体	容易	方便	5～10	8～10	1200～1500
大跨度氟碳纤维反吊膜	大型池体	容易	方便	50	15～20	700～1000（投影面积）
土建与加盖板结合	大型池体	容易	不便	50	15～20	400～500

根据表9.2中5种密封方式从适用性、使用寿命和建设成本等方面的比较，推荐不同的处理构筑物采用不同的密封方式，见表9.3。

表9.3　不同处理构筑物的密封方式

处理构筑物	加盖密封方式	可选材质	推荐理由
进水泵房	土建与加盖板结合方式	不锈钢	成本低，施工方便
格栅间	简易拆卸式	不锈钢 玻璃钢	需密闭空间大，巡视和检修频率较高

续表

处理构筑物	加盖密封方式	可选材质	推荐理由
沉砂池	土建与加盖板结合方式	不锈钢	成本低，施工方便
厌、缺氧池	土建与加盖板结合方式	不锈钢	成本低，施工方便
曝气池/好氧池	滑轨式/氟碳纤维反吊膜	玻璃钢/耐力板	考虑修建成本问题，优先选用滑轨式
回流污泥泵房	土建与加盖板结合方式	不锈钢	成本最低，施工方便
贮泥池	土建与加盖板结合方式	不锈钢	成本低，施工方便
污泥脱水车间	因为每个污水处理厂的脱水车间建造差异性较大，对于密封方式的选择视条件而定		

(2) 输送系统

在选择空气污染物的输送管道时应遵循具有密度小、强度高、抗腐蚀、铺设方便、使用寿命长等优点的原则。目前，作为空气污染物输送管道种类有玻璃钢、不锈钢、铁铸、内壁玻璃钢外壁混凝土和内壁玻璃钢外壁不锈钢5种，这5种管道从性能、单价和适用范围等方面的比较如表9.4所示。

表9.4 5种管道的比较

项目	耐腐蚀性	耐光及风化	价格（元/kg）	适用范围
玻璃钢	强	弱	40	臭气浓度高
不锈钢	较强	强	25	臭气浓度低
铸铁	弱	强	5	臭气浓度低
内壁玻璃钢外壁混凝土	强	强	60	臭气浓度高
内壁玻璃钢外壁不锈钢	强	强	85	臭气浓度高

因玻璃钢管道具有轻质高强、抗腐蚀、使用寿命长、价格适中且架空铺设方便等优点，输送管道推荐选择玻璃钢管材质。为了解决管道的光和风化等问题，一般优先选用纤维缠绕玻璃钢的材质作为管道。

(3) 风量

在曝气池、曝气沉砂池等开放工艺段进行加盖封闭污染源后，其换气风量根据工艺段封闭空间大小确定，保证典型空气污染物捕集率不低于90%；格栅间、污泥脱水间等封闭工艺段换气风量根据工艺段空间大小确定，保证空气污染物捕集率不低于90%。

根据对各个构筑物有效体积的换气频次来确定风量［公式（9.7）和公式（9.8）］，一般构筑物的换气频次如表9.5所示。

表9.5 污水处理厂处理单元的换气频次 （单位：次/h）

构筑物	格栅	泵房	沉砂池	初沉池	曝气池	污泥泵房	浓缩池	脱水机房
换气频次	3~5	3~5	3~5	3~5	1~3	3~5	5~10	3~10

$$Q_1 = N \times S \times H \tag{9.7}$$

$$\eta = Q_2 / Q_1 \times 100\% \tag{9.8}$$

式中，Q_1为所需新风量，m^3；N为换气次数；S为工艺段面积，m^2；H为工艺段高度，m；η为典型空气污染物捕集率；Q_2为实际有组织排气量，m^3；当实际有组织排气量大于所需新风量时，典型空气污染物捕集率以100%计。

（4）气体收集方式

在选择空气污染物正负压方式收集时应遵循能有效收集空气的原则。抽气方式有正压和负压两种方式。正压适用于密封系统较好的，负压适用于密封系统较差的，一般以负压收集方式居多。为了将空气污染物尽可能地除去，推荐采用负压收集方式。

9.2.3 末端处理

空气污染物控制技术有吸附法、吸收法、光催化氧化法、低温等离子体法、生物法等，这些技术均有一定的应用效果及适用条件。在实际应用中应根据污水处理厂实际情况选择适宜的方法，技术方案与城镇污水处理厂的工况匹配，并且需要制定有针对性的、可操作性强的运行管理方案。

空气污染物控制技术应用的目的是使城镇污水处理厂氨气、气态有机硫化物、挥发性有机物、生物气溶胶等污染物达标排放。控制设施在安装建设时应在典型空气污染物处理前后设置永久性采样口，采样口的设置应符合《气体参数测量和采样的固定位装置》（HJ/T 1—1992）要求。

表9.6列出了几种适用于城镇污水处理厂空气污染物控制的关键技术。可以看出，每种处理技术的适用范围和优缺点各不相同。结合第7章的内容，因生物法具有处理费用低、工艺成熟、运行稳定等优点，在对空气污染物进行控制时应选用以生物法为主、其他处理方法（如物理法和化学法）为辅的处理方法进行处理。

表9.6 城镇污水处理厂空气污染物控制技术推荐

空气污染物种类	控制技术推荐	适用浓度范围	适宜温度（°C）	适用污水处理工艺
恶臭物质	吸附法	<50mg/m^3	<45	各类处理工艺
	吸收法	<50mg/m^3	<45	各类处理工艺
	光催化氧化法	<50mg/m^3	<90	各类处理工艺
	低温等离子体法	<50mg/m^3	<60	各类处理工艺
	生物法	<50mg/m^3	<50	各类处理工艺
挥发性有机物	吸附法	<10mg/m^3	<45	各类处理工艺
	光催化氧化法	<10mg/m^3	<90	各类处理工艺
	低温等离子体法	<10mg/m^3	<60	各类处理工艺
	生物法	<10mg/m^3	<50	各类处理工艺
生物气溶胶	光催化氧化法	<3000 CFU/m^3	<90	各类处理工艺
	低温等离子体法	<3000 CFU/m^3	<60	各类处理工艺

表 9.7 统计了各类控制技术的经济成本和环境效益，并对该技术在应用时存在的问题进行了分析，供污水处理厂在选择空气污染物控制技术时参考使用。

表 9.7　典型控制技术的经济成本及环境效益

控制技术	初次投入成本（万元）	年运行费用（万元）	可达控制效率（%）	存在问题
吸附法	20 ~ 40	80 ~ 100	50% ~ 80%	①适用于低浓度度恶臭物质、挥发性有机物的净化；②需要及时更换或再生吸附剂；③吸附后产生固废
吸收法	50 ~ 60	15 ~ 20	60% ~ 70%	①产生大量废水、废液；②吸收剂普适性差，影响吸收效果
光催化氧化法	30 ~ 50	15 ~ 25	50% ~ 95%	①处理效果易受污染物成分影响；②处理效率波动范围较大；③催化剂易失活
低温等离子体法	50 ~ 60	25 ~ 35	50% ~ 90%	①处理效率波动范围较大；②可能存在二次污染
生物法	40 ~ 60	15 ~ 20	70% ~ 95%	①适用于低浓度恶臭物质、挥发性有机物的处理；②对污染物的选择性较强；③设备占地面积大，运行阻力大，能耗大

9.3　监督管理体系

为了保证污水处理厂空气污染物控制体系正常运行、厂区环境和周边环境质量合格，环境监管部门需要对污水处理厂空气污染物控制体系进行监督和管理。

9.3.1　污水处理厂运营方

城镇污水处理厂在净化污水的同时会产生空气污染物，产生的空气污染物向周围扩散，对水厂的工作人员和周围环境空气质量构成了潜在危害。为此，要求污水处理厂业主在处理污水和污泥的同时，需要对其产生的空气污染物进行同步收集和处理，保障空气污染物的有效控制和达标排放。

1. 污水处理厂空气污染物污染源标识

污水处理厂应在其正常运行情况下对每个处理单元（或构筑物）进行现场监测，对空气污染物的产生单元、收集输送系统和处理系统等设置明显标识，给人以警示，防止发生危害。

根据前期现场监测结果，城镇污水处理厂应对下列处理单元（或构筑物）进行标识（表 9.8）。

表 9.8　城镇污水处理厂标识空气污染物产生单元

标识分类	标识点
污水处理工艺单元	SBR 工艺：格栅、沉砂池、进水-曝气、脱水机房 氧化沟工艺：格栅、沉砂池、曝气区、脱水机房 A^2/O 工艺：格栅、沉砂池、厌氧池、缺氧池、好氧池、脱水机房
废气密闭收集系统	各个处理单元密闭处、输送管道
废气处理系统	废气进气口、废气处理装置、废气出气口

2. 污水处理厂空气污染物源头控制要求

根据前期对三种典型处理工艺现场监测和检索相关文献得知，空气污染物的产生和污水水质、污水管道输送密切相关。因此，对污水处理厂进行源头控制是必要的。结合源头控制技术，做好监管。

3. 污水/污泥处理过程空气污染物控制要求

根据前期现场调研的结果显示，污水/污泥处理过程中会产生空气污染物。针对污水/污泥处理过程控制空气污染物的监管要求，结合污水/污泥处理过程控制技术，做好监管。

4. 污水处理厂全过程空气污染物密闭与收集系统运行要求

根据前期研究结果，需要有针对性地对城镇污水处理厂空气污染物排放的关键点位进行密闭处理，并通过管道输送到处理系统，防止空气污染物外泄扩散。目前，常见的污水处理厂不同池体规模的密闭收集方式见表 9.9。

表 9.9　污水处理厂不同池体规模的密闭收集方式

池体规模	密闭方式
小型池体	滑轨式
中小型池体	简易拆卸式
较大型池体	不锈钢骨架+透明玻璃罩
大型池体	大跨度氟碳纤维反吊膜
大型池体	土建与加盖板结合

（1）密闭系统

为了更好地控制空气污染物，对密闭系统的监管要求如下：

- 对污水处理厂产生空气污染物的单元（构筑物），应进行全密封处理，并对密闭集气罩负压操作。在确定污水处理厂空气污染物产生单元位置，尤其是集气口位置，应该持久地保持集气口为均匀负压状态，能够有效地避免使产生的空气污染物向外扩散。
- 污水处理厂各处理单元的密闭系统应定期进行巡检和维护。

（2）输送系统

为了保证空气污染物能够正常从密闭系统输送到末端处理系统，对输送系统提出的要求如下：

• 集气罩与之相连接的气体输送管道、气体输送管道与之相连接的废气处理装置应保持密闭状态；

• 从集气罩收集的空气污染物通过管道输送至废气处理装置，所选风机应达到将废气输送到处理系统的能力；

• 输送空气污染物管道的过流风量应达到相应的设计标准，且这些管道的布置应与污水处理厂的处理设施相一致，力求保证结构简单大方、外观美观，减少投资费用；

• 管道设计施工时应该满足施工的条件，尽量将管道设计为行或者列，且管道外围应有相应的保温措施；

• 管道宜垂直或倾斜铺设。当管道倾斜布设时，为了方便在输送空气污染物过程中伴有的冷凝水的排出，要求管道的倾斜角度应不小于 45°；

• 输送管道的材料应该根据污水处理厂产生空气污染物的种类和浓度及其他条件（如恶臭气体中的含水率）来确定，且材料的特性应符合相关的规范；

• 为了确保完全将空气污染物输送到处理装置，一般送、排风系统管道的漏风率宜取值范围为 3% ~8%，存在泄漏时需及时修复；

• 应在管道的节点处安装压力表和流量调节阀，用来监控和调整主要管路的气体流量；

• 输送系统应保证与污水处理过程同时正常运行；

• 风机和输送管道等设备材质防腐防锈，定期巡检和维护。

5. 污水处理厂空气污染物末端处理系统运行要求

通过封闭与收集系统将污水处理厂空气污染物最终送入末端处理系统。在选择末端处理技术时，要求在保证有效处理空气污染物的前提下，一次性投资和后期的运行费用经济合理。针对空气污染物末端处理系统的监管要求如下：

①空气污染末端处理系统应符合建厂环境影响评价批复提出的厂界环境保护要求，应与污水、污泥处理设施同步设计、同步施工、同步运行。

②从密闭与输送系统到末端处理系统的空气污染物应得到稳定有效的处理。

③如果采用吸附处理工艺，具体运行要求如下：

• 吸附工艺的规模和流程应依据空气污染物气体的流量、含水率、压力、组分、性质、进口浓度、排放浓度和安全等因素进行综合设计；

• 吸附设备装置应具有足够的气体流通面积和停留时间，保证气流分布均匀，能够长期稳定地在最佳状态下运行；

• 吸附装置里的吸附剂用量应根据实际空气污染物的浓度和种类，并依据相关经验公式计算得到或实验确定；

• 吸附设备装置在运行中应控制空气污染物气体流量、含水率、压力、进口浓度等运行参数；

• 监控吸附装置的工作状态和吸附剂的吸附容量，当吸附剂工作容量达饱和时，应及时再生或更换吸附剂，并启动备用吸附处理装置；

• 再生或更换的吸附剂应进行有效处理和处置，包括吸附剂再生或无害化处理与处置。

④如果采用化学吸收处理工艺，其运行具体要求如下：

• 吸收装置应具有较大的有效接触面积和较高的处理效率，具备优良的传质条件和较强大的推动力；

• 为了降低运行成本，污水处理厂应考虑空气污染物种类和浓度、吸收液种类、吸收效果以及吸收装置的样式，来选取合适的空塔流速；

• 吸收塔的设计高度应能保证空气污染物和吸收液之间有足够的有效接触时间，在正常的运行条件下，吸收液能够完全吸收废气；

• 系统运行时，应根据实际空气污染物的种类和浓度选取合适的气液比，应根据相关实验获得；其中，对于易吸收的气体宜取小的液气比，不易吸收的气体宜取较大的液气比，特别难吸收的气体或一些特殊场合，宜采用大的液气比；

• 在吸收塔的进气口应布设均匀进气设施，在出气口应设计相应的除雾装置；

• 在吸收塔里喷射的吸收液应该均匀喷射，应尽量防止沟流和壁流的不良现象产生；

• 系统运行时应控制废气通量、压力，化学吸收液的通量和 pH 等运行参数；

• 监控吸收装置的工作状态和净化后气体浓度，根据其结果及时调整吸收剂投量；

• 在收集吸收液的装置里应该安装自动监控设备，时刻关注吸收液的质量，对于不能循环使用的吸收液应按照相关标准和规范进行处理，防止其产生不良危害。

⑤如果采用化学催化转化处理工艺，其运行具体要求如下：

• 待处理的空气污染物在进入反应器之前应进行相关预处理，防止催化剂中毒而影响净化效果；通过预处理调整空气污染物的浓度、含水率和湿度，使其满足催化转化反应的相关要求；

• 为了方便对催化反应装置的巡视和管理，催化转化装置应装设自动控制系统，采用 PLC 或 DCS 控制；控制内容包括输送风机、进出气阀门，反应室的温度等；

• 为保证催化装置能够正常运行，应该在其进、出口处宜设置空气污染物浓度自动监测设备，或者定时对进出气口空气污染物浓度进行监测，保证进入催化转化装置的空气污染物浓度应控制在其爆炸极限下限的 25% 以下；

• 处理设施要安装有防火防爆和预警装置；

• 系统运行时应控制空气污染物通量、压力、催化剂的投量和反应时间等运行参数；

• 监控处理装置工作状态，及时调整催化转化装置的催化剂量，确保废气催化转化完全；

• 监控空气污染物处理净化效果，及时更换催化剂，对失效的催化剂无害化处理处置。

⑥如果采用生物处理工艺，其运行具体要求如下：

• 为了能够高效处理空气污染物，需要将对进入生物处理装置的空气污染物进行预处理，使其满足生物处理的要求；

• 在生物处理装置的出气口应设置除雾装置；

• 应依据污水处理厂本身的实际空气污染物浓度和种类对微生物进行筛选，并驯化大批量的微生物对废气进行降解；

- 监控处理装置的工作状态和净化后气体浓度，根据其结果及时调整系统运行参数，包括污染物通量、压力及生物处理装置的温度、湿度、压力、pH 等；
- 监控处理装置中微生物的工作稳定情况和填料塔压降。当出现生物膜脱落、膨胀、生物滤床板结等故障，应及时查明原因，采取有效控制措施进行排除，并记录备检；当填料塔压降超出工作范围，及时对填料进行清洗或更换，并启用备用废气处理装置；
- 对更换的填料进行无害化处理。

6. 空气污染物达标排放或浓度显著削减要求

(1) 恶臭气体应达到的排放标准

根据《城镇污水处理厂污染物排放标准》（GB 18918—2016），氨、硫化氢、臭气浓度（无量纲）厂界大气污染物排放最高允许浓度应执行表 9.10 中的标准；根据《恶臭污染物排放标准》（GB 14554—1993），甲硫醇、甲硫醚、二甲二硫、二硫化碳等应执行表 9.11 中的标准。

表 9.10　部分恶臭气体排放标准

厂界大气污染物排放最高允许浓度（mg/m^3）		
序号	控制项目	标准限值
1	氨	1.0
2	硫化氢	0.03
3	臭气浓度（无量纲）	10

注：参考《城镇污水处理厂污染物排放标准（征求意见稿）》（GB 18918—2016）。

表 9.11　部分恶臭气体排放标准　（单位：mg/m^3）

序号	控制项目	一级	二级		三级	
			新扩改建	现有	新扩改建	现有
1	甲硫醇	0.004	0.007	0.010	0.020	0.035
2	甲硫醚	0.03	0.07	0.15	0.55	1.10
3	二甲二硫	0.03	0.06	0.13	0.42	0.71
4	二硫化碳	2.0	3.0	5.0	8.0	10

注：根据污水处理厂所在地执行相对应标准，参考《恶臭污染物排放标准》（GB 14554—1993）。

(2) VOCs 和生物气溶胶浓度显著削减要求

目前，我国尚未发布污水处理厂所排 VOCs 和生物气溶胶排放限值的标准，因此，空气污染物处理系统应对 VOCs 和生物气溶胶有明显的削减效果，使排放量明显降低。

7. 运行管理要求

为了保证空气污染物控制系统能够正常运行，城镇污水处理厂运营方应根据相关标准制定空气污染物控制系统运行管理规定，内容主要包括人员管理培训和设备操作要求。

(1) 人员管理培训

城镇污水处理厂应把空气污染物密闭收集系统和处理系统纳入生产运营管理中，配备专业运营与管理人员，并对其进行专业培训，使运营和管理人员掌握废气密闭收集和处理系统的具体操作、管理和应急情况下的处理措施。

具体要求如下：

• 污水处理厂应对所需人员的工作经验、能力和行业资质做出规定，从而确保负责管理空气污染物控制系统各方面工作的人员具有相应的工作能力，并掌握相关法律法规与现场操作流程；

• 对污水处理厂所有员工定期进行相应的培训，主要包括设备的安全操作、应急情况的反应，污水处理厂应做好相关记录并妥善保存；

• 对新员工进行必要的岗前教育，达到考核要求者方可上岗，教育内容主要包括污水处理厂的工艺与运行，空气污染物排放与控制的要求，工作环境危害与影响，相关的行业法律法规；

• 在实验室内从事空气污染物监测和分析的工作人员必须是培训合格的实验室技术人员；

• 对需要负责日常操作空气污染物控制系统的工作人员进行专业培训，使其掌握空气污染物密闭收集系统和控制系统的运行要求，包括发生紧急情况时的应急要求。

(2) 设备操作要求

为了确保空气污染物得到有效控制，需要对系统设备操作要求做出规定，具体要求如下：

• 设备的正常运行和日常的维护管理应该符合设备说明书和相关技术规范的规定；

• 相关处理设施在正式投入正常运行后，未经当地相关环境保护监管部门的批准，不得擅自停止运营或拆除；

• 空气污染物密闭输送与控制系统设备应有足够的零配件、耗损材料的配件；

• 污水处理厂应每天安排工作人员对空气污染物密闭收集系统和处理系统进行巡检，检查密闭收集装置和处理装置的工作运行情况，并做好巡检记录；

• 应定期对空气污染物的密闭收集系统和处理系统进行维护和检修，保证设备正常运行；

• 污水处理厂应定期对空气污染物密闭系统和处理系统进行监测，包括对标识的点位和处理系统废气排放口及厂界空气污染物的监测，确定空气污染物是否达标排放或有效削减，并做好相应的记录与妥善保管。

8. 应急风险监管

为了应对空气污染物控制系统的突发事件，污水处理厂运营方需要提前做好风险源的确定与管理和应急预案这两方面的相关的准备。

(1) 风险源的确定与管理

污水处理厂因根据工艺运行原理、现场监测以及结合国家颁布的相关法律法规，确定空气污染物潜在的风险源。

对于确认的风险源，污水处理厂应按风险源管理和建设项目环境管理等规定完善档案，遵照“一源一档”的原则进行管理，具体要求如下：

- 污水处理厂应对风险源进行巡检监测，根据“一源一档”的原则详细的记录监测结果并妥善保存；
- 当风险源空气污染物浓度异常时，工作人员应立即上报给水厂相关部门进行及时妥善处理；
- 主动向地方环境保护及相关环境管理部门提供上述有关文件、证照和资料；
- 污水处理厂应按相关规定及时、如实公开废气控制系统地理位置、排放方式、排放主要污染物的名称、排放浓度、总量及其达标情况，以及废气控制系统周边环境质量等环境信息。

（2）应急预案

为应对污水处理厂空气污染物控制系统的突发环境事件，需厘清指挥体系和部门职责分工，细化应急准备工作，规范突发环境事件处置程序，依据《中华人民共和国突发事件应对法》《中华人民共和国环境保护法》《中华人民共和国安全生产法》《国家突发公共事件总体应急预案》《国家突发环境事件应急预案》和其他有关法律、法规及规定，制定空气污染物密闭收集和处理系统的应急预案，内容包括应急准备、应急响应与措施和应急恢复。

①应急组织机构和职责

污水处理厂为应对突发的环境事件需要成立应急组织机构，并明确各机构职责。应急组织机构应由应急指挥部及下属的通信联络组、现场警戒组、疏散组、抢险组、抢修组和善后处理组等机构组成，各组具体职责和要求如下：

指挥部：负责应急事件发生时的全面指挥领导工作，负责对外宣布应急预案的启动和解除；

通信联络组：负责污水处理厂内外部通信联络和信息沟通；

现场警戒组：负责现场警戒和现场保护；

供应组：负责提供应急物质；

疏散组：负责现场人员疏散；

抢险组：负责抢险行动方案的组织并实施，以及协助相关部门的抢险行动，包括对受伤人员抢救和护送受伤人员；

善后处理组：负责事故善后的处理。

②应急准备措施

污水处理厂应有事前的预测和应急能力，为了应对在运营过程中可能发生的突发事件，需要做好以下措施：

- 污水处理厂应定期举办有关空气污染物的安全宣传讲座和对员工进行应急演练。
- 污水处理厂应做好消防器材及消防设施的管理，并监督车间做好器材、设施的保管、使用登记、完好性等情况检查。
- 污水处理厂仓库应备有充足的应急准备物资，如手套、口罩、靴子、防护眼镜、防毒面罩、废气应急处理物资等，并训练员工能熟练使用。

• 污水处理厂应配有能保证空气污染物控制系统正常运行的备用电源，并定期对风机和空气污染物处理设施的供电系统进行检查或维护。

• 污水处理厂每年应把应急管理的经费纳入本年度财政预算，构建并不断完善应急资金拨付体制，保障投入该方面的资金足够充足。

• 污水处理厂应对空气污染物监测水平进行加强和提升。在风险源隐患分析的基础上，科学制定应急预案，并对应急预案的落实情况进行评估，加强对风险源排放量和污染物排放浓度的监测和监控。配备便携、高档的应急监测设备，强化和提升应急监测能力。

• 污水处理厂应提升事故应急与处置能力。建立多管部门联动机制，提高事故快速响应和处置能力。针对污染排放特点，构建事故应急等应急设施。根据不同污染物的理化性质，配备应急物资。

• 污水处理厂应推进风险源管理平台建设。构建集环境监测与评价，风险评估与预警事故，应急与处置于一体的数字化平台，为科学安全判断状况，预测预警安全演化趋势提供支撑，全面提升风险管控的科学决策水平。

③应急响应与处置

当紧急情况发生时，指挥部宣布应急预案的启动，各组织机构应在指挥部的指挥下立刻开展紧张、有序的应急方案，包括人员疏散方案、人员救急方案和废气应急处理方案。

• 人员疏散方案。当事故发生时，指挥部应组织各个小组立即到达现场，进行现场指挥，划出事故特定区域，由现场警戒组人员对特定区域进行警戒线封锁，由疏散组对特定区域的无关人员安全有序的疏散撤离。

• 人员急救方案。抢险组成员在事故现场进行救援时，除了要穿戴防护用品之外，每个成员都应该配备相应的急救物资，能对伤员进行简单紧急救治。

• 空气污染物应急处理方案。当空气污染物在收集和处理过程中发生空气污染物浓度超高、泄漏、处理设施不正常情况时，污水处理厂应立即启动空气污染物应急处理方案。

当密闭装置或管道发生泄漏事故时，应及时找到泄漏源，一方面应对泄漏源进行堵塞与补修；另一方面对泄漏源及周围采取有毒有害气体紧急处理措施。

当处理单元空气污染物浓度超过处理设施的能力时，应对密闭的处理单元采取紧急降低浓度的方法；当处理设施发生泄漏事故时，应及时关闭处理设施的进气阀门，一方面对泄漏源及周围采取空气污染物紧急处理措施，另一方面应对处理设施的泄漏源进行补修；当处理设施不正常情况时，应启动备用设施，对有毒有害气体进行处理控制，同时对不正常的设施进行检修。

④应急恢复

污水处理厂的突发空气污染物控制系统泄漏或中毒事件解决后，由指挥部宣布解除应急状态，可以陆续开展下一步工作，包括：

• 恢复运营。事后由环保部门对厂区环境、周边环境监测结果达到相关标准后，以及空气污染物控制系统进行安全评估合格后方可继续运营。

• 发布信息。应急状态解除后应对整个突发事件的前因后果进行及时、准确、客观、的信息发布。

评估。对突发事件进行分析评估、写出调查报告和对经验教训进行总结及对相关不合理的规定进行整改。

9.3.2　环境监管部门

为了保证污水处理厂空气污染物控制体系正常运行、厂区环境和周边环境质量合格，环境监管部门需要对污水处理厂空气污染物控制体系进行监督和管理。

1. 监督管理要求

污水处理厂所在环境监管部门，应负责当地污水处理厂空气污染物控制系统的监督管理。环境监管部门应全面贯彻执行国家和地方对环境保护规定的相关法律法规。

具体要求如下：

①环境监管部门要针对城镇污水处理厂建立完善的空气污染物控制系统管理体系，制定污水处理厂的监管方案和应急处理处置方案；

②环境监管部门应按照相关标准对污水处理厂中空气污染物控制系统方案与设计进行严格审批，通过审批后方能进行施工建设；

③对于审批合格开工建设的，环境监管部门应健全空气污染物控制系统的监管档案，建立废气控制系统管理信息清单，并逐级报送上一级环境保护主管部门；

④加强环境监管部门对城镇污水处理厂及其周边区域内在线监控设备的建设与管理，具备对城镇污水处理厂空气污染物的连续监测能力；建设不同管理级别的在线监测与数据传输系统，形成空气污染物立体监测网及应急监测体系；

⑤对于污水处理厂投入使用的空气污染物控制系统，环保监管部门应该对空气污染物在该系统中的环境行为进行全面监管，对处理设施的出气口空气污染物浓度进行定检和随检，对于污水处理厂空气污染物排放浓度或排放总量超过批准限值的，依照《环境保护法》第六十条规定，环境监管部门可以责令污水处理厂采取停止运行措施，情节严重的，报经有批准权的人民政府批准，责令停业、关闭；同时应加大对污水处理厂及周边环境的巡检力度，并鼓励社会公众、新闻媒体等对废气排放口的排放情况进行监督，及时处理周边区域内涉及空气污染物的信访案件；

⑥对空气污染物污染事件，要及时上报和通报，督促污水处理厂做好环境应急预案，落实应急装备和防控设施，定期组织开展应急演练。

2. 应急风险管理评估

为了保证污水处理厂在发生突发事件时能有效地应对处理，环境监管部门需要对污水处理厂空气污染物应急处理体系进行评估，具体要求如下：

①对污水处理厂制定的应急预案体系进行审核评估，对于不完善的部分应责令其补充；

②对污水处理厂制定的应急预案体系执行落实情况进行调查，对于落实不到位的予以处罚与整改。

3. 风险管理应急预案

为应对污水处理厂空气污染物控制系统的重大突发环境事件，环境监管部门需要根据相关法律和法规制定相应的风险管理的应急预案，包括风险应急准备、风险应急响应与措施、风险应急恢复。

（1）风险应急准备

①风险应急组织机构和职责。环境监管部门为应对污水处理厂发生空气污染物控制系统的重大突发环境事件，需要成立应急组织机构并明确各机构职责。应急组织机构应由应急指挥部及下属的通信联络组和协调组机构组成，各组具体职责和要求如下：

指挥部：负责应急时有关环境管理的指挥工作，负责宣布应急预案的启动和解除；

信息发布组：负责污水处理厂内外部信息的发布；

工作组：负责现场监测与评估；

协调组：负责污水处理厂、本级和上级等相关部门的协调。

②风险应急准备措施。环境监管部门应对污水处理厂的应急预案档案进行定期和不定期地检查，对于不完善者督促其完善；环境监管部门应当具有风险应急监测能力，若应急监测能力有限则应有聘请具有资质的第三方监测机构的预案；环境监管部门应当定期或不定期检查自身的风险应急系统，包括指挥系统、信息发布系统、值班系统等的人员、风险应急监测系统以及所需交通工具是否齐全。

（2）风险应急响应与措施

当污水处理厂空气污染物控制系统重大紧急情况发生时，指挥部宣布应急预案的启动，各组织机构（包括污水处理厂应急组织机构）应在指挥部的指挥下立刻开展紧张、有序的应急方案。具体内容要求如下：

①当空气污染物控制系统重大紧急情况发生时，指挥部负责人及相关人员应到现场亲临指导（污水处理厂应急组织的指挥部服从指导），污水处理厂的原有应急小组的工作内容和职责不变；

②信息发布组定时向社会媒体发布污水处理厂情况信息；

③具备应急监测能力的工作组需要连续对厂区内和厂区外进行监测，并对监测数据进行分析和评估；

④协调组需要对现场物资和多部门人员之间进行协调。

（3）风险应急恢复

污水处理厂的空气污染物突发事件解决后，由指挥部宣布解除风险应急预案，并开展应急恢复工作，包括：

①监测与评估。环境监管部门对厂区环境、周边环境监测结果达到相关要求后，以及空气污染物控制系统进行安全评估合格后方可继续运营。

②发布信息。应急状态解除后应对整个突发事件的原因、处理处置措施、处理结果等[illegible]及时、准确、客观、全面的信息发布。

[illegible]评估。对重大突发事件进行分析评估、写出调查报告和经验教训总结及改进建议。